"十二五"普通高等教育本科国家级规划教材

普通高等院校计算机类专业规划教材·精品系列

网络与信息安全

（第四版）

U0183882

程 震 王凤英◎主 编

刘树淑◎副主编

中国铁道出版社有限公司

CHINA RAILWAY PUBLISHING HOUSE CO., LTD.

内 容 简 介

　　本书系统阐述了网络与信息安全的各个方面。全书共十五章，包括网络信息安全的基本概念和术语、计算机密码学（包括对称密钥密码、公钥密码单向散列函数、混沌密码和量子密码等）、区块链技术及其应用、信息隐藏技术、身份认证与公钥基础设施 PKI、访问控制与系统审计、数据库系统安全、互联网安全、无线网络安全、防火墙技术、入侵检测与入侵防御、网络信息安全管理等内容。为了便于教学，每章后面都有习题，可以作为课程作业或复习要点。

　　本书将理论知识和实际应用有机地结合在一起，将实际应用中经常遇到的多个问题，经过精心设计作为案例讲解。

　　本书适合作为普通高等院校计算机科学与技术、软件工程、网络工程、信息安全、物联网工程、通信工程专业的教材，也可作为相关领域的研究人员和专业技术人员的参考书。

图书在版编目（CIP）数据

网络与信息安全/程震，王凤英主编. —4 版. —北京：中国
铁道出版社有限公司，2023.8
　"十二五"普通高等教育本科国家级规划教材　普通高等
院校计算机类专业规划教材·精品系列
　ISBN 978-7-113-28579-1

Ⅰ.①网…　Ⅱ.①程…　②王…　Ⅲ.①计算机网络-信息安全-
高等学校-教材　Ⅳ.①TP393.08

中国版本图书馆 CIP 数据核字（2021）第 241145 号

书　　　名：网络与信息安全	
作　　　者：程　震　王凤英	
策　　　划：刘丽丽	编辑部电话：（010）51873202
责任编辑：刘丽丽　彭立辉	
封面设计：穆　丽	
封面制作：刘　颖	
责任校对：刘　畅	
责任印制：樊启鹏	

出版发行：中国铁道出版社有限公司（100054，北京市西城区右安门西街 8 号）
网　　址：http://www.tdpress.com/51eds/
印　　刷：三河市燕山印刷有限公司
版　　次：2006 年 6 月第 1 版　2023 年 8 月第 4 版　2023 年 8 月第 1 次印刷
开　　本：787 mm×1 092 mm　1/16　印张：21　字数：511 千
书　　号：ISBN 978-7-113-28579-1
定　　价：56.00 元

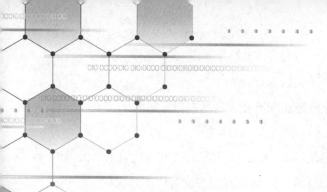

前　言

本书是《网络与信息安全》（王凤英　程震主编）的第四版，本书初版于 2006 年，2010、2015 年两次再版，至今已历时 17 年。本书第二版于 2014 年被教育部评为"十二五"普通高等教育本科国家级规划教材，本书第三版于 2021 年被评为"山东省普通高等教育一流教材"。

我国对网络与信息安全一直非常重视，网络与信息安全在国家安全中的地位更加突出。习近平同志在中国共产党第二十次全国代表大会上的报告中提到，网络强国、健全网络综合治理体系、推动形成良好网络生态等，这些内容都与网络安全密切相关。同时，以 5G、区块链为代表的信息新技术新产业发展迅猛，网络与信息安全在这些新技术、新产业中发挥着越来越重要的作用。

根据技术的发展，本书相对于第三版充实了很多新内容，同时根据从教学实践中得到的经验，以及部分读者的反馈，调整了部分章节的内容。比较大的改动如下：

（1）增加了网络安全等级保护的内容。

（2）增加了 SM1、SM2、SM3、SM4、SM7、SM9 和 ZUC 等国产密码的内容。

（3）增加了区块链技术及其应用，作为单独的一章。

（4）增加了量子密码的一些最新内容。

（5）增加了大数据安全的部分内容。

（6）无线网络安全作为单独的一章，增加了 WPA3、4G、5G 的安全内容。

（7）增加了《中华人民共和国网络安全法》《中华人民共和国密码法》等法律的内容。

（8）增加了实践性很强的多个案例。

（9）限于篇幅，取消了实验内容，这些内容转移到本书配套的电子资源中。

（10）取消了 PGP 软件的内容。

（11）将所有软件截图全部改为 Windows 10 环境下的截图。

（12）在本书配套的电子资源中，增加了部分习题的参考答案。

（13）对于内容较深、难度较大的部分，用"*"号标识，可作为本科生的选讲内容。

在大幅调整内容的同时，本书第三版的优点仍然保留，比如理论密切联系实践的案例、每章前面的学习目标与关键术语、每章后面的习题等。

与本书配套的电子资源包括教学视频、实验大纲、教学课件、源代码、部分习题的参考答案、实验指导、相关软件与网络资源等内容，可在中国铁道出版社有限公司资源网站下载（http://www.tdpress.com/51eds/）。

本书的教学学时为 40～60 学时，实验可根据实际需要，从本书电子资源的实验中选做其中的几个或全部。

本书由程震、王凤英任主编，由刘树淑任副主编。程震编写第 8、10、11、12、13、14、15 章；王凤英编写第 1、2、3、4、5、6、7、9 章；刘树淑编写各章案例部分代码。

在本书的编写过程中，得到了中国铁道出版社有限公司的大力支持与帮助；华为公司侯方明先生与中国移动山东公司袁艳丽女士为本书提供了素材；山东理工大学计算机科学与技术学院的同事提供了热情的帮助。在此，谨向以上各公司及相关人员表示衷心感谢，同时感谢所有参考文献的作者。

限于编者水平和所涉知识范畴，书中难免存在疏漏和不妥之处，殷切希望各位读者批评指正，可发邮件联系我们：wfy@sdut.edu.cn、chengzhen@sdut.edu.cn。

特别声明：本书所讲的网络与信息安全技术，是为了更好地帮助读者及相关公司对网络进行安全防护，不能进行其他应用。

编 者

2023 年 6 月

课程简介

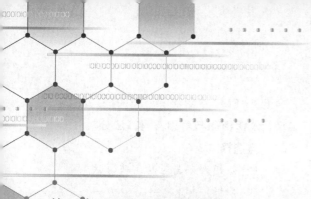

目 录

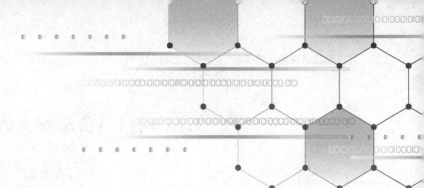

第1章
网络信息安全综述

学习目标：

- 掌握网络信息安全的基本概念；
- 理解网络提供的安全服务；
- 了解网络安全标准；
- 理解安全机制的内容；
- 了解网络安全等级保护内容。

关键术语：

- 国际标准化组织（International Standard Organization，ISO）；
- 开放系统互连参考模型（Open Systems Interconnection Reference Model，OSI/RM）；
- 因特网工程任务组（Internet Engineering Task Force，IETF）；
- 安全超文本传输协议（Secure Hypertext Transfer Protocol，S-HTTP）；
- 安全套接字层（Secure Sockets Layer，SSL）；
- 保密通信技术（Private Communication Technology，PCT）；
- 身份认证（Authentication）；
- 完整性（Integrity）；
- 保密性（Privacy）；
- 不可否认（Non-repudiation）；
- 审计（Accountability）；
- 访问控制（Access Control）；
- 信息安全技术　网络安全等级保护基本要求 GB/T 22239—2019；
- 物联网（Internet of Things，IoT）。

　　在网络中没有绝对的安全，安全总是相对的。要求构成网络和信息安全的某个要素一枝独秀会得不偿失，只有各安全要素齐头并进才能达到事半功倍的安全效果。

　　信息时代，人们越来越多地依赖信息进行研究和决策，信息的安全性影响研究和决策的水平，由此对信息的安全要求与日俱增。互联网是人类文明的巨大成就，在给人们带来巨大便利的同时，也蕴含着诸多安全方面的隐患，保证网络中的设备和信息安全是一个系统化的工程。本章首先概要地讨论网络与信息安全的标准及一般问题，使读者对网络与信息安全有概括性的认识，为学习以后章节打下基础。

1.1 网络与信息安全的重要性

网络信息安全已经成为 21 世纪世界十大热门课题之一，已经引起社会的广泛关注。

视频 1.1

信息时代，人们越来越多地依赖信息进行研究和决策，信息的可靠性和安全性在一定程度上决定了研究和决策的水平。

互联网是人类文明的巨大成就，它带给人们获取信息和交换信息的极大便利。但互联网是开放的系统，具有很多的不安全因素。网络是把双刃剑，人们在享受网络所提供的各种便利的同时，也面临着网络安全隐患带来的各种困扰。若想无忧地使用网络和信息，必须研究并解决存在的诸多安全问题。随着计算机网络的广泛应用，网络安全的重要性尤为突出。网络技术中最关键也最容易被忽视的安全问题，正在危及网络的健康发展和应用，网络安全技术及应用越来越受到世界的关注。网络安全是个系统工程，已经成为网络建设的重要任务。

网络信息安全不仅关系到国计民生，还与国家安全密切相关；不仅涉及国家政治、军事、经济、科技和文化各个方面，而且影响到国家的安全和主权。网络信息安全重于泰山。

网络信息安全现在已变得与人们的日常生活息息相关。当人们进行网上支付、银行转账、手机上网、计算机上网时，都面临着这样或那样的安全威胁。

近年来，网络与信息安全在国家安全中的地位更加突出，习近平同志在中国共产党第二十次全国代表大会上的报告中提到：网络强国、健全网络综合治理体系、推动形成良好网络生态等。要实现这些目标，必须强化网络安全意识、建立健全网络安全制度、提高网络安全技术水平，打造具有自主知识产权的网络安全产品。

信息时代，国家安全观发生了明显变化，信息成为国家的重要战略资源。首先，网络安全体现国家信息文明。人类社会越文明，科学技术越发达，信息安全就越重要。目前世界各国都不惜巨资，招集最优秀人才，利用最先进技术，打造最可靠的网络。其次，网络安全决定国家信息主权。正如美国未来学家托尔勒所说："谁掌握了信息，谁控制了网络，谁就将拥有整个世界。"网络安全已成为左右国家政治命脉、经济发展、军事强弱和文化复兴的关键因素。

1. 网络安全与政治

目前，政府网络已经大规模地发展起来，电子政务工程已经在全国开展。政府网络的安全直接代表了国家的形象。

2. 网络安全与经济

一个国家信息化程度越高，整个国民经济和社会运行对信息资源和信息基础设施的依赖程度也越高。当计算机网络因安全问题被破坏时，其经济损失是无法估计的。

信息技术与信息产业已成为当今世界经济与社会发展的主要驱动力，但世界各国的经济每年都因信息安全问题遭受过巨大损失。

3. 网络安全与军事

首先，网络安全涉及军事安全。军事冲突正从重点摧毁物理武器目标转向非物理的信息目标，从战时公开打击"有形"军事设施转向平时秘密攻击"无形"的信息设施。其次，网络安全主宰战争胜负。军队要"看得见""传得快""打得到""打得准"，必须拥有自己的信息优势。网络和信息系统一旦遭受非法入侵，信息流被切断或篡改，军队在管理及运作方面必将受到严重的影响。再次，网络安全关系军队兴盛。信息化战争，谁掌握了信息控制权，谁就将掌握战场的主动权。"水能载舟，亦能覆舟"，网络技术性能越先进，安全保密问题就越复杂；网络开放性程度越高，信息危害现象就越普遍。

信息社会中，只有掌握和运用先进的信息安全防护技术和方法，做到心中有数、技高一筹，才能获得信息安全防护优势，置对手于无可奈何的境地。首先，要建设实时监控系统。当信息系统遭受攻击时，能够利用监控手段对入侵、破坏、欺诈和攻击等行为进行实时识别、保存和分析，掌握了解攻击的模式、程序和企图，对攻击来源进行准确定位，据此找出入侵路径与攻击者。其次，要建设应急响应系统。在国家范围内开展信息技术合作，充分利用军用和民用信息安全资源，建设信息安全应急响应系统，一旦发生信息安全突发事件，实施紧急响应、处理和恢复，使各种文件数据和网络系统能够及时恢复工作。再次，要建设容灾备份系统。利用通信和计算机技术，建设网络异地容灾备份系统，提高抵御灾难和重大事故的能力，减少灾难打击和重大事故造成的损失，保持重要信息系统工作的持续性，避免主要服务功能丢失。

1.2　网络与信息安全的基本概念

视频 1.2

网络与信息安全已发展为计算机科学的一个重要分支，其内涵非常丰富，涉及法律学、犯罪学、心理学、经济学、应用数学、数论、计算机科学、加密学及审计学等相关学科。

网络用来传输信息、交换信息；计算机用来处理信息、存储信息。没有计算机，网络难以完成传输信息、交换信息的任务。同样，没有网络，计算机就不能充分发挥处理信息、存储信息的作用。若没有计算机和网络，海量的信息就无法传输、处理、存储，就不能称为信息时代。21 世纪，计算机、网络和信息这三个概念已变得唇齿相依、相辅相成、不可分割，探讨和研究三者中的任何一个问题，都离不开另外两者。涉及网络安全的问题，也都与信息安全和计算机安全相关。

由于网络的定义有多种，所以各种关于网络与信息安全的定义也不同。有的定义说：网络安全就是保护网上保存和流动的数据不被他人偷看、窃取或修改。也有的定义为：信息安全是指保护信息财产，以防止偶然的或未授权者对信息的泄露、修改和破坏，从而导致信息的不可信或无法处理。综合来看，计算机网络安全是指利用网络管理控制和技术措施，保证在一个网络环境里信息数据的保密性、完整性及可使用性受到保护。网络安全的主要目标是要确保经网络传送的信息，在到达目的站时没有任何增加、改变、丢失或被非法读取。要做到这一点，必须保证网络中系统软件、应用软件系统、数据库系统具有一定的安全保护功能，并保证所有网络部件，如终端、数据链路等的功能不被改变，而且只有那些经过认证的被授权的用户才可以访问。

网络的安全性问题包括两方面内容：一是网络的系统安全，保护计算机不被黑客入侵就属于系统安全的范畴；二是网络的信息安全。

　　近年来，利用广泛开放的物理网络环境进行全球通信已成为时代发展的趋势，但是如何在一个开放的物理环境中构造一个封闭的逻辑环境来满足部门或个人的实际需要，已成为必须要考虑的现实问题。开放性的系统常常由于节点分散、难于管理等特点而易受到攻击和蒙受不法操作带来的损失，若没有安全保障，则系统的开放性将会带来灾难性的后果。网络的开放和安全本身是一对矛盾，如果想"鱼和熊掌"兼得，就必须对开放系统的安全性进行深入和自主的研究，找到并理清实现开放系统的安全性所涉及的关键技术环节，并掌握设计和实现开放系统的安全性的方案和措施。

　　被网络安全界广泛采用的著名的"木桶理论"认为，整个系统的安全防护能力，取决于系统中安全防护能力最薄弱的环节。木桶原理指的是：一个木桶由许多块木板组成，如果组成木桶的这些木板长短不一，那么木桶的最大容量不取决于长的木板，而取决于最短的那块木板。信息从产生到销毁的生命周期中包括了产生、收集、加工、交换、存储、检索、存档、销毁等多个事件，表现形式和载体会发生各种变化，这些环节中的任何一个都可能影响整体信息的安全水平。以一份需要保密的内部文件为例，它的生命周期包括起草、审批、传送、分发、归档、销毁这些环节。在这份文件存在的生命周期内，有无数可能会导致信息安全的问题。例如，电子文件保存在非授权用户可以访问的磁盘位置、文件分发时没有明确的接收对象、在基层组织的阅读范围被擅自扩大、传输中被非法者截获、文件内容被篡改、文件内容的可信程度度低、文件来源的可靠性差等。

　　网络与信息安全有一个整体安全要求，任何一个安全环节的疏漏都有可能功亏一篑、事倍功半。因此，要从整体上提高一个组织的信息安全水平，必须保证信息在整个生命周期中的安全。要实现这个目标，一个组织必须制定严格的、系统的安全保密办法来保证信息安全，包括高层领导授权、保密政策、实施办法、监督检查制度、员工安全意识培训、可靠的技术设备等，也就是要使构成安全防范体系的这只"木桶"的所有木板拥有相近的长度。

　　信息安全本身包括的范围很大，大到国家军事政治等机密安全，小到如防范商业企业机密泄露、防范青少年对不良信息的浏览、个人信息的泄露等。网络环境下的信息安全体系是保证信息安全的关键，包括计算机安全操作系统、各种安全协议、安全机制（数字签名、信息认证、数据加密等），直至安全系统，其中任何一个安全漏洞都可以威胁全局安全。

✴ 1.3　网络安全威胁

视频 1.3

　　因特网在设计之初以提供广泛的互联、互操作、信息资源共享为目的，仅考虑使用的便利性，没有考虑安全问题，导致今天的因特网存在诸多不安全因素。随着因特网的发展，其规模越来越大，通信链路越来越长，网络的安全问题也随之增加。这在当初把因特网作为科学研究用途时是可行的，但是在当今电子商务和电子政务炙手可热之时，网络安全问题已经成了一种障碍。

　　因特网上缺乏统一的安全标准，尽管标准众多，但没有达成共识。众所周知，IETF(Internet Engineering Task Force，因特网工程任务组) 负责开发和发布因特网标准。随着因特网商业味道越来越浓，各个制造商为了各自的经济利益均采用自己的标准，而不是遵循 IETF 的标准化进程，这使得 IETF 的地位变得越来越模糊不清。以下是由不同组织开发的几个安全通信协议标准：安全超文本传输协议（Secure Hyper Text Transfer Protocol，S-HTTP）、安全套接字层（Secure Sockets Layer，SSL）和保密通信技术（Private Communication Technology，PCT）。

1.3.1　网络安全威胁的类型

威胁定义为对缺陷的潜在利用，这些缺陷可能导致非授权访问、信息泄露、资源耗尽、资源被盗或者被破坏等。网络安全所面临的威胁可来自很多方面，并且随着时间的变化而变化。网络安全的威胁既可以来自内部网又可以来自外部网，不同的研究结果表明，有 70% ~ 85% 的安全事故来自内部网。显然，只有少数网络攻击是来自因特网的。一般而言，主要的威胁种类有如下几种：

① 窃听。在广播式网络信息系统中，每个节点都能读取网上传输的数据。对广播网络的双绞线进行搭线窃听是很容易的，安装通信监视器和读取网上的信息也很容易。网络体系结构允许监视器接收网上传输的所有数据帧而不考虑帧的传输目的地址，这种特性使得黑客等很容易窃取网上的数据或非授权访问且不易被发现。

② 假冒。当一个实体假扮成另一个实体时就发生了假冒。一个非授权节点，或一个不被信任的、有危险的授权节点都能冒充一个完全合法的授权节点，而且不会有多大困难。很多网络适配器都允许网络数据帧的源地址由节点自己来选取或改变，这就使冒充变得较为容易。

③ 重放。重放是攻击方重新发送一份合法报文或报文的一部分，以使被攻击方认为自己是合法的或被授权的。当某节点复制发到其他节点的报文并在其后重发它们时，如果不能检测重发，目标节点会依据此报文的内容接受某些操作。例如，报文的内容是以前发送过的合法口令，则将会出现严重的后果。

④ 流量分析。指通过对网上信息流的观察和分析推断出网上的数据信息，例如有无传输，传输的数量、方向、频率等。因为网络信息系统的所有节点都能访问全网，所以流量的分析易于完成。由于报头信息不能被加密，所以即使对数据进行了加密处理，也可以进行有效的流量分析。

⑤ 破坏完整性。有意或无意地修改或破坏信息系统，或者在非授权和不能监测的方式下对数据进行修改，使得接收方得不到正确的数据。

⑥ 拒绝服务。当一个授权实体不能获得应有的对网络资源的访问或紧急操作被延迟时，就发生了拒绝服务。拒绝服务可能由网络部件的物理损坏而引起，也可能由使用不正确的网络协议（如传输了错误的信号或在不适当的时候发出了信号）、超载或者某些特定的网络攻击（如信息包洪水——Packet Flood）引起。

⑦ 资源的非授权使用。即与所定义的安全策略不一致的使用。因常规技术不能限制节点收发信息，也不能限制节点侦听数据，所以一个合法节点能访问网络上的所有数据和资源，为此，必须采用某些措施加以限制。

⑧ 特洛伊木马。非法程序隐藏在一个合法程序里从而达到其特定的目的（如盗取用户的敏感数据）。这可以通过替换系统合法程序，或者在合法程序里插入恶意代码来实现。

⑨ 病毒。目前，全世界已经发现了上万种计算机病毒，而且新型病毒还在不断出现。比如，保加利亚计算机专家迈克·埃文杰制造出的一种计算机病毒——"变换器"，它可以设计出新的更难发现的"多态变形"病毒。该病毒具有类似神经网络细胞式的自我变异功能，在一定的条

件下，病毒程序可以无限制地衍生出各种各样的变种病毒。随着计算机技术的不断发展和人们对计算机系统和网络依赖程度的增加，计算机病毒已经对计算机和网络构成了严重威胁。

⑩ 诽谤。利用网络信息系统的广泛互联性和匿名性，散布错误的消息以达到诋毁某人或某组织形象和知名度的目的。

1.3.2　网络安全威胁的动机

知己知彼，百战不殆。互联网上面临如此众多的安全威胁，找到这些安全威胁的动机是解决安全问题的重要问题。威胁安全问题的实体是入侵者，因此识别入侵者是一项烦琐而艰巨的任务。了解攻击的动机可以帮助用户洞察网络中哪些部分容易受攻击以及攻击者最可能采取什么行动。在网络入侵的背后，通常有以下五种形式的动机。

1．商业间谍

所谓商业间谍，就是为了获取商业秘密，渗透进入某公司内部，搜寻该公司的秘密并出卖给其竞争者的人。攻击者的主要目的是阻止被攻击站点检测到公司的系统安全已受到危害，同时大量窃取机密信息。随着企业内部网大量接入因特网，商业间谍引起了人们广泛关注。

最近的研究表明，商业贸易经常受到来自公司内部持有异议和不诚实雇员的攻击。这些攻击包括收集机密信息、滥用职权及其物理访问权、内部黑客、雇佣外来黑客等。

2．经济利益

经济利益是另外一种比较普遍的网络攻击目的。攻击者获取非授权访问，然后偷取钱财或者资源以获得经济利益。例如，一名不诚实的职员将资金从公司的账号上转移到自己的私人账号上；因特网上的一名黑客可能进入银行系统进行非授权访问并转移资金。

3．报复或引人注意

网络同样可以出于报复目的或者为了扬名的目的而被攻击。被解雇的职员可以在离开公司之前安装特洛伊木马程序到公司的网络上。有时候，一名黑客会攻破一个网络来炫耀其技能以便扬名。有些销售商为了完善自己的网络安全产品也会给成功入侵他们网络安全产品的人提供奖金。

4．恶作剧

入侵者闲得无聊又具备一定的计算机知识，因此总想访问他所感兴趣的但又被拒绝访问或要求付费的站点。

5．无知

入侵者正在学习计算机和网络，无意中发现的一些弱点可能导致数据被毁或者执行非法操作。

视频 1.4

 ## 1.4　安全评价标准

在很长的一段时间里，计算机系统的安全性依赖于计算机系统的设计者、使用者和管理者对安全性的理解和所采取的措施，因此所谓安全的计算机对于不同的用户有不同的标准和实际安全水平。为了规范对计算机安全的理解和实际的计算机安全措施，许多发达国家相继建立了用于评价计算机系统的可信程度的标准。

1.4.1　可信计算机系统评估准则

为了保障计算机系统的信息安全，1985 年，美国国防部发表了《可信计算机系统评估准则》（缩写为 TCSEC），它依据处理的信息等级采取相应的对策，划分了四类七个安全等级。依照各类、级的安全要求从低到高，依次是 D、C1、C2、B1、B2、B3 和 A1 级。

① D 级：最低安全保护（Minimal Protection），没有任何安全性防护。

② C1 级：自主安全保护（Discretionary Security Protection）。这一级的系统必须对所有的用户进行分组；每个用户必须注册后才能使用；系统必须记录每个用户的注册活动；系统对可能破坏自身的操作将发出警告。用户可保护自己的文件不被别人访问，如典型的多用户系统。

③ C2 级：可控访问保护（Controlled Access Protection）。在 C1 级基础上，增加了以下要求：所有的客体都只有一个主体；对于每个试图访问客体的操作，都必须检验权限；只有主体和主体指定的用户才可以更改权限；管理员可以取得客体的所有权，但不能再归还；系统必须保证自身不能被管理员以外的用户改变；系统必须有能力对所有的操作进行记录，并且只有管理员和由管理员指定的用户可以访问该记录。具备审计功能，不允许访问其他用户的内存内容和恢复其他用户已删除的文件。SCO UNIX 和 Windows NT 系统属于 C2 级。

④ B1 级：标识的安全保护（Labeled Security Protection）。在 C2 的基础上，增加以下要求：不同组的成员不能访问对方创建的客体，但管理员许可的除外；管理员不能取得客体的所有权；允许带级别的访问控制，如一般、秘密、机密、绝密等。Windows NT 的定制版本可以达到 B1 级。

⑤ B2 级：结构化保护（Structured Protection）。在 B1 的基础上，增加以下几条要求：所有的用户都被授予一个安全等级；安全等级较低的用户不能访问高等级用户创建的客体。银行的金融系统通常达到 B2 级，提供结构化的保护措施，对信息实现分类保护。

⑥ B3 级：安全域保护（Security Domain）。在 B2 的基础上，增加以下要求：系统有自己的执行域，不受外界干扰或篡改；系统进程运行在不同的地址空间从而实现隔离；具有高度的抗入侵能力，可防篡改，进行安全审计事件的监视，具备故障恢复能力。

⑦ A1 级：可验证设计（Verified Design）。在 B3 的基础上，增加一些要求，如系统的整体安全策略一经建立便不能修改；计算机的软、硬件设计均基于正式的安全策略模型，可通过理论分析进行验证；生产过程和销售过程也绝对可靠，但目前尚无满足此条件的计算机产品。

其中，C 类称为酌情保护，B 类称为强制保护，A 类称为核实保护。

这个标准过分强调了保密性，而对系统的可用性和完整性重视不够，因此实用性较低。为此，美国 NIST 和国家安全局于 1993 年为那些需要十分重视计算机安全的部门制定了一个"多用户操作系统最低限度安全要求"，其中为系统安全定义了八种特性。

① 识别和验证：系统应该建立和验证用户身份，这包括用户应提供一个唯一的用户标识符，使系统可用它来确认用户身份；同时用户还需提供系统知晓的确认信息，如一个口令，以便系统确认。系统应具有保护这些鉴别信息不被越权访问的能力。

② 访问控制：系统应确保履行其职责的用户和过程不能对其未授权的信息或资源进行

访问；系统访问控制的粒度应为单个用户；识别和验证应在系统和用户的其他交互动作之前进行；对系统和其他资源的访问应限于获得相应访问权的用户。

③ 可查性：系统应保证将与用户行为相关的信息或用户动作的过程与相应用户建立联系，以具备对用户的行为进行追查的能力；系统应为安全事件和不当行为的事后调查保存足够的信息，并为所有重要事件提供具有单个用户粒度的可查性；系统应有能力保护这些日志信息不被越权访问。

④ 审计：系统应提供机制以判断违反安全的事件是否真的发生，以及这些事件危及哪些信息或资源。

⑤ 客体再用：系统应确保资源在保持安全的情况下能被再用；分配给一个用户的资源不应含有系统或系统其他用户以前使用过的相关信息。

⑥ 准确度：系统应具备区分系统以及不同单个用户信息的能力。

⑦ 服务的可靠性：系统应确保在被授权的实体请求时，资源能够被访问和使用，即系统或任何用户对资源的占用是有限度的。

⑧ 数据交互：系统应能确保在通信信道上传输的数据的安全。

这八种安全特性比较全面地反映了现代计算机信息系统的安全需求，即要求系统用户是可区分的，系统资源是可保护的，系统行为是可审计的。

1.4.2　网络安全体系结构

国际标准化组织（International Standard Organization，ISO）提出了开放系统互连参考模型（Open Systems Interconnection Reference Model，OSI/RM，简称 OSI）。1988 年，ISO 发布了 OSI 安全体系结构 ISO 7498-2 标准，作为 OSI 基本参考模型的补充。这是基于 OSI 参考模型的七层协议之上的网络安全体系结构。它定义了五类安全服务、八种特定安全机制、五种普遍性安全机制。它确定了安全服务与安全机制的关系以及在 OSI 七层模型中安全服务的配置，还确定了 OSI 安全体系的安全管理。

国际标准化组织在网络安全体系的设计标准（ISO 7498-2）中定义了五类安全服务功能：身份认证服务、数据保密服务、数据完整性服务、不可否认服务和访问控制服务。下面描述的安全服务是基本的安全服务。实际上，为了满足安全策略或用户的要求，它们将应用在适当的功能层上，通常还要与非 OSI 服务与机制结合起来使用。一些特定的安全机制能用来实现这些基本安全服务的组合，建立的实际系统通常执行这些基本的安全服务的某些特定的组合。以下讨论包括在 OSI 安全体系结构中的安全服务。

1.4.3　网络安全服务目标类型

1. 身份认证服务

身份认证（Authentication）确保会话对方的资源（人或计算机）同其声称的相一致。

这种服务在连接建立或在数据传送阶段的某些时刻使用，用以证实一个或多个连接实体的身份。使用这种服务可以确信（仅仅在使用时间内）：一个实体此时没有试图冒充别的实体，或没有试图将先前的连接进行非授权地重放。实施单向或双向对等实体鉴别是可能的，可以带有效期检验，也可以不带。

例如，张三通过网络与李四通信时需要确定李四的身份。可是王五可能冒充李四，音频与视频都不可靠，因为这些信息都可以伪造。有时通信方不是自然人，而是一台服务器，如网上银行的服务器，这更难以辨别真假。必须设法保证通信方身份的真实性，如果冒名顶替则会被发现，这种技术叫作身份认证技术。

2. 数据保密服务

数据保密（Privacy）服务确保敏感信息不被非法获取。这种服务对数据提供保护，使之不被非授权者泄露。

数据在网络上传输时，很容易被黑客截获窃听。对于使用集线器的以太网，一台计算机发送数据时，其他计算机都能接收到，利用 Ethereal 等软件可以方便地查看经过本机网卡的所有数据；当上网的时候，所有数据都经过 ISP（因特网服务提供商），ISP 的管理员能看到所有的数据。必须保证只有合法的接收者才能读出数据，其他任何人即使收到也读不出。计算机密码学可以解决这个问题，数据加密后再发送，只有合法的接收者才能解密，最终看到数据的原文。第 2 章、第 4 章将讨论有关加密的知识。

3. 数据完整性服务

系统只允许授权的用户修改信息，以保证提供给用户的信息是完整无缺的。完整性有两方面的含义：数据本身的完整性和连接的完整性。

数据本身的完整性（Integrity）服务确保数据不被篡改。数据不加密传输时，黑客可以任意篡改数据，破坏数据的完整性。数据即使加密后再发送，也只能保证数据的机密性，黑客虽然不知道数据是什么，但仍可以篡改数据。黑客篡改数据是无法避免的，能做到的只是接收方及时发现这些篡改。利用计算机密码学，接收方可以很容易地检测数据在传输过程中是否被篡改。

4. 不可否认服务

不可否认（Non-repudiation）又称为抗抵赖，该服务确保任何发生的交互在事后可以被证实，即所谓的不可抵赖性。

这种服务可取如下两种形式，或两者之一：

① 有数据原发证明的抗抵赖。为数据的接收者提供数据来源的证据，这将使发送者谎称未发送过这些数据或否认其内容的企图不能得逞。

② 有交付证明的抗抵赖。为数据的发送者提供数据交付证据，这将使得接收者事后谎称未收到过这些数据或否认其内容的企图不能得逞。

通过网络办理很多业务时，必须具有不可否认功能。例如，某用户通过网上银行支出了一笔钱，他事后无法否认此交易。这种情况可利用系统的日志信息以及数字签名技术来达到不可否认的目的。第 4 章将讨论这方面的问题。

5. 访问控制服务

访问控制（Access Control）服务确保会话双方（人或计算机）有权做其所声称的事情。访问控制就是控制主体对客体资源的访问。

这种服务针对可访问资源的非授权使用。这种保护服务可应用于对资源的各种不同类型的访问（例如，使用通信资源；读、写或删除信息资源；处理资源的执行）或应用于对一种资源的所有访问。

对一个计算机系统来说，不同的用户应该具有不同的权限：管理员具有管理权限，可以为其他用户分配权限；一般用户具有部分权限，可以有限制地使用系统的资源；未登录（匿名）用户没有访问权限或只能访问一些公开的资源。利用访问控制，一般用户就难以非授权地访问系统资源；黑客也难以窃取系统的机密数据。

这五个方面解释准确、含义清晰，得到了安全领域专家的认可。在所有的安全标准中，这个标准准确而全面地诠释了网络安全的各个层面，只要网络能提供这五个方面的安全服务，几乎所有的安全问题都可解决。后面章节的所有内容，都围绕解决这五个问题中的一个或多个进行。

为了提供上面的网络安全服务，需要特定的安全机制。

1.4.4 特定安全机制

ISO 定义了八种特定安全机制、五种普遍性安全机制。这些安全机制可以设置在适当的层上。本书为了减少复杂性，有意弱化分层。八种特定安全机制如下：

1．加密

加密是指对数据进行密码变换以产生密文。加密既能为数据提供机密性，也能为通信业务流信息提供机密性，并且还可成为在下面所述的一些别的安全机制中的一部分或起补充作用。

加密算法可以是可逆的，也可以是不可逆的。

2．数字签名机制

数字签名是附加在数据单元上的一些数据，或者对数据进行的密码变换，以达到不可否认或完整性的目的。

这种机制有两个过程：①对数据单元签名；②验证签过名的数据单元。

3．访问控制机制

为了决定和实施一个实体的访问权，访问控制机制可以使用该实体已鉴别的身份，或使用有关该实体的信息（例如，它与一个已知的实体集的从属关系），或使用该实体的权力。如果这个实体试图使用非授权的资源，或者以不正当方式使用授权资源，那么访问控制功能将拒绝这一企图，另外还可能产生一个报警信号或记录。它作为安全审计跟踪的一部分来报告这一事件。

访问控制机制可以建立在使用下列所举的一种或多种手段之上：

① 访问控制信息库：在这里保存有对等实体的访问权限。这些信息可以由授权中心保存，或由正被访问的那个实体保存。信息的形式可以是一个访问控制表，或者等级结构，或者分布式结构的矩阵。

② 鉴别信息（如口令）：对这一信息的占有和出示便证明正在进行访问的实体已被授权。

③ 权力：对它的占有和出示便证明有权访问由该权力所规定的实体或资源。

💡 注意：权力应是不可伪造的并以可信赖的方式进行运送。

④ 安全标记：当与一个实体相关联时，这种安全标记可用来表示同意或拒绝访问，通常根据安全策略而定。

⑤ 试图访问的时间。

⑥ 试图访问的路由。

⑦ 访问持续期。

4．数据完整性机制

数据完整性有两个方面：单个数据单元或字段的完整性以及数据单元流或字段流的完整性。一般来说，提供这两种类型完整性服务的机制是不相同的，而没有第一类完整性服务，第二类服务是无法提供的。

决定单个数据单元的完整性涉及两个过程：一个在发送实体上；一个在接收实体上。发送实体给数据单元附加一个量，这个量为该数据的函数。这个量可以是如分组校验码那样的补充信息，也可以是一个密码校验值，而且它本身可以被加密。接收实体产生一个相应的量，并把它与接收到的那个量进行比较以决定该数据是否在转送中被篡改过。单靠这种机制不能防止单个数据单元的重放。

5．鉴别交换机制

可用于鉴别交换的一些技术如下：

① 使用鉴别信息（如口令）由发送实体提供而由接收实体验证。

② 密码技术。

③ 使用该实体的特征或占有物。

这种机制可设置在某层以提供对等实体鉴别。如果在鉴别实体时这一机制得到否定的结果，就会导致连接的拒绝或终止，也可能使在安全审计跟踪中增加一个记录，或给安全管理中心一个报告。

6．通信业务填充机制

通信业务填充机制能用来提供各种不同级别的保护，抵抗通信业务分析。这种机制只有在通信业务填充受到机密服务保护时才是有效的。

7．路由选择控制机制

路由能动态地或预定地选取，以便只使用物理上安全的子网络、中继站或链路。在检测到持续的操作攻击时，端系统可指示网络服务的提供者经不同的路由建立连接。带有某些安全标记的数据可能被安全策略禁止通过某些子网络、中继或链路。连接的发起者（或无连接数据单元的发送者）可以指定路由选择说明，由它请求回避某些特定的子网络、链路或中继。

8．公证机制

两个或多个实体之间通信数据的性质，如完整性、原发、时间和目的地等能够借助公证机制而得到保证，这种保证是由第三方公证人提供的。公证人为通信实体所信任，并掌握必要信息，以一种可证实方式提供所需的保证。每个通信事例可使用数字签名、加密和完整性机制以适应公证人提供的那种服务。当这种公证机制被用到时，数据便在参与通信的实体之间经由受保护的通信实例和公证方进行通信。

1.4.5　普遍性安全机制

本条说明的几种安全机制不是为任何特定的服务而特设的，不涉及层的问题。某些这样的普遍性安全机制可认为属于安全管理方面。

1．可信功能

为了扩充其他安全机制的范围，或者为了建立这些安全机制的有效性，必须使用可信功能。信息安全与"可信"具有千丝万缕的联系。在日常生活中，"可信"是谈论得较多的话题，如可以信任、可以信赖等。"可信"本身是一个多层次、多范畴的概念，它是一个相对的概念，比较模糊。"可信"既是信息安全的目标，也是一种方法。

传统的信息安全主要通过防火墙、病毒检测、入侵检测及加密等手段实现，以被动防御为主，结果各种防御措施花样层出，防火墙越砌越高，入侵检测越做越复杂，恶意代码库越做越大，但是信息安全仍然得不到有效保障。现在研究"可信"的主要目的就是要建立起主动防御的信息安全保障体系。近几年我们国家也非常重视可信计算，在这方面的研究有一定的进展。

2. 安全标记

包含数据项的资源可能具有与这些数据相关联的安全标记，例如指明数据敏感性级别的标记。必须在转送中与数据一起运送适当的安全标记。安全标记可能是与被传送的数据相连的附加数据，也可能是隐含的信息，例如使用一个特定密钥加密数据所隐含的信息；或者由该数据的上下文所隐含的信息。明显的安全标记必须是清晰可辨认的，以便对它们做适当的验证。此外，它们还必须安全可靠地依附于与之关联的数据。

3. 事件检测

与安全有关的事件检测包括对明显安全事件的检测，也可以包括对"正常"事件的检测，例如一次成功的访问（或注册）。与安全有关的事件的检测可由 OSI 内部含有安全机制的实体来做。构成一个事件的技术规范由事件处置管理来维护。

这一领域的标准化将考虑对事件报告与事件记录有关信息的传输，以及为了传输事件报告与事件记录所使用的语法和语义的定义。

4. 安全审计跟踪

安全审计跟踪提供了一种不可忽视的安全机制，它的潜在价值在于：事后的安全审计得以检测和调查安全漏洞。安全审计就是对系统的记录（日志）与行为进行独立的品评考查，目的是测试系统的控制是否恰当，保证与既定策略和操作协调一致，有助于做出损害评估，以及对在控制、策略与规程中指明的改变做出评价。安全审计要求在安全审计跟踪中记录有关安全的信息，分析和报告从安全审计跟踪中得来的信息。

收集审计跟踪的信息，通过列举被记录的安全事件的类别（例如对安全要求的明显违反或成功操作的完成），能适应各种不同的需要。

OSI 安全审计跟踪将考虑要选择记录什么信息，在什么条件下记录信息，以及为了交换安全审计跟踪信息所采用的语法和语义定义。

5. 安全恢复

安全恢复处理来自诸如事件处置与管理功能等机制的请求，并把恢复动作当作应用一组规则的结果。这种恢复动作可能有三种：立即的、暂时的、长期的。

例如，立即动作可能造成操作的立即放弃，如断开；暂时动作可能使一个实体暂时无效；长期动作可能把一个实体记入"黑名单"或改变密钥。

视频 1.5

 ## 1.5 网络安全等级保护概述

为了配合《中华人民共和国网络安全法》的实施，同时适应云计算、移动互联、物联网、工业控制和大数据等新技术、新应用情况下网络安全等级保护工作的开展，国家市场监督管理总局、中国国家标准化管理委员会于 2019 年 5 月 10 日发布《信息安全技术　网络安全等级保护基本要求（GB/T 22239—2019）》（以下简称等级保护或等保），2019 年 12 月 1 日起施行，代替《信息安全技术　信息系统安全等级保护基本要求（GB/T 22239—2008）》。

1.5.1　等级保护对象

等级保护对象是指网络安全等级保护工作中的对象，通常是指由计算机或者其他信息终端及相关设备组成的按照一定的规则和程序对信息进行收集、存储、传输、交换、处理的系统，主要包括基础信息网络、云计算平台/系统、大数据应用/平台/资源、物联网（IoT）、工业控制系统和采用移动互联技术的系统等。等级保护对象根据其在国家安全、经济建设、社会生活中的重要程度，遭到破坏后对国家安全、社会秩序、公共利益以及公民、法人和其他组织的合法权益的危害程度等，由低到高被划分为五个安全保护等级。保护对象的安全保护等级确定方法参见 GB/T 22240—2020。本标准规定了网络安全等级保护的第一级到第四级等级保护对象的安全通用要求和安全扩展要求。

1.5.2　不同级别的安全保护能力

不同级别的等级保护对象应具备的基本安全保护能力如下：

① 第一级安全保护能力：应能够防护来自个人的、拥有很少资源的威胁源发起的恶意攻击、一般的自然灾难，以及其他相当危害程度的威胁所造成的关键资源损害，在自身遭到损害后，能够恢复部分功能。

② 第二级安全保护能力：应能够防护来自外部小型组织的、拥有少量资源的威胁源发起的恶意攻击、一般的自然灾难，以及其他相当危害程度的威胁所造成的重要资源损害，能够发现重要的安全漏洞和处置安全事件，在自身遭到损害后，能够在一段时间内恢复部分功能。

③ 第三级安全保护能力：应能够在统一安全策略下防护来自外部有组织的团体、拥有较为丰富资源的威胁源发起的恶意攻击、较为严重的自然灾难，以及其他相当危害程度的威胁所造成的主要资源损害，能够及时发现、监测攻击行为和处置安全事件，在自身遭到损害后，能够较快恢复绝大部分功能。

④ 第四级安全保护能力：应能够在统一安全策略下防护来自国家级别的、敌对组织的、拥有丰富资源的威胁源发起的恶意攻击、严重的自然灾难，以及其他相当危害程度的威胁所造成的资源损害，能够及时发现、监测发现攻击行为和安全事件，在自身遭到损害后，能够迅速恢复所有功能。

⑤ 第五级安全保护能力：第五级等级保护对象是非常重要的监督管理对象，对其有特殊的管理模式和安全要求，所以没有在本标准中具体规定。

1.5.3　安全要求分类

由于业务目标的不同、使用技术的不同、应用场景的不同等因素，不同的等级保护对象会以不同的形态出现，表现形式可能称为基础信息网络、信息系统（包含采用移动互联等技术的系统）、云计算平台/系统、大数据平台/系统、物联网、工业控制系统等。形态不同的等级保护对象面临的威胁有所不同，安全保护需求也会有所差异。为了便于实现对不同级别的和不同形态的等级保护对象的共性化和个性化保护，等级保护安全要求分类为：安全通用要求和安全扩展要求。

安全通用要求针对共性化保护需求提出，等级保护对象无论以何种形式出现，都应根据安全保护等级实现相应级别的安全通用要求；安全扩展要求针对个性化保护需求提出，需要根据安全保护等级和使用的特定技术或特定的应用场景选择性实现安全扩展要求。安全通用要求和安全扩展要求共同构成了对等级保护对象的安全要求。

安全通用要求又进一步细分为技术要求和管理要求。其中技术要求包括：安全物理环境、安全通信网络、安全区域边界、安全计算环境和安全管理中心；管理要求包括：安全管理制度、安全管理机构、安全管理人员、安全建设管理和安全运维管理。两者合计十大类。安全扩展要求包括：云计算安全、移动互联安全、物联网安全和工业控制系统安全，共四类。安全要求分类如图 1-1 所示。

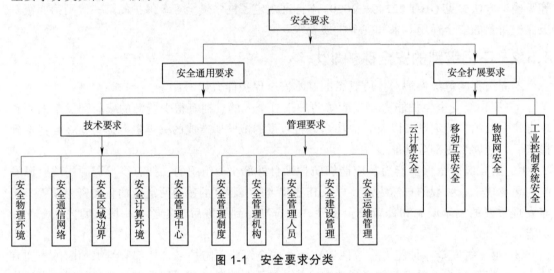

图 1-1　安全要求分类

下面对图 1-1 中的各项安全要求进行详细的诠释。

视频 1.6

*1.6　等级保护安全要求细则

1.6.1　安全技术要求

技术要求分类体现了从外部到内部的纵深防御思想，对等级保护对象的安全防护，从物理环境，到通信网络，再到区域边界，进而到计算环境，最后到安全管理中心，都有从外到内的整体考量。对级别较高的等级保护对象，还需要考虑对分布在整个系统中的安全功能或安全组件的集中技术管理手段。以下分述技术要求的各个方面。

1. 安全物理环境

安全物理环境部分是针对物理机房提出的安全控制要求，主要对象为物理环境、物理设备和物理设施等。涉及的安全控制点包括物理位置的选择、物理访问控制、防盗窃和防破坏、防雷击、防火、防水和防潮、防静电、温湿度控制、电力供应和电磁防护。

安全物理环境控制点/要求项的逐级变化见表 1-1。其中，数字表示每个控制点下各个级别的要求项数量，级别越高，要求项越多。后续表中的相关数字类同。

表 1-1 安全物理环境控制点/要求项的逐级变化

序　号	控　制　点	一　级	二　级	三　级	四　级
1	物理位置的选择	0	2	2	2
2	物理访问控制	1	1	1	2
3	防盗窃和防破坏	1	2	3	3
4	防雷击	1	1	2	2
5	防火	1	2	3	3
6	防水和防潮	1	2	3	3
7	防静电	0	1	2	2
8	温湿度控制	1	1	1	1
9	电力供应	1	2	3	4
10	电磁防护	0	1	2	2

承载高安全级别系统的机房相对承载低级别系统的机房，强化了物理访问控制、电力供应和电磁防护等方面的要求。例如，四级相比三级增设了"重要区域应配置第二道电子门禁系统""应提供应急供电设施""应对关键区域实施电磁屏蔽"等要求。

2．安全通信网络

安全通信网络部分是针对通信网络提出的安全控制要求，主要对象为广域网、城域网和局域网等，涉及的安全控制点包括网络架构、通信传输和可信验证。安全通信网络控制点/要求项的逐级变化见表 1-2。

表 1-2 安全通信网络控制点/要求项的逐级变化

序　号	控　制　点	一　级	二　级	三　级	四　级
1	网络架构	0	2	5	6
2	通信传输	1	1	2	4
3	可信验证	1	1	1	1

高级别系统的通信网络相对低级别系统的通信网络强化了优先带宽分配、设备接入认证、通信设备认证等方面的要求。例如，四级相比三级增设了"应可按照业务服务的重要程度分配带宽，优先保障重要业务""应采用可信验证机制对接入网络中的设备进行可信验证，保证接入网络的设备真实可信""应在通信前基于密码技术对通信双方进行验证或认证"等要求。

3．安全区域边界

安全通用要求中的安全区域边界部分是针对网络边界提出的安全控制要求，主要对象为系统边界和区域边界等，涉及的安全控制点包括边界防护、访问控制、入侵防范、恶意代码防范、安全审计和可信验证。安全区域边界控制点/要求项的逐级变化见表 1-3。

表 1-3　安全区域边界控制点/要求项的逐级变化

序　号	控　制　点	一　级	二　级	三　级	四　级
1	边界防护	1	1	4	6
2	访问控制	3	4	5	5
3	入侵防范	0	1	4	4
4	恶意代码防范	0	1	2	2
5	安全审计	0	3	4	3
6	可信验证	1	1	1	1

高级别系统的网络边界相对低级别系统的网络边界强化了高强度隔离和非法接入阻断等方面的要求。例如，四级相比三级增设了"应在网络边界通过通信协议转换或通信协议隔离等方式进行数据交换""应能够在发现非授权设备私自联到内部网络的行为或内部用户非授权联到外部网络的行为时，对其进行有效阻断"等要求。

4．安全计算环境

安全通用要求中的安全计算环境部分是针对边界内部提出的安全控制要求。主要对象为边界内部的所有对象，包括网络设备、安全设备、服务器设备、终端设备、应用系统、数据对象和其他设备等；涉及的安全控制点包括身份鉴别、访问控制、安全审计、入侵防范、恶意代码防范、可信验证、数据完整性、数据保密性、数据备份与恢复、剩余信息保护和个人信息保护。安全计算环境控制点/要求项的逐级变化见表 1-4。

表 1-4　安全计算环境控制点/要求项的逐级变化

序　号	控　制　点	一　级	二　级	三　级	四　级
1	身份鉴别	2	3	4	4
2	访问控制	3	4	7	7
3	安全审计	0	3	4	4
4	入侵防范	2	5	6	6
5	恶意代码防范	1	1	1	1
6	可信验证	1	1	1	1
7	数据完整性	1	1	2	3
8	数据保密性	0	0	2	2
9	数据备份与恢复	1	2	3	4
10	剩余信息保护	0	1	2	2
11	个人信息保护	0	2	2	2

高级别系统的计算环境相对低级别系统的计算环境强化了身份鉴别、访问控制和程序完整性等方面的要求。例如，四级相比三级增设了"应采用口令、密码技术、生物技术等两种或两种以上组合的鉴别技术对用户进行身份鉴别，且其中一种鉴别技术至少应使用密码技术来实现""应对主体、客体设置安全标记，并依据安全标记和强制访问控制规则确定主体对客体的访问""应采用主动免疫可信验证机制及时识别入侵和病毒行为，并将其有效阻断"等。

5．安全管理中心

安全通用要求中的安全管理中心部分是针对整个系统提出的安全管理方面的技术控制要求，通过技术手段实现集中管理。涉及的安全控制点包括系统管理、审计管理、安全管理和集中管控。安全管理中心控制点/要求项的逐级变化见表 1-5。

表 1-5　安全管理中心控制点/要求项的逐级变化

序　号	控　制　点	一　级	二　级	三　级	四　级
1	系统管理	2	2	2	2
2	审计管理	2	2	2	2
3	安全管理	0	2	2	2
4	集中管控	0	0	6	7

高级别系统的安全管理相对低级别系统的安全管理强化了采用技术手段进行集中管控等方面的要求。例如，三级相比二级增设了"应划分出特定的管理区域，对分布在网络中的安全设备或安全组件进行管控""应对网络链路、安全设备、网络设备和服务器等的运行状况进行集中监测""应对分散在各个设备上的审计数据进行收集汇总和集中分析，并保证审计记录的留存时间符合法律法规要求""应对安全策略、恶意代码、补丁升级等安全相关事项进行集中管理"等要求。

1.6.2　安全管理要求

安全通用要求中的管理要求分类体现了从要素到活动的综合管理思想。安全管理需要的"机构""制度""人员"三要素缺一不可，同时还应对系统建设整改过程中和运行维护过程中的重要活动实施控制和管理。对级别较高的等级保护对象需要构建完备的安全管理体系。以下分述管理要求的各个方面。

1．安全管理制度

安全管理制度部分是针对整个管理制度体系提出的安全控制要求，涉及的安全控制点包括安全策略、管理制度、制定和发布以及评审和修订。安全管理制度控制点/要求项的逐级变化见表 1-6。

表 1-6　安全管理制度控制点/要求项的逐级变化

序　号	控　制　点	一　级	二　级	三　级	四　级
1	安全策略	0	1	1	1
2	管理制度	1	2	3	3
3	制定和发布	0	2	2	2
4	评审和修订	0	1	1	1

2．安全管理机构

安全通用要求中的安全管理机构部分是针对整个管理组织架构提出的安全控制要求，涉及的安全控制点包括岗位设置、人员配备、授权和审批、沟通和合作以及审核和检查。安全管理机构控制点/要求项的逐级变化见表1-7。

表1-7 安全管理机构控制点/要求项的逐级变化

序 号	控 制 点	一 级	二 级	三 级	四 级
1	岗位设置	1	2	3	3
2	人员配备	1	1	2	3
3	授权和审批	1	2	3	3
4	沟通和合作	0	3	3	3
5	审核和检查	0	1	3	3

3．安全管理人员

安全管理人员部分是针对人员管理模式提出的安全控制要求，涉及的安全控制点包括人员录用、人员离岗、安全意识教育和培训以及外部人员访问管理。安全管理人员控制点/要求项的逐级变化见表1-8。

表1-8 安全管理人员控制点/要求项的逐级变化

序 号	控 制 点	一 级	二 级	三 级	四 级
1	人员录用	1	2	3	4
2	人员离岗	1	1	2	2
3	安全意识教育和培训	1	1	3	3
4	外部人员访问管理	1	3	4	5

4．安全建设管理

安全通用要求中的安全建设管理部分针对安全建设过程提出的安全控制要求，涉及的安全控制点包括定级和备案、安全方案设计、安全产品采购和使用、自行软件开发、外包软件开发、工程实施、测试验收、系统交付、等级测评和服务供应商管理。安全建设管理控制点/要求项的逐级变化见表1-9。

表1-9 安全建设管理控制点/要求项的逐级变化

序 号	控 制 点	一 级	二 级	三 级	四 级
1	定级和备案	1	4	4	4
2	安全方案设计	1	3	3	3
3	安全产品采购和使用	1	2	3	4
4	自行软件开发	0	2	7	7
5	外包软件开发	0	2	2	3
6	工程实施	1	2	3	3
7	测试验收	1	2	2	2
8	系统交付	2	3	3	3
9	等级测评	0	3	3	3
10	服务供应商管理	2	2	3	3

5. 安全运维管理

安全运维管理部分是针对安全运维过程提出的安全控制要求，涉及的安全控制点包括环境管理、资产管理、介质管理、设备维护管理、漏洞和风险管理、网络和系统安全管理、恶意代码防范管理、配置管理、密码管理、变更管理、备份与恢复管理、安全事件处置、应急预案管理和外包运维管理。安全运维管理控制点/要求项的逐级变化见表 1-10。

表 1-10 安全运维管理控制点/要求项的逐级变化

序　号	控 制 点	一　级	二　级	三　级	四　级
1	环境管理	2	3	3	4
2	资产管理	0	1	3	3
3	介质管理	1	2	2	2
4	设备维护管理	1	2	4	4
5	漏洞和风险管理	1	1	2	2
6	网络和系统安全管理	2	5	10	10
7	恶意代码防范管理	2	3	2	2
8	配置管理	0	1	2	2
9	密码管理	0	2	2	3
10	变更管理	0	1	3	3
11	备份与恢复管理	2	3	3	3
12	安全事件处置	2	3	4	5
13	应急预案管理	0	2	4	5
14	外包运维管理	0	2	4	4

1.6.3　安全扩展要求

安全扩展要求是采用特定技术或特定应用场景下的等级保护对象需要增加实现的安全要求，包括云计算安全扩展要求、移动互联安全扩展要求、物联网安全扩展要求和工业控制系统安全扩展要求。

1. 云计算安全扩展要求

采用了云计算技术的信息系统通常称为云计算平台。云计算平台由设施、硬件、资源抽象控制层、虚拟化计算资源、软件平台和应用软件等组成。云计算平台中通常有云服务商和云服务客户/云租户两种角色。根据云服务商所提供服务的类型，云计算平台有软件即服务（SaaS）、平台即服务（PaaS）、基础设施即服务（IaaS）三种基本的云计算服务模式。在不同的服务模式中，云服务商和云服务客户对资源拥有不同的控制范围，控制范围决定了安全责任的边界。

云计算安全扩展要求是针对云计算平台提出的安全通用要求之外额外需要实现的安全要求。云计算安全扩展要求涉及的控制点包括基础设施位置、网络架构、网络边界的访问控制、网络边界的入侵防范、网络边界的安全审计、集中管控、计算环境的身份鉴别、计算环境的访问控制、计算环境的入侵防范、镜像和快照保护、数据安全性、数据备份恢复、剩余信息保护、云服务商选择、供应链管理和云计算环境管理。云计算安全扩展要求控制点/要求项的逐级变化见表1-11。

表 1-11　云计算安全扩展要求控制点/要求项的逐级变化

序　号	控　制　点	一　级	二　级	三　级	四　级
1	基础设施位置	1	1	1	1
2	网络架构	2	3	5	8
3	网络边界的访问控制	1	2	2	2
4	网络边界的入侵防范	0	3	4	4
5	网络边界的安全审计	0	2	2	2
6	集中管控	0	0	4	4
7	计算环境的身份鉴别	0	0	1	1
8	计算环境的访问控制	2	2	2	2
9	计算环境的入侵防范	0	0	3	3
10	镜像和快照保护	0	2	3	3
11	数据安全性	1	3	4	4
12	数据备份恢复	0	2	4	4
13	剩余信息保护	0	2	2	2
14	云服务商选择	3	4	5	5
15	供应链管理	1	2	3	3
16	云计算环境管理	0	1	1	1

2．移动互联安全扩展要求

采用移动互联技术的等级保护对象，其移动互联部分通常由移动终端、移动应用和无线网络三部分组成。移动终端通过无线通道连接无线接入设备接入有线网络；无线接入网关通过访问控制策略限制移动终端的访问行为；后台的移动终端管理系统（如果配置）负责对移动终端的管理，包括向客户端软件发送移动设备管理、移动应用管理和移动内容管理策略等。

移动互联安全扩展要求是针对移动终端、移动应用和无线网络提出的特殊安全要求，它们与安全通用要求一起构成针对采用移动互联技术的等级保护对象的完整安全要求。移动互联安全扩展要求涉及的控制点包括无线接入点的物理位置、无线和有线网络之间的边界防护、无线和有线网络之间的访问控制、无线和有线网络之间的入侵防范，移动终端管控、移动应用管控、移动应用软件采购、移动应用软件开发和配置管理。移动互联安全扩展要求控制点/要求项的逐级变化见表1-12。

表 1-12　移动互联安全扩展要求控制点/要求项的逐级变化

序　号	控　制　点	一　级	二　级	三　级	四　级
1	无线接入点的物理位置	1	1	1	1
2	无线和有线网络之间的边界防护	1	1	1	1
3	无线和有线网络之间的访问控制	1	1	1	1
4	无线和有线网络之间的入侵防范	0	5	6	6
5	移动终端管控	0	0	2	3
6	移动应用管控	1	2	3	4
7	移动应用软件采购	1	2	2	2
8	移动应用软件开发	0	2	2	2
9	配置管理	0	0	1	1

3．物联网安全扩展要求

物联网从架构上通常可分为三个逻辑层，即感知层、网络传输层和处理应用层。其中，感知层包括传感器节点和传感网网关节点或 RFID 标签和 RFID 读写器，也包括感知设备与传感网网关之间、RFID 标签与 RFID 读写器之间的短距离通信（通常为无线）部分；网络传输层包括将感知数据远距离传输到处理中心的网络，如互联网、移动网或几种不同网络的融合；处理应用层包括对感知数据进行存储与智能处理的平台，并对业务应用终端提供服务。对大型物联网来说，处理应用层一般由云计算平台和业务应用终端构成。

对物联网的安全防护应包括感知层、网络传输层和处理应用层。由于网络传输层和处理应用层通常由计算机设备构成，因此这两部分按照安全通用要求提出的要求进行保护。物联网安全扩展要求是针对感知层提出的特殊安全要求，它们与安全通用要求一起构成针对物联网的完整安全要求。

物联网安全扩展要求涉及的控制点包括感知节点的物理防护、感知网的入侵防范、感知网的接入控制、感知节点设备安全、网关节点设备安全、抗数据重放、数据融合处理和感知节点的管理。物联网安全扩展要求控制点/要求项的逐级变化见表 1-13。

表 1-13　物联网安全扩展要求控制点/要求项的逐级变化

序　号	控　制　点	一　级	二　级	三　级	四　级
1	感知节点的物理防护	2	2	4	4
2	感知网的入侵防范	0	2	2	2
3	感知网的接入控制	1	1	1	1
4	感知节点设备安全	0	0	3	3
5	网关节点设备安全	0	0	4	4
6	抗数据重放	0	0	2	2
7	数据融合处理	0	0	1	2
8	感知节点的管理	1	2	3	3

4．工业控制系统安全扩展要求

工业控制系统通常是可用性要求较高的等级保护对象。工业控制系统是各种控制系统的总称，典型的如数据采集与监视控制系统（SCADA）、集散控制系统（DCS）等。工业控制系统通常用于电力、水和污水处理、石油和天然气、化工、交通运输、制药、纸浆和造纸、食品和饮料，以及离散制造（如汽车、航空航天和耐用品）等行业。

工业控制系统从上到下一般分为五个层级，依次为企业资源层、生产管理层、过程监控层、现场控制层和现场设备层，不同层级的实时性要求有所不同，对工业控制系统的安全防护应包括各个层级。由于企业资源层、生产管理层和过程监控层通常由计算机设备构成，因此这些层级按照安全通用要求提出的要求进行保护。

工业控制系统安全扩展要求是针对现场控制层和现场设备层提出的特殊安全要求，它们与安全通用要求一起构成针对工业控制系统的完整安全要求。工业控制系统安全扩展要求涉及的控制点包括室外控制设备防护、网络架构、通信传输、访问控制、拨号使用控制、无线使用控制、控制设备安全、产品采购和使用以及外包软件开发。工业控制系统安全扩展要求控制点/要求项的逐级变化见表 1-14。

表 1-14　工业控制系统安全扩展要求控制点/要求项的逐级变化

序　号	控 制 点	一　级	二　级	三　级	四　级
1	室外控制设备防护	2	2	2	2
2	网络架构	2	3	3	3
3	通信传输	0	1	1	1
4	访问控制	1	2	2	2
5	拨号使用控制	0	1	2	3
6	无线使用控制	2	2	4	4
7	控制设备安全	2	2	5	5
8	产品采购和使用	0	1	1	1
9	外包软件开发	0	1	1	1

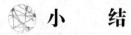

小　　结

本章主要介绍了有关网络安全的基础知识、相关标准等。网络安全服务的目标包括身份认证、访问控制、数据保密性、数据完整性和可审计性。网络面临众多的安全威胁，安全威胁的产生有其内在的原因。目前，国际和国内都有相关标准来评价网络安全。GB/T 22239—2019 标准可实施性好，为评测系统的安全性提供了依据。网络安全已经渗透到国家的政治、经济、军事等多个领域。事实上，绝对的网络与信息安全是不存在的，在实际应用中应针对具体的安全需求制定安全策略，在制定安全策略时应遵守"木桶原理"，不可偏颇。对安全方面的需求是要付出代价的，因此，不管应用的场合和环境一味地追求高安全性是不现实的，只有按需制定安全方案和策略才是可行的。

习　　题

1. 怎样理解安全策略遵守的"木桶原理"? 请举例说明。

2. GB/T 22239—2019 中安全要求如何分类?

3. 在众多的网络安全威胁中, 你认为哪个是最大威胁?

4. OSI 安全体系结构 ISO 7498-2 标准中五类安全服务是什么? 请举例说明。

5. GB/T 22239—2019 安全通用要求中包括技术要求和管理要求, 技术和管理孰重孰轻?

6. 关于可信计算你了解哪方面的知识?

7. 请分别举两个例子说明网络安全与政治、经济、社会和军事的联系。

8. 如何理解"网络与信息安全是双刃剑"这句话? 犯罪分子可以用它来危害社会, 是否可以认为这是为保证网络与信息安全必须付出的代价?

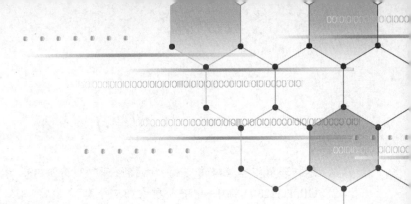

第②章
对称密钥密码体系

学习目标：

- 理解密码学的基本原理；
- 掌握 AES 加密算法；
- 了解加密算法 ZUC、A5、IDEA；
- 理解序列密码原理；
- 了解国产密码算法现状。

关键术语

- 国际数据加密算法（International Data Encryption Algorithm，IDEA）；
- 数据加密标准（Data Encryption Standard，DES）；
- 高级加密标准（Advanced Encryption Standard，AES）；
- Rijndael 算法；
- 祖冲之算法（ZUC）；
- A5 算法；
- 对称密钥密码体系（Symmetric Key Cryptography）；
- 非对称密钥密码体系（Asymmetric Key Cryptography）；
- 公开密钥密码体系（Public Key Cryptography）；
- 明文（Plaintext）；
- 密文（Ciphertext）；
- 加密（Encryption）；
- 解密（Decryption）；
- 公钥（Public Key）；
- 私钥（Private Key）；
- 分组密码（Block Cipher）；
- 序列密码（Stream Cipher）。

密码编码是对付各种安全威胁的最强有力的工具，加密技术是信息安全的核心技术。本章首先介绍密码体系的一些基本原理和密码分类，而后重点介绍对称密钥加密的几种常用算法：数据加密标准（DES）、IDEA、AES、ZUC 以及 A5 等，最后介绍国内密码的研究进展。

2.1　密码学原理

视频 2.1

密码技术具有悠久的历史，密码学使世界变得更加丰富多彩。1976 年，Diffie、Hellman 的《密码学的新方向》，开启了现代密码学的新里程，与现代密码学相关的技术应运而生，区块链技术就以密码学为基础。

2.1.1　密码学的基本原理

密码技术是一门古老的技术。公元前 1 世纪，著名的恺撒（Caesar）密码被用于高卢战争中，这是一种简单易行的单字母替代密码。世界各国都将密码视为秘密武器。20 世纪初，第一次世界大战进行到关键时刻，英国破译密码的专门机构"40 号房间"利用缴获的德国密码本破译了著名的"齐默尔曼电报"，促使美国放弃中立参战，改变了战争进程。战争的刺激和科学技术的发展对密码学的发展起到了推动作用。

信息技术的发展和广泛应用为密码学开辟了广阔的天地。可以说，没有计算机就没有现代密码学，没有互联网就不可能有密码学广泛的应用，计算机和网络成就了现代密码学。

密码学是以研究数据保密为目的，对存储和传输的信息进行秘密变换以防止第三者窃取信息的科学。被变换的信息称为明文（Plaintext），它可以是任何一段有意义的文字或数据；变换后的形式称为密文（Ciphertext），密文应该是乱码，从字面上看没有任何意义。从明文到密文的转换过程称为加密（Encryption），用到的算法称为加密算法；将密文还原成明文的过程称为解密（Decryption），用到的算法称为解密算法。加密和解密原理如图 2-1 所示。

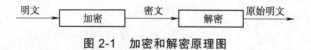

图 2-1　加密和解密原理图

从事密码编码的人员称为密码编码者；密码分析者是从事密码分析的专业人员，密码分析学就是破译密文的科学和技术，即揭穿伪装。作为数学分支的密码学包括密码编码学和密码分析学。精通密码学的人称为密码学家。密码算法是用于加密和解密的数学函数，一般情况下，有两个相关的函数：一个用作加密，另一个用作解密。

明文用 M（消息）或 P（明文）表示，它可能是比特流（文本文件、位图、数字化的语音流或数字化的视频图像）。明文可被传送或存储。

密文用 C 表示，它也是二进制数据，有时和 M 一样大，有时稍大（通过压缩和加密的结合，C 也有可能比 M 小些）。加密函数 E 作用于 M 得到密文 C，用数学公式表示为

$$E(M)=C$$

相反地，解密函数 D 作用于 C 产生 M，即

$$D(C)=M$$

先加密消息后解密，原始的明文将恢复出来，下面的等式必须成立：

$$D(E(M))=M$$

2.1.2　安全密码算法

如果密码的安全性是基于保持算法的秘密，这种密码算法就称为受限制的算法。受限制的算法在历史上起过作用，但按现代密码学的标准，它们的安全性已远远不够。大型的或经常变换用户的组织不能使用它们，因为每当有一个用户离开这个组织，其他的用户就必须换成另外不同的算法。如果有人无意暴露了这个秘密，所有人都必须改变他们的算法。

更糟的是，受限制的密码算法不可能进行质量控制或标准化。每个用户组织必须有自己的唯一算法，这样的组织不可能采用流行的硬件或软件产品。如果这个组织中没有好的密码学家，就无法知道自己是否拥有安全的算法。如果算法不安全，一旦泄露，将会产生致命的后果。

现代密码学用密钥解决了这个问题，密钥用 K 表示。K 可以是很多数值里的任意值。密钥 K 的可能值的范围称为密钥空间。加密和解密运算都使用这个密钥（即运算都依赖于密钥，并用 K 作为下标表示），这样，加/解密函数就变成

$$E_K(M)=C$$
$$D_K(C)=M$$

使用一个密钥的加密/解密过程如图 2-2 所示。

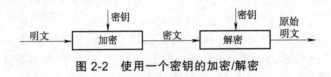

图 2-2　使用一个密钥的加密/解密

有些算法使用不同的加密密钥和解密密钥，如图 2-3 所示。也就是说加密密钥 K_1 与相应的解密密钥 K_2 不同，在这种情况下：

$$E_{K_1}(M)=C$$
$$D_{K_2}(C)=M$$

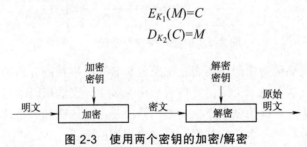

图 2-3　使用两个密钥的加密/解密

所有这些算法的安全性都基于密钥的安全性，而不是基于算法的细节的安全性。这就意味着算法可以公开，也可以被分析，可以大量生产使用算法的产品，即使偷听者知道你的算法也没有关系。如果他不知道使用的具体密钥，就不可能阅读你的消息。

无数的事实已经证明，只有公开的密码算法才是安全的。这是因为保密的算法只在一个很小的范围内设计和研究，少数人的智慧总是有限的。只有那些公开的、经过多年让众多的学者和黑客去研究仍不能被破解的算法才是真正安全的。1993 年，美国政府企图推行一种算法保密的标准（EES），这招致了大量的反对声音，但美国政府一意孤行。众多的学者出于义愤，迅速展开了对它的破解工作，算法不久便泄密。人多力量大，很快就宣告破解。1995 年 7 月，美国政府只好尴尬地取消了 EES 标准。

2.1.3 对称密钥密码和非对称密钥密码

基于密钥的密码系统通常有两类：对称密钥密码体系（Symmetric Key Cryptography）和非对称密钥密码体系（Asymmetric Key Cryptography）。对称密钥密码体系又称秘密密钥密码体系（Secret Key Cryptography），非对称密钥密码体系又称公开密钥密码体系（Public Key Cryptography）。相应的算法也有两类：对称算法和非对称算法。

对称密钥算法有时也称传统密钥算法，就是加密密钥能够从解密密钥中推算出来，反过来也成立。在大多数对称算法中，加密/解密密钥是相同的，这些算法也称秘密密钥算法或单密钥算法，它要求发送者和接收者在安全通信之前，商定一个密钥。对称算法的安全性依赖于密钥，泄露密钥就意味着任何人都能对消息进行加密/解密。

对称密钥密码算法有两种类型：分组密码（Block Cipher）和流密码（Stream Cipher，或称序列密码）。分组密码一次处理一个输入块，每个输入块生成一个输出块，而流密码对单个输入元素进行连续处理，同时产生连续单个输出元素。分组密码将明文消息划分成固定长度的分组，各分组分别在密钥的控制下变换成等长度的密文分组。分组密码的工作原理如图 2-4 所示。

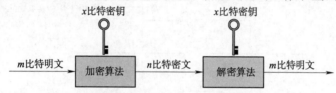

图 2-4　分组密码的工作原理

非对称算法的设计原理：用作加密的密钥不同于用作解密的密钥，而且解密密钥不能根据加密密钥计算出来（至少在合理假定的有限时间内）。非对称算法也称为公开密钥算法，是因为加密密钥能够公开，即陌生者能用加密密钥加密信息，但只有用相应的解密密钥才能解密信息。在这些系统中，加密密钥称为公开密钥（简称公钥，Public Key），解密密钥称为秘密密钥（简称私钥，Private Key）。公钥算法在第 4 章中还要详细讨论。

 ## 2.2　数据加密标准（DES）

视频 2.2

1973 年，美国国家标准局（NBS，现改名为国家标准与技术研究所，NIST）开始征集联邦数据加密标准的方案。1975 年 3 月 17 日，公布了 IBM 公司提供的密码算法，以标准建议的形式在全国范围内征求意见。经过两年多的公开讨论之后，1977 年 7 月 15 日，美国国家标准局宣布接受这个建议，作为联邦信息处理标准 46 号数据加密标准（Data Encryption Standard，DES）正式颁布，供商业界和非国防性政府部门使用。这是世界上第一个对称密钥。

DES 属于分组密码，其加密算法如图 2-5 所示。

DES 加密算法由以下四部分组成：

1. 初始置换函数 IP

DES 对 64 位明文分组进行操作。首先，64 位明文分组 x 经过一个初始置换函数 IP，产生 64 位的输出 x_0，即

$$x_0=\mathrm{IP}(x)=L_0R_0$$

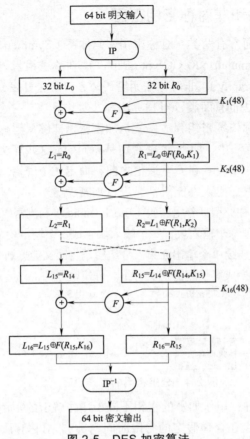

图 2-5 DES 加密算法

2．获取子密钥 K_i

DES 加密算法的密钥长度为 56 位，但一般表示为 64 位，其中，每个第 8 位用于奇偶检验。在 DES 加密算法中，将用户提供的 64 位初始密钥经过一系列的处理得到 $K_1, K_2, \cdots, K_{16}$，分别作为 1～16 轮运算的 16 个子密钥。

3．密码函数 F

密码函数 F 的输入是 32 位数据和 48 位的子密钥，其操作步骤如下：

① 扩展置换（E）：将数据的右半部分 R_i 从 32 位扩展为 48 位。

② 异或：扩展后的 48 位输出 $E(R_i)$ 与压缩后的 48 位密钥 K_i 做异或运算。

③ S 盒（S-box）替代：将异或得到的 48 位结果分成 8 个 6 位的块，每一个块通过对应的一个 S 盒产生一个 4 位的输出。

④ P 盒（P-box）置换：将 8 个 S 盒的输出连在一起生成一个 32 位的输出，输出结果再通过置换 P 产生一个 32 位的输出。

最后，将 P 盒置换的结果与最初的 64 位分组的左半部分异或，然后将左、右部分交换，接着开始下一轮计算。

4．末置换函数 IP^{-1}

末置换是初始置换的逆变换。对 L_0 和 R_0 进行 16 轮相同的运算后，将得到的两部分数据合在一起，经过一个末置换函数就可得到 64 位的密文 C，即 $C=\text{IP}^{-1}(R_{16}L_{16})$。应注意 DES 在最后一轮后，左半部分和右半部分不再交换。

DES 经过精心的设计，解密过程与加密过程几乎完全相同，唯一不同的只是密钥的次序相反。也就是说，如果各轮的加密密钥分别是 $K_1, K_2, K_3, \cdots, K_{16}$，那么各轮的解密密钥就是 $K_{16}, K_{15}, K_{14}, \cdots, K_1$。

DES 加密算法早已被破解，是不安全的加密算法，也可以说是弱加密算法，建议不要再使用。在 2001 年，DES 作为一个标准已经被高级加密标准（AES）所取代。

视频 2.3

◈ 2.3　IDEA 算法

IDEA 即国际数据加密算法，它的原型是 PES（Proposed Encryption Standard，建议加密标准）。对 PES 改进后的新算法称为 IPES，并于 1992 年改名为 IDEA（International Data Encryption Algorithm，国际数据加密算法）。IDEA 虽然是一个有专利的算法，但是非商业用途的 IDEA 可以不向专利持有者交纳费用。

IDEA 是一个分组长度为 64 位的分组密码算法，密钥长度为 128 位，同一个算法既可用于加密，也可用于解密。

IDEA 的加密过程包括两部分：

① 输入的 64 位明文组分成四个 16 位子分组：X_1、X_2、X_3 和 X_4。四个子分组作为算法第一轮的输入，总共进行八轮的迭代运算，产生 64 位的密文输出。

② 输入的 128 位会话密钥产生八轮迭代所需的 52 个子密钥（八轮运算中每轮需要六个，还有四个用于输出变换）。

图 2-6 所示为对 IDEA 第一部分的描述。

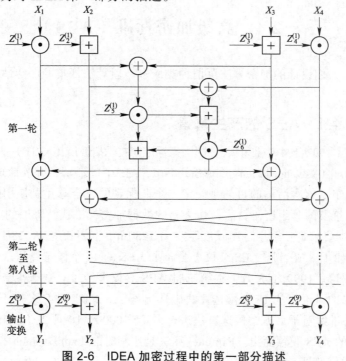

图 2-6　IDEA 加密过程中的第一部分描述

其中 X_i 为 16 位明文子分组；Y_i 为 16 位密文子分组；$Z_i^{(r)}$ 为第 r 轮的第 i 个 16 位子密钥；⊞为 16 位整数的模 2^{16} 加；⊕为 16 位分组的按位异或；⊙为 16 位整数的模 $2^{16}+1$ 乘。

子密钥产生：输入的 128 位密钥分成八个 16 位子密钥（作为第一轮运算的六个和第二轮运算的前两个密钥）；将 128 位密钥循环左移 25 位后再得八个子密钥（前面四个用于第二轮，后面四个用于第三轮）。这一过程一直重复，直至产生所有密钥。

IDEA 的解密过程和加密过程相同，只是对子密钥的要求不同。表 2-1 给出了加密子密钥和相应的解密子密钥。

表 2-1 IDEA 加密/解密子密钥

轮　数	加密子密钥	解密子密钥
1	$Z_1^{(1)}$、$Z_2^{(1)}$、$Z_3^{(1)}$、$Z_4^{(1)}$、$Z_5^{(1)}$、$Z_6^{(1)}$	$Z_1^{(9)-1}$、$-Z_2^{(9)}$、$-Z_3^{(9)}$、$Z_4^{(9)-1}$、$Z_5^{(8)}$、$Z_6^{(8)}$
2	$Z_1^{(2)}$、$Z_2^{(2)}$、$Z_3^{(2)}$、$Z_4^{(2)}$、$Z_5^{(2)}$、$Z_6^{(2)}$	$Z_1^{(8)-1}$、$-Z_3^{(8)}$、$-Z_2^{(8)}$、$Z_4^{(8)-1}$、$Z_5^{(7)}$、$Z_6^{(7)}$
3	$Z_1^{(3)}$、$Z_2^{(3)}$、$Z_3^{(3)}$、$Z_4^{(3)}$、$Z_5^{(3)}$、$Z_6^{(3)}$	$Z_1^{(7)-1}$、$-Z_3^{(7)}$、$-Z_2^{(7)}$、$Z_4^{(7)-1}$、$Z_5^{(6)}$、$Z_6^{(6)}$
4	$Z_1^{(4)}$、$Z_2^{(4)}$、$Z_3^{(4)}$、$Z_4^{(4)}$、$Z_5^{(4)}$、$Z_6^{(4)}$	$Z_1^{(6)-1}$、$-Z_3^{(6)}$、$-Z_2^{(6)}$、$Z_4^{(6)-1}$、$Z_5^{(5)}$、$Z_6^{(5)}$
5	$Z_1^{(5)}$、$Z_2^{(5)}$、$Z_3^{(5)}$、$Z_4^{(5)}$、$Z_5^{(5)}$、$Z_6^{(5)}$	$Z_1^{(5)-1}$、$-Z_3^{(5)}$、$-Z_2^{(5)}$、$Z_4^{(5)-1}$、$Z_5^{(4)}$、$Z_6^{(4)}$
6	$Z_1^{(6)}$、$Z_2^{(6)}$、$Z_3^{(6)}$、$Z_4^{(6)}$、$Z_5^{(6)}$、$Z_6^{(6)}$	$Z_1^{(4)-1}$、$-Z_3^{(4)}$、$-Z_2^{(4)}$、$Z_4^{(4)-1}$、$Z_5^{(3)}$、$Z_6^{(3)}$
7	$Z_1^{(7)}$、$Z_2^{(7)}$、$Z_3^{(7)}$、$Z_4^{(7)}$、$Z_5^{(7)}$、$Z_6^{(7)}$	$Z_1^{(3)-1}$、$-Z_3^{(3)}$、$-Z_2^{(3)}$、$Z_4^{(3)-1}$、$Z_5^{(2)}$、$Z_6^{(2)}$
8	$Z_1^{(8)}$、$Z_2^{(8)}$、$Z_3^{(8)}$、$Z_4^{(8)}$、$Z_5^{(8)}$、$Z_6^{(8)}$	$Z_1^{(2)-1}$、$-Z_3^{(2)}$、$-Z_2^{(2)}$、$Z_4^{(2)-1}$、$Z_5^{(1)}$、$Z_6^{(1)}$
输出变换	$Z_1^{(9)}$、$Z_2^{(9)}$、$Z_3^{(9)}$、$Z_4^{(9)}$	$Z_1^{(1)-1}$、$-Z_2^{(1)}$、$-Z_3^{(1)}$、$Z_4^{(1)-1}$

在表 2-1 中，密钥间满足：

$$Z_i^{(r)}\odot Z_i^{(r)-1} = 1 \bmod (2^{16}+1)$$
$$-Z_i^{(r)}\boxplus Z_i^{(r)} = 0 \bmod (2^{16}+1)$$

2.4 高级加密标准（AES）

到目前为止，人们设计的加密算法可谓种类繁多，就算法征集的广泛性和安全性而言，非 AES 莫属。

2.4.1 AES 的产生背景

视频 2.4.1

1997 年 4 月 15 日，美国国家标准与技术研究所（NIST）发起征集高级加密标准（Advanced Encryption Standard，AES）的活动，并为此成立了 AES 工作小组。这次活动的目的是确定一个非保密的、全球免费使用的、可以公开技术细节的分组密码算法，作为新的数据加密标准代替陈旧的 DES。

对 AES 的基本要求是：数据分组长度至少为 128 bit，密钥长度为 128/192/256 bit。

1998 年 8 月 12 日，在首届 AES 会议上公布了 AES 的 15 个候选算法，任由全世界各机构和个人测试和评论。1999 年 3 月，在第二届 AES 会议上经过对全球各密码机构和个人对候选算法分析结果的讨论，从 15 个候选算法中选出五个。2000 年 4 月 13 日和 14 日，召开第三届 AES 会议，继续对最后五个候选算法进行讨论。2000 年 10 月 2 日，NIST 宣布 Rijndael（荣代尔）作为新的 AES 脱颖而出。Rijndael 算法是比利时的 Joan Daemen 和 Vincent Rijmen 设计的，该算法的原型是 Square 算法。

2.4.2　AES 算法的特点

视频 2.4.2

AES（Rijndael）是一个迭代型分组密码，它的设计策略是宽轨迹策略，具有可变的分组长度和密钥长度。宽轨迹策略是针对差分分析和线性分析提出的一种新的策略，其最大优点是可以给出算法的最佳差分特性的概率及最佳线性逼近的偏差的界，由此可以分析算法抵抗差分密码分析和线性密码分析的能力。分组长度和密钥长度都可变，三个密钥长度分别为 128/192/256 bit，用于加密分组长度为 128/192/256 bit 的分组，相应的轮数分别为 10/12/14。 算法的迭代轮次依赖于数据分组的长度和密钥的长度，其关系见表2-2。其中 Nb=分组长度/32，Nk=密钥长度/32，Nr 为迭代轮次。

表 2-2　分组长度、密钥长度与迭代轮次的关系

Nb	Nk	Nr
4	4	10
	6	12
	8	14
6	4	12
	6	12
	8	14
8	4	14
	6	14
	8	14

Rijndael 有两个主要的优点：一个是算法的执行效率较高，即使是由纯软件来实现速度也非常快，并且对内存的要求也较低；另一个就是 AES 的 S 盒具有一定的代数结构，能够抵御差分攻击和线性攻击。

Rijndael 采用的是代替/置换算法，每一轮由以下三层组成：

① 线性混合层：确保多轮之上的高度扩散。

② 非线性层：由 16 个 S 盒并置而成，起到混淆的作用。

③ 密钥加层：子密钥简单地异或到中间状态上。

S 盒的选取是根据有限域 $GF(2^8)$ 中的乘法逆运算，它的差分均匀性和线性偏差的性能都达到了最佳。

2.4.3　AES（Rijndael）算法

本节包括 AES 算法描述、轮密钥生成和加密/解密算法。

1. AES 算法描述

（1）基本概念

类似于明文分组和密文分组，将表示算法的中间结果的分组称为状态（State），所有的操作都在状态上进行。

① 矩阵阵列表示：状态可以用以字节为元素的矩阵阵列表示，该阵列有 4 行，列数记为 Nb，Nb 等于分组长度除以 32。表 2-3 所示为 Nb=6 的状态矩阵阵列表示。种子密钥类似地用一个以字节为元素的矩阵阵列表示，该矩阵有四行，列数记为 Nk，Nk 等于密钥长度除以 32；表 2-4 所示为 Nk=4 的种子密钥矩阵阵列表示。

表 2-3　Nb=6 的状态矩阵阵列

a_{00}	a_{01}	a_{02}	a_{03}	a_{04}	a_{05}
a_{10}	a_{11}	a_{12}	a_{13}	a_{14}	a_{15}
a_{20}	a_{21}	a_{22}	a_{23}	a_{24}	a_{25}
a_{30}	a_{31}	a_{32}	a_{33}	a_{34}	a_{35}

表 2-4　Nk=4 的种子密钥矩阵阵列

k_{00}	k_{01}	k_{02}	k_{03}
k_{10}	k_{11}	k_{12}	k_{13}
k_{20}	k_{21}	k_{22}	k_{23}
k_{30}	k_{31}	k_{32}	k_{33}

② 一维数组表示：算法的输入和输出被看成是由 8 bit（1 字节）构成的一维数组，其元素下标的范围是 0 ~ (4Nb – 1)，因此输入和输出以字节为单位的分组长度分别是 16、24 和 32，其元素下标的范围分别是 0 ~ 15、0 ~ 23 和 0 ~ 31。输入的种子密钥也看成是由 8 bit（1 字节）构成的一维数组，其元素下标的范围是 0 ~ (4Nk – 1)，因此种子密钥以字节为单位的分组长度也分别是 16、24 和 32，其元素下标的范围分别是 0 ~ 15、0 ~ 23 和 0 ~ 3l。

算法的输入（包括最初明文输入和中间过程的轮输入）以字节为单位按 $a_{00}a_{10}a_{20}a_{30}a_{01}a_{11}a_{21}a_{31}\cdots$ 的顺序放置到状态阵列中。同理，种子密钥以字节为单位按 $k_{00}k_{10}k_{20}k_{30}k_{01}k_{11}k_{21}k_{31}\cdots$ 的顺序放置到种子密钥阵列中。而输出（包括中间过程的轮输出和最后的密文输出）也是以字节为单位按相同的顺序从状态阵列中取出。若输入（或输出）分组中第 n 个元素对应于状态阵列的第 (i, j) 位置上的元素，则 n 和 (i, j) 有以下关系：

$$i=n \bmod 4; \quad j=\lfloor n/4 \rfloor; \quad n=i+4j$$

（2）轮变换

对于 AES 的每一轮，不同的变换作用于中间状态。AES 的轮变换包含四种不同的变换：字节变换（SubBytes）、移行变换（ShiftRows）、混列变换（MixColumns）和轮密钥加变换（AddRoundKey）。对于分组长度和密钥长度均为 128 bit 的，对应轮数为 10，加密过程如图 2-7 所示。

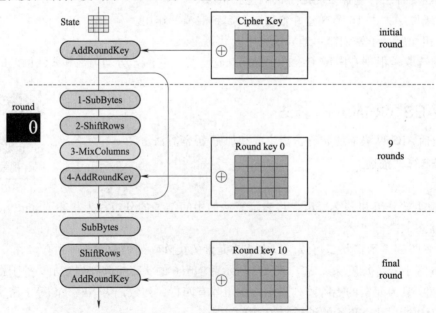

图 2-7　分组长度和密钥长度均为 128 bit 的 10 轮加密过程

图 2-7 中，首先是初始变换（Initial Round），只进行 AddRoundKey 变换；然后是九轮变换，每一轮都要进行 SubBytes、ShiftRows、MixColumns 和 AddRoundKey 这四种变换；最后一轮进行 SubBytes、ShiftRows 和 AddRoundKey 这三种变换。

① 字节变换：AES 算法中最基本的运算单位是字节，也可以看作八位的序列，它是有限域 $GF(2^8)$ 中的一个元素。字节变换是一个以字节为单位的非线性取代运算，变换（S 盒）经过两个运算过程而建立，并且是可逆的。首先找出每个字节在 $GF(2^8)$ 中的乘法逆元；接着经过一个仿射（Affine）变换运算，定义如图 2-8 所示。

$$\begin{pmatrix} y_0 \\ y_1 \\ y_2 \\ y_3 \\ y_4 \\ y_5 \\ y_6 \\ y_7 \end{pmatrix} = \begin{pmatrix} 1 & 0 & 0 & 0 & 1 & 1 & 1 & 1 \\ 1 & 1 & 0 & 0 & 0 & 1 & 1 & 1 \\ 1 & 1 & 1 & 0 & 0 & 0 & 1 & 1 \\ 1 & 1 & 1 & 1 & 0 & 0 & 0 & 1 \\ 1 & 1 & 1 & 1 & 1 & 0 & 0 & 0 \\ 0 & 1 & 1 & 1 & 1 & 1 & 0 & 0 \\ 0 & 0 & 1 & 1 & 1 & 1 & 1 & 0 \\ 0 & 0 & 0 & 1 & 1 & 1 & 1 & 1 \end{pmatrix} \cdot \begin{pmatrix} x_0 \\ x_1 \\ x_2 \\ x_3 \\ x_4 \\ x_5 \\ x_6 \\ x_7 \end{pmatrix} \oplus \begin{pmatrix} 1 \\ 1 \\ 0 \\ 0 \\ 0 \\ 1 \\ 1 \\ 0 \end{pmatrix}$$

图 2-8　仿射变换运算图

上述对状态的所有字节所做的变换记为：SubBytes(State)。

经过运算后形成的 S 盒见表 2-5。

表 2-5　字节取代运算后的 S 盒

y/x	0	1	2	3	4	5	6	7	8	9	A	B	C	D	E	F
0	63	7C	77	7B	F2	6B	6F	C5	30	01	67	2B	FE	D7	AB	76
1	CA	82	C9	7D	FA	59	47	F0	AD	D4	A2	AF	9C	A4	72	C0
2	B7	FD	93	26	36	3F	F7	CC	34	A5	E5	F1	71	D8	31	15
3	04	C7	23	C3	18	96	05	9A	07	12	80	E2	EB	27	B2	75
4	09	83	2C	1A	1B	6E	5A	A0	52	3B	D6	B3	29	E3	2F	84
5	53	D1	00	ED	20	FC	B1	5B	6A	CB	BE	39	4A	4C	58	CF
6	D0	EF	AA	FB	43	4D	33	85	45	F9	02	7F	50	3C	9F	A8
7	51	A3	40	8F	92	9D	38	F5	BC	B6	DA	21	10	FF	F3	D2
8	CD	0C	13	EC	5F	97	44	17	C4	A7	7E	3D	64	5D	19	73
9	60	81	4F	DC	22	2A	90	88	46	EE	B8	14	DE	5E	0B	DB
A	E0	32	3A	0A	49	06	24	5C	C2	D3	AC	62	91	95	E4	79
B	E7	C8	37	6D	8D	D5	4E	A9	6C	56	F4	EA	65	7A	AE	08
C	BA	78	25	2E	1C	A6	B4	C6	E8	DD	74	1F	4B	BD	8B	8A
D	70	3E	B5	66	48	03	F6	0E	61	35	57	B9	86	C1	1D	9E
E	70	3E	B5	66	48	03	F6	0E	61	35	57	B9	86	C1	1D	9E
F	8C	A1	89	0D	BF	E6	42	68	41	99	2D	0F	B0	54	BB	16

图 2-9 所示为字节代换示意图。

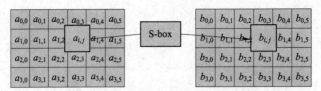

图 2-9　分组长度和密钥长度均为 192 bit 的 State 的字节代换运算图

字节代换（SubBytes）转换的反运算：计算仿射对应之后的相反运算可得到 S^{-1}–box，以此 S^{-1}–box 做字节取代（SubBytes）即可。

② 移行变换：在移行变换中，State 的每一行以不同的偏移量做环状位移，第 0 行不动，第 1 行位移 C_1 个字节，第二行位移 C_2 个字节，第三行位移 C_3 个字节。位移的偏移量 C_1、C_2、C_3 跟区块的数目（Nb）有关，不同分组长度的位移量见表 2-6。

表 2-6　不同分组长度的位移量

Nb	C_1	C_2	C_3
4	1	2	3
6	1	2	3
8	1	3	4

移行转换（ShiftRows）运算对于 State 的影响，如图 2-10 所示。移行转换（ShiftRows）反运算：对第二、第三及第四行做 Nb–C_1，Nb–C_2，Nb–C_3 个字节的环状位移即可。

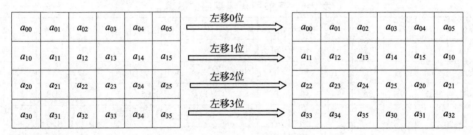

图 2-10　State 的移行转换

③ 列变换：在这个变换中，把 State 阵列的每个列视为 GF(2^8) 上的多项式，并且对一个固定的多项式 $c(x)$ 作乘法，如果发生溢位，则再模余 x^4+1。要求 $c(x)$ 是模 x^4+1 可逆多项式，否则混列变换就是不可逆的 x^4+1，因而会使不同的输入分组对应的输出分组可能相同。其中：

$$c(x) = 03x^3 + 01x^2 + 01x + 02$$

$c(x)$ 与 x^4+1 互素，令 $b(x)=c(x)\otimes a(x)$，以矩阵乘法表示如图 2-11 所示。

$$\begin{pmatrix} b_0 \\ b_1 \\ b_2 \\ b_3 \end{pmatrix} = \begin{pmatrix} 02 & 03 & 01 & 01 \\ 01 & 02 & 03 & 01 \\ 01 & 01 & 02 & 03 \\ 03 & 01 & 01 & 02 \end{pmatrix} \begin{pmatrix} a_0 \\ a_1 \\ a_2 \\ a_3 \end{pmatrix}$$

图 2-11　矩阵乘法表示

状态 State 所有列所作的混列运算表示为 MixColumn (State)。State 经过混列（MixColumns）运算之后的变化如图 2-12 所示。

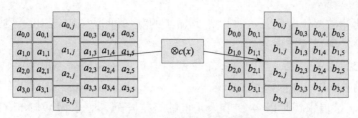

图 2-12 State 的混列运算

混列（MixColumns）转换的反运算，则是乘上一个特殊的多项式 $d(x)$，$d(x)$满足：

$$('03'x^3 + '01'x^2 + '01'x + '02') \otimes d(x) = '01'$$

由此可得 $d(x) = '0B'x^3 + '0D'x^2 + '09'x + '0E'$。

④ 轮密钥加：在轮密钥加变换中，每一轮的轮密钥按位与状态进行异或运算。轮密钥通过密钥方案来生成，下面将具体描述密钥方案。

这个运算主要是把每一个轮密钥（Round Key）通过简单的按位异或（Bitwise EXOR）加入每一个 State 中，如图 2-13 所示。

状态 State 与轮密钥 RoundKey 的密钥加运算表示为 AddRoundKey (State, RoundKey)，密钥加运算的逆运算是其自身。

综上所述，组成 Rijndael 轮函数的计算部件简捷快速，功能互补。轮函数的伪 C 代码如下：

```
Round(State, RoundKey)
{
    ByteSub(State);
    ShiftRow(State);
    MixColumn(State);
    AddRoundKey(State, RoundKey)
}
```

$a_{0,0}$	$a_{0,1}$	$a_{0,2}$	$a_{0,3}$	$a_{0,4}$	$a_{0,5}$		$k_{0,0}$	$k_{0,1}$	$k_{0,2}$	$k_{0,3}$	$k_{0,4}$	$k_{0,5}$		$b_{0,0}$	$b_{0,1}$	$b_{0,2}$	$b_{0,3}$	$b_{0,4}$	$b_{0,5}$
$a_{1,0}$	$a_{1,1}$	$a_{1,2}$	$a_{1,3}$	$a_{1,4}$	$a_{1,5}$	$\oplus$	$k_{1,0}$	$k_{1,1}$	$k_{1,2}$	$k_{1,3}$	$k_{1,4}$	$k_{1,5}$	$=$	$b_{1,0}$	$b_{1,1}$	$b_{1,2}$	$b_{1,3}$	$b_{1,4}$	$b_{1,5}$
$a_{2,0}$	$a_{2,1}$	$a_{2,2}$	$a_{2,3}$	$a_{2,4}$	$a_{2,5}$		$k_{2,0}$	$k_{2,1}$	$k_{2,2}$	$k_{2,3}$	$k_{2,4}$	$k_{2,5}$		$b_{2,0}$	$b_{2,1}$	$b_{2,2}$	$b_{2,3}$	$b_{2,4}$	$b_{2,5}$
$a_{3,0}$	$a_{3,1}$	$a_{3,2}$	$a_{3,3}$	$a_{3,4}$	$a_{3,5}$		$k_{3,0}$	$k_{3,1}$	$k_{3,2}$	$k_{3,3}$	$k_{3,4}$	$k_{3,5}$		$b_{3,0}$	$b_{3,1}$	$b_{3,2}$	$b_{3,3}$	$b_{3,4}$	$b_{3,5}$

图 2-13 Bitwise EXOR 加入后的 State

结尾轮的轮函数与前面各轮不同，将 MixColumn 这一步去掉，其伪 C 代码如下：

```
FinalRound(State, RoundKey)
{
    ByteSub(State);
    ShiftRow(State);
    AddRoundKey(State, RoundKey)
}
```

在以上的 C 代码记法中，State、RoundKey 可用指针类型，函数 Round( )、FinalRound( )、ByteSub( )、ShiftRow( )、MixColumn( )、AddRoundKey( )都在指针 State、RoundKey 所指向的阵列上进行运算。

3．轮密钥的生成

轮密钥的生成过程算法由密钥扩展和轮密钥选取两部分构成，其基本原则如下：

- 轮密钥的比特数等于分组长度乘以轮数加 1 的和，即为(Nr+1)×Nb 个 32 位字。
- 种子密钥被扩展成为扩展密钥。
- 轮密钥从扩展密钥中取，其中第一轮轮密钥取扩展密钥的前 Nb 个字，第二轮轮密钥取接下来的 Nb 个字，依此类推。

① 密钥扩展。扩展密钥是以 4 字节为元素的一维阵列，表示为 $W\left[Nb \times (Nr+1)\right]$，其中前 Nk 个字取为种子密钥，以后每个字按递归方式定义。扩展算法根据 Nk≤6 和 Nk>6 有所不同。扩展算法的伪 C 代码描述如下：

```
KeyExpansion(byte  key[4*Nk], word w[Nb*(Nr+1)], Nk)
{
    word temp;
    i=0;
    while(i<Nk)
    {
        w[i]=word(key[4*i], key[4*i+1], key[4*i+2], key[4*i+3]);
        i=i+1;
    }
    i=Nk;
    while(i<Nb*(Nr+1))
    {
        temp=w[i-1];
        if(i mod Nk==0)
            temp=SubWord(RotWord(temp)) xor Rcon[i/Nk];
        else if(Nk>6 and i mod Nk==4)
            temp=SubWord(temp);
        w[i]=w[i-Nk]xor temp;
        i=i+1;
    }
}
```

其中，key[4 × Nk]为种子密钥，看作以字节为元素的一维阵列。函数 SubWord( )返回 4 字节字，其中每个字节都是用 Rijndael 的 S 盒作用到输入字对应的字节得到。函数 RotWord( ) 也返回 4 字节字，该字由输入的字循环移位得到，即当输入字为(a, b, c, d)时，输出字为 (b, c, d, a)。 Rcon[i/Nk]为轮常数，其值与 Nk 无关，定义为（字节用十六进制表示，同时理解为 GF(2^8)上的元素）：

$$Rcon[i]=(RC[i], '00', '00', '00')$$

其中，RC[i]是 GF(2^8)中值为 x^{i-1} 的元素，因此：

$$RC[1]=1 \ (即'01')$$
$$RC[i]=x \ (即'02' \cdot RC[i-1])= x^{i-1}$$

从扩展算法的伪代码可以看出，扩展密钥的前 Nk 个字即为种子密钥 key，之后的每个字 W[i]等于前一个字 W[i-1]与 Nk 个位置之前的字 W[i-Nk]异或；不过当 i/Nk 为整数时，需要先将前一个字 W[i-1]经过如下一系列的变换：

1 字节的循环移位 RotWord→用 S 盒进行变换 SubWord→异或轮常数 Rcon[i/Nk]。

Nk=8 时，密钥扩展算法与 Nk≤6 时的区别在于：当 i-4 为 Nk 的倍数时，需要在异或运算前先将 W[i-1]经过 SubWord 变换（参见伪代码的 else if 部分）。

② 轮密钥选取。轮密钥 i（即第 i 个轮密钥）由轮密钥缓冲字 W[Nb×i]到 W[Nb×(i+1)]给出。

4. 加密算法

加密算法为顺序完成以下操作：初始的密钥加；(Nr−1)轮迭代；一个结尾轮，即

```
Rijndael(State, CipherKey)
{
    KeyExpansion(CipherKey, ExpandedKey);
    AddRoundKey(State, ExpandedKey);
    for(i=1; i<Nr; i++)Round(State, ExpandedKey+Nb*i);
    FinalRound(State, ExpandedKey+Nb*Nr)
}
```

其中，CipherKey 是种子密钥，ExpandedKey 是扩展密钥。密钥扩展可以事先进行（预计算），且 Rijndael 密码的加密运算可以用这一扩展来描述，即

```
Rijndael(State, CipherKey)
{
    AddRoundKey(State,ExpandedKey);
    for(i=1; i<Nr; i++) Round(State, ExpandedKey+Nb*i);
    FinalRound(State, ExpandedKey+Nb*Nr)
}
```

5. 解密算法

解密只需对所有操作逆序，设字节变换（ByteSub）、移行变换（ShiftRow）、混列变换（MixColumn）的逆变换分别为 InvByteSub、InvShiflRow、InvMixColurnn，而 AddRoundKey 的逆操作就是它本身。Rijndael 密码的解密算法为顺序完成以下操作：初始的密钥加；(Nr−1)轮迭代；一个结尾轮。其中解密算法的轮函数为：

```
InvRound(State, RoundKey)
{
    InvByteSub(State);
    InvShiftRow(State);
    InvMixColumn(State);
    AddRoundKey(State, RoundKey)
}
```

解密算法的结尾轮为：

```
InvFinalRound(State, RoundKey)
{
    InvByteSub(State);
    InvShiftRow(State);
    AddRoundKey(State, RoundKey)
}
```

设加密算法的初始密钥加、第一轮、第二轮、…、第 Nr 轮的子密钥依次为

$$k(0)，k(1)，k(2)，\cdots，k(Nr-1)，k(Nr)$$

则解密算法的初始密钥加、第一轮、第二轮、…、第 Nr 轮的子密钥依次为

$$k(Nr)，InvMixColumn(k(Nr-1))，InvMixColumn(k(Nr-2))，\cdots，InvMixColumn(k(1))，k(0)$$

视频 2.4.4

2.4.4 AES 算法的优点

① 能很好地抵御差分密码分析和线性密码分析。

② 具有可变的分组长度和密钥长度。

③ 操作简单，运算速度快。

④ 需要内存少。

视频 2.4.5

2.4.5 AES 算法应用

AES 算法是强加密算法，已成为虚拟专用网、同步光纤网络（SONET）、远程访问服务器、高速 ATM / 以太路由器、移动通信、电子金融业务等的加密算法，并逐渐取代 DES 在 IPSec、SSL 和 ATM 中的加密功能。目前，IEEE 802.11i 草案已经定义了 AESJJI3 的两种不同运行模式，成功解决了无线局域网标准中的诸多安全问题。在这种情形下，AES 算法的安全性及其快速实现问题显得格外突出。

相对于采用 64 位加密算法的传统蓝牙设备而言，从小米手机 2 开始其蓝牙模块就采用 AES 的 128 位加密算法，这一算法具有很高的安全性能，在用蓝牙进行数据传输时完全不用担心隐私的泄露。

视频 2.4.6

2.4.6 分组加密算法比较

DES、IDEA、AES 这三种加密算法都极具代表性。DES 是现代密码学最早的对称分组加密算法，在历史上占有重要的位置。IDEA 无论是速度还是安全性都有很好的表现，目前在 PGP 协议中使用。AES 分组和密钥长度可变，使用者可自行选择，速度和安全性也都非常好，极具应用前景。DES、IDEA 和 AES 的比较见表 2-7。

表 2-7 DES、IDEA、AES 的比较

算法名称	分组长度（位）	密钥长度（位）	循环轮数	速　　度	安　全　性
DES	64	56	16	慢	低
IDEA	64	128	8	快	高
AES	128	128	10	快	高
	192	192	12		
	256	256	14		

2.5 序列密码

视频 2.5

序列密码是另一种形式的对称密钥密码，是安全级别非常高的加密密码。

2.5.1 序列密码原理

序列密码加密时将明文划分成字符（如单个字母）或其编码的基本单元（如 0、1），然后将其与密钥流进行运算（通常为异或），解密时以同步产生的相同密钥流实现解密。序列密码的加解密原理如图 2-14 所示。

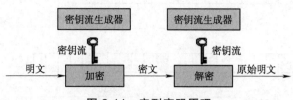

图 2-14 序列密码原理

序列密码必须解决两个关键问题：①密钥的随机性。序列密码的强度完全依赖于密钥流生成器所产生的序列的随机性和不可预测性，其核心问题是密钥流生成器的设计。②加解密端的精确同步。保持收发两端密钥流的精确同步是实现可靠解密的关键技术。

序列密码中有一种迄今为止在理论上不可破的加密方案，称为一次一密乱码本。其基本思想是让密钥和明文一样长，密钥称为乱码本，用一次便不再用，永不重复。将密钥与明文异或得到密文，接收者用同样的密钥与密文异或即得到明文。对于蛮力攻击来说，计算量大，且会得到很多明文，无法判断哪个明文是真的。

序列密码的随机性决定了它的安全性，但产生真正的随机数并非轻而易举。通常使用伪随机数发生器来产生乱码本，但它们往往具有非随机性，是伪随机的。后面第 6 章基于混沌产生的序列密码具有良好的随机性和广泛的应用性。如果采用真随机源（如掷硬币、热噪声）产生乱码本，就是安全的。

即使解决了密钥的产生和分配问题，还需要确信发送方和接收方是完全同步的。如果接收方有一位的偏移（或者一些位在传送过程中丢失了），消息就会变得乱七八糟。另一方面，如果某些位在传送中被改变了（没有增减任何位），那些改变了的位就不能被正确地解密。

2.5.2 A5 算法

A5 算法是一种序列密码，它是欧洲 GSM 标准中规定的加密算法，用于数字蜂窝移动电话的加密，加密从用户设备到基站之间的链路。A5 算法包括很多种，主要为 A5/1 和 A5/2。其中，A5/1 为强加密算法，适用于欧洲地区；A5/2 为弱加密算法，适用于欧洲以外的地区。这里将主要讨论 A5/1 算法。

A5/1 算法的主要组成部分是三个长度不同的线性反馈移位寄存器（LFSR）R1、R2 和 R3，其长度分别为 19、22 和 23。三个移位寄存器在时钟的控制下进行左移，每次左移后，寄存器最低位由寄存器中的某些位异或后的位填充。各寄存器的反馈多项式为：

R1：$x_{18}+x_{17}+x_{16}+x_{13}$

R2：$x_{21}+x_{20}$

R3：$x_{22}+x_{21}+x_{20}+x_7$

各寄存器的详细情况如图 2-15 所示。

当时钟到来时，三个移位寄存器并不都进移行位，而是遵循"多数为主"的原则。这个原则为：从每个寄存器取出一位（R1 取第 8 位、R2 取第 10 位、R3 取第 10 位），当这三个位中有两个或两个以上的值等于 1 时，则将取出位为 1 的寄存器进移行位，而取出位为 0 的

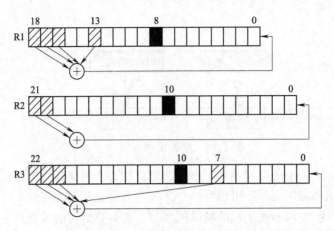

图 2-15 A5/1 算法各寄存器详细情况

不移位；当三个取出位中有两个或两个以上的 0 时，将取出位为 0 的寄存器进移行位，为 1 的不移位。最后，将三个移位寄存器最高位的异或运算结果输出。

A5 算法的输入是 64 位的会话密钥 K_c 和 22 位的随机数（帧号）。

*2.5.3 祖冲之算法（ZUC）

祖冲之算法简称 ZUC，是一个面向字设计的序列密码算法，其在 128 bit 种子密钥和 128 bit 初始向量控制下输出 32 bit 的密钥字流。祖冲之算法于 2011 年 9 月成为 3GPP LTE 的国际加密标准（标准号为 TS35.221），即第四代移动通信加密标准，2016 年 10 月成为国家标准（标准号为 GB/T 33133.1—2016）。

祖冲之算法的种子密钥 SK 和初始向量 IV 的长度均为 128 bit，在种子密钥 SK 和初始向量 IV 的控制下，每拍输出一个 32 bit 的密钥字。祖冲之算法采用过滤生成器结构设计，在线性驱动部分首次采用素域 $GF(2^{31}-1)$ 上的 m 序列作为源序列，具有周期大、随机统计特性好等特点，且在二元域上是非线性的，可以提高抵抗二元域上密码分析的能力；过滤部分采用有限状态机设计，内部包含记忆单元，使用分组密码中扩散和混淆特性好的线性变换和 S 盒，具有复杂的非线性。祖冲之算法受益其结构特点，现有分析结果表明其具有非常高的安全性。

祖冲之算法结构主要包含三层，如图 2-16 所示。上层为线性反馈移位寄存器 LFSR，中间层为比特重组 BR，下层为非线性函数 F。

LRSR 层包含 16 个 31 bit 的寄存器，反馈函数是由素数域 $GF(2^{31}-1)$ 上的本原多项式定义。比特重组层从 LFSR 的寄存器中取出 128 bit，用于非线性函数 F 和密钥流的输出。非线性函数 F 用到两个 32 bit 的字：R_1 和 R_2。F 从比特重组中取 3 个 32 bit 的字作为输入，并且用到了两个 S 盒 S_0 和 S_1。

祖冲之算法得益于素域 $GF(2^{31}-1)$ 上的本原序列设计，具有很好的密码学性质：高线性复杂度等，能降低能耗和硬件实现门数，有非常高的安全特性，能抵抗比特级的密码攻击：快速相关攻击、线性区分攻击、代数攻击等，当前国内外针对其安全性分析结果表明祖冲之算法能够抵抗现有已知的序列密码分析方法。

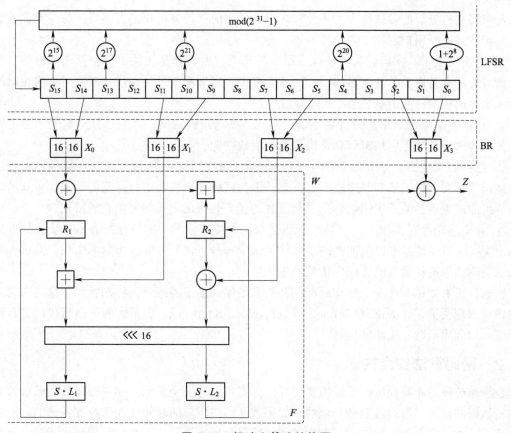

图 2-16　祖冲之算法结构图

 *2.6　密码分析与攻击

视频 2.6

　　密码分析和密码学是共同演化的，这从密码学史中可以看得很明显。总有新的密码机被设计出来并取代已经被破解的设计，同时也总有新的密码分析方法被发明出来以破解那些改进了的方案。事实上，密码和密码分析是同一枚硬币的正反两面：为了创建安全的密码，就必须考虑到可能的密码分析。

　　在密码分析中最基本的一点，就是假设攻击者能够知道系统所用的算法。这也就是"攻击者了解系统"的所谓柯克霍夫原则。这个假设在实际中是合理的。

　　密码编码学的主要目的是保持明文（密钥、或明文和密钥）的秘密以防止偷听者（也称对手、攻击者、截取者、入侵者、敌手或干脆称为敌人）知晓。这里假设偷听者完全能够截获收发者和接收者之间的通信。

　　密码分析学是在不知道密钥的情况下恢复出明文的科学。成功的密码分析能恢复出消息的明文或密钥。密码分析也可以发现密码体制的弱点，最终得到上述结果（密钥通过非密码分析方式的丢失叫作泄露）。

2.6.1　密码攻击

对密码进行分析的尝试称为密码分析攻击。常用的密码分析攻击有四类，每一类都假设密码分析者知道所用加密算法的全部知识。

① 唯密文攻击。密码分析者仅能获得一些密文，密文都是用同一加密算法加密的。密码分析者的任务是恢复尽可能多的明文，或者能推算出加密消息的密钥，以便可采用相同的密钥解出其他被加密的消息。

② 已知明文攻击。密码分析者不仅可得到一些消息的密文，而且也知道这些消息的明文。分析者的任务就是用加密信息推出用来加密的密钥。

③ 选择明文攻击。分析者不仅可得到一些消息的密文和相应的明文，而且他们也可选择被加密的明文，这比已知明文攻击更有效。因为密码分析者能选择特定的明文块去加密，那些块可能产生更多关于密钥的信息。分析者的任务是推出用来加密消息的密钥。

④ 自适应选择明文攻击。这是选择明文攻击的特殊情况。密码分析者不仅能选择被加密的明文，而且也能基于以前加密的结果修正这个选择。他可选取较小的明文块，然后再基于第一块的结果选择另一明文块，依此类推。

密码分析者知道，许多消息有标准的开头和结尾。加密的源代码特别脆弱，这是因为会有规律地出现关键字，如出现#define、struct、else、return 等。加了密的可执行代码也有同样问题，如调用函数、循环结构等。

2.6.2　密码算法安全性

根据被破译的难易程度，不同的密码算法具有不同的安全等级。如果破译算法的代价大于加密数据的价值，那么可能是安全的；如果破译算法所需的时间比加密数据保密的时间更长，那么可能是安全的；如果用单密钥加密的数据量比破译算法需要的数据量少得多，那么可能是安全的。

学者 Lars Knudsen 把破译算法分为不同的类别，安全性的递减顺序如下：

① 全部破译：密码分析者找出了密钥。

② 全盘推导：密码分析者找到一个代替算法，在不知道密钥的情况下，可用它得到明文。

③ 实例（或局部）推导：密码分析者从截获的密文中找出明文。

④ 信息推导：密码分析者获得一些有关密钥或明文的信息。这些信息可能是密钥的几位、有关明文格式的信息等。

几乎所有密码系统在唯密文攻击中都是可破的，只要简单地一个接一个地去试每种可能的密钥，并且检查所得明文是否有意义，这种方法叫作蛮力攻击。抵抗蛮力攻击很简单，使密钥较长即可。这时，蛮力攻击将需要天文数字般的计算量。

密码学更关心在计算上不可破译的密码系统。如果一个算法用（现在或将来）可得到的资源在可接受的时间内都不能破译，这个算法则被认为在计算上是安全的。

2.6.3　攻击方法的复杂性

可以用下面的不同方式衡量攻击方法的复杂性：

① 数据复杂性：用作攻击输入所需要的数据量。

② 时间复杂性：完成攻击所需要的时间。

③ 存储复杂性：进行攻击所需要的存储量。

复杂性用数量级来表示。如果算法的时间复杂度是 2^{128}，那么破译这个算法也许需要 2^{128} 次运算（这些运算可能是非常复杂和耗时的）。假设有足够的计算速度去完成 100 万次/秒的运算，并且用 100 万个并行处理器完成这个任务，那么仍需花费 10^{19} 年以上才能找出密钥。

2.7　密码设计准则

一个密码算法要经受住攻击者的攻击才是安全的算法，所以在设计密码算法时要充分考虑各种攻击的可能性，要有针对性地设计密码算法。

分组密码算法设计中涉及密码函数和 S 盒，密码函数和 S 盒的设计准则如下：

1. 密码函数设计准则

密码函数 F 的基本功能就是"扰乱（Confusion）"输入，因此，对于 F 来说，其非线性越高越好，也就是说，要恢复 F 所做的"扰乱"操作越难越好。以下两个准则可以有效地增强 F 函数的"扰乱"功能。

① 雪崩准则。

就是要求算法具有良好的雪崩效应，当任何单个输入比特位 i 发生变换时，第 j 比特输出位发生变换的概率应为 1/2，且对任意的 i、j 都应成立。

② 比特独立准则：意思是当单个输入比特位 i 发生变化时，输出比特位 j、k 的变化应当互相独立，且对任意的 i、j、k 均应成立。

2. S 盒设计准则

S 盒的设计在对称分组密码研究领域中起着举足轻重的作用。本质上，S 盒的作用就是对输入向量进行处理，使得输出看起来更具随机性，输入和输出之间应当是非线性的，很难用线性函数来逼近。

显然，S 盒的尺寸是一个很重要的特性。一个 $n \times m$ 的 S 盒其输入为 n 比特，输出为 m 比特。DES 的 S 盒大小为 6×4。S 盒越大，就越容易抵制差分和线性密码分析。在实践当中，通常选择 n 在 8 ~ 10 比特之间。

Mister 和 Adams 提出了很多 S 盒设计原则，其中包括要求 S 盒满足雪崩准则和比特独立准则，以及 S 盒的所有列的全部线性组合应当满足一类称为 Bent 函数的高度非线性布尔函数的原则。Bent 函数具有很多有趣的特性，其中，高度非线性和最高级的严格雪崩准则对于 S 盒的设计尤为重要。Nyberg 提出了以下几种 S 盒的设计和实践原则：

① 随机性：采用某些伪随机数发生器或随机数表格来产生 S 盒的各个项。

② 随机测试：随机选择 S 盒各个项，然后按照不同准则测试其结果。

③ 数学构造：根据某些数学原理来产生 S 盒。其优点是可以根据数学上的严格证明来抵御差分和线性密码分析，并且可以获得很好的扩散（Diffusion）特性。

2.8 国产密码进展

2.8.1 国产密码基本情况

密码是网络空间安全的核心技术和基础支撑。要实现二十大报告中提到的网络强国、健全网络综合治理体系、推动形成良好的网络生态等，都离不开网络空间安全，而密码是实现网络空间安全的核心技术，这就要求我们国家建立健全具有自主知识产权的密码体系。自2012 年到 2019 年 12 月，国家密码管理局陆续发布了我国商用密码技术标准 77 项，范围涵盖密码算法、密码协议、密码产品、密码应用和密码检测等多个方面，已初步满足我国社会各行业在构建信息安全保障体系时的密码应用需求。

目前国产密码在通信、金融、能源、互联网和物联网等各行业都有较多应用，如通过国产密码算法实现身份认证、通道加密、数据加密和数据防篡改等安全功能。国产密码将在各行业更加深入和普及，相应的密码技术也会愈加成熟和完备。

为保障国家关键信息基础设施安全，构建自主可控信息技术体系，打造以密码技术为核心的多种技术相互融合的新网络安全体系提供了坚实基础。

为了保障商用密码的安全性，我国国家商用密码管理办公室制定了一系列密码标准，国外机构也制定了相关的密码标准，如图 2-17 所示。

图 2-17 中，国产密码包括 SM1、SM2、SM3、SM4、SM7、SM9 和 ZUC 等。其中 SM1、SM4、SM7 和 ZUC 是对称算法；SM2 和 SM9 是非对称算法；SM3 是杂凑（HASH）算法。

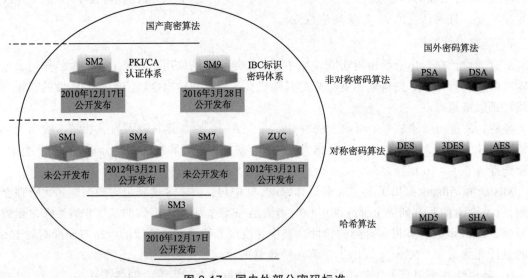

图 2-17 国内外部分密码标准

2.8.2 国产密码算法简介

1. SM1 算法

SM1 是分组密码算法，分组长度为 128 bit，密钥长度为 128 bit，算法安全性及相关软硬件实现性能与 AES 相当，算法不公开，仅以 IP 核的形式存在于芯片中。目前已研制该算法的系列芯片、智能 IC 卡、智能密码钥匙、加密卡、加密机等安全产品，并广泛用于电子政务和电子商务等领域。

2．SM2 算法

SM2 是 ECC 椭圆曲线密码机制，在签名和密钥交换方面不同于 ECDSA、ECDH 等国际标准，而是采取更为安全的机制。另外，SM2 推荐了一条 256 bit 的曲线作为标准曲线。SM2 标准包括总则、数字签名算法、密钥交换协议和公钥加密算法四部分，并在每部分的附录中详细说明实现的相关细节及示例。其中，SM2 算法的数字签名算法部分已进入 ISO/IEC 14888-3/AMD1《信息安全技术　带附录的数字签名第 3 部分：基于离散对数的机制》。

3．SM3 算法

SM3 密码杂凑算法给出了计算方法和步骤，并给出了运算示例。此算法适用于商用密码应用中的数字签名和验证、消息认证码的生成与验证以及随机数的生成，可满足多种密码应用的安全需求，并在 SM2 和 SM9 标准中使用。2018 年 10 月，ISO 发布包含 SM3 算法的 ISO/IEC 10118-3《信息安全技术　杂凑函数第 3 部分：专用杂凑函数》，SM3 正式成为国际标准。

4．SM4 算法

SM4 对称算法是分组算法，该算法分组长度为 128 bit，密钥长度为 128 bit。加密算法与密钥扩展算法都采用 32 轮非线性迭代结构。解密算法与加密算法结构相同，只是轮密钥的使用顺序相反，解密轮密钥是加密轮密钥的逆序。

5．SM7 算法

SM7 是分组密码算法，分组长度为 128 bit，密钥长度为 128 bit。SM7 适用于非接触式 IC 卡，应用包括身份识别类应用、票务类应用、支付与通卡类应用等。

6．SM9 算法

以色列科学家、RSA 算法发明人之一 Adi Shamir 在 1984 年提出了标识密码的理念。SM9 标识密码算法是为了降低公开密钥系统中密钥和证书管理的复杂性，标识密码将用户的标识（如邮件地址、手机号码、QQ 号码等）作为公钥，省略了交换数字证书和公钥过程，使得安全系统变得易于部署和管理，非常适合端对端离线安全通信、云端数据加密、基于属性加密和基于策略加密的各种场合。2008 年标识密码算法正式获得国家密码管理局颁发的商密算法型号（SM9），并于 2016 年公开算法，为我国标识密码技术的应用奠定了坚实的基础。

SM9 算法的签名技术、密钥协商和加密算法全部进入国际化标准序列，分别被 ISO/IEC 14888-3、ISO/IEC 11770-3、ISO/IEC 18033-5 国际标准采纳，标志着我国向 ISO/IEC 贡献中国智慧和中国标准取得重要突破，将进一步促进我国在密码技术和网络空间安全领域的国际合作和交流。

7．祖冲之序列密码算法（ZUC）

祖冲之序列密码算法是流密码算法，运用于移动通信 4G/5G 网络中的国际标准密码算法，该算法包括祖冲之算法、加密算法和完整性算法三部分。

继 SM2 数字签名算法、SM3 密码杂凑算法、SM9 数字签名算法相继纳入 ISO/IEC 国际标准正式发布后，ZUC 序列密码算法也作为 ISO/IEC 国际标准正式发布。ZUC 序列密码算法作为国际标准发布，促进了我国商用密码算法国际标准体系的进一步完善，对我国商用密码产业发展具有重要的意义。

小　结

密码学发展到现在，经历了很多阶段，有多种算法和应用协议，而密码学中的对称密钥体制是目前应用很广泛的密码算法。本章首先简要介绍了密码学的基本原理；继而介绍高级加密标准 AES（Rijndael）算法，主要讲述了它的原理、加密过程、解密过程和密钥编制方案；接着介绍了 A5 序列密码算法、祖冲之算法，然后介绍密码分析攻击，并据此设计准则；最后介绍国产密码的进展情况。

习　题

1. 为什么密码的安全性应该基于密钥的保密，而不能基于算法细节的保密？
2. 安全密码算法的准则是什么？
3. 什么是雪崩准则？
4. 分析序列密码和分组密码的安全性。
5. 对称密钥密码算法的基本要素是什么？
6. 国产密码有哪些？分别属于哪类密码算法？

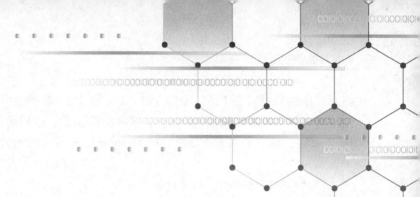

第 3 章
单向散列函数

学习目标：

- 掌握单向散列函数；
- 理解消息认证码的原理；
- 了解对单向散列函数攻击的方法；
- 掌握完整性验证。

关键术语：

- 安全散列算法（Secure Hash Algorithm，SHA）；
- 消息摘要（Message Digest，MD5）；
- 消息认证码（Message Authentication Code，MAC）；
- HMAC 算法；
- 字典攻击；
- 生日攻击；
- 单向散列函数（Hash Function，哈希函数，杂凑函数）。

世界上很难找到两个具有相同指纹的人，因此可用指纹代表一个人。如果把一条消息看成一个人，消息的散列值就是指纹，由此可用散列值代表一条消息。

单向散列函数在密码学中具有重要的地位，利用它能大大提高数字签名效率，对消息进行完整性检测，对 Web 系统中账号口令进行安全散列存储。

3.1 单向散列函数概述

视频 3.1

单向散列函数的思想是接收一段明文，然后以一种不可逆的方式将其转换成一段（通常更小）密文，也可以简单地理解为取一串输入码（称为消息），并把它们转化为长度较短、位数固定的输出序列即散列值（也称为消息摘要）的过程。散列函数值可以说是对明文的一种"指纹"或者"摘要"，是明文的压缩版，是明文的映射，可看成是明文的代表，就是用小的散列值代表大的明文。

1990 年，Rivest 设计了第一个 MD4 杂凑函数；1992 年，他又设计了技术上更为成熟的算法 MD5。1992 年，Zheng 提出了 HAVAL 算法，结构上与 MD4、MD5 非常相似。算法的特点是杂凑值可以为 128、160、192、224 和 256，轮数也可选。

单向散列函数（Hash Function，又称哈希函数、散列函数、杂凑函数），是将任意长度的消息 M 映射成一个固定长度散列值 h（设长度为 m）的函数 H：

$$h=H(M)$$

散列函数则必须满足如下特性：

① 给定 M，很容易计算 h。

② 给定 h，根据 $H(M)=h$ 反推 M 很难。

③ 给定 M，要找到另一个消息 M' 并满足 $H(M)=H(M')$ 很难。

在某些应用中，单向散列函数还需要满足抗碰撞（Collision）的条件：要找到两个随机的消息 M 和 M'，使 $H(M)=H(M')$ 很难。如果两个消息的哈希函数值一样，则称这两个消息是一个碰撞。

在实际中，单向散列函数是建立在压缩函数之上的，如图 3-1 所示。

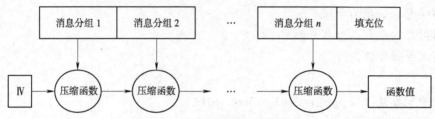

图 3-1　单向散列函数工作模式

输入一任意长度的消息，单向函数输出长度为 m 的散列值。压缩函数的输入是消息分组和前一分组的输出（对第一个压缩函数，其输入为消息分组 1 和初始向量 IV）；输出是到该点的所有分组的散列，即分组 M_i 的散列值为

$$h_i=f(M_i,h_{i-1})$$

该散列值和下一阶段的消息分组一起作为压缩函数下一阶段的输入。最后一个分组的散列就是整个消息的散列。

单向散列函数是从全体消息集合到一个具有固定长度的消息摘要集合的变换，可分为两类：带密钥的单向散列函数和不带密钥的单向散列函数。带密钥的单向散列函数可用于认证、密钥共享和软件保护等方面。

3.2　MD5——消息摘要

视频 3.2

MD（Message Digest，消息摘要）曾经是使用最为广泛的散列函数之一。MD5 是 MD4 的改进版，它是 RSA 公钥密码算法的首位发明人 Ron Rivest 设计的。MD5 算法对输入的任意长度消息产生 128 位（16 字节）长度的散列值。MD5 算法分组长度 512 位，分组用 16 个 32 位的字表示，用 4 个 32 位寄存器缓冲区 A、B、C、D 进行计算，经过四大轮类似的操作，每一大轮又进行 16 轮操作，四大轮操作的不同之处在于每一大轮使用的非线性函数不同。

2005 年，中国工程院院士、山东大学数学院教授王小云等人发现 MD5 算法和 SHA-1 算法的碰撞攻击方法，这两个被广泛应用的算法安全性大打折扣。特别是 MD5 算法，已经在很短的时间内找到了随机碰撞对，尽管不是毁灭性打击，但 MD5 算法的使用日渐式微、江河日下。

2012 年 10 月，美国 NIST 选择 Keccak 算法作为 SHA-3 的标准算法，Keccak 拥有良好的加密性能以及抗解密能力。

3.3 SHA——安全散列算法

视频 3.3

3.3.1 SHA 家族

SHA（Secure Hash Algorithm，安全散列算法）家族是一系列密码散列函数。

1993 年 RSA 公司发布 SHA-0，1995 年又发布了 SHA-1。 SHA-1 在许多安全协定中广为使用，包括 TLS 和 SSL、PGP、SSH、S/MIME 和 IPSec，曾被视为是 MD5 的后继者。

SHA-0 和 SHA-1 相继被攻破和攻击，美国国家标准与技术研究院（NIST）发布了另外四种变体：SHA-224、SHA-256、SHA-384 和 SHA-512，对应的散列值长度为 224、256、384 和 512，这四种变体统称为 SHA-2。SHA 算法参数比较见表 3-1。

表 3-1 SHA 算法参数比较

算 法 名 称		输出长度（bit）	分块长度（bit）	最大消息长度（bit）	字长（bit）	步 数
	SHA-0	160	512	$2^{64}-1$	32	80
	SHA-1					
SHA-2	SHA-256/224	256/224	512	$2^{64}-1$	32	64
	SHA-512/384	512/384	1 024	$2^{128}-1$	64	80

SHA-2 的散列函数以散列值长度命名，SHA-512 是 64 位字长，其他均为 32 位字长。SHA-256 和 SHA-512 二者结构相同，分别使用不同的偏移量，或用不同的常量，只在循环运行的次数上有所差异。SHA-224 以及 SHA-384 则是前述两种散列函数的截短版，利用不同的初始值进行计算。

NIST 已于 2012 年 10 月公布了新一代的杂凑算法标准——Keccak 算法，又称 SHA-3。

3.3.2 SHA-1 算法

SHA-1 产生消息摘要的过程类似 MD5，如图 3-2 所示。CV 是上一轮的计算结果，也作为下一轮的输入（第一轮是 IV）。

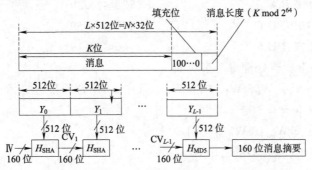

图 3-2 SHA-1 算法

SHA-1 的输入为长度小于 2^{64} 位的消息，输出为 160 位（10 字节）的消息摘要。具体过程如下：

1. 填充消息

首先将消息填充为 512 位的整数倍，填充方法和 MD5 完全相同：先填充一个 1，然后填充一定数量的 0，使其长度比 512 的倍数少 64 位；接下来用原消息长度的 64 位表示填充。这样，消息长度就成为 512 的整数倍。以 M_0，M_1，…，M_n 表示填充后消息的各个字块（每字块为 16 个 32 位字）。若 k 是消息长度，则计算填充消息长度的公式是：$512-（k+64）\bmod 512$。

2. 初始化缓冲区

在运算过程中，SHA-1 要用到两个缓冲区，两个缓冲区均有 5 个 32 位的寄存器。第一个缓冲区标记为 A、B、C、D、E；第二个缓冲区标记为 H_0、H_1、H_2、H_3、H_4。此外，运算过程中还用到一个标记为 W_0，W_1，…，W_{79} 的 80 个 32 位字序列和一个单字的缓冲区 TEMP。在运算之前，初始化 $\{H_j\}$：

$$H_0 = 0x67452301$$
$$H_1 = 0xEFCDAB89$$
$$H_2 = 0x98BADCFE$$
$$H_3 = 0x10325476$$
$$H_4 = 0xC3D2E1F0$$

3. 按 512 位的分组处理输入消息

SHA-1 运算主循环包括四大轮，每大轮有 20 轮操作。SHA-1 用到一个逻辑函数序列 f_0，f_1，…，f_{79}。每个逻辑函数的输入为 3 个 32 位字，输出为一个 32 位字。定义如下（B、C、D 均为 32 位字）：

$$f_t(B,C,D) = (B \wedge C) \vee (\sim B \wedge D) \quad\quad (0 \leq t \leq 19)$$
$$f_t(B,C,D) = B \oplus C \oplus D \quad\quad (20 \leq t \leq 39)$$
$$f_t(B,C,D) = (B \wedge C) \vee (B \wedge D) \vee (C \wedge D) \quad\quad (40 \leq t \leq 59)$$
$$f_t(B,C,D) = B \oplus C \oplus D \quad\quad (60 \leq t \leq 79)$$

其中，$\wedge$ 表示按位与；$\vee$ 表示按位或；$\sim$ 表示按位反；$\oplus$ 表示按位异或。

SHA-1 运算中还用到了常数字序列 K_0，K_1，…，K_{79}，其值为：

$$K_t = 0x5A827999 \quad\quad (0 \leq t \leq 19)$$
$$K_t = 0x6ED9EBA1 \quad\quad (20 \leq t \leq 39)$$
$$K_t = 0x8F1BBCDC \quad\quad (40 \leq t \leq 59)$$
$$K_t = 0xCA62C1D6 \quad\quad (60 \leq t \leq 79)$$

SHA-1 算法按如下步骤处理每个字块 M_i：

① 把 M_i 分为 16 个字 W_0，W_1，…，W_{15}，其中，W_0 为最左边的字。

② for t=16 to 79 do $\oplus$ $\oplus$

let $W_t=(W_{t-3} \oplus W_{t-8} \oplus W_{t-14} \oplus W_{t-16})<<<1 \oplus$

③ let A=H_0, B=H_1, C=H_2, D=H_3, E=H_4

④ for t=0 to 79 do

$TEMP=(A<<<5)+f_t(B,C,D)+E+W_t+K_t$

$E=D;D=C;C=(B<<<30);B=A;A=TEMP$

⑤ let $H_0=H_0+A;H_1=H_1+B;H_2=H_2+C;H_3=H_3+D;H_4=H_4+E$

4．输出

在处理完 M_n 后，160 位的消息摘要为 H_0、H_1、H_2、H_3、H_4 级联的结果。

3.3.3 SHA-1 应用举例

以求字符串"abc"的 SHA-1 散列值为例来说明上面描述的过程。"abc"的二进制表示为 01100001 01100010 01100011。

1．填充消息

消息长 24，先填充一位 1，然后填充 423 位 0，再用消息长 24，即 0x00000000 00000018 填充，这样只有一个分组，分组内容是：

$$01100001\ 01100010\ 01100011\ 1\ 00\cdots00\ 00\cdots011000$$

24 bit   1 bit 423 bit   64 bit

2．初始化

$$H_0 = 0 x\ 6\ 7\ 4\ 5\ 2\ 3\ 0\ 1$$
$$H_1 = 0 x\ E\ F\ C\ D\ A\ B\ 8\ 9$$
$$H_2 = 0 x\ 9\ 8\ B\ A\ D\ C\ F\ E$$
$$H_3 = 0 x\ 1\ 0\ 3\ 2\ 5\ 4\ 7\ 6$$
$$H_4 = 0 x\ C\ 3\ D\ 2\ E\ 1\ F\ 0$$

3．主循环

处理消息字块 1（本例中只有 1 个字块），分成 16 个字：

W[0] =61626380	W[1] =00000000	W[2] =00000000	W[3] =00000000
W[4] =00000000	W[5] =00000000	W[6] =00000000	W[7] =00000000
W[8] =00000000	W[9] =00000000	W[10]=00000000	W[11]=00000000
W[12]=00000000	W[13]=00000000	W[14]=00000000	W[15]=00000018

然后根据 3.3.2 节中描述的过程计算，其中，循环"for t = 0 to 79"中，各步 A、B、C、D、E 的值如下：

	A	B	C	D	E
t = 0:	0116FC33	67452301	7BF36AE2	98BADCFE	10325476
t = 1:	8990536D	0116FC33	59D148C0	7BF36AE2	98BADCFE
t = 2:	A1390F08	8990536D	C045BF0C	59D148C0	7BF36AE2
…	…	…	…	…	…
t = 78:	5738D5E1	860D21CC	681E6DF6	D8FDF6AD	D7B9DA25
t = 79:	42541B35	5738D5E1	21834873	681E6DF6	D8FDF6AD

字块 1 处理完后，$\{H_i\}$ 的值为：

H_0 = 67452301 + 42541B35 = A9993E36

H_1 = EFCDAB89 + 5738D5E1 = 4706816A

$H_2 = 98BADCFE + 21834873 = BA3E2571$

$H_3 = 10325476 + 681E6DF6 = 7850C26C$

$H_4 = C3D2E1F0 + D8FDF6AD = 9CD0D89D$

4．输出

消息摘要=A9993E36 4706816A BA3E2571 7850C26C 9CD0D89D

*3.3.4　SHA-512 算法

SHA-512 输出消息摘要的长度为 512 位。输入被处理成 1 024 位的块，图 3-3 所示为 SHA-512 算法处理消息并生成摘要的过程，处理过程由以下步骤组成：

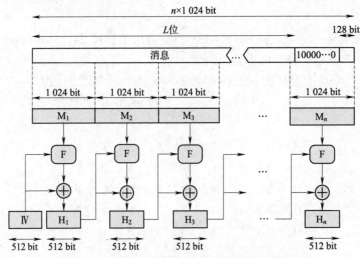

图 3-3　用 SHA-512 生成消息摘要的过程

① 填充。若 k 是消息长度，则计算填充消息长度的公式是：$1\,024-(k+128)\bmod 1\,024$，128 位用来放消息长度。填充是必须的，即使消息已经是需要的长度，因此填充部分的长度介于 1 和 1 024 之间。填充值由一个 1 和若干个 0 组成。

② 填加长度。128 bit 的块添加到填充后的消息后面，该块表示填充前原始消息的长度。经过上述两步处理后生成的消息的长度恰为 1 024 bit 的整数倍。在图 3-3 中，扩展后的消息用 1 024 bit 的块 $M_1, M_2, M_3, \cdots, M_n$ 表示，整个扩展消息的长度为 $n \times 1\,024$ bit。

③ 初始 Hash 缓冲区。一个 512 bit 的块用于保存 Hash 函数的中间值和最终结果。该缓冲区用八个 64 bit 的寄存器（a，b，c，d，e，f，g，h）表示，并将这些寄存器初始化为下列 64 bit 的整数（十六进制值）：

a=6A09E667F3BCC908

b=BB67AE8584CAA73B

c=3C6EF372FE94F82B

d=A54FF53A5F1D36F1

e=510E527FADE682D1

f=9B05688C2B3E6ClF

g=lF83D9ABFB41BD6B

h=5BE0CDl9137E2179

④　以 1 024 bit 的块（16 个字）为单位处理消息。算法的核心是具有 80 轮运算的模块，在图 3-3 中，用 F 标识该运算模块，其运算逻辑如图 3-4 所示。每一轮都把 512 bit 缓冲区的值 abcdefgh 作为输入，并更新缓冲区的值。第 1 轮，缓冲区里的值是中间的散列值 H_{i-1}。每一轮，如 t 轮，使用一个 64 bit 的值 W_t，其中 $0 \leq t \leq 79$ 表示轮数，该值由当前被处理的 1 024 bit 消息分组 M_i 导出。每一轮还将使用附加的常数 K_t。这些常数由如下方法获得：前 80 个素数取三次方根，取小数部分的前 64 bit。这些常数提供了 64 bit 的随机串集合，可以消除输入数据中的任何规则性。第 80 轮的输出和第 1 轮的输入 H_{i-1} 相加产生 H_i。缓冲区中的八个字和 H_{i-1} 中的相应字独立进行模 2^{64} 的加法运算。

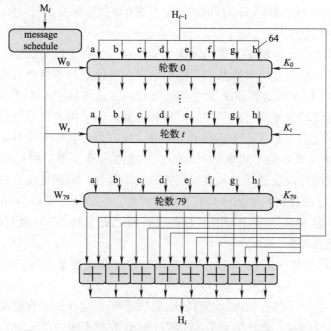

图 3-4　SHA-512 处理一个单独的 1 024 bit 块的过程

⑤　输出。所有的 n 个 1 024 bit 分组都处理完以后，从第 n 阶段输出的是 512 bit 的消息摘要。

*3.4　SM3——中国商用密码散列算法标准

SM3 密码算法于 2016 年发布为国家密码 Hash 算法标准（GB/T 32905—2016）。该算法由王小云等人设计，消息分组 512 bit，输出 Hash 值 256 bit，压缩函数状态 256 bit，共 64 步，采用 Merkle-Damgard 结构。SM3 密码算法的压缩函数与 SHA-256 的具有相似结构，但是 SM3 算法的设计更加复杂，比如压缩函数的每一轮都使用两个消息字。

SM3 密码算法的处理过程如下：

①　填充，使填充后的数据的长度是 512 的整数倍。先在数据的结尾上加一个 1；然后把原始数据的长度用 64 bit 表示，放在最后面；再看看现在的数据的长度值离 512 的整数还差

多少位，差多少位就填多少个 0，放在加的这个 1 和 64 bit 的长度之间。

② 分组，把填充后的信息按照每 512 bit 一个单位进行分组。如果分成了 n 组，就是 b(0)，b(1),…,b(n-1)。

③ 迭代压缩得到最后的 Hash 值。

IV(n)=CF(IV(n-1),b(n-1))

如果信息分为 n 组，那么 IV(n) 就是最后得到的 Hash 值。

Hash 结果为 256 bit，值 y=ABCDEFGH=IV(n)

（1）SM3 密码杂凑算法的设计原则

SM3 密码杂凑算法的设计主要遵循以下原则：①能够有效抵抗比特追踪法及其他分析方法；②软硬件实现需求合理；③在保障安全性的前提下，综合性能指标与 SHA-256 同等条件下相当。

（2）压缩函数的设计原则

压缩函数的设计具有结构清晰、雪崩效应强等特点，采用了以下设计技术：①消息双字介入。输入的双字消息由消息扩展算法产生的消息字中选出。为了使介入的消息尽快产生雪崩效应，采用了模 2^{32} 算术加运算和 P 置换等。②每一步操作将上一步介入的消息位非线性迅速扩散，每一消息位快速地参与进一步的扩散和混乱。③采用来自不同群的混合运算，模 2^{32} 算术加运算、异或运算、三元布尔函数和 P 置换。④在保证算法安全性的前提下，为兼顾算法的简洁性和软硬件及智能卡实现的有效性，非线性运算主要采用布尔运算和算术加运算。⑤压缩函数参数的选取应使压缩函数满足扩散的完全性、雪崩速度快的特点。

SM3 密码 Hash 算法在密码学当中具有重要的地位，它的压缩函数与 SHA-256 的压缩函数具有相似的结构，但 SM3 密码 HASH 算法的设计较之更为复杂，而且目前对于 SM3 密码 HASH 算法的攻击还比较少。

SM3 密码杂凑算法结构上和 SHA-256 相似，并且链接变量长度、消息分组大小均与 SHA-256 相同。

视频 3.5

SM3 同国内外其他算法比，SM3 密码杂凑算法具有较高的安全性和软硬件实现容易，算法实现效率要高于或者等同于国内外其他标准算法。

3.5 几种哈希函数比较

MD5、SHA-1、SM3、SHA-512 的参数比较见表 3-2。

表 3-2 MD5、SHA-1、SM3、SHA-512 参数比较

特 征	MD5	SHA-1	SM3	SHA-512
Hash 值长度	128 位	160 位	256 位	512 位
分组处理长度	512 位	512 位	512 位	1 024 位
轮数	64	80	64	80
字长	32	32	32	64
最大消息长度	不限	$<2^{64}$ 位	$<2^{64}$ 位	$<2^{128}$ 位
常数个数	64	4	2	80

根据各项特征，简要说明它们之间的不同：

① 安全性：MD5 的哈希值最短，SHA-512 的哈希值最长。哈希值的长度决定了产生碰撞的可能性大小。相对来说，哈希值越短安全性越低，哈希值越长安全性越高。

② 速度：SHA-1、MD5、SM3 都考虑了以 32 位处理器为基础的系统结构，但 SHA-1 的运算步骤较 MD5 多了 16 步，而且 SHA-1 记录单元的长度比 MD5 多了 32 位。因此，若是以硬件来实现 SHA-1，其速度大约较 MD5 慢 25%。尽管 SM3 步数比 SHA-1 少，但 SM3 计算相对复杂，整体来说，SM3 要慢于 SHA-1，但 SM3 安全性更高。SHA-512 的字长是 64，硬件要求更高，SHA-512 的哈希值最长，计算相对复杂，也是四种中速度最慢最安全的。

③ 存储空间：四种方法都相对简单，在实现上不需要很复杂的程序或是大量的存储空间。SHA-512 硬件环境要求更高。

3.6 消息认证码（MAC）

视频 3.6

在信息安全领域中，常见的信息保护手段大致可以分为保密和认证两大类。目前的认证技术有对用户的认证和对消息的认证两种方式。用户认证用于鉴别用户的身份是否合法；消息认证就是验证所收到的消息确实来自真正的发送方且未被修改，也可以验证消息的顺序和及时性。消息认证实际上是对消息本身产生一个冗余的信息——MAC（Message Authentication Code，消息认证码）附加在消息后面，其组成是消息+消息认证码，用来认证消息的完整性。

3.6.1 消息认证码的基本概念

如果仅仅利用本章前面探讨的单向散列函数来认证消息，存在的缺点如下：若攻击者将"消息+消息认证码"替换成"新消息+新消息认证码"（"新消息认证码"是由新消息产生的认证码），接收方通过消息摘要验证难以识破攻击者的替换行为。这里存在的主要问题是没有办法验证攻击者的身份。此时，让通信双方共享同一个密钥即可解决这个问题，引入与密钥相关的单向散列函数。

与密钥相关的单向散列函数通常称为 MAC，用公式表示为

$$MAC=C_K(M)$$

其中，M 为可变长的消息，K 为通信双方共享的密钥，C 为单向散列函数。

3.6.2 消息的完整性验证

MAC 可为拥有共享密钥的双方在通信中验证消息的完整性；也可被单个用户用来验证其文件是否被改动，消息完整性验证的工作过程如图 3-5 所示。

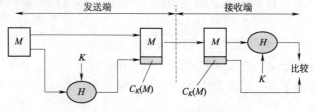

图 3-5 消息的完整性验证

发送方计算消息的认证码，附加在消息的后面，并发送给接收方，在计算消息认证码时要用双方共享的密钥 K。接收方用同样的方法计算消息的认证码，并将自己计算的消息认证码与接收到的消息认证码比较，若相同，说明的确是发送方发来的消息，并且判定消息是完整的。若在发送的过程中有第三方替换信息，由于第三方不知道密钥 K，接收方极易验证消息被替换。消息完整性验证过程中所用的 Hash 函数，可以是 MD5、SHA-1 等。

3.6.3　HMAC 算法

下面介绍由 RFC 2104 定义的 HMAC 算法，HMAC 全称为 Keyed-Hashing for Message Authentication Code，它用一个秘密密钥和一个单向散列函数来产生和验证 MAC。

为了论述的方便，首先给出 HMAC 中用到的参数和符号：

① B：计算消息摘要时输入块的字节长度（如对于 SHA-1，$B=64$）。

② H：散列函数，如 SHA-1、MD5 等。

③ ipad：将数值 0x36 重复 B 次。

④ opad：将数值 0x5c 重复 B 次。

⑤ K：共享密钥。

⑥ K_0：在密钥 K 的左边加 0，使其长度为 B 字节。

⑦ L：消息摘要的字节长度（如对于 SHA-1，$L=20$）。

⑧ t：MAC 的字节数。

⑨ text：要计算 HMAC 的数据。数据长度为 n 字节，n 的最大值依赖于采用的 Hash 函数。

⑩ $X\|Y$：将字串连接起来，即把字串 Y 附加在字串 X 后面。

⑪ $\oplus$：异或。

密钥 K 的长度应大于或等于 $L/2$。当使用长度大于 B 的密钥时，先用 H 对密钥求得散列值，然后用得到的 L 字节结果作为真正的密钥。

利用 HMAC 算法计算数据 text 的 MAC 过程如图 3-6 所示。

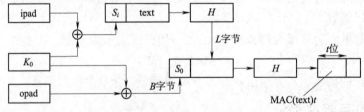

图 3-6　HMAC 算法

HMAC 执行的是如下操作：

$$\text{MAC(text)}_t = \text{HMAC}(K,\text{text})_t = H((K_0 \oplus \text{opad})\|H((K_0 \oplus \text{ipad})\|\text{text}))_t$$

具体操作步骤如下：

① 如果 K 的长度等于 B，设置 $K_0 = K$ 并跳转到第④步。

② 如果 K 的长度大于 B，对 K 求散列值：$K_0 = H(K)$。

③ 如果 K 的长度小于 B，在 K 的左边填加 0 得到 B 字节的 K_0。

④ 执行 $K_0 \oplus \text{ipad}$。

⑤ 将数据 text 附加在第④步结果的后面：$(K_0 \oplus \text{ipad}) \| \text{text}$。

⑥ 将 H 应用于第⑤步的结果：$H((K_0 \oplus \text{ipad}) \| \text{text})$。

⑦ 执行 $K_0 \oplus \text{opad}$。

⑧ 把第⑥步的结果附加在第⑦步的结果后面：$(K_0 \oplus \text{opad}) \| H((K_0 \oplus \text{ipad}) \| \text{text})$。

⑨ 将 H 应用于第⑧步的结果：$H((K_0 \oplus \text{opad}) \| H((K_0 \oplus \text{ipad}) \| \text{text}))$。

⑩ 选择第⑨步结果的最左边 t 字节作为 MAC。

HMAC 算法可以和任何单向散列函数结合使用，而且对 HMAC 实现做很小的修改就可用一个新的散列函数代替原来的散列函数。

3.7　案例应用：信息的完整性验证

视频 3.7

1. 案例描述

存储在本地计算机的信息或通过网络传播的信息，怎样才能知道信息是完整的？

2. 案例分析

以网络传播为例，如果直接与原文件比较，那什么是原文件，怎样获取或保存也是个问题。要判断信息是否完整，可利用带密钥的 Hash，这样能抵御不进行身份认证而进行的攻击。

3. 案例解决方案

发送方如果要发送一个文件 M，这时为了让对方验证完整性，就在文件的后面添加文件的 Hash 值 $H = \text{Hash}_K(M)$（要求通信双方在通信前共享密钥 K），实际上发送的内容为：

$$M + \text{Hash}_K(M)$$

接收方收到信息后，根据发来的 M' 计算 Hash 值 $H' = \text{Hash}_K(M')$，若计算的 H' 值与发来的 H 完全一样，即 $H == H'$，说明 M 是完整的，否则不完整。

4. 案例总结

本案例实施的前提条件是通信双方在通信前共享密钥 K，这个 K 的作用相当于进行了身份认证。由于攻击者不知道 K，因此能抵御攻击者进行的攻击。可根据安全需求，选择 Hash 函数，SHA-1、MD5、SM3、SHA-512 都是不错的选择。

*3.8　对单向散列函数的攻击

视频 3.8

既然单向散列函数是将任意长度的消息 M 映射成一个固定长度的散列值，那么消息与其散列值是一对多的关系，碰撞就是必然存在的，这给攻击者留下了可乘之机。对单向散列函数攻击的目的在于破坏单向散列函数的某些特性，比如可以根据输出求得输入，找到一条新消息使它的输出与原消息的输出相同，或者找到不同的两个消息，使它们的输出相同。在目前已有的攻击方案中，最主要的两种是字典攻击和生日攻击。

3.8.1　字典攻击

攻击者编制含有多达几十万个常用口令的表，然后用单向散列函数对所有口令进行运算，并将结果存储到文件中。攻击者非法获得加密的口令文件后，将比较这两个文件，观察是否有匹配的口令密文。这就是字典式攻击，它的成功率非常高。字典攻击对单向散列函数加密的口令文件特别有效。

Salt（添加符）是使这种攻击更困难的一种方法。Salt 是一随机字符串，它与口令连接在一起，再用单向散列函数对其运算，然后将 Salt 值和单向散列函数运算的结果存入主机数据库中。攻击者必须对所有可能的 Salt 值进行计算。如果 Salt 的长度为 64 位，那么攻击者的计算量就是原来的 2^{64} 倍，同时存储量也是原来的 2^{64} 倍，使用字典攻击几乎不可能。如果攻击者得知 Salt 值后进行攻击，就不得不重新计算所有可能的口令，仍然是很困难的。

另一个对策是增加单向散列函数处理次数。比如，可以对口令用单向散列函数处理 1 024 次，这就大大增加了攻击者的预计算时间，但对正常用户没有明显影响。

3.8.2　穷举攻击

对单向散列函数的穷举攻击有两种方法。第一种方法：给定消息 M 的散列值 $H(M)$，破译者逐个生成其他消息 M'，以使 $H(M)=H(M')$。第二种方法：攻击者寻找两个随机的消息 M 和 M'，并使 $H(M)=H(M')$（称为碰撞），这就是所谓的生日攻击（Birthday Attack），它比第一种方法更容易。

生日悖论是一个标准的统计问题。房子里面应有多少人才能使至少一人与你的生日相同的概率大于 1/2？答案是 253。既然这样，那么应该有多少人才能使他们中至少两个人的生日相同的概率大于 1/2 呢？答案出乎意料的低：23 人。

寻找特定生日的某人类似于第一种方法；而寻找两个随机的具有相同生日的两个人则是第二种攻击，这就是生日攻击名称的由来。

假设一个单向散列函数是安全的，并且攻击它最好的方法是穷举攻击。假定其输出为 m 位，那么寻找一个消息，使其散列值与给定散列值相同，则需要计算 2^m 次；而寻找两个消息具有相同的散列值仅需要试验 $2^{m/2}$ 个随机的消息。每秒能运算一百万次单向散列函数的计算机得花 600 000 年才能找到一个消息与给定的 64 位散列值相匹配。同样的机器可以在大约一个小时里找到一对有相同散列值的消息。

这就意味着如果你对生日攻击非常担心，那么你所选择的单向散列函数其输出长度应该是你本以为安全位数的两倍。例如，如果你想让他们每次成功破译系统的可能性低于 $1/2^{80}$，那么应该使用输出为 160 位的单向散列函数。

需要指出的是，找到单向散列函数的碰撞并不能证明单向散列函数就彻底失效了。因为产生碰撞的消息可能是随机的，没有什么实际意义。最致命的破解是对给定的消息 M，较快地找到另一消息 M' 并满足 $H(M)=H(M')$，当然 M' 应该有意义并最好符合攻击者的意图。

山东大学数学院的王小云教授已经破解了 MD5 算法。这在国际密码学领域引起了极大反响，也敲响了电子商务安全的警钟。

【扩展阅读】

2004 年 8 月 17 日，在美国加州圣巴巴拉召开的国际密码学会议上，王小云教授公布了 MD5 算法的破解成果。其后，密码学家 Arjen Lenstra 利用王小云教授的研究成果伪造了符合 X.509 标准的数字证书。这进一步说明了 MD5 的破译已经不仅仅是理论破译结果，而可以导致实际的攻击。更让密码学界震惊的是，2005 年 2 月 15 日，王小云等人的论文证明 SHA-1 算法在理论上也被破解。这是继破译 MD5 之后，国际密码学领域的又一突破性研究成果，而破译只用了两个多月的时间。

王小云教授的破解方法称为模差分。这种破解方法与其他差分攻击不同，它不使用异或作为差分手段，而使用整模减法差分作为手段。这种方法可以有效地查找碰撞，使用这种方法可在 15 分钟至 1 小时内查找到 MD5 碰撞。将这种方法用于 MD4，则能在不到一秒钟的时间内找到碰撞。这种方法也可用于其他单向散列函数，如 RIPEMD、HAVAL。

小　结

单向散列函数在许多方面得到了广泛的应用，特别是在完整性验证和密码的散列值存储方面。本章对单向散列函数做了基本的定义，介绍了非常重要的单向散列函数：MD5、SHA 和 SM3。希望读者经过讨论和比较，能对单向散列函数设计的理念有所理解。所有的密码算法都要同时兼顾安全性和简易性，单向散列函数也不例外。对安全性的考虑，不外乎明文、密文的长度及对数据的非线性方式处理；对简易性的考虑不外乎反复使用简单的运算及使用特殊的系统结构。

习　题

1. 比较散列函数算法 MD5、SHA-1、SHA-512、SM3 的优缺点。

*2. 假定 $a_1a_2a_3a_4$ 是一个 32 位字中的 4 个字节。每个 a_i 可看作一个二进制表示的 $0 \sim 255$ 之间的整数。在大数在前的结构中，这个字表示整数：

$$a_1 2^{24} + a_2 2^{16} + a_3 2^8 + a_4$$

在小数在前的结构中，这个字表示整数：

$$a_4 2^{24} + a_3 2^{16} + a_2 2^8 + a_1$$

（1）MD5 采用小数在前的结构。使报文摘要独立于所使用的结构是很重要的，因此，在大数在前的机器中执行 MD5 模 2 加法时，需要进行调整。假定 $X=x_1x_2x_3x_4$ 和 $Y=y_1y_2y_3y_4$，试问 MD5 的加法操作（$X+Y$）如何在大数在前的机器中执行？

（2）SHA-1 采用大数在前的结构。试问 SHA-1 的加法操作（$X+Y$）如何在小数在前的机器中执行？

3. MAC 有哪些用处？

4. 何谓字典攻击和生日攻击？

5. 除了本书给出的散列函数特性外，你认为散列函数还应具有哪些特点？

6. 计算字符串"123+=ABC" SHA-1 散列的分组填充，请把填充的分组内容写出来，要写清楚分组的各个组成部分。

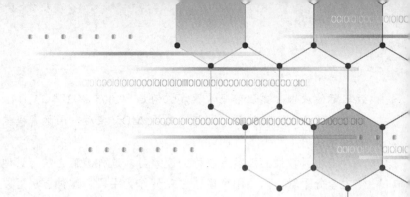

第4章
公钥密码体系

学习目标：

- 理解 RSA 公钥密码算法；
- 理解 Diffie-Hellman 密钥交换协议；
- 掌握数字签名的方法；
- 了解 SM9。

关键术语：

- RSA 算法（公钥密码算法）；
- Diffie-Hellman 算法；
- 数字签名算法（Digital Signature Algorithm，DSA）；
- 数字签名标准（Digital Signature Standard，DSS）；
- 密钥交换（Key Exchange）；
- 数字签名（Digital Signature）；
- 验证（Verification）；
- 密钥管理（Key Management）；
- 公开密钥（Public Key）；
- 私有密钥（Private Key）；
- 秘密密钥（Secret key）；
- 基于标识的数字签名方案（Identity-Based Signature, IBS）；
- 密钥生成中心（Key Generation Center, KGC）。

公开密钥密码是密码学的一场革命，是一座里程碑，是密码学历史上一颗耀眼的明珠。公开密钥密码的公钥和私钥成对出现，缺一不可。

公钥密码体系与传统的对称密钥密码体系不同，加密密钥不同于解密密钥。人们将加密密钥公之于众，谁都可以使用；而解密密钥只有解密人自己知道。公钥密码除可用于加密外，还可用于数字签名和密钥交换。基于标识的密码算法 SM9，对公钥的认证不需要 CA，具有非常广泛的应用领域。

4.1 公钥密码概述

美国斯坦福大学的 W.Diffie 和 M.Hellman 在 1976 年提出了公钥密码体系（又称非对称密码体系），这是几千年来有文字记载的密码领域的第一次真正革命性进步。公钥算法基于难解的数学问题，公钥加密是非对称的（Asymmetric）。这种密码体系采用了一对密钥——加密密钥和解密密钥，在这一对密钥中，一个可以公开（称之为公钥），另一个为用户专用（称为私钥，必须保密）。从公钥不能直接推出私钥，反之亦然。

公钥密码系统是基于陷门单向函数的概念。单向函数是易于计算但求逆困难的函数，而陷门单向函数是在不知道陷门信息的情况下求逆困难，而在知道陷门信息时易于求逆的函数。

在实际应用中，用户通常将密钥对中的加密密钥公开（称为公钥），而秘密持有解密密钥（称为私钥）。利用公钥体系可以方便地实现对用户的身份认证，即用户在信息传输前首先用所持有的私钥对传输的信息进行加密，信息接收者在收到这些信息之后利用该用户向外公布的公钥进行解密，如果能够解开，说明信息确实为该用户所发送，这样就方便地实现了对信息发送方身份的鉴别和认证。在实际应用中通常将公钥密码体系和数字签名算法结合使用，在保证数据传输完整性的同时完成对用户身份的认证。

目前的公钥密码算法都是基于一些复杂的数学难题，例如目前广泛使用的 RSA 算法就是基于大整数因子分解这一著名的数学难题。目前常用的非对称加密算法包括整数因子分解（以 RSA 为代表）、椭圆曲线离散对数和离散对数（以 DSA 为代表）。公钥密码体系的优点是能适应网络的开放性要求，密钥管理相对简单，并且可方便地实现数字签名和身份认证等功能，是目前电子商务等技术的核心基础。其缺点是算法复杂，加密数据的速度和效率较低。

公钥密码体系较对称密码体系处理速度慢，因此，通常把公钥密码体系与对称密码体系结合起来实现最佳性能。即用公钥密码技术在通信双方之间传送对称密钥，而用对称密钥来对实际传输的数据加密解密。公钥密码系统可用于保密通信、数字签名和密钥交换，有的公钥算法能满足这三方面的需要（像 RSA 算法），而有的仅仅具有某一方面的功能（像 Diffie-Hellman 算法，其仅仅适用于密钥交换）。

1．通信保密

将公钥作为加密密钥，私钥作为解密密钥，通信双方不需要交换密钥就可以实现保密通信。这时，通过公钥或密文分析出明文或私钥是不可行的。如图 4-1 所示，Bob 拥有多个人的公钥，当他需要向 Alice 发送机密消息时，他用 Alice 公布的公钥对明文消息加密，当 Alice 接收后用她的私钥解密。由于私钥只有 Alice 本人知道，所以能实现通信保密。

2．数字签名

将私钥作为加密密钥，公钥作为解密密钥，可实现由一个用户对数据加密，而由多个用户解读。如图 4-2 所示，Bob 用私钥对明文进行了加密签名并发布，Alice 收到密文后用 Bob 公布的公钥解密验证。由于 Bob 的私钥只有 Bob 本人知道，因此，Alice 看到的明文肯定是 Bob 发出的，从而实现了数字签名，具有与手写签名同样的效果。

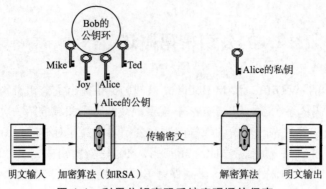

图 4-1　利用公钥密码系统实现通信保密

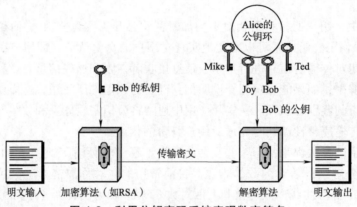

图 4-2　利用公钥密码系统实现数字签名

3．密钥交换

通信双方交换会话密钥，以加密通信双方以后所传输的信息。每次逻辑连接使用一个新的会话密钥，用完就丢弃。

公开密钥算法最主要的特点是从已知的公钥不可能推导出私钥。理论上也许是可能的，但是需要极长时间和极多资源，从而造成实际上是不可能的。另外，公钥和私钥之间有着复杂的数学关系，但在计算机上可较容易地生成一对密钥。

视频 4.2

 4.2　RSA 密码系统

公开密钥算法 RSA 的出现在加密历史上具有里程碑式的意义。1985 年，Koblitz 和 Miller 各自独立提出了著名的椭圆曲线加密（ECC）算法。

4.2.1　RSA 算法

公开密钥加密的第一个算法是由 Ralph Merkle 和 Martin Hellman 开发的背包算法，它只能用于加密。后来，Adi Shamir 将其改进，使之能用于数字签名。背包算法的安全性不好，也不完善。随后不久就出现了第一个较完善的公开密钥算法 RSA（根据其发明者命名，即 Ronald L. Rivest、Adi Shamir、Leonard Adleman）。

【扩展阅读】

Ronald L. Rivest 于 1969 年在耶鲁大学获得了数学学士学位，于 1974 年在斯坦福大学获计算机科学博士学位，现在是麻省理工学院电子工程与计算机科学系教授。他是 RSA 算法的主要发明者之一，也是 RSA 数据安全公司的创始人（现称为 RSA 信息安全公司，即 EMC 安全事业部）。Rivest 教授的研究兴趣一直在密码学、计算机和网络安全、电子投票以及相关算法。关于他个人的详细信息可参见 http://people.csail.mit.edu/rivest/。

RSA 密码系统的安全性基于大数分解的困难性。求一对大素数的乘积很容易，但要对这个乘积进行因子分解则非常困难。公钥密码系统一般都涉及数论的知识，如素数、欧拉函数、中国剩余定理等，这在许多密码学教材中都有所论述，本书不进行讨论。

下面介绍 RSA 密码系统的细节。选择两个不同的大素数 p 和 q（一般都为 100 位左右的十进制数字），计算乘积：

$$n=pq$$

计算欧拉函数值：

$$\phi(n)=(p-1)(q-1)$$

随机取一整数 e，$1<e<\phi(n)$，且 e 和 $\phi(n)$ 互素。此时可求得 d 以满足：

$$ed\equiv 1 \bmod \phi(n)$$

即

$$(de-1) \bmod \phi(n)=0$$

由此推出：

$$ed=t\phi(n)+1 \qquad （t 是正整数）$$

这样可以把 e 和 n 作为公开密钥，d 作为私人密钥。其中，p、q、$\phi(n)$ 和 d 就是秘密的陷门（四项并不是相互独立的），这些信息不可以泄露。

RSA 加密消息 m 时（这里假设 m 是以十进制表示的），首先将消息分成大小合适的数据分组，然后对分组分别进行加密。每个分组的大小应该比 n 小。设 c_i 为明文分组 m_i 加密后的密文，则加密公式为：

$$c_i=m_i^e \bmod n$$

解密时，对每一个密文分组进行如下运算：

$$m_i=c_i^d \bmod n$$

这种加密/解密方案的可行性此处不进行证明，可以参考其他密码学专业书籍。需要指出的是，RSA 及其他公钥算法的速度是非常慢的，一般是对称算法的 1/1 000，这是因为公钥算法都涉及复杂的数学运算。

这里举一个简单的例子来说明 RSA 的加密/解密过程。选 $p=5$，$q=11$，则

$$n=pq=55$$

$$\phi(n)=(p-1)(q-1)=40$$

于是明文空间为在闭区间[1, 54]内的数。选择 $e=7$，则 $d=23$。由加密/解密公式可以得到加密表，见表 4-1。

表 4-1 加密表

明 文	密 文	明 文	密 文	明 文	密 文	明 文	密 文
1	1	14	9	28	52	42	48
2	18	16	36	29	39	43	32
3	42	17	8	31	26	46	51
4	49	18	17	32	43	47	53
6	41	19	24	34	34	48	27
7	28	21	21	36	31	49	14
8	2	23	12	37	38	51	6
9	4	24	29	38	47	52	13
12	23	26	16	39	19	53	37
13	7	27	3	41	46	54	54

4.2.2 对 RSA 算法的挑战

在 1977 年，Rivest、Shamir 及 Adleman 提出公开钥密码系统时，他们认为每秒百万次运算的计算机可以在 4 小时之内因子分解一个 50 位的数，但是分解一个 100 位的数几乎要花一个世纪，而 200 位的数大约要花 40 亿年。甚至考虑到计算速度可以再提高百万倍，基于 200 位数的密码看来是十分安全的。

Mirtin Gardner 在 1977 年 Scientific American 的专栏文章中介绍了 RSA。为了显示这一技术的威力，RSA 公司的研究人员用一个 129 位的十进制数 N 和一个 4 位数 e 对一个关于秃鹰的消息做了编码。Gardner 刊登了那个密文，同时给出了 N 和 e。RSA 公司还悬赏 100 美元，奖给第一个破译此密码的人。

然而数学史上往往有意外的事发生。这个叫阵的 RSA-129 仅仅在 17 年之后就败下阵来。一批松散组成的因子分解迷，大约有 600 多人，分布在二十几个国家。他们经过八个月的努力最后于 1994 年 4 月为 RSA-129 找到了 64 位数和 65 位数两个素数因子。

129 位的十进制数相当于 429 位的二进制，已接近 512 位。虽然密钥长度每增加 10 位二进制，分解的时间就要加长 1 倍，但离破译 512 位的二进制 RSA 算法已经为时不远。

视频 4.3

4.3 Diffie-Hellman 密钥交换

1976 年，Bailey W. Diffie、Martin E. Hellman 两位密码学大师发表了论文《密码学的新方向》，论文覆盖了未来几十年密码学所有的新的进展领域，包括非对称加密、椭圆曲线算法、哈希等一些手段，奠定了迄今为止整个密码学的发展方向，也对区块链的技术的诞生起到决定性作用。

Diffie-Hellman 算法发明于 1976 年。Diffie-Hellman 算法能够用于密钥分配，但不能用于加密或解密信息。

4.3.1 Diffie-Hellman 算法

Diffie-Hellman 算法的安全性在于在有限域上计算离散对数非常困难。在此先简单介绍一下离散对数的概念。定义素数 p 的本原根（Primitive Root）为一种能生成 $1 \sim p-1$ 中所有数的一个数，即如果 a 为 p 的本原根，则

$$a \bmod p, \ a^2 \bmod p, \ \ldots, \ a^{p-1} \bmod p$$

两两互不相同，构成 $1 \sim p-1$ 的全体数的一个排列（例如 $p=11$，$a=2$）。对于任意数 b 及素数 p 的本原根 a，可以找到一个唯一的指数 i，且满足

$$b = a^i \bmod p, \ 0 \leqslant i \leqslant p-1$$

称指数 i 为以 a 为底模 p 的 b 的离散对数。

如果 Alice 和 Bob 想在不安全的信道上交换密钥，可以采用如下步骤：

① Alice 和 Bob 协商一个大素数 p 及 p 的本原根 a，a 和 p 可以公开。

② Alice 秘密产生一个随机数 x，计算 $X=a^x \bmod p$，然后把 X 发送给 Bob。

③ Bob 秘密产生一个随机数 y，计算 $Y= a^y \bmod p$，然后把 Y 发送给 Alice。

④ Alice 计算 $k=Y^x \bmod p$。

⑤ Bob 计算 $k'=X^y \bmod p$。

k 和 k' 是恒等的，因为

$$k=Y^x \bmod p=(a^y)^x \bmod p=(a^x)^y \bmod p=X^y \bmod p=k'$$

线路上的搭线窃听者只能得到 a、p、X 和 Y 的值，除非能计算离散对数，恢复出 x 和 y，否则就无法得到 k，因此，k 为 Alice 和 Bob 独立计算的秘密密钥。

下面用一个例子说明上述过程。Alice 和 Bob 需进行密钥交换，如图 4-3 所示，则：

① 两者协商后决定采用素数 $p=353$ 及其本原根 $a=3$。

② Alice 选择随机数 $x=97$，计算 $X=3^{97} \bmod 353 = 40$，并发送给 Bob。

③ Bob 选择随机数 $y=233$，计算 $Y=3^{233} \bmod 353 = 248$，并发送给 Alice。

④ Alice 计算 $k=Y^x \bmod p = 248^{97} \bmod 353=160$。

⑤ Bob 计算 $k'=X^y \bmod p = 40^{233} \bmod 353=160$。

k 和 k' 即为秘密密钥。

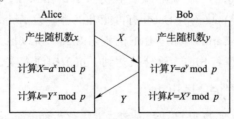

图 4-3　Diffie-Hellman 密钥交换

4.3.2　中间人攻击

Diffie-Hellman 密钥交换容易遭受中间人攻击，如图 4-4 所示。

① Alice 或 Bob 发送公开值（a 和 p）给对方，攻击者 Carol 截获这些值并把自己产生的公开值发送给 Alice 或 Bob。

② Alice 和 Carol 计算出两人之间的共享密钥 k_1。

③ Bob 和 Carol 计算出另外一对共享密钥 k_2。

这时，Alice 用密钥 k_1 给 Bob 发送消息；Carol 截获消息后用 k_1 解密就可读取消息；然后将获得的明文消息用 k_2 加密（加密前可能会对消息做某些修改）后发送给 Bob。对 Bob 发送给 Alice 的消息，Carol 同样可以读取和修改。造成中间人攻击的原因是 Diffie-Hellman 密钥交换不认证对方。

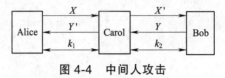

图 4-4　中间人攻击

*4.3.3　认证的 Diffie-Hellman 密钥交换

密钥交换双方通过数字签名和数字证书（详见第 8 章）相互认证可以挫败中间人攻击。在密钥交换之前，密钥交换的双方 Alice 和 Bob 各自拥有公钥/私钥对和公开密钥证书，Alice 和 Bob 签名算法和验证算法分别为 Sig_A、Sig_B、Ver_A、Ver_B。可信中心 TA 也有一个签名方案，签名算法为 Sig_{TA}，公开的签名验证算法为 Ver_{TA}，Alice 和 Bob 持有一个证书：

$$C(A)=(ID(A)，Ver_A,Sig_{TA}(ID(A),Ver_A))$$
$$C(B)=(ID(B)，Ver_B,Sig_{TA}(ID(B),Ver_B))$$

其中，ID(A)为用户身份信息，证书 C(A)由 TA 事先签发。

下面是 Alice 和 Bob 产生共享密钥的过程：

① Alice 秘密产生一个随机数 x，计算 $X=a^x \bmod p$，然后把 X 发送给 Bob。

② Bob 秘密产生一个随机数 y，首先计算 $Y= a^y \bmod p$，然后计算 $k=X^y \bmod p$ 和 $y_B=Sig_B(Y, X)$，最后，Bob 把 $(C(B),Y,y_B)$ 发送给 Alice。

③ Alice 计算 $k=Y^x \bmod p$，并使用 Ver_B 验证 y_B，使用 Ver_{TA} 验证 C(B)；计算 $y_A=Sig_A(Y, X)$，并将结果 $(C(A),y_A)$ 发给用户 Bob。

④ Bob 使用 Ver_A 验证 y_A，使用 Ver_{TA} 验证 C(A)。

简要分析抗击中间人侵攻击的过程。若攻击者 Carol 插在用户 Alice 和 Bob 之间，显然 Carol 可能截获 Alice 发送的 X，并将其替换为 $X'=a^{x'} \bmod p$，然后 Carol 截获 Bob 发送的 $Y= a^y \bmod p$ 和 $Sig_B(Y, X')$。攻击者 Carol 有可能将 Y 替换为 $Y'=a^{y'} \bmod p$，或将 $Sig_B(Y, X')$ 替换为 $Sig_B(Y', X)$，但由于 Carol 不知道 Bob 的签名 Sig_B，所以他无法计算 $Sig_B(Y', X)$。同样，Carol 也无法知道 A 的签名 Sig_A。这样就达到了抗击中间人攻击的目的。

4.3.4　三方或多方 Diffie-Hellman

Diffie-Hellman 密钥交换协议很容易扩展到三方或多方的密钥交换。下例中，Alice、Bob 和 Carol 一起产生秘密密钥，如图 4-5 所示。

① Alice 选取一个大随机整数 x，计算 $X=a^x \bmod p$，然后把 X 发送给 Bob。

② Bob 选取一个大随机整数 y，计算 $Y= a^y \bmod p$，然后把 Y 发送给 Carol。

③ Carol 选取一个大随机整数 z，计算 $Z= a^z \bmod p$，然后把 Z 发送给 Alice。

④ Alice 计算 $Z'=Z^x \bmod p$ 并发送 Z' 给 Bob。

⑤ Bob 计算 $X'=X^y \bmod p$ 并发送 X' 给 Carol。

⑥ Carol 计算 $Y'=Y^z \bmod p$ 并发送 Y' 给 Alice。

⑦ Alice 计算 $k=Y'^x \bmod p$。

⑧ Bob 计算 $k=Z'^y \bmod p$。

⑨ Carol 计算 $k=X'^z \bmod p$。

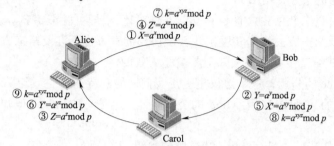

图 4-5　三方或多方的密钥交换

共享秘密密钥 k 等于 $a^{xyz} \bmod p$，这个协议很容易扩展到多方。

4.4　数字签名方案

视频 4.4

在文件上手写签名长期以来被用于作者身份的证明，或者表示同意文件的内容。

4.4.1　数字签名概述

签名如此重要，对签名的要求很高，客观来说有如下要求：

① 签名是可信的。文件的接收者相信签名者是慎重地在文件上签字的。

② 签名不可伪造。证明是签字者而不是其他人在文件上签字。

③ 签名不可重用。签名是文件的一部分，不法之徒不可能将签名移到不同的文件上。

④ 签名的文件是不可改变的。在文件签名后，文件不能改变。

⑤ 签名是不可抵赖的。签名和文件是物理的东西，签名者事后不能声称他没有签过名。

在现实生活中，关于签名的这些陈述没有一个是完全能够做到的，都存在这样或那样的问题。例如，签名能够被伪造；签名能够从一篇文章中盗用移到另一篇文章中；文件在签名后能够被改变。然而，之所以与这些问题纠缠在一起，是因为欺骗是困难的，并且还要冒着被发现的危险。

用户可以在计算机上实现数字签名，但还存在一些问题。首先计算机文件易于复制，即使某人的签名难以伪造（例如，手写签名的图形），但是从一个文件到另一个文件复制和粘贴这样的签名都是很容易的，这种签名并没有什么意义；其次文件在签名后也易于修改，并且不会留下任何修改的痕迹。

公钥密码学使得数字签名成为可能。用私钥加密信息，这时就称为对信息进行数字签名，一般将密文附在原文后。其他人用相应的公钥去解密密文，将解出的明文与原文相比较，如果相同则验证成功，称为验证签名。

现在，已有很多国家制定了电子签名法。《中华人民共和国电子签名法》已于 2004 年 8 月 28 日在第十届全国人民代表大会常务委员会第十一次会议上通过，并已于 2005 年 4 月 1 日开始施行。

4.4.2　基本的数字签名方案

基本的数字签名协议很简单，数字签名算法事先就协商好了，签名及验证步骤如下：

① Alice 用她的私钥对文件加密，从而对文件签名。

② Alice 将签名的文件传给 Bob。

③ Bob 用 Alice 的公钥解密文件，并与原文件对比，即可验证签名。

这个协议没涉及第三方去签名和验证。甚至协议的双方也不涉及第三方来解决争端。如果 Bob 不能成功完成第③步，那么他知道签名是无效的。

如果能确认 Alice 的公钥，这个协议也满足我们期待的特征：

① 签名是可信的。当 Bob 用 Alice 的公钥验证签名信息成功时，他知道是由 Alice 签名的。

② 签名是不可伪造的，只有 Alice 知道她的私钥。

③ 签名是不可重用的。签名是文件的函数，并且不可能转换成另外的文件。

④ 被签名的文件是不可改变的。如果文件有任何改变，文件就不可能用 Alice 的公钥验证成功。

⑤ 签名是不可抵赖的。Bob 不用 Alice 的帮助就能验证 Alice 的签名。

实际上，Bob 在某些情况下可以欺骗 Alice。他可能把签名和文件一起重用。如果 Alice 在合同上签名，这种重用不会有什么问题。但如果 Alice 在一张数字支票上签名，那样做就有问题了。

假若 Alice 交给 Bob 一张签名的数字支票，Bob 把支票拿到银行去验证签名，然后把钱从 Alice 的账户上转到自己的账户上。如果 Bob 心怀不轨，他保存了数字支票的副本，过了一星期，他又把数字支票拿到银行（也可能是另一家银行），银行验证数字支票并把钱转到他的账上。只要 Alice 不去对支票本清账，Bob 就可以一直干下去。

因此，数字签名经常包括时间标记。对日期和时间的签名附在信息中，并跟信息中的其他部分一起签名。银行将时间标记存储在数据库中。现在，当 Bob 第二次想支取 Alice 的支票时，银行就要检查时间标记是否和数据库中的一样。由于银行已经支付了带有这一时间标记的支票，于是就可以通知警方。

Alice 也有可能用数字签名来进行欺骗，并且无人能阻止她。她可能对文件签名，然后声称并没有那样做。首先，她按常规对文件签名，然后她以匿名的形式发布她的私钥，或者故意把私钥丢失在公共场所。这样，发现该私钥的任何人都可假冒 Alice 对文件签名，于是 Alice 就声明她的签名受到侵害，其他人正在假冒她签名等。她否认对文件的签名和任何其他的用她的私钥签名的文件，这叫作抵赖。

采用时间标记可以部分地限制这种欺骗，因为 Alice 总可以声称她的密钥在较早的时候就丢失了。如果 Alice 把事情做得很好，她可以对文件签名，然后成功地声称并没有对文件签名，这应该从法律或制度上来解决。丢失私钥造成的损失应该由私钥拥有者来承担，这就像公章丢失造成的损失应该由该单位来承担一样。

但是这个协议存在如下几个问题：

① 公钥密码算法对长文件签名效率太低。

② 签名文件没有保密功能（如果签名文件只想让 Bob 解开）。

③ 没有实现多重签名——多个人签名。

④ 没有进行身份认证，即 Alice 声称的公钥与他的身份是否相同。

为了解决第④个问题，可采用数字证书对身份进行认证（详见第 8 章）。下面分别以案例的形式解决①~③中存在的问题。

4.4.3　案例应用：高效数字签名方案

1．案例描述

由于公钥密码算法效率低，对长文件进行数字签名效率低，要求设计一种签名方案，提高签名效率。

2．案例分析

为了解决采用公钥密码算法对长文件签名效率太低的问题，引入散列函数实现签名。由于散列函数值可以说是明文的一种"指纹"或者"摘要"，所以对散列值的数字签名就可以视为对此明文的数字签名。为了节约时间，数字签名协议经常和单向散列函数一起使用。

3．案例解决方案

Alice 并不对整个文件签名，只对文件的散列值签名。在这个协议中，单向散列函数和数字签名算法是事先就协商好了的。

① Alice 产生文件的散列值。

② Alice 用她的私钥对散列值加密，凭此表示对文件签名。

③ Alice 将文件和散列签名送给 Bob。

④ Bob 用 Alice 发送的文件产生文件的散列值，然后用 Alice 的公钥对签名的散列值解密。如果解密的散列值与自己产生的散列值相同，签名就是有效的。

4．案例总结

通过上面的方法，大大提高了计算速度，并且两个不同的文件有相同的 160 位散列值的概率为 $1/2^{160}$（若用 SHA-1）。因此，使用单向散列函数的签名和文件签名几乎一样安全。

这个协议还有其他好处：首先，签名和文件可以分开保存；其次，接收者对文件和签名的存储量要求大大降低。档案系统可用这类协议来验证文件的存在而无须保存它们的内容。中央数据库只存储各个文件的散列值，根本不需要看文件。用户将文件的散列值传给数据库，然后数据库对提交的文件散列值加上时间标记并保存。如果以后有人置疑某文件的存在，数据库可通过查找文件的散列值来解决争端。另外，不对消息本身签名，而对消息的散列值签名可以抵御某些攻击。

4.4.4　案例应用：保密签名方案

1．案例描述

由于 4.4.2 节的数字签名方案没有保密功能，要求设计一种签名方案具有保密功能。

2．案例分析

为了解决签名文件没有保密功能的问题，利用数字签名和公钥加密，把数字签名的真实性和加密的安全性结合起来。想象你写的一封信：签名提供了原作者的证明，而信封提供了秘密性。

3．案例解决方案

具有保密功能的数字签名方案如图 4-6 所示。

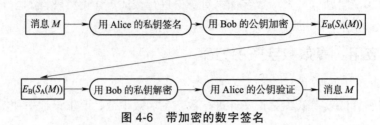

图 4-6　带加密的数字签名

① Alice 用她的私钥对信息签名：

$$S_A(M)$$

② Alice 用 Bob 的公钥对签名的信息加密，然后发送给 Bob：

$$E_B(S_A(M))$$

③ Bob 用他的私钥解密：

$$D_B (E_B (S_A (M)))=S_A(M)$$

④ Bob 用 Alice 的公钥验证并且恢复出信息：

$$V_A(S_A(M))=M$$

加密前签名是很自然的。当 Alice 写一封信时，她在信中签名，然后把信装入信封中。如果她把没签名的信放入信封，然后在信封上签名，那么 Bob 可能会担心是否这封信被替换了。

4．案例总结

在电子通信中也是这样，加密前签名是一种谨慎的习惯做法。这样做不仅更安全（其他人不可能从加密信息中把签名移走，然后加上自己的签名），而且还有法律的考虑：如果签名者不能见到被签名的文本，那么签名就不具法律效力。

Alice 没有理由必须把同一个公钥/私钥密钥对用作加密和签名。她可以有两个密钥对：一个用作加密，另一个用作签名。分开使用有它的好处：她能够把她的加密密钥交给警察而不泄露她的签名，一个密钥被托管而不会影响到其他密钥，并且密钥能够有不同的长度，能够在不同的时间终止使用。当然，这个协议应该用时间标记来阻止信息的重复使用。

4.4.5　案例应用：多重签名方案

1．案例描述

由于 4.4.2 节的数字签名方案没有实现多重签名，要求设计一种签名方案具有多重签名的功能。

2．案例分析

实现多重签名，有两种途径：一种是直接在文件上签名；另一种是结合单向散列函数签名。

3．案例解决方案

① 直接在文件上签名。若 Alice 首先签名，然后 Bob 对 Alice 的签名再进行签名，在不

验证 Bob 签名的情况下就验证 Alice 的签名是不可能的，并且在验证签名不成功的情况下不能倒追责任，将不能准确地判断哪个人的签名出现了问题，这点就不符合签名满足不可否认性的要求，达不到数字签名的要求。签名方案应该是 Alice 和 Bob 分别对文件的副本签名，结果签名的信息量是原文的两倍。若有 n 个人在同一份文件上签名，签名的信息量是原文的 n 倍，效率会很低。

② 结合单向散列函数签名。采用单向散列函数，多重签名方案如下：

- Alice 对文件的散列值签名。
- Bob 对文件的散列值签名。
- Bob 将他的签名交给 Alice。
- Alice 把文件、她的签名和 Bob 的签名发给 Carol。
- Carol 验证 Alice 和 Bob 的签名。

Alice 和 Bob 能同时或顺序地完成步骤①和步骤②，Carol 即可以验证 Alice 和 Bob 的签名，也可以只验证其中一人的签名而不用验证另一人的签名。如果 Carol 验证 Alice 签名成功，而 Carol 验证 Bob 签名不成功，只能说 Bob 签名失败，不会影响 Alice 的签名。

4．案例总结

直接在文件上签名，为了分清责任，若签名的人数多、文件大，签名效率会很低。结合单向散列函数进行签名，能提高效率。

视频 4.5

 ## 4.5 数字签名算法

1991 年 8 月，美国 NIST 公布了用于数字签名标准（Digital Signature Standard，DSS）的数字签名算法（Digital Signature Algorithm，DSA），1994 年 12 月 1 日正式采用为美国联邦信息处理标准。

*4.5.1 DSA——数字签名算法

DSA 中用到了以下参数：

① p 为 L 位长的素数，其中，L 为 512～1 024 之间且是 64 的正整数倍的数。

② q 是 160 位长的素数，且为 $p-1$ 的因子。

③ $g=h^{(p-1)/q} \bmod p$，其中，h 是满足 $1<h<p-1$ 且 $h^{(p-1)/q} \bmod p$ 大于 1 的整数。

④ x 是随机产生的大于 0 而小于 q 的整数。

⑤ $y=g^x \bmod p$。

⑥ k 是随机产生的大于 0 而小于 q 的整数。

前 3 个参数 p、q、g 是公开的；x 为私钥，y 为公钥；x 和 k 用于数字签名，必须保密；对于每一次签名都应该产生一次 k。

对消息 m 签名：

$$r=(g^k \bmod p) \bmod q$$
$$s=(k^{-1}(\text{SHA-1}(m)+xr)) \bmod q$$

r 和 s 就是签名。验证签名时，进行如下计算：

$$w = s^{-1} \bmod q$$
$$u_1 = (\text{SHA-1}(m) \times w) \bmod q$$
$$u_2 = (rw) \bmod q$$
$$v = ((g^{u_1} \times y^{u_2}) \bmod p) \bmod q$$

如果 $v=r$，则签名有效。

4.5.2　RSA 作为数字签名算法

前面讨论的 RSA 算法也可以用于数字签名。我们可以获得私钥 d，公钥 e 和 n，则对消息 m 签名有：

$$r = \text{sig}(m) = (H(m))^d \bmod n$$

其中，$H(m)$ 计算消息 m 的散列值，可用 SHA-1 或 MD5；r 即为对消息的签名。

验证签名时采用下面公式：

$$H(m) = r^e \bmod n$$

若上式成立，则签名有效。

消息签名和验证过程如图 4-7 所示。

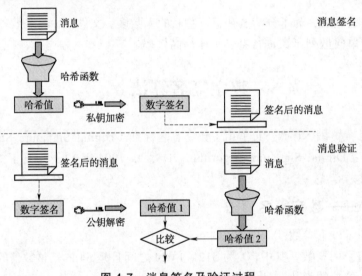

图 4-7　消息签名及验证过程

图 4-7 的上半部分为消息签名过程，下半部分为消息验证过程，分述如下：

① 消息的签名过程。首先计算消息的哈希值，然后签名者用自己的私钥对哈希值签名，将签名后的消息（包括原消息和消息的哈希值签名）发给验证方。

② 消息的验证过程。首先用签名者的公钥对消息的哈希值签名进行验证，得到哈希值 1，然后计算消息的哈希值，得到哈希值 2，如果哈希值 1 和哈希值 2 相等则验证成功，否则不成功。

本算法公钥 e 如何认证是一个绕不开的话题，所谓对公钥 e 认证，就是确定公钥确实属于声称拥有的人。现在主要有两种方法：①通过可信第三方 CA 颁发数字证书；②通过可靠的人介绍。这两种方法存在一些问题：①如果通过可信第三方 CA 颁发数字证书进行身份认证的，过程繁杂，并有一些花费；通过可靠的人介绍这种机制，前提是先有人并且可靠。基

于标识的密码算法 SM9 能够更好地解决这个问题。

 # 4.6 基于标识的密码算法 SM9 及应用

SM9 标识密码算法是在有限域中，利用椭圆曲线上双线性对构造的基于标识的密码算法，其安全性建立在有关双线性对的难解问题的基础上。SM9 算法主体共包含数字签名算法、密钥交换协议、密钥封装和公钥加密算法。SM9 算法基于用户标识（邮件地址、身份证号、电话号码等）生成公私钥对，不需要传统 PKI 体系中的密钥库、CA 等为用户签发证书、维护证书库等，极大地减少了计算和存储等资源的开销，增加了普适性。SM9 适用于互联网应用的各种新兴应用的安全保障，如基于云技术的密码服务、电子邮件安全、智能终端保护、物联网安全和云存储安全等。SM9 使用方便，易于部署，从而开启了公钥应用便利之门。

4.6.1 标识密码

1984 年 Shamir 首先提出了标识密码（Identity-Based Cryptography，IBC）的概念，其区别于传统公钥密码体制的关键点就在于去除了以证书认证中心（CA）签发数字证书作为凭证的过程。IBC 利用主密钥和用户标识，通过密钥生成中心（Key Generation Center，KGC）产生用户私钥，用户的公钥由用户的唯一标识信息（如姓名、邮箱地址、手机号码等）产生，从而用户不需要通过第三方来保证其公钥来源的真实性。这一简化措施，极大地拓宽了公钥密码体制的应用范围和场景，也节省了传统公钥密码体制在密钥产生、证书签发、密钥管理等方面的开支。

Shamir 利用已有的 RSA 函数构造了基于标识的数字签名方案，Ohgishi K 等人于 2000 年发表了利用椭圆曲线对构造的基于标识的密钥共享方案，2001 年 Boneh D 等人利用椭圆曲线双线性性质，基于双线性 Diffie-Hellman 困难问题，构造了基于标识的公钥密码算法，逐渐将 IBC 体制推向了一个崭新的研究高度。

*4.6.2 有限域上的椭圆曲线与双线性对及 SM9

SM9 标识密码算法是在有限域中，利用椭圆曲线上双线性对构造的基于标识的密码算法，其安全性建立在有关双线性对的难解问题的基础上。下面将简要介绍关于有限域上椭圆曲线及双线性对的有关知识。

1. 有限域上的椭圆曲线

有限域 F_pm（$m \geq 1$）上的椭圆曲线是由点组成的集合。在仿射坐标系下，椭圆曲线上的点 P（非无穷远点）用满足一定方程的两个域元素 x_p 和 y_p 表示，x_p 和 y_p 分别称为点 P 的 x 坐标和 y 坐标，并记 $P=(x_p, y_p)$。

定义在 F_pm（p 为大素数）上的椭圆曲线方程为

$$y^2 = x^3 + ax + b, \ a, b \in F_pm, \ 且 \ 4a^3 + 27b^2 = 0 \tag{4-1}$$

椭圆曲线 $E(F_pm)$ 定义为

$E(F_pm) = \{(x, y) \mid x, y \in F_pm, \ 且满足方程（4-1）\} \cup \{O\}$，其中 O 是无穷远点。

这里规定 $p > 2^{191}$。

2．双线性对及安全性

设 $(G_1,+)$、$(G_2,+)$ 和 $(G_T,\cdot)$ 是三个循环群，G_1、G_2 和 G_T 的阶均为素数 N，P_i 是 G_i 的生成元（$i=1,2$），存在 G_2 到 G_1 的同态映射 φ 使得 $\varphi(P_2)=P_1$。

双线性对 e 是 $G_1\times G_2\to G_T$ 的映射，满足以下条件：

① 双线性：对任意的 $P\in G_1$，$Q\in G_2$，$a,b\in Z_N$，有 $e([a]P,[b]Q)=e(P,Q)^{ab}$。

② 非退化性：$e(P_1,P_2)\neq 1G_T$。

③ 可计算性：对任意的 $P\in G_1$，$Q\in G_2$，存在有效算法计算 $e(P,Q)$。

定义在椭圆曲线群上的双线性对主要有 Weil 对、Tate 对、Ate 对、R-ate 对等，而国密 SM9 选用的是 R-ate 对，其有良好的运算效率，同时依赖于下列四个问题的难解性，国密 SM9 标识密码具有优良的安全性能：

问题 1（双线性逆 DH，即 BIDH）：对 $a,b\in[1,N-1]$，给定 $([a]P_1,[b]P_2)$，计算 $e(P_1,P_2)^{b/a}$ 是困难的。

问题 2（判定性双线性逆 DH，即 DBIDH）：对 $a,b,r\in[1,N-1]$，区分 $(P_1,P_2,[a]P_1,[b]P_2,e(P_1,P_2)^{b/a})$ 和 $(P_1,P_2,[a]P_1,[b]P_2,e(P_1,P_2)^r)$ 是困难的。

问题 3（τ-双线性逆 DH，即 τ-BDHI）：对正整数 τ 和 $x\in[1,N-1]$，给定 $(P_1,[x]P_1,P_2,[x]P_2,[x^2]P_2,\ldots,[x^\tau]P_2)$，计算 $e(P_1,P_2)^{1/x}$ 是困难的。

问题 4（τ-Gap-双线性逆 DH，即 τ-Gap-BDHI）对正整数 τ 和 $x\in[1,N-1]$，给定 $(P_1,[x]P_1,P_2,[x]P_2,[x^2]P_2,\ldots,[x^\tau]P_2)$ 和 DBIDH 确定算法，计算 $e(P_1,P_2)^{1/x}$ 是困难的。

椭圆曲线上的离散对数问题，被转为扩域离散对数问题，利用上述 4 个问题的难解性，即利用 G_1、G_2 和 G_T 上的离散对数难解性，可以构造出基于椭圆曲线对的安全高效的标识密码算法。SM9 签名算法、密钥交换协议算法和公钥加密算法的安全性，可分别归结为是否存在一个基于攻击者的多项式时间内的算法能够求解 τ-DHI、τ-Gap-BDHI 问题。

SM9 标准规范中的标识密钥生成算法是一种短签名算法，该算法用于计算消息的数字签名，其长度可短至 32 字节，而同等安全强度的 RSA 算法的数字签名长度为 384 字节，SM2 算法的数字签名长度为 64 字节。SM9 算法所使用的数学基础原理与 SM2 算法类似，增加了关于"对"的相关内容，在公布的标准文件中详尽地描述了使用 Miller 来计算对的方法以及适于对的椭圆曲线的生成。

目前 SM9 算法已经得到了广泛应用，但由于双线性对计算的高复杂性，也限制了 SM9 进一步的扩展，尤其是面临计算资源有限的情况，例如广泛使用的各种小型物联网设备终端。现在针对算法本身的优化和改进也在同步推进。

4.6.3　SM9 应用现状

SM9 凭借着自身相对简洁低耗的优势，已经在各个领域得到了越来越广泛的使用和发展，相关的应用层出不穷。SM9 算法本身是一种基于标识的密码算法，故而继承了传统标识密码的所有特性。自标识密码体系在 2001 年得以较完整地构建以来，陆续涌现出各个领域的应用尝试，主要分布在安全电子邮件系统、物联网设备、区块链、智能电网、车联网等，以及一些开放性问题的尝试方案。

根据 SM9 算法是否针对特定应用进行改造优化，可分为改造型和直接使用型两大类。第一类改造型：通过改造 SM9 算法，构造本领域内新的设计方案和模型等，使其符合产品规范和要求。第二类直接使用型：直接使用 SM9 算法的签名、加密、密钥交换等算法作为自身应用的底层密码支撑，设计产品方案。根据所依赖的 SM9 特性，可分为：利用 SM9 节省计算资源和利用 SM9 实现轻量化身份鉴别防护等两类。基于 SM9 的开放问题可分为：密钥托管问题、密钥撤销等。下面主要介绍针对 SM9 算法应用及拓展。

1. 利用 SM9 节省计算资源类

物联网中的 SM9 算法应用主要出于节省计算、传输等资源的考虑。传感器作为物联网中关键的一环，也在标识密码算法的应用之列。车联网的概念引申于物联网。车联网的感知对象是行驶中的车辆，希望借助新兴技术实现车与人、路、服务平台等的数据互联。其中，数据网关在该部分中占据重要地位，数据的安全采集和防护是研究的一项重点。传统的数据采集网关是使用标准的 SSL、IPSec 等协议。在车联网中由于设备移动信号不稳定等原因，会导致数据无法传输到平台，同时常用的 IOCP 或 epoll 等模型也难以支持车联网数据网关的高并发。基于 SM9 的高效数据网关方案，依托大数据、云计算等新兴技术，使用终端编号、用户 ID 等生成公私钥对进行加解密和签名验签等操作，由于省去了交换数字证书和密钥的过程，降低了数据传输需求，大大提高了数据网关的数据传输成功率，增强了车联网设备的稳定性。

2. 利用 SM9 轻量化实现身份鉴别防护

目前基于 SM9 算法的智能电网和区块链跨域认证，可利用 SM9 轻量化实现身份鉴别。利用 SM9 算法，实现智能电网系统内端到端的远程认证和本地设备间双向认证方案。在区块链的跨域认证中，可在 SM9 算法的基础上，通过引入安全仲裁对实体的部分密钥进行签发和管理，通过 PKI 区块链（链间信任传递）与 IBC 域（链内认证）相互结合组成联盟链模型，构造新的跨域认证协议，同时解决了在传统 IBC 体系内身份密钥撤销难的问题，实现了自身模型下的跨域双向认证。

3. 密钥托管问题

SM9 原始算法需要依赖一个可信的密钥生成中心（Key Generation Center，KGC）。KGC 是负责选择系统参数、生成主密钥并产生用户私钥的可信机构。这个机构的存在，可类比 PKI 体系中密钥管理中心 KMC 和证书签发认证中心 CA。虽然 SM9 体系相对 PKI 体系已经节省了很多计算和存储等资源，但是 SM9 的密钥中心一般兼具了生成、管理、更新、防护、撤销等多种功能，在很多场景下仍然是开销的重点，且 KGC 权力较大。为了合理配置资源同时避免单一设备中心的权力过于集中，可采用 IBC 模式自带的密钥托管，并基于分布式获取密钥，通过 n 个 KGC 设计基于 Shamir(t,n)的门限密码，保护用户私钥。SM9 算法同样是基于标识的密码算法，在继承了 IBC 算法特点的同时，也相应地保留了该开放性问题。

4. 区块链与 SM9 结合拓展区块链间跨域认证

鉴于区块链技术本身具有很好的溯源性，链中信任关系的身份鉴别，理论上也可以依附于链的存在。但由于各个链中标准不一而导致跨链信息认证存在障碍，对所有区块链制定统一的标准在当下也不切实际。因而，可进一步推进，链间不依托于 PKI 的相互认证，可推进跨链认证技术的开发和应用。

区块链与 SM9 算法的结合，能丰富区块链间跨域认证的方法，伴随着区块链技术蓬勃发展，以及更多大规模异构网络间相互连携的出现，应用 SM9 算法认证机制的方案正逐渐兴起，也是未来发展的方向之一。

 4.7 公钥密码与对称密码算法分析与选择

4.7.1 公钥密码与对称密码算法分析

目前，对公钥密码存在以下三方面的误解：

① 公钥加密比对称加密更安全。事实上，从密码分析的角度讲，任何加密方法的安全性都依赖于：密钥的长度；破译密码所需要的计算量。从抗密码分析的角度讲，原则上不能说公钥加密优于对称加密，反过来也不成立。

② 公钥加密更通用，对称密钥加密已过时。事实上，由于公钥加密需要的计算量过大，所以公钥加密取代对称加密似乎不可能。

③ 利用公钥密码体系交换密钥比对称密钥加密交换密钥更方便，不需要可信第三方。事实上，利用公钥密码系统公开公钥可以不用可信第三方，但是需要承担公钥不被认证的风险。

4.7.2 加密算法的选择

在实际应用中，通常将对称加密算法和非对称加密算法结合使用，利用 AES 或者 IDEA 等对称加密算法来进行大容量数据的加密，而采用 RSA 等非对称加密算法来传递对称加密算法所使用的密钥，通过这种方法可以有效地提高加密的效率并能简化对密钥的管理。

对称加密算法不能实现签名，因此签名只能非对称算法。

由于对称加密算法的密钥管理是一个复杂的过程，密钥的管理直接决定着它的安全性，因此当数据量很小时，可以考虑采用非对称加密算法。

在实际的操作过程中，通常采用的方式是：采用非对称加密算法管理对称算法的密钥，然后用对称加密算法加密数据，这样就集成了两类加密算法的优点，既实现了加密速度快的优点，又实现了安全方便管理密钥的优点。

密钥位数怎么确定呢？这要根据所采用的加密算法来决定。若使用 RSA，建议采用 1 024 位；若使用 ECC，建议采用 160 位；若使用 AES，建议采用 128 位。

小 结

本章讨论了公钥密码系统，这种密码体系采用了一对密钥——公钥和私钥。公钥是公开的，而且很难从公钥推导出私钥。本章首先介绍了 RSA 公钥密码算法，然后介绍了 Diffie-Hellman 密钥交换，还介绍了数字签名的算法 DSA 和 RSA。公钥密码的一个主要应用就是数字签名，这时用私钥加密而用公钥解密，如果解密出的明文与原文相同，则验证签名通过。在实际应用中，通常不直接对消息签名，而是对消息的单向散列值签名，这具有很多优点。SM9 算法的优势是不需要向 CA 申请数字证书，可采用手机号码、邮件地址、身份证号等作为公钥，应用于基于云技术的密码服务、电子邮件安全、智能终端保护、物联网安全和云存储等，并实现数据加密、身份认证、通话加密和通道加密等安全功能，并具有使用方便，易于部署的特点，从而开启了公钥应用的便利之门。

习　题

1. 简述 RSA 算法的密钥选取步骤。

2. 在 RSA 公开密钥密码体系中：

（1）如果 $p=7$，$q=11$，列出可选用的 d 值。

（2）如果 $p=13$，$q=31$，$d=7$，求 e。

（3）已知 $p=5$，$q=11$，$d=27$，求 e 并对 abcdefghij 加密。

3. 如果能分解 n，就一定能破解 RSA。那么破解 RSA 是否一定要分解 n 呢？也就是说，破解 RSA 与分解 n 是否等价？查阅相关资料回答这个问题。

4. 已知 RSA 密码体系的公开密钥为 $n=55$，$e=7$，试加密明文消息 $m=10$，并通过求解 p、q 和 d 破译这个密码体系，设截获到密文 $C=35$，求出它对应的明文。

5. 在 RSA 方法中，若 $p=5$，$q=7$，证明：对于所有 $[0，\Phi(n)-1]$ 范围内的密钥 d 和 e，都有 $d=e$。

6. 数字签名为何能有与手写签名一样的作用？

7. 在实际应用中，为什么通常不直接对消息签名，而是对消息的单向散列值签名？

8. 考虑一个常用质数 $q=11$，本原根 $a=2$ 的 Diffie-Hellman 方案。

（1）如果用户 A 的公钥为 $Y_A=9$，则 A 的私钥 X_A 为多少？

（2）如果用户 B 的公钥为 $Y_B=3$，则共享的密钥 K 为多少？

9. 用 Diffie-Hellman 方案进行四方密钥交换要经过多少步？写出交换的过程和步骤。若有 n 方需要交换密钥，又要经过多少步？

10. 基于标识的密码算法 SM9 有什么优点？

11. 基于标识的密码算法 SM9，为什么说对公钥的认证不需要 CA？

12. 举例说明密码算法 SM9 的应用领域。

13. 基本的数字签名协议存在如下三个问题：

（1）公钥密码算法对长文件签名效率太低。

（2）没有实现多重签名—多个人签名。

（3）签名文件没有保密功能（如果签名文件只想让 Bob 解开）。

能否分别给出解决（1）、（2）、（3），（1）和（2），（1）和（3），（2）和（3）几个问题都解决的方案？注：有的可能没有好的解决方案，需说明原因。

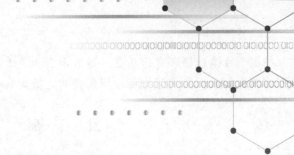

第 5 章
区块链技术及其应用

学习目标：

- 理解区块链的基本概念；
- 理解区块链的特点和分类；
- 掌握区块链的工作原理；
- 了解区块链的核心技术；
- 理解区块链的应用。

关键术语：

- Merkle-Tree；
- 实用拜占庭容错算法（Practical Byzantine Fault Tolerance，PBFT）；
- 并发拜占庭共识协议（Concurrent Byzantine Fault Tolerance，CBFT）；
- 区块链（Blockchain）；
- 国际电信联盟电信标准化部门（ITU-T）；
- 点对点分布式网络（Peer-to-Peer，P2P）；
- 工作量证明共识算法（Proof of Work，PoW）；
- 权益证明共识算法（Proof of Stake，PoS）；
- 委任权益证明共识算法（Delegate Proof of Stake，DPoS)。

区块链作为一种新兴技术，给许多领域带来技术革新和发展进步。本章对区块链的相关概念、理论和核心技术进行介绍；针对适合于联盟链的 PBFT 算法存在的问题进行优化，构造共识算法优化方案 DPoS-BFT，将 DPoS 和 PBFT 的激励机制进行结合，构建 DPoS-BFT 算法的激励机制；以区块链在公益互助平台中的应用作为案例，能更好地理解区块链的现实应用；区块链作为数字货币的底层架构核心，本质是链式分布式账本，基于区块链实现的数字货币具有天然的、良好的生态。

 5.1　区块链发展

视频 5.1

5.1.1　区块链发展历史渊源

1976 年，Diffie、Hellman 的论文《密码学的新方向》，奠定了区块链技术的基础。

1980 年，Merkle Ralf 提出了 Merkle-Tree 数据结构及其算法，其主要用途之一是分布式网络中数据同步正确性的校验。Merkle 提出的数据结构及相关算法，后来对密码学和分布式计算领域起到重要作用。

1982 年，Lamport 提出拜占廷将军问题，标志着分布式计算的可靠性理论和实践进入了实质性阶段，同年，大卫·乔姆提出了密码学支付系统 ECash。可以看出，随着密码学的进展，眼光敏锐的人已经开始尝试将其运用到货币、支付相关的领域，应该说 ECash 是密码学货币最早的先驱之一。

从 1976 年开始，经过 20 年左右的时间，密码学、分布式计算领域终于进入了爆发期。

1997 年，HashCash 方法，也就是第一代 PoW（Proof of Work）算法出现，当时发明出来主要用于做反垃圾邮件。

到了 1998 年，密码学货币的完整思想终于破茧而出，戴伟、尼克·萨博同时提出密码学货币的概念。其中戴伟的 B-Money 被称为货币的精神先驱，而尼克·萨博的 Bitgold 提纲和中本聪的货币论文里列出的特性非常接近。

在 21 世纪到来之际，区块链相关的领域又有了几次重大进展：首先是点对点分布式网络，1999—2001 的三年时间内，Napster、EDonkey 2000 和 BitTorrent 先后出现，奠定了 P2P 网络计算的基础。

2001 年另一件重要的事情，就是 NSA（美国国家安全局）发布了 SHA-2 系列算法，其中就包括目前应用很广泛的 SHA-256 算法，这也是密码学货币最终采用的哈希算法。应该说到了 2001 年，密码学货币或者区块链技术诞生的所有的技术基础，在理论、实践方面都被解决了。

在人类历史中经常会看到这样的现象，从一个思想、技术被提出来，到它真正发扬光大，差不多需要 30 年的时间。不光是技术领域，其他如哲学、自然科学、数学等领域，这种现象也是屡见不鲜，区块链的产生和发展也是遵从了这个模式。这个模式也很容易理解，因为一个思想、一种算法、一门技术诞生之后，要被人消化、摸索、实践，大概要用一代人的时间。

5.1.2　区块链标准化进程

2020 年 6 月 22 日至 7 月 3 日，国际电信联盟电信标准化部门（ITU-T）第十六研究组（SG16）全会在线上召开。在该次会议上，由中国人民银行数字货币研究所牵头提出，并与中国信息通信研究院、华为等单位联合发起的国际标准《金融分布式账本技术应用指南》（*Financial Distributed Ledger Technology Application Guideline*）在 ITU-T SG16 成功立项。本次立项的《金融分布式账本技术应用指南》是我国牵头的首个金融区块链国际标准。该标准为框架标准，我国可据此开展对金融区块链国际标准体系的规划布局，增加参考架构、风险控制、安全和隐私保护、各领域金融区块链业务规范等子标准，通过"以一带多"的方式推动金融区块链各重要方面在 ITU-T 的标准化工作，促进金融区块链技术和相关产业健康发展，为国际规则设定做出更多贡献。

目前，全球部分国家和国际组织纷纷加快布局区块链的技术创新和应用探索。我国在区块链领域具备良好基础，正在加快推动区块链技术和产业的创新发展，促进区块链在社会经济中发挥作用。在金融行业，区块链已应用于贸易金融、票据交易、供应链金融、存证、对账、资产证券化等多个领域。

　5.2　区块链结构及工作原理

5.2.1　区块链结构

视频 5.2

区块链（Blockchain）由"区块"和"链"组成。通常将每一条区块链中最早被构建的区块称为创世区块，其拥有唯一的 ID 标识。

区块链技术把数据库中需要存储的数据分成了不同的区块，每个区块链接到上一区块的后面，前后按时间顺序连接起来。

区块链使用协议规定的密码机制进行认证，保证不会被篡改和伪造。主要利用密码学技术把数据库中需要存储的数据分成了不同的区块，每个区块通过特定的信息按照时间顺序连接到上一区块之后，组成不可篡改的、可信任的、完整的数据。

每个区块的区块头包含前一个区块的哈希值，区块之间都会由这样的哈希值与先前的区块环环相扣形成一个链条。

区块作为存储数据信息的容器，每笔交易记录以字节形式存储于区块中，有着独特的数据结构。每个区块包含两部分：区块头和区块体。区块头用于链接前一个区块，区块体用于记录经过验证的交易信息。区块存储结构如图 5-1 所示。

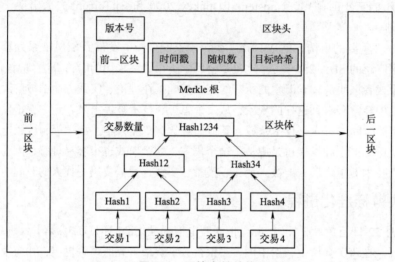

图 5-1　区块存储结构

区块头包含三组元数据。第一组元数据为父区块哈希值（PreHash），用于与前一区块链接；第二组元数据为时间戳（TimeStamp）、随机数（Nonce）、目标哈希，用于参与竞争；第三组元数据为 Merkle 根，用于记录和总结区块中所有交易的数据结构。以密码学货币的区块为例，区块头结构见表 5-1。

表 5-1　区块头结构

字　段	说　明	大　小
版本	区块版本号	4 字节
父区块哈希值	前一区块的哈希值	32 字节
时间戳	该区块产生的时间	4 字节
难度目标	工作量证明算法的难度目标	4 字节
随机数	为难度目标而设置的随机数	4 字节
Merkle 根	区块交易的 Merkle 树根的哈希值	32 字节

区块链的链结构如图 5-2 所示。第 5 块的 Hash 值可以通过第 6 块的块信息找到，继而找到第 5 块链及其块中的相关信息，同理通过第 7 块可以查询到第 6 块相关信息。假设非法窜改第 n 块的相关信息，则需修改之前 $n-1$ 块的相关信息，但由于 Hash 非可逆计算的特殊性，修改操作是不可行的。同时区块链的连接是依据 PoW 或 PoS，个人或小规模团体是不具备与全网竞争的优势，因此使用这种存储结构安全性得到了保障。

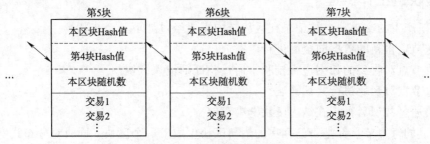

图 5-2　区块链的链结构

区块体包括当前区块经过验证的以及区块创建过程中生成的所有信息，包含交易数量和交易数据。这些交易数据通过默克尔树（Merkle Tree）的哈希过程生成唯一的 Merkle 根。将交易数据分成一个个小的数据块，每个数据块有相应的哈希值和它对应。将相邻的哈希合并成一个字符串，然后计算出这个字符串的哈希值。从下往上逐层计算，用同样的方式可以得到新一级的哈希，最终生成一个根哈希记入区块头。Merkle Tree 工作原理如图 5-3 所示。

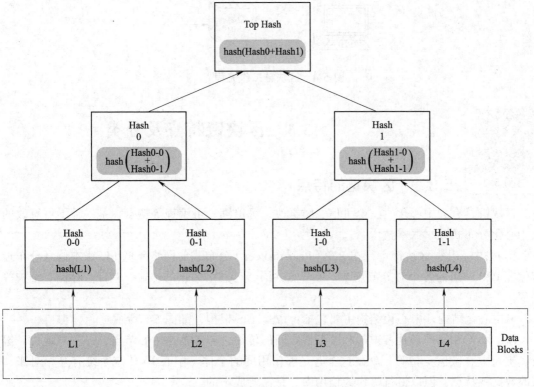

图 5-3　Merkle Tree 工作原理

分布式网络中的每个节点都保存了一条区块链从创世区块到当前区块的账本副本。新的区块不断产生，当一个节点接收到新区块时，会对区块的真实性和完整性进行验证，验证通过便会为新区块建立一个链接，节点会检查区块头并依据区块头中的"父区块哈希值"索引到前一区块与之建立链接。随后，相应的账本副本也会进行更新。

5.2.2 区块链工作原理

通常，新产生的交易信息被记录在区块链中需要经过如下几个步骤：

① 发送节点将新的数据向全网进行广播。

② 接收节点对收到的数据进行校验，通过验证则记入区块。

③ 接收节点对区块执行共识算法。

④ 区块通过共识后被正式纳入区块链中存储。

区块链上的每个节点都基于已存在的最新区块生成下一个区块，同时对分布式网络中未经确认的区块进行校验，共同运营和维护一条唯一的区块链。区块链工作流程如图 5-4 所示。

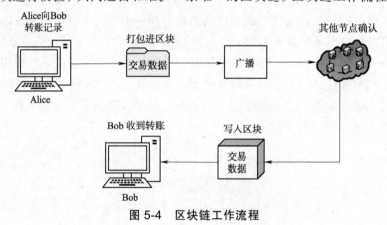

图 5-4　区块链工作流程

视频 5.3

5.3 区块链特点及分类

5.3.1 区块链的特点

区块链具有去中心化、安全可信、防篡改、可追溯、可编程等特点，是一种不可篡改的去中心化分布式共享账本技术。

① 去中心化。区块链运行在 P2P（Peer-to-Peer）分布式的网络环境下，账本信息分布地存储在 P2P 网络的各个对等节点中，各节点共同参与网络数据的传输、验证、存储、维护等过程。

• 中心化结构。中心化结构主要包括：B/S、C/S 架构，如图 5-5 所示。

B/S 和 C/S 架构都是客户端和服务器之间的传输，服务器是中心节点，占主导地位。银行、支付宝、微信支付等，就是这个有足够信用度的个体（中心）。传统系统有互相对账、篡改数据等特点，但以银行等作为信用中介是需要成本的。

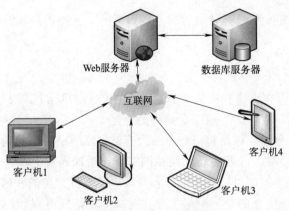

图 5-5　中心化结构

- 去中心化的 P2P 结构。P2P（Peer-to-Peer）是对等的伙伴关系，没有主次之分。现实中，用户不信任一个没有足够信用度的单独个体，但会信任"一堆个体"。信任"一堆个体"是区块链的核心价值。区块链本质上是解决信任问题、降低信任成本的技术方案。目的就是为了去中心化，去信用中介。采用的分布式共享账本技术，就是每个节点都记账，数据交换是广播形式。区块链运行在 P2P 分布式的网络环境下，账本并不依赖于特定的服务器，也不由某个第三方平台进行维护，而是分布地存储在各个对等节点中，每个节点都有账本。某些节点的损坏将不会对整体区块链的运行带来威胁。P2P 结构如图 5-6 所示。

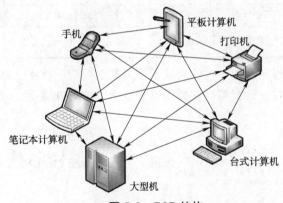

图 5-6　P2P 结构

② 安全可信。区块链基于密码学，采用哈希函数、非对称加密算法等方式保障区块数据的安全可信。P2P 组网中各节点共同维护分布式账本，任何单个节点恶意修改数据都不会影响整个网络数据的安全性。

③ 防篡改。交易记录一旦被添加到区块链中便具有不可篡改性，区块中的交易信息便会被永久存储，除非能够同时操控全网中超过 51%或者 2/3 的节点，否则无法对交易信息进行修改。一旦产生，不能修改、不能删除，区块链也会越来越长。

④ 可追溯。每个区块中的交易信息通过 Hash 函数、数字签名、加盖时间戳等方式，与其相邻的两个区块相链接。前面的任意一个区块被修改、删除，通过与其相邻的后面的区块就会验证出来。少数节点的最后一个区块修改、删除，通过容错原理能被忽略。

⑤ 可编程。区块链技术提供灵活的脚本代码系统，支持用户编写智能合约，开发去中心化的应用。

5.3.2 区块链的分类

选择哪种区块链，存在许多权衡决策的因素。主流金融机构，需要一个自主可控的系统，而公有链显然做不到这一点，故一般不会采纳公有链。

按照准入机制进行分类，区块链可以分为公有链、联盟链和私有链三类。

① 公有链：公开透明，开放生态的交易网络。自由加入或退出，读写权限对所有人开放，世界上任意个人或组织都可以作为节点参与其中，进行交易的发送和验证。

② 联盟链：半封闭生态的交易网络，存在对等的不信任节点。授权加入或退出，通常是由特定的组织或团体共同运营维护，其读写权限由联盟规则限定，需要预先指定某几个节点为记账者，其他节点只能交易没有记账权。

③ 私有链：完全封闭生态的存储网络，仅仅用区块链技术记账。这是开放程度最低的一类区块链，其写入权限掌握在一个集中组织手中，所有参与到这个区块链中的节点都会被严格控制，只有被允许的节点才可以参与并查看交易数据记录。

三类区块链的比较见表 5-2。

表 5-2　三类区块链的比较

类　　型	中心化程度	参　与　者	记　账　者	优　　点	缺　　点
公有链	去中心化	任何节点	所有参与者	开放度高，去中心化，去信任	耗能高、交易量受限
联盟链	多中心化	部分节点	协商决定	权限控制灵活，高扩展性	节点不对等
私有链	中心化	指定节点	自定	规则易修改，网络耗能低	接入节点受限，不具备去中心化特点

随着数字货币的出现和发展，区块链技术作为其底层核心技术，越来越多地受到社会各领域的密切关注，例如在银行征信、支付清算、金融审计等领域中，区块链技术的应用逐渐丰富。

视频 5.4

 5.4　区块链核心技术

5.4.1　P2P 网络

区块链使用 P2P 技术实现动态组网，P2P 网络又称对等式网络。在区块链中分布式账本是由各个网络节点进行记录和维护，采用 P2P 网络分布式存储交易数据信息，没有中心化节点进行管理，而是根据实际需求配置多个验证节点，各验证节点具备相同的权利和义务，整个系统的区块数据由验证节点共同维护。各验证节点分布在 P2P 网络中，单个节点存在故障并不会对整个网络系统产生影响。

建立 P2P 网络是区块链层的初始化过程，各节点通过 DNS Seed 方式加入 P2P 网络。加入过程如下：

① 连接种子节点。

② 接收节点 IP 地址列表。

③ 连接列表中的节点。

④ 建立连接后，新节点将自身 IP 地址的 addr 消息发送给相邻节点，相邻节点再将此消息转发给其各自的相邻节点，以确保新节点的 addr 信息被 P2P 组网中的多个节点所接收，保证链接的稳定性。

5.4.2　加密算法

加密算法是区块链核心技术的重要组成部分，在区块链中用到的加密算法主要包括两部分：哈希算法和非对称加密算法。

1. 哈希算法

哈希（Hash）算法是区块链中使用最多的一类算法，通常被用于构建区块和确认交易信息的完整性。哈希算法具有正向快速、逆向困难、输入敏感、冲突避免等特性。常用的哈希算法有 MD5、SHA-1、SHA-2 等。密码学货币使用的哈希算法为 SHA-256 算法，也是广泛使用的哈希算法之一。

2. 非对称加密算法

区块链中使用非对称加密算法实现消息加密和身份验证。常见的非对称加密算法包括 RSA、Elgamal、D-H、ECC 等。区块链中普遍使用的非对称加密算法有 RSA 签名算法、椭圆曲线（ECC）签名算法。

区块链技术中使用哈希算法和非对称加密算法实现区块的加密与验证，首先为用户生成一对密钥：公钥和私钥，用于加密和解密数据。公钥是公开全网可见，一个用户可以保存其他多个用户的公钥，私钥仅自己拥有。在区块链中每个节点生成区块，首先使用哈希算法计算交易信息的哈希值，然后使用非对称加密算法对区块数据的真实性和完整性进行签名验证。区块链加密过程如图 5-7 所示。

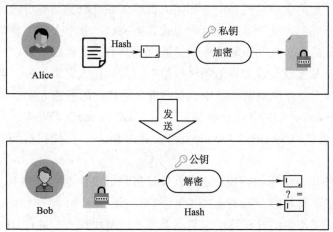

图 5-7　区块链加密过程

交易记录经过 Hash 运算生成其哈希值，发送方用自己的私钥对哈希值进行加密，将原始的交易记录、加密后的哈希值和发送方的公钥打包发送给接收方。接收方在收到消息后，使用发送方的公钥对消息进行解密，并用同样的 Hash 算法对交易记录进行计算，比较运算结果并验证消息真实性及完整性。

5.4.3　共识机制

所谓共识，简单理解就是指大家都达成一致。现实世界中，有很多需要达成共识的场景，比如开会讨论、双方或多方签订一份合作协议等。而在区块链系统中，每个节点必须要做的事情就是让自己的账本跟其他节点的账本保持一致。如果是在传统的软件结构中，这几乎就不是问题，因为有一个中心服务器存在，也就是所谓的主库，其他的从库向主库看齐就行了。但是，区块链是一个分布式的对等网络结构，在这个结构中没有哪个节点是主节点，一切都要商量着来。

在分布式系统中，多个主机通过异步通信方式组成网络集群。在这样的一个异步系统中，需要主机之间进行状态复制，以保证每个主机达成一致的状态共识。然而，异步系统中，可能出现无法通信的故障主机，而主机的性能可能下降，网络可能拥塞，这些可能导致错误信息在系统内传播。因此，需要在默认不可靠的异步网络中定义容错协议，以确保各主机达成安全可靠的状态共识。

所以在区块链系统中，如何让每个节点通过一个规则将各自的数据保持一致是一个很核心的问题，这个问题的解决方案就是制定一套共识算法，实现不同账本节点上的账本数据的一致性和正确性。这就需要借鉴已有的在分布式系统中实现状态共识的算法，确定网络中选择记账节点的机制，以及如何保障账本数据在全网中形成正确、一致的共识。

共识算法其实就是一个规则，每个节点都按照这个规则去确认各自的数据。这里暂且抛开算法的原理，先想一下在生活中如何解决这样一个问题：假设一群人开会，这群人中没有一个领导，大家各抒己见，那么最后如何统一出一个决定呢？实际处理的时候，一般会在某一个时间段中选出一个人，负责汇总大家的内容，然后发布完整的意见，其他人投票表决，每个人都有机会来做汇总发表，最后谁的支持者多就以谁的最终意见为准。这种思路其实就算是一种共识算法。然而在实际过程中，如果人数不多并且数量是确定的，还好处理；如果人数很多且数量也不固定，就很难通过这种方式投票决定，效率太低。通常需要通过一种机制筛选出最有代表性的人，在共识算法中就是筛选出具有代表性的节点。

那如何筛选呢？其实就是设置一组条件，给一组指标让大家来完成，谁能更好地完成指标，谁就有机会被选上。在区块链系统中，存在着多种这样的筛选方案，如 PBFT（Practical Byzantine Fault Tolerance，实用拜占庭容错算法）、PoW（Proof of Work，工作量证明）、PoS（Proof of Stake，权益证明）、DPoS（Delegate Proof of Stake，委托权益证明）等。对几种主要共识算法分述如下：

① PBFT 是基于消息传递的共识算法，在保证区块链安全性的前提下，容许链上失效节点或恶意节点的数量不得超过全网节点的 1/3，具有较低容错率。

② PoW 是基于工作量的共识算法，节点需要不断增加算力，进行 Hash 计算找到某一个目标随机数，第一个找出随机数 Nonce 的节点获得区块的记账权和奖励。

③ PoS 是基于股权持有数量的共识算法，持有股权愈多的节点特权越大，该节点需要负担更多的责任来产生区块，同时也将获得更多收益的权力。

④ DPoS 是在 PoS 的基础之上发展起来的，由持币者投出一定数量的节点，代理其他节点进行验证和记账，最终区块的产生权通常掌握在账户余额最多的少数节点手中。

表 5-3 所示为四种共识算法对比。

表 5-3 四种共识算法对比

特 性	PBFT	PoW	PoS	DPoS
吞吐量	高	低	高	高
交易延时	低（毫秒级）	高（分钟）	低（秒级）	低（秒级）
节点管理	需许可	无许可	无许可	无许可
带宽消耗	高	低	低	低
安全边界	恶意节点不超过 1/3	恶意算力不超过 1/2	恶意权益不超过 1/2	恶意权益不超过 1/2
扩展性	差	好	好	好
节能	是	否	是	是
使用场景	联盟或私有链	公有链	公有链	联盟链

5.4.4 智能合约

区块链技术的可编程特性依靠智能合约得以实现，智能合约是一种由自动化脚本代码组成的计算机协议，规定了各参与方在区块链运行机制中的权利和义务，以信息化方式传播，进行执行和验证相关承诺。智能合约在创立之初并没有合适的应用场景，其原因是缺乏一个能够支持可编程合约的数字系统和技术。区块链技术的出现为智能合约的实现提供了平台，不仅可以支持可编程合约，而且具有去中心化、不可篡改、透明可追溯等安全保障。智能合约模型如图 5-8 所示。

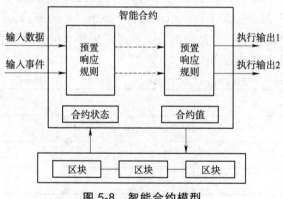

图 5-8 智能合约模型

区块链中智能合约的工作原理分为以下几步：

① 参与方约定好各方权利和义务，通过代码形式编写出来。

② 各参与者用私钥对合约签名，保障合约的有效性。

③ 将合约上传到区块链网络中，通过点对点方式在分布式网络中进行传播。

④ 各个区块链节点对合约内容进行验证，确认无误后将会打包成区块，加入整个区块链网络。

⑤ 当预先编译好的逻辑条件被触发时，区块链网络中的智能合约将自动执行。

智能合约运行原理如图 5-9 所示。

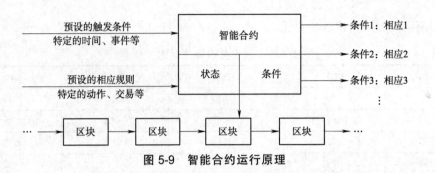

图 5-9　智能合约运行原理

视频 5.5

*5.5　区块链核心问题优化方案

共识算法是区块链的核心技术之一，当前流行的共识算法有很多，有适用于公有链的 PoW、PoS，适用于联盟链的 PBFT、DPoS，适用于私有链的 Raft 算法。本节针对适合于联盟链的 PBFT 算法存在的问题进行优化，构造共识算法优化方案 DPoS-BFT，将 DPoS 和 PBFT 的激励机制进行结合，构建 DPoS-BFT 算法的激励机制，使其更具活力。

5.5.1　共识算法优化方案 DPoS-BFT

PBFT 共识算法是基于拜占庭将军问题而提出的，用来描述分布式系统的一致性问题，允许全网中不超过 1/3 的节点为恶意节点，设置区块链中的节点数量为 N，恶意节点数量为 f，则应满足 $f < (N-1)/3$。PBFT 算法虽在吞吐量、拜占庭容错和算力要求上能够满足用户需求，但不足之处在于其三段式协议（Pre-Prepare、Prepare、Commit）需要多次使用全网、全节点广播。例如，当客户端发起一个请求时，主节点广播请求给其他节点，各节点执行 PBFT 算法的三阶段共识流程如图 5-10 所示。

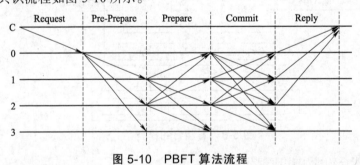

图 5-10　PBFT 算法流程

① 用户对交易信息进行签名，通过客户端发送请求 $T_x = <\text{Request}> \sigma_c$。

② Pre-Prepare 阶段：主节点 Leader 在收到客户端发来的 Request 消息，对消息进行排序并生成交易列表后，以 Pre-Prepare 消息格式 $<<\text{Pre-Prepare},v,n,\text{Hash}(T_x)> \sigma_L,T_x>$ 向全网节点进行广播，其中 v 代表视图编号，n 代表消息编号，$\text{Hash}(T_x)$ 为交易信息 T_x 的 Hash 结果，σ_L 为主节点的签名信息。

③ Prepare 阶段：当各节点收到主节点发来的 Pre-Prepare 消息后，首先对消息进行验证，验证通过后，节点会向网络中的其他节点广播 Prepare 消息 $<\text{Prepare},v,n,\text{Hash}(T_x),i> \sigma_i$，其中 i 为节点编号，σ_i 为节点 i 的签名信息。

④ Commit 阶段：当各节点收到其他节点发来的 Prepare 消息后，对消息(T_x,v,n,i)进行验证，当收到 $2f$ 个来自其他节点发来的准备消息后，节点会向网络中的其他节点广播 Commit 消息$<Commit,v,n,D(T_x),i> \sigma_i$。

⑤ 节点处理完三阶段流程后返回（Reply）消息给客户端，当客户端收到 $2f+1$ 个节点的相同消息后代表共识已经正确完成。

使用 PBFT 算法进行区块共识，当节点数量越大时，发出消息的次数便会增多，带宽消耗也随之增多。因此，针对 PBFT 算法的带宽占用问题进行优化。提出一种 DPoS-BFT 共识算法，通过 DPoS 协议投票产生验证节点集合，再由被选出来的验证节点，通过改进的 BFT 算法进行区块共识，从而在保障较高安全性和交易吞吐量的基础上降低对于带宽的要求。本节共识算法架构如图 5-11 所示。

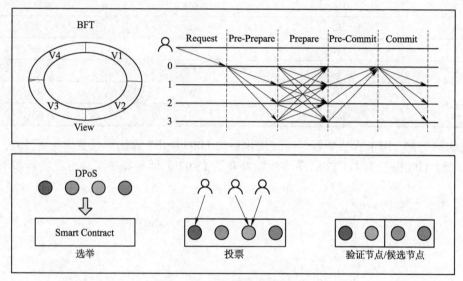

图 5-11　共识算法架构图

本节的共识算法主要有如下两个环节：

① 验证节点的选举。首先，所有节点均可申请成为候选验证节点，选定满足条件的前 M 个节点作为候选验证节点；然后，全网所有节点可以对候选验证节点进行权益委托投票，每个候选验证节点会获得一个权益总和 C，根据合约中设置的投票通过率，排名前 V 的候选人节点当选为验证节点。

② BFT 共识算法。验证节点间通过改进的 BFT 算法达成区块共识，完成出块确认。

以下通过实验对比 PBFT 与 DPoS-BFT 性能。

设联盟链中总节点数量为 N，验证节点数量为 $V(V<N)$，在理想状态下所有节点均能正常工作，使用原始 PBFT 算法，全网中所有节点参与区块共识，消息传递次数为 $2 \times (N-1)^2+(N-1)$。使用 DPoS-BFT 算法，根据合约中设置的验证节点个数和投票通过率，选举前 V 个验证节点参与区块共识，消息传递次数为 $2 \times (V-1)+(V-1)^2+(N-1)$。将两种算法的消息传递次数做差值，可得$(N^2-V^2)+(N^2-4N+3)(N>3)$。当 $N>3$ 时，区块链中节点数量越多时，消息传递次数差值越大，使用优化算法效果越明显。

本节以六个 Linux 服务器作为联盟链节点，分别采用 PBFT 算法和 DPoS-BFT 算法，使用 Jmeter 编写脚本实现多线程并发执行模拟交易产生区块，实验设置客户端发送 2 000 条 HTTP 交易请求，记录每秒能够完成共识的交易数量，进行十次无差异测试。在得出吞吐量 TPS 数据后，对两种算法测试的区块链 TPS 数据进行分析，区块链 TPS 分析见表 5-4。

表 5-4 区块链 TPS 分析

实 验 次 数	PBFT 算法 TPS	DPOS-BFT 算法 TPS	性 能 提 升
1	370	427	15.41%
2	356	442	24.16%
3	373	417	11.79%
4	345	395	14.49%
5	336	406	20.83%
6	362	416	14.92%
7	338	419	23.96%
8	365	379	3.84%
9	343	396	15.45%
10	363	417	14.88%

相比于原始的 PBFT 算法而言，经过优化后的 DPOS-BFT 算法吞吐量增加了 563，平均吞吐量从 355 TPS 提升到 411 TPS，平均性能提升了 15.97%。两种算法实验对比结果如图 5-12 所示。

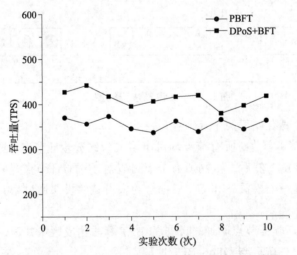

图 5-12 PBFT 和 DPoS-BFT 算法实验对比结果

通过实验对比可见，使用 DPoS-BFT 算法，由选举出的验证节点进行区块共识，减少了共识过程中的带宽占用量，提高了交易吞吐量。由于硬件设备的限制，本节实验中仅采用六个节点，而实际应用中节点数量远非如此，当区块链中的节点数量更多时，使用 DPoS-BFT 算法对于吞吐量的提升将会有更加明显的效果。

5.5.2 DPoS 投票智能合约

结合 DPoS 算法核心思想：区块链网络中普通节点不作为验证者，而是投票选举出一组值得信赖的节点作为区块链中的验证节点，参与网络中的区块共识验证，负责将一定时间段内的全网交易打包成提案，并就该提案达成一致，生成新的区块。基于智能合约实现验证节点的投票流程，将验证节点的权利和义务写入智能合约，同时写入激励机制以实现奖励自动发放的功能，验证节点的得票数与其拥有的权益和获得的奖励成比例。用户通过发送交易触发合约来参与投票过程，验证节点集合作为区块头的组成部分会记录在区块之中。

采用的布比区块链平台，已经将 DPoS 合约以 delegateCall 机制实现并写入底层区块链中，而合约创建后无法更改，所以需要通过合约升级的方式更新，创建入口合约和逻辑合约。入口合约引入 delegateCall 后将调用委托给逻辑合约执行，这样就实现 delegateCall 指定逻辑合约的地址。在升级合约时，创建一个新的逻辑合约，将入口合约中存储的逻辑合约地址更改为新地址即可。

首先需要创建投票合约，投票合约地址为固定地址。该地址被编码到程序中且具有更新区块头的验证节点集合的唯一权限。创建合约代码如下：

```
"create_account":{
    "dest_address": " buQqzdS9YSnokDjvzg4YaNatcFQfkgXqk6ss ",
    "contract":{"payload":{'use strict';
        function init(bar){return;}
        function main(input){return;}
        function query( ){return;}
        }
    },
    "init_balance": 1000000,
    "init_input" : "{
    \"method\": \"init\",
    \"params\": {
    \"logic_contract\": \" buQqzdP9YSnokDjvzg4YaNatcFefkgXyk9zy \",
    \"committee\": \"buQo18cwoNosY6WtmL4koCJ3uoBNhJyeejJD \"
    }
    }"
}
```

根据实际需求对 DPoS 合约的主要参数进行初始化，智能合约参数初始化见表 5-5。

表 5-5　智能合约参数初始化

参　　　数	说　　　明
validatorSetSize	指定网络中验证节点的个数
votePassRate	设置投票通过率
effectiveVoteInterval	设置投票有效期
minPledgeAmount	设置最小押金额，低于该额度则拒绝
minSuperadditionAmount	设置押金最小追加数额，低于该额度则拒绝

合约创建成功后，任意一个拥有网络节点的账户可以通过向 DPoS 合约转移押金的方式，申请成为候选验证节点，合约记录候选人的账户地址，申请验证节点代码如下：

```
"pay_coin":{
    "dest_address" : " buQqzdP9YSnokDjvzg4YaNatcFefkgXyk9zy",
    "amount":5000000000,
    "input":"{ \"method\":\"apply\",
```

```
        \"params\":{
        \"role\":\"validator\",
        \"pool\":\" buQZhtqLkjqe5DdjCQYrd4hCcWPFvkVmcyZu \",
        \"ratio\": 90,
        \"node\":\"buQo8w52g2nQgxnfKWovUUEFQzMCTX5TRpZD\"
      }
    }"
  }
```

申请审核通过后，该节点被加入候选验证节点集合。普通用户可以对候选节点进行投票，系统会自动对候选节点排序并产生验证节点。用户可以查询当前候选人列表，自主选择信用候选人进行投票，向 DPoS 合约转账，转账额视为用户的投票数，在转账参数中提供的地址视为投票支持的候选验证节点。候选共识节点得票总数为自身质押额与得票数之和。当候选节点得票达到一定名次时，则成为验证节点，一旦成为验证节点，该账户就可以参与区块链的共识并享有激励机制。

5.5.3　DPoS-BFT 激励机制

在 5.5.2 节中通过智能合约选举验证节点，将验证节点的权利和义务写入合约，同时写入激励机制以实现奖励自动发放的功能。激励机制作为对参与区块链共同治理节点的奖励机制，可以提升用户参与度和积极性，保持区块链体系活力。激励机制与区块链共识算法紧密结合，在共识算法的区块生成、节点选取、验证结果安全方面有重大影响。根据共识算法可以将常见的激励机制分为以下几种，见表 5-6。

表 5-6　共识算法与激励机制

共识算法	激励机制
PoW	算力最高的节点获取打包新区块的权力，并获得该区块打包产生的全部奖励
PoS	根据股权数量作为奖励指标，节点持有的货币越多，获取的区块奖励也越多
PBFT	区块生成奖励按照比例分配给所有验证节点
DPoS	节点推选委托人，委托人得到的支持越多，相应得到区块奖励的机会和数额就会越多。委托人得到区块奖励后，将会以约定的方式回馈支持者

将 DPoS 和 PBFT 的激励机制进行结合，构建 DPoS-BFT 算法的激励机制。验证节点为获取更大收益，需要不断提高自身性能以争取更多支持者，普通节点通过支持验证节点来获取收益。验证节点是由全网投票产生的，验证节点 i 得票数量 V_i，所有验证节点的得票数相加得到票数总额 V_t，如式（5-1）。

$$V_t = \sum_{i=1}^{n} V_i \tag{5-1}$$

票数 V_i 除以投票总额，得到验证节点 i 的奖励占比 P_i，如式（5-2）。

$$P_i = V_i / V_t \tag{5-2}$$

区块奖励 R_t 和区块内费用 Fee 之和的 90% 会按照该奖励占比 P_i 分给验证节点 i，共识激励 R_i，如式（5-3）。

$$R_i = (R_t + \text{Fee}) \times 90\% \times P_i \tag{5-3}$$

R_t 为区块链平台中对验证节点生成区块的奖励，Fee 为验证节点生成区块的费用支付，验证节点获取激励后再按约定的奖励比例分配给普通节点。通过以上公式可知，节点想要获得更多的收益,一是需要获得更多的票数支持,二是尽可能获得更多区块生成奖励。这就需要节点在自身处理性能、抵抗攻击能力和稳定运行时间等方面具备优势。

通过对底层区块链共识机制及激励机制深入研究,本节分别提出优化和改进方法。其一,采用 DPOS-BFT 算法进行区块共识,从而实现较低的带宽消耗和较高的交易吞吐量共识;其二,为提高区块链节点参与账本维护的积极性,将 DPOS 和 PBFT 的激励机制进行结合,分别对验证节点和普通节点进行奖励,以维护更稳定的底层区块链系统。

5.6 区块链应用领域及发展方向

视频 5.6

目前,中国部分企业已摸索出使用区块链的特定应用场景,如阿里巴巴、京东、迅雷等,而很多企业还处于不断探索和验证阶段。《2018 全球区块链企业专利排行榜》显示,区块链企业专利数排行中国公司占半数以上,且区块链专利增速远超美国,领先全球。

1. 追踪公益善款

在公益募捐项目中,支付宝爱心捐赠平台全面引入区块链技术,记录捐赠数据。用户亲眼目睹资金从支付宝流向基金会,然后流向公益执行机构,最后进入受益人的账户。通过区块链,善款的时间节点和金额一目了然。

2. 搜索房源

2018 年,河北雄安新区引进了区块链技术,实施了"1+1+1"租房管理平台。将区块链、身份技术、可信合约技术相集成,为房地产产业和租户创建了可信赖的数据平台。线下房屋租赁活动转变成在线交易产品,为用户提供了极大的便利。

3. 食品溯源

例如,向某知名品牌奶粉中添加可追溯的 QR(二维码),从天猫国际上购买签收奶粉后,用户只需打开支付宝并扫描包装上的 QR 即可。扫描后产品原产地、制造日期、物流、产品质检等信息一目了然。与此前商家自己输入商品信息不同,区块链允许多个"簿记员",以公平、独立和不可否认的方式完成记录,从而保证产品流通过程的真实性。食品溯源流程如图 5-13 所示。

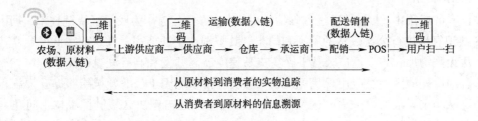

图 5-13 食品溯源流程图

当然,区块链的发展和应用不止上述几点。区块链技术会被广泛应用到金融服务领域,尤其是供应链金融、资源共享、预测经济等,在这些领域内区块链必定大展拳脚。

区块链的发展方向可分为四类:第一类是保真操作,如征信、产品溯源。征信代表个体信用、个体权利的确认，通过区块链数字签名证明行为的签发者，从而迅速在不同机构之间建立信任关系，实现不可抵赖。第二类是数据存储，如物联网存储。物联网和区块链都是P2P分布式网络，链上实现"物物相连"。第三类是金融交易与资产管理，如收费的音乐、视频软件，若运用区块链技术将这部分佣金返还给版权拥有者，会激励他们去创造更好的内容，当然这必定对中心化的互联网巨头造成强烈冲击。第四类是区块链与人工智能结合的新方向，虽然现在它们在独立的领域发展，但未来有很大趋势结合到一起，共同发展。区块链发展方向如图5-14所示。

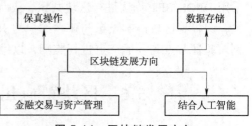

图5-14　区块链发展方向

视频5.7

5.7　案例应用：基于区块链的公益互助系统

1．案例描述

2019年10月，中国信息通信研究院和可信区块链推进计划联合发布的《区块链白皮书》中，在"政务民生领域重点探索"一节中提到，未来区块链技术将会应用于个人数据服务、社会公益服务等方面，在政策上对"区块链+公益"进行引导与扶持，标志着我国区块链技术的探索和发展将会给公益领域带来更多福音。

区块链技术的兴起为互联网公益事业提供了更大的发展空间，其安全可信、公开透明等特性可解决目前公益平台中存在的资金流向不透明、数据信息可篡改的弊端和痛点。作为一种新兴的计算机技术，区块链技术有着广泛的应用前景，在公益领域中，可以通过区块链技术使用分布式账本追踪验证捐赠信息，包括发起公益项目、进行公益捐赠和公益项目结算，贯穿于业务运营的全过程。在每个环节中，区块链系统为其分配相应的区块信息、区块高度及上链时间，可确保每笔交易全流程追溯和监管，解决公益领域中存在的安全和信任等问题。

要求设计基于区块链的公益互助系统，具有耗能低、共识效率高等特点。

2．案例分析

在已有的应用中，大多是通过密码学货币、以太坊公有链作为底层区块链技术，使用PoW或PoS共识算法进行公益账本的验证和同步，其弊端在于耗能高、共识效率低，导致其数据规模无法无限增加，难以适应公益平台高交易速度、高并发和高吞吐量的需求。

综合国内外的区块链应用现状可知，将区块链技术应用于公益领域能够提升公益慈善的公信力。从当前发展程度来看"区块链+公益"的应用还需解决区块链核心技术问题，公有链中的共识算法效率不足，私有链难以实现去中心化，因此需要构建一个由权威机构和监管部门同时维护的联盟链，使用高效的共识算法和图灵完备的智能合约机制，实现区块链技术在公益领域中的高效应用。为了满足个人、团体、慈善机构的调研需求，需要实现一个安全、可信的公益互助系统。公益互助系统有如下目标：

① 实现去中心化的数据管理。

② 杜绝用户募捐数据被篡改的现象。

③ 确保公益行为可追溯、可验证。

④ 耗能低、共识效率高。

3．案例解决方案

（1）系统架构

本设计采用区块链技术实现公益互助系统，系统主要包括应用交互层和区块链层。应用交互层采用 B/S 架构，主要实现系统功能（用户模块、公益发起模块、公益捐款模块、公益结算模块），提供用户与底层区块链之间的数据转化。区块链层包括维护区块链运行的 P2P 网络，以及一条防篡改、可追溯的区块链，将区块数据信息发送到 P2P 网络中以实现公益记录信息的分布式存取。系统架构如图 5-15 所示。

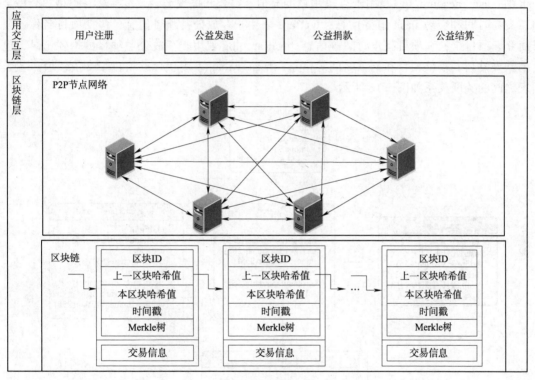

图 5-15　系统架构

（2）运行环境安装部署

基于区块链技术的公益互助平台在实现过程中，在物理设备中部署六个区块链 P2P 节点，以保障拜占庭容错协议，即能够容忍少于 1/3 的节点恶意作弊。分别为六个节点进行文件配置，使各个节点达成共识，形成底层区块链。底层区块链的运行环境见表 5-7。

表 5-7　区块链运行环境

名　　称	软 件 类 型	版　　本
操作系统	Linux	Ubuntu-16.04.6
数据库	PostgreSQL	PostgreSQL-9.4
区块链	BubiChain	BubiChain-1.3.1

在内存为 16 GB、硬盘空间为 500 GB 的 Windows 系统中安装 VMWare 虚拟机，在虚拟机中部署六台 Linux 服务器作为区块链节点，之后分别为各节点安装数据库和区块链底层程序。

（3）数据库设计

采用两类数据库：本地数据库和区块链数据库。基于区块链技术的公益互助平台将采用两个数据库，区块链数据库用于实现公益记录的防伪溯源，本地数据库用于存储和记录公益互助系统中用户的公益行为。

本地数据库中包含七个数据库表：user 表用于存放用户的注册信息，包括用户名、密码、手机号码、用户角色等信息；bumo 表用于存放用户区块链账户信息，包括区块链地址、公钥、私钥和 txHash 值等信息；user_account 表用于存放用户资产信息，包括用户账户余额和账户 hash 值；user_account_log 表用于存放用户的充值、捐款和提现记录，包括交易类型、交易金额、交易时间和交易 hash 值等信息；welfare 表用于存放公益项目信息，包括项目名称、项目简介、项目金额和项目起止时间等信息；welfare_log 表用于存放公益项目的捐款记录，包括捐款人姓名、捐款项目和捐款时间等信息；trust_value 表用于存放项目聚合信任值。各数据表之间的关联关系如图 5-16 所示。

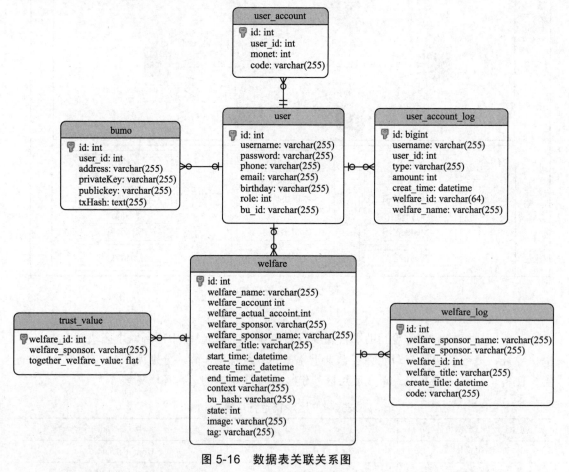

图 5-16 数据表关联关系图

即使本地数据库遭到篡改或被破坏，原公益记录信息依然存储于区块链中，并不会因本地数据库的损坏而使公益记录信息丢失。当访问本地数据库时，需要编写 SQL 语句。当访问区块链数据时，需要调用底层区块链接口，实现数据在区块链中的存取。基于区块链的公益互助系统数据存储流程如图 5-17 所示。

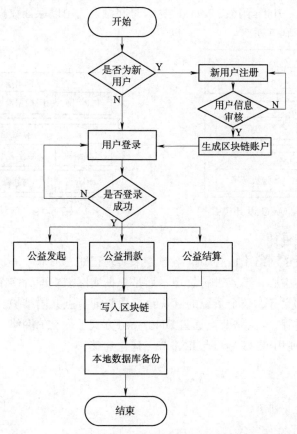

图 5-17 基于区块链的公益互助系统数据存储流程图

（4）用户操作流程

用户从创建账户到记录公益行为，共分为如下几个步骤：

① 注册公益互助系统账户，首先填写注册基本信息，然后系统平台对注册信息进行审核。

② 注册信息审核通过，系统平台调用底层接口，为用户分配公/私密钥、创建区块链账户。

③ 用户在登录公益互助系统后，选择公益发起、公益捐款或公益结算功能，系统调用底层的区块链，将公益记录信息写入数据区块，区块链返回公益订单处理的信息。

④ 系统获取区块链返回的信息，将公益订单和返回信息存储到本地数据库备份。

⑤ Web 应用层设计。应用交互层采用 B/S 架构，根据系统功能分析，设计用户模块（提供用户信息的查询、交易信息查询、用户账户充值等功能）、公益发起模块（用户申请公益募捐项目）、公益捐款（用户进行公益捐款）、公益结算模块（对到期的公益项目进行结算）。

应用交互层采用 MVC 设计模式，分为表示层、业务逻辑层和数据访问层。应用交互层MVC 设计模式如图 5-18 所示。

（5）区块链结构设计

为达到去中心化、防伪溯源的安全要求，区块链包括了维护区块链运行的 P2P 网络层，以及一条防篡改、可追溯的区块链存储层。区块链网络层实现各节点之间的信息广播和验证，主要包括 P2P 组网、传播机制和验证机制，使得底层区块链中每一个 P2P 节点都能参与区块数据的校验和记账过程。区块链存储层以链式结构存储数据信息，主要涉及区块结构、非对称加密算法、数字签名、Hash 函数、Merkle 树、时间戳等，用以保证数据的防篡改和可追溯性。区块链结构如图 5-19 所示。

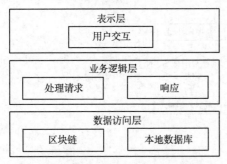

图 5-18 应用交互层 MVC 设计模式

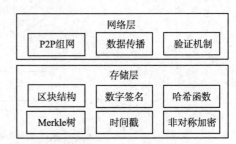

图 5-19 区块链结构

（6）区块链网络层设计

P2P 组网：在区块链网络中由各个网络节点来实现记账，而非中心机构记账，采用 P2P 网络分布式存储，没有中心化节点进行管理，而是根据实际需求配置多个验证节点，各验证节点具备相同的权利和义务，整个系统的区块数据由验证节点共同维护。建立 P2P 通信网络是区块链层的初始化过程，各网络节点通过 DNS Seed 方式加入 P2P 网络，通信方式基于 TCP，采用 HTTP/1.1 协议，使用 9333 端口与相邻节点建立连接。

加入过程如下：

① 连接种子节点。

② 接收节点 IP 地址列表。

③ 连接列表中的节点。

④ 当建立连接后，新节点将自身 IP 地址的 addr 消息发送给相邻节点，相邻节点再将此消息转发给其各自的相邻节点，以确保新节点的 addr 信息被 P2P 组网中的多个节点所接收，保证链接的稳定性。

传播机制：当某一区块数据生成后，将由生成该数据的节点广播到 P2P 网络其他节点对区块数据进行验证。实际上，当 P2P 网络中超过 2/3 的节点收到交易信息后，便可认为交易通过。

广播交易包括以下步骤：

① 获取交易发起的账户 nonce 值。

② 构建操作。

③ 序列化交易。

④ 签名交易。

⑤ 提交交易。

区块链传播机制的主要代码如下：

```go
go func(){ for{time.Sleep(30*time.Second)
    output, err:=json.Marshal(Blockchain)
    if err!=nil{log.Fatal(err)}
    io.WriteString(conn, string(output))}
}
```

验证机制：P2P 网络中的各节点会时刻监听全网中广播的数据和新区块。当接收到新数据后，需要验证该数据是否有效。若数据有效，则按照接收顺序为新数据创建存储池，用于暂存尚未记入区块的有效数据，同时继续向邻近节点转发该数据。若数据无效，则丢弃该数据，从而确保无效数据不会在区块链网络中继续传播。

区块链验证机制的主要代码如下：

```
func isBlockValid(newBlock, oldBlock Block) bool{
    if oldBlock.Index+1!=newBlock.Index{return false}
    if oldBlock.Hash!=newBlock.PrevHash{return false}
    if calculateHash(newBlock)!=newBlock.Hash{return false}
    return true
}
```

利用加密者的私钥对经过哈希运算生成的摘要进行数字签名，把数据、数字签名、发送节点公钥一起全网广播给接收节点，接收方使用公钥验证签名的真实性。本方案中的区块链采用椭圆曲线签名算法（ECDSA）实现数字签名。

生成签名过程如下：

① 选择一条椭圆曲线 $E_p(a,b)$，并取曲线上一点 G 作为基点。

② 用户 A 选择私钥 k（$k<n$，n 为 G 的阶），计算公钥 $K=kG$。

③ 用户 A 将 $E_p(a,b)$ 和 G，K 传给用户 B。

④ 用户 B 将待传输的明文编码到 $E_p(a,b)$ 上一点 M 产生一个随机整数 r（$r<n$），计算点 $R=rG$。

⑤ 用户 A 将原数据和点 R 的坐标值 x,y 作为参数，利用 SHA-1 算法作为 Hash，即 Hash=SHA-1(原数据,x,y)。

⑥ 计算 $s\equiv r - \text{Hash} \times k \pmod{n}$；

⑦ r 和 s 作为签名值，若 r 和 s 中一个为 0，则重新从第③步开始执行。

验证签名过程如下：

① 用户 B 收到消息(m)和签名值(r,s)。

② 计算：$sG+H(m)P=(x_1,y_1)$，$r_1\equiv x_1 \bmod p$；

③ 验证等式：$r_1 \equiv r \bmod p$。

④ 如果等式成立，接受签名，否则签名无效。

4．案例总结

为了解决传统公益互助系统目前存在的问题，提高公益记录数据可信度，降低管理成本，本节引入区块链技术以促进公益互助系统的发展。传统公益互助系统问题与本案例解决方案的比较见表 5-8。

表 5-8　传统公益互助系统问题与本案例解决方案的比较

参　与　方	捐　款　人	受　助　人	公　益　平　台
传统公益互助系统问题	信息不对等风险；无法有效追踪资金流向	信息不对等风险存在无法获得捐赠风险	投入无直接产出，不盈利，运营成本高；存在内部操作风险和舞弊风险
本案例解决方案	信息通过 P2P 网络传播验证，方便追踪资金	信息全网共享可信	基于可信的区块链技术方案，降低人员投入和运营成本，规避内控风险

在这样一个区块链公益互助系统中进行公益募捐的资金数据，将变得更加透明。用户信

息不但不会被篡改，而且还可以对其他用户起到一定的监督作用。同时，用户可以跟踪到自己募捐资金的去向，不仅保证用户的权益，也将很大程度上得到公众的认可。

视频5.8

5.8　基于区块链技术的数字货币

5.8.1　货币的发展史

货币在人类文明发展史上扮演了一个极为重要的角色，它不仅是市场上的一个等价物，而且是人类文明发展史中各个阶段的一种里程碑。不同的历史阶段中的货币形态是不一样的，而标准化和便利性要求优化货币的两个核心职能：价值尺度和流通手段。人类的货币发展，从开始到目前，已经有四个发展阶段：实物货币、称量货币、纸币（价值符号）、电子货币。

① 实物货币：通常指远古时期，各地的人们相约在某地交换自己需要的物品，以物易物。因为个人所需不同，而各人所有的可供交换的物品又不同。为了方便大家交换，而临时约定一种物品为交换中的"等价物"。这种"等价物"就是实物货币。

② 称量货币：这是能够看到实物的一种历史货币。金、银、铜、铁等金属货币，不论是什么形态，都属于称量货币。

③ 纸币：这是当今世界各国都在继续使用的一种货币。纸币是一种价值符号，是由国家、政权、单位发行的一种有时限、有地域限制的货币。任何一种纸币都只能在某一时间、某一地区内流通。换句话说，任何一种可以在某一时间、某一地区内流通的价值符号，都可以视为纸币的一种。

④ 电子货币（广义的）：这是人类发明的最新的货币形式，比如，银行卡是其中最典型的代表。严谨地说，根据巴塞尔银行监管委员会的定义，广义的电子货币是指通过硬件设备或者计算机网络完成支付的存储价值或预先支付机制，也就是依靠电子设备网络实现存储和支付功能的货币。广义的电子货币，又进一步细分为：狭义的电子货币、虚拟货币、数字货币。

- 狭义的电子货币：就是国家银行系统支持的法定货币的电子化形式，与现钞以及银行存款具有同样法律效力。信用卡、储蓄卡以及第三方支付账户余额上的数据，就是我们所拥有的电子货币。电子货币具有完整的价值尺度和流通手段职能，可以衡量任何商品的价值，可以购买任何商品。

- 虚拟货币：可以简单地理解为一些虚拟世界中流通的货币，最典型的就是游戏币、腾讯公司的Q币。这些虚拟货币往往可以通过完成虚拟世界的任务，或者用现实的法定货币购买获得。虚拟货币在现实经济生活中，基本不具备任何价值尺度和流通手段的货币职能。

- 数字货币：现阶段的数字货币，是一种加密数字货币，也称为电子现金系统。现金体系有两大特点：一是匿名性，也就是说，用现金买商品时不需要向商家交代我是谁这个问题；二是现金交易双方点对点直接交易不需要通过向第三方发出申请，一手交钱一手交货，效率非常高。而电子现金系统就是要在互联网电子通信的环境下实现现金支付的特点。

5.8.2 数字货币

数字货币从是否具有法定货币功能角度分为两类：法定货币职能的数字货币和非法定货币职能的数字货币。

① 法定货币职能数字货币。基于现有银行货币体系的法定数字货币，也就是现在法定电子货币的升级形态，引入计算机代码运行等新技术，又保持对货币运行的适度掌控力。其核心特点在于，货币发行和运行的可编程性，能够有效追踪货币在交易过程中的流通轨迹。我国央行积极推进数字货币，法定数字货币的推行可带来更高的交易效率和更低的交易成本，并且通过准确把握货币流向以优化货币政策的制定和执行。未来具有法币职能的数字货币将占主导地位。

② 非法定货币职能数字货币。不具备法定货币职能的数字货币，如比特币、瑞波币、莱特币等。中国监管层早在 2013 年就发布了《关于防范比特币风险的通知》，明确了比特币的性质，认为比特币不是由货币当局发行，不具有法偿性与强制性等货币属性，是一种特定的虚拟商品。

现今国际跨境和金融支付严重依赖以美元为主导的系统，发行数字货币将为重塑国际货币体系提供一种解决思路。最直接的使用场景是，数字货币将帮助人民币在跨境贸易和金融结算流通，创造出新的国际货币交易路径，一定程度上也促进人民币走向国际化。数字货币是未来货币市场竞争的制高点，中国作为世界上第二大经济体，电子商务、电子流通产业市场巨大，数字货币的发展将会是今后人民币国际化的一个重要的领域和渠道。

或许正是看到数字货币可能带来的积极影响，多国央行都在数字货币领域发力，比如英国、瑞典、法国、韩国等发达经济体先后公布央行数字货币计划或方案。

各国中央银行发行的数字货币统称为 CBDC，因便于结算且能够降低资金持有成本而备受人们期待。BIS 在 2020 年对 65 个国家央行进行的一项调查发现，有 86% 的央行都将目光聚焦于数字货币的优点，而其中已将数字货币推进至实证阶段的央行超过 30 家。还有几个国家正在进行试点，让人们实际体验数字货币带来的便利。参与该调查的央行覆盖人口总数占全球的 72%，经济规模合计达全球的 91%。

据《日本经济新闻》2021 年 2 月 17 日报道，世界部分国家央行开始进行数字货币测试。根据国际清算银行（BIS）的统计，已将数字货币推进至实证阶段的央行所占比例达到 62%，比一年前的 42% 增长 20 个百分点。现金使用便利程度较低的新兴国家在该领域态度积极。

2020 年 10 月，我国颁布中国人民银行法修正案，将数字人民币列为国家法定货币，在法律层面给予数字货币认可。

报道称，CBDC 也开始在发展中国家流通。巴哈马和柬埔寨已于 2020 年 10 月开始使用数字货币。巴哈马由于岛屿众多，现金需要借助航运才能流通于国内市场，这导致现金流通成本偏高。越是在那些银行网点和自动柜员机等金融基础设施不完善的国家，CBDC 的便利性越能凸显，其引入也更受欢迎。

发达国家中的瑞典正在实行数字货币"e 克朗"试点。电子支付在该国已相当普及，现金使用率仅为 2% 左右。

5.8.3　我国数字货币面临的挑战及应对策略

我国从 2014 年起开始有序推进法定数字货币的研究。截至目前，我国央行已完成了数字货币的顶层设计、标准制定、功能研发、联调测试等工作，并在深圳、苏州、雄安、成都以及 2022 年冬奥会场景进行内部封闭试点。从各国进展情况来看，我国在法定数字货币的研发与推进速度基本处于国际前列。央行现在正积极推进 DCEP（Digital Currency and Electronic Payment，数字货币和电子支付工具）系统。

在非法定数字货币的开发与应用方面，我国持谨慎态度。以比特币为代表的非法定数字货币，由于其"匿名、免税、免监管"等特征，可能影响金融市场的稳定，导致通货紧缩等问题，在我国，比特币被认为是特定的虚拟商品（虚拟资产），不能充当支付工具，且不得与法定货币进行直接兑换。

我国数字货币发展的优势主要体现在终端用户使用数字货币的潜在需求旺盛、应用场景丰富；数据样本相对较大、数字化程度高；金融基础设施相对健全，具有后发优势等。然而，作为一种全新的货币革命，我国数字货币发展可能面临以下挑战：

① 底层技术的研发与安全可控。数字货币的底层技术包括安全芯片、区块链、密码算法，以及大数据、云计算、人工智能等新一代移动通信技术，这些技术本身存在一定的局限性，具有一定的安全隐患。目前安全硬件技术仍存在受侧道攻击、物理篡改等问题。

② 对货币政策、金融市场带来冲击。对于法定数字货币，如果构架设置不合理，可能引发银行存款大规模地向央行数字货币转移等问题。对于非法定数字货币，可能存在侵蚀国家货币主权地位和国家资本管控能力、威胁金融系统稳定等风险。此外，在跨境支付方面，涉及货币主权、外汇管理、跨境资本流动审慎管理、资本账户开放、货币国际化等诸多政策，亟待进行深入系统化研究。

③ 对治理、监管带来挑战。数据资产是数字金融发展的核心要素。目前我国数据管理尚未出台监管细则，数据权属问题尚未厘清，可能存在侵犯隐私安全、数据泄露等隐患。由数据资源带来的数字资产管理、非法定数字货币的出现等问题将对传统监管方式提出极大挑战。

④ 国家货币主权与国际化面临挑战。数字货币争夺战无疑影响到货币主权的争夺。由数字货币引发的数字贸易与跨境数据移动，涉及全球数据贸易规制、标准及治理等重要议题。

为维护国家货币主权，我国应积极推进法定数字货币建设，从顶层设计出发，协调各有关部门，统筹部署、协同推进，并设计更为合理、开放、共享的数字货币模式以吸引更多的国际合作，增强人民币的竞争力。具体而言，可以从以下几个方面着手：

① 积极加大数字货币底层技术研发和基础设施建设。为确保数字货币职能，要对数字货币相关的基础设施和技术标准做出前瞻性的研究和布局，不断完善数字货币底层技术研发和关键金融基础设施建设，包括设计专用密码算法标准和相关协议，加快底层算法、终端芯片的研发，以及商业银行内部系统改造升级、制定数字货币的国际标准等，推动 5G、人工智能、区块链、大数据、物联网等技术的深度融合，以确保金融通道与系统的安全可控。

② 积极应对数字货币对货币、金融及宏观经济的影响。应充分研究数字货币对货币政策、金融稳定性，乃至宏观经济造成的影响和冲击，设计更为合理的数字货币顶层构架，以最大限度减少由数字货币带来的金融风险，并对宏观经济政策适时做出适应性调整。运用人工智能、大数据等新兴科技手段对数字货币进行全面、系统的监测分析，重点关注法定与非

法定数字货币给传统金融风险防控体系与国际金融市场稳定带来的冲击。

③ 强化数字货币领域的监管与法律、信用体系建设。应注意数字货币的安全性、便利性以及用户的隐私保护，构建由央行、商业银行、第三方机构、消费者共同参与的数字货币生态体系，规范金融科技的数据采集、处理、流转机制，推进海量数据的存储、清洗、分析、挖掘、可视化等技术攻关。建立数字货币的监测机制，通过大数据技术分析货币流动情况，识别和评估推广数字货币过程中的风险点。加强非法定货币的监管，以及非法定货币与法定货币间的流通管理。继续推广监管沙盒试点，跟进数字货币相关领域的立法，加强投资者权益保护和信用体系建设。

④ 充分激励和发挥私营部门作用，共建"人类命运共同体"的货币生态体系。在我国法定数字货币的构架设计中，应充分考虑央行数字货币的应用场景需求，满足跨境结算场景的支付需要。鼓励移动支付企业国际化发展，加快开拓和布局移动支付服务市场。促进不同国家之间货币的流转汇兑系统建设，打造健康、友好的支付结算生态圈。努力构建去中心、开放、共享的平台体系，以吸引更多国家共同参与治理，强化人民币的国际竞争力，共建"人类命运共同体"的货币生态体系。

小　结

本章主要介绍了区块链的发展、结构、工作原理、特点、分类及核心技术，给出了区块链核心问题的几个优化方案，实施了基于区块链的公益互助系统案例，并介绍了基于区块链技术的数字货币。

区块链技术的去中心化属性能够帮助国家以新技术实现金融业安全和效率的"双提升"，区块链技术正在应用于数字货币、清算结算、股权交易等多个领域，有助于加快构建全国统一数字票据市场，提升票据市场风险管控能力和监管效能。

习　题

1. 按照准入机制，区块链的分类是什么？
2. 区块链的核心技术有哪些？ 分别具有什么功能？
3. 区块链有哪些共识机制？它们的特点是什么？
4. 比较区块链共识机制的优缺点。
5. 你认为数字货币是否有前景？说明原因。

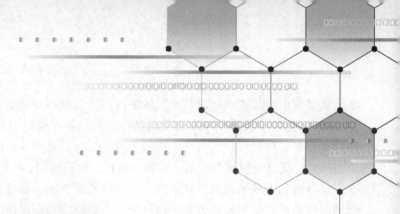

第 6 章

混沌密码和量子密码

学习目标：

- 掌握混沌的定义和特点；
- 掌握混沌系统产生序列密码的方法；
- 了解量子密码的特点和应用。

关键术语：

- Logistic 混沌模型；
- Lorenz 混沌模型；
- 量子密码（Quantum Cryptography）；
- 混沌（Chaos）；
- 量子密钥分发（Quantum Key Distribution，QKD）。

如果说混沌的发现为密码学开创了一片绚烂的天空，量子密码就是那雨后天空中夺目的彩虹，看得见抓不住。利用量子的神奇物理特性，可产生理论上绝对安全的密码，但完美地实现它却极为困难，还有待进一步研究。

传统的加密方法（DES、AES、IDEA、RSA、椭圆曲线、离散对数等）依赖算法的复杂性，但随着计算机破译密码能力的提高，加密算法的复杂性也水涨船高。在这种情况下，寻找新的不依赖算法复杂性的加密方法不失为好的途径。本章将介绍两种不依赖于算法复杂度的方法：混沌密码和量子密码。混沌信号的隐蔽性、不可预测性、高复杂度和易于实现等特点都特别适用于产生序列密码。量子密码在某种程度上是一次一密乱码本思想的一个变体。从理论上来说，用量子密码加密的通信不可能被窃听，安全程度极高。量子密码是一个崭新的、前景广阔的研究和应用领域，量子密码的研究任重而道远。

视频 6.1

 6.1 混 沌 概 述

混沌（Chaos）一词很早即在古代中国和希腊出现。其最初是用来描述混乱、杂乱无章、乱七八糟的状态，从这个意义上说它等同于无序的概念。而现代意义上的混沌远比其最初的含义有着更深远和丰富的内容。简单地说，现代意义上的混沌是指在确定性的非线性系统中出现的一种类似随机的不确定行为。混沌系统的最大特点就在于系统的演化对初始条件极端敏感，这就导致了混沌系统的行为从长期意义上讲是不可预测的。

6.1.1　混沌起源

1814 年，法国著名天文学家、数学家和物理学家拉普拉斯提出了具有深远影响的"拉普拉斯决定论"。他认为：只要知道了某一时刻施加于自然的所有作用力以及自然界所有组成部分的状态，就可以把宇宙中最重的天体和最轻的原子运动，都纳入一个公式和方程中，精确地计算出它们的过去和未来任何时候的状况。"拉普拉斯决定论"在很长时期内被认为是正确的，但混沌现象及其理论则表明"拉普拉斯决定论"有待商榷。

事实上，在 19 世纪和 20 世纪之交，人们对保守系统和耗散系统的研究都曾与混沌的发现擦身而过。例如，著名的法国数学家、物理学家庞加莱（H.Poincare）在研究三体问题时就认识到牛顿力学理论具有内在的随机行为。而这实际上是一种保守系统中的混沌。虽然庞加莱的这一论点没有得到重视，但他却成为最先了解混沌存在的可能性的第一人。庞加莱和他那一时代的人们没有发现混沌并非偶然。自从牛顿力学理论提出以来，"拉普拉斯决定论"就占据着统治地位，许多实验中与混沌相关的现象都被认为是由噪声引起的，因而往往被忽略。另外，动力系统的数学理论在当时还不够完善。

混沌学诞生于 20 世纪 60 年代。混沌现象不仅仅存在于气象学中，在自然界中，混沌现象也是很普遍的，几乎可以说，自然界存在的大部分运动都是混沌运动。几十年来，混沌学的研究范围已经从最开始的气象学扩展到包括物理学、化学、生物学、经济学和天文学等几乎所有的学科领域，在诸如心脏脉搏的规律、海岸线和雪花的形状、股市涨落的周期、化学反应的机理中都蕴含着混沌现象。

【扩展阅读】

洛仑兹（Lorenz）在 1917 年生于康涅狄格州的西哈特福德，1948 年在麻省理工学院获气象学理学博士学位。1963 年，洛仑兹在用计算机做数值天气预报研究时，提出了描述热对流不稳定性的模型，现在统称为 Lorenz 模型，这是历史上最早揭示混沌运动的模型。洛仑兹发现气候不可能精确重演，指出了非周期性与不可预见性之间的联系，即著名的"蝴蝶效应"，这才使混沌研究进入了飞速发展时期，进而成为一门新的学科——混沌学。

混沌理论是近几十年才兴起的科学革命，有人将它与相对论、量子力学一同列为 20 世纪最伟大的发现。量子力学质疑微观世界的物理因果律，而混沌理论则紧接着否定了宏观世界拉普拉斯式的决定型因果律。

6.1.2　混沌的定义

混沌运动是出现在非线性动力系统中既普遍又复杂的现象。迄今为止，混沌还没有一个公认的、完整的、精确的定义。可用以下几种不同的定义来刻画，它们具有互补效果，较好地概括了混沌的定性行为。

第一种定义是基于混沌的"蝴蝶效应"，即倘若一个非线性系统的行为对初始条件的微小变化具有高度敏感的依赖性，则称混沌运动。这就是说，一个系统的混沌行为对初始条件的变化具有高度敏感性，表现出极端的不稳定性。这种高度不稳定性，是指在相空间内初始极其邻近的两条轨道，随着时间的推进，两条轨道的距离彼此以指数形式迅速分离而永不相遇，它们的行为具有局部不稳定性。

第二种混沌定义是基于 Li-Yorke 定理，从数学上严格定义。Li-Yorke 定理为：设 $f(x)$ 是 $[a,b]$ 上的连续自映射，若 $f(x)$ 有 3 个周期点，则对任何正整数 n，$f(x)$ 有 n 周期点。混沌定义如下：

闭区间 I 上的连续自映射 $f(x)$，倘若满足下列条件，则一定出现混沌现象：

① f 周期点的周期无上界。

② 闭区间 I 上存在不可数子集 S，满足：

对任意 $x,y \in S$，当 $x \neq y$ 时，则有

$$\limsup_{n\to\infty} |f_n(x) - f_n(y)| > 0$$

对任意 $x,y \in S$，则有

$$\liminf_{n\to\infty} |f_n(x) - f_n(y)| = 0$$

对任意 $x,y \in S$ 和 f 的任一周期点 y，则有

$$\limsup_{n\to\infty} |f_n(x) - f_n(y)| > 0$$

根据 Li-Yorke 定义，1983 年 Day 认为一个混沌系统应该具有如下三种性质：

① 存在所有阶的周期轨道。

② 存在一个不可数集合，该集合只含有混沌轨道，且任意两个轨道既不趋向远离，也不趋向接近，而是两种状态交替出现，同时任一轨道不趋向于任一周期轨道，即该集合不存在渐进周期轨道。

③ 混沌轨道具有高度的不稳定性。

第三种定义混沌方法是采用排除法，即与现有已知的运动类型相比较来确认的办法。这时混沌定义为：除了通常已知的三种典型运动类型，即平衡点（静点）、周期及准周期运动以外的一种貌似随机运动形态，就是混沌运动，其特点是局部极不稳定而整体稳定。

6.1.3　混沌的三个主要特征

1．对初始条件的极端敏感性

描述混沌现象的微分方程或迭代方程，如果初始条件不同，经过有限次的迭代后，在迭代结果之间就会出现较大的差异。出现偏差的原因并不是计算方法上存在问题，也不是计算精度不够，而是源于这类系统本身独特的性质。

初始条件的极端敏感性是混沌区别于传统动力学行为的最显著特性，一方面说明了混沌难于控制的特性，另一方面也说明了采用混沌加密的可靠性。Lyapunov 指数可以用来衡量初始条件的差异而导致的相邻曲线分离的速度。

2．非稳周期轨道

混沌曲线在其所有状态变量组成的相空间内是非周期的，即不会重复回到以前的状态。事实上，在与混沌轨迹任意接近的范围内，总能找到一条周期轨道满足混沌轨迹的动力学特性，虽然与周期轨道很接近，但不会落入其中。因为在混沌轨迹的相空间中，存在无数的"分岔"。误差的累计使得混沌轨迹落入不同的分岔而不会形成稳定的周期循环。因此，这种周期轨道是非稳周期轨道。

3．混杂（可转移）

混沌轨迹在相空间中存在多个平衡点。实际上的混沌轨迹在无轨地绕某一平衡点旋转

时，突然又会被另一平衡点吸引，转移到该平衡点附近。这样混沌运动在某个方向上压缩，同时在另一个方向上伸展，混沌轨迹正是混沌运动在相空间无限次的压缩和伸展的结果。

6.1.4　混沌模型

尽管混沌函数在浩如烟海的数学模型中占有很少的百分比，但就其总量来说也难以估计。下面介绍几种具有典型意义的混沌模型。

1. Logistic 混沌模型

Logistic 混沌系统有一个自变量，是一维混沌系统。含有两个自变量的混沌系统是二维的，含有三维及多于三维的混沌系统是高维混沌系统。Logistic 混沌系统由式给出：

$$x_{n+1} = f(x_n) = 1 - 2x_n^2, \quad x_n \in [-1, 1] \tag{6-1}$$

图 6-1 所示为该系统不同初值下的 Logistic 混沌行为映射图。从图中可看出初始条件的微小变化对混沌信号有很大影响。

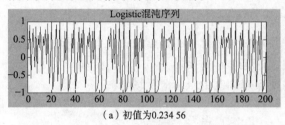 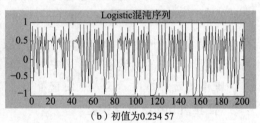

（a）初值为0.234 56　　　　　　　　（b）初值为0.234 57

图 6-1　不同初值下的 Logistic 混沌行为映射

Logistic-map 混沌系统的另一种形式为：

$$x_{n+1} = f(x_n) = ux_n(1 - x_n), \quad x_n \in [0, 1], \quad n = 1, 2 \cdots \tag{6-2}$$

研究表明，式（6-2）这个看似极为简单的方程当参数 u 变化时有极复杂的动态行为。当 $0 < u \leqslant 3$ 时，该模型性态简单；当 $3 < u \leqslant 3.57$ 时，系统处于倍周期状态；当 $u > 3.57$ 时，系统处于混沌状态。下面是参数不同时该系统的仿真结果：图 6-2 表示系统收敛到不动点上；图 6-3 表示系统处于倍周期状态；图 6-4 表明了系统处于混沌状态，由此可以定性地认识到混沌状态下的伪随机性。

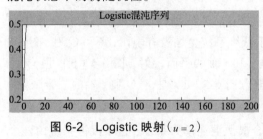 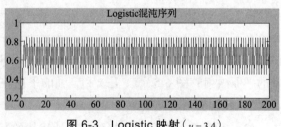

图 6-2　Logistic 映射（$u = 2$）　　　图 6-3　Logistic 映射（$u = 3,4$）

由于混沌动力系统 Logistic 具有确定性，其统计特性等同于白噪声，因而 Logistic 混沌序列是一种伪随机序列。该系统具有以下优点：

① 形式简单：只要具备混沌映射的参数和初始条件就可以很方便地生成、复制混沌序列，而不必浪费空间来存储很长的整个序列。

② 初始条件敏感性：一般不同的初始值，即使相当接近，迭代出来的轨迹也不相同，同时，混沌动力系统具有确定性，即给定相同的初始值，其相应的轨迹肯定相同，所以可以轻

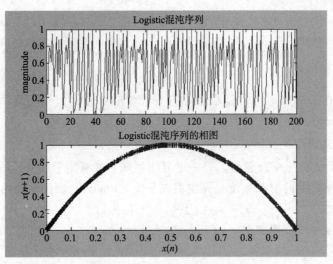

图 6-4　Logistic 映射（$u = 4$）

而易举地获得数量极多的非相关的混沌序列，并且一般情况下，很难从一段有限长度的序列来推断出混沌系统的初始条件，从安全的角度，这是非常重要的。

白噪声的统计特性：这一点使它可用于需要噪声调制的众多应用场合。

2．高维 Lorenz 混沌模型

美国气象学家 Lorenz 通过对对流实验的研究，得到了第一个表现奇异吸引子的动力学系统。这个系统是由三个微分方程组成的方程组，如式（6-3）所示。

$$\begin{cases} \dfrac{\mathrm{d}x}{\mathrm{d}t} = a(y-x) \\[2mm] \dfrac{\mathrm{d}y}{\mathrm{d}t} = (c-z)x - y \\[2mm] \dfrac{\mathrm{d}z}{\mathrm{d}t} = xy - bz \end{cases} \tag{6-3}$$

其中，$t, x, y, z, a, b, c \in R$，$a, b, c$ 是三个正参数。Lorenz 系统的三个 Lyapunov 指数中最大一个大于 0，呈现混沌行为。

Lorenz 系统方程为三维的，属于高维混沌系统，这种系统结构较为复杂，有三个系统变量以及三个系统参数，系统变量的时间序列相对于低维系统更加没有规律，不可预测。图 6-5 所示为不同坐标下的 Lorenz 映射，图 6-5（a）是 x 和 z 轴的平面映射，图 6-5（b）是 y 和 z 轴的平面映射，图 6-5（c）是 x 和 y 轴的平面映射，图 6-5（d）是 x、y 和 z 轴的三维映射。

3．复合离散混沌系统

式（6-4）是一个具有良好随机统计特性的复合离散混沌动力系统，这个混沌系统由两个方程组成，因此称其为复合系统。其定义如下：

$$\begin{aligned} f_0(x) &= \begin{cases} 1 - \sqrt{1-2x} &, 0 \leqslant x < 1/2 \\ \sqrt{2x-1} &, 1/2 \leqslant x \leqslant 1 \end{cases} \\[3mm] f_1(x) &= \begin{cases} \sqrt{1-2x} &, 0 \leqslant x < 1/2 \\ 1 - \sqrt{2x-1} &, 1/2 \leqslant x \leqslant 1 \end{cases} \end{aligned} \tag{6-4}$$

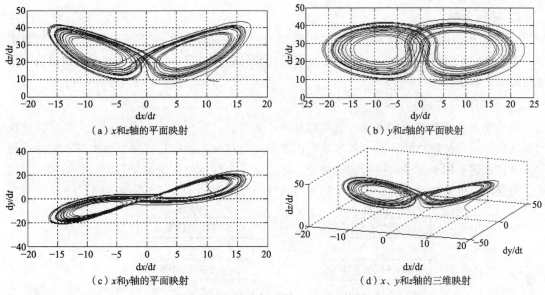

（a）x 和 z 轴的平面映射　　　　　　　　（b）y 和 z 轴的平面映射

（c）x 和 y 轴的平面映射　　　　　　　　（d）x、y 和 z 轴的三维映射

图 6-5　不同坐标下的 Lorenz 映射

复合迭代系统保持了所有子迭系统的混沌特性，比单个的子系统的行为要复杂得多。

定理 6-1： $x_i = f_q(x_{i-1})$ 是混沌迭代系统，且不变分布函数均为 $\rho(x) = 1$，从而对任意的复合序列 R，(f_0, f_1, R) 具有均匀的不变分布。

首先定义算子 T_j：$[0, 1] \rightarrow \{0, 1\}$ 为 $T_j(x) = \left[2^j x\right] \bmod 2$，用于将由离散混沌动力系统得到的迭代序列 $\{x_i\}$ 转化为二进制序列 $\{s_i^j\}$。当 $x \neq \dfrac{3}{5}、\dfrac{5}{8}$ 时，$T_j(f_0(x)) + T_j(f_1(x)) = 1$ 成立，从而由复合系统的迭代轨迹在用算子 T_j 生成的二进制序列有良好的性质。

定理 6-2： 设明文序列为 $M = m_1 m_2 \cdots m_L$，$E(x_0, M) = c_1 \cdots c_L$，记 $\alpha(M, x_0, n) = \dfrac{1}{n}\#\{i : c_i = m_i, i \leqslant n\}$，则有 $\lim\limits_{n \to \infty} \alpha(M, x_0, n) = \dfrac{1}{2}$。而且在概率测度意义下，$P(m_i = c_i) = P(m_i \neq c_i) = \dfrac{1}{2}$。

定理说明，在加密时明文序列的每位都以 0.5 的概率发生改变或保持不变，也就是说，与明文相比，密文序列中大约有一半的位发生改变，这使密文 C 与明文 M 的相关度很小，而且随着长度增加还趋于 0，同时还可以保证密文序列中 0 和 1 的分布大体均匀，这使得算法可以有效地抵御统计分析。

 # 6.2　混沌系统应用

混沌密码实际上是一种序列密码。

6.2.1　案例应用：基于混沌的文件加密

1．案例描述

采用序列密码加密方法实现文件加密，要求：密钥的产生不依赖额外的硬件，速度快，简单实用，安全可靠。

视频 6.2

2．案例分析

A5/1 算法能产生序列密码的密钥，但是要用到线性移位寄存器等物理硬件。本案例要求中，不允许使用额外的硬件，这样一来只能采用软件的方式产生密钥。此时，混沌函数产生密钥能满足要求。

3．案例解决方案

混沌序列密码系统的加密端和解密端是两个独立的、完全相同的混沌系统。明文信息在加密端加密后直接发往解密端，解密端可以在明文信息全部接收后再解密，也可以利用线程同步等技术建立同步关系后进行实时解密。方法的安全性依赖于混沌信号的超长周期、类随机性和混沌系统对初始状态、系统参数的敏感性。基于混沌的文件加密模型如图 6-6 所示。

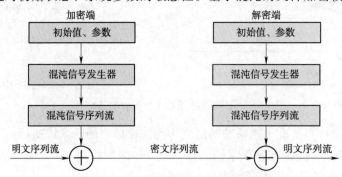

图 6-6　基于混沌的文件加密模型

文件加密算法如下：

文件加密常用的是异或（$\oplus$）运算。设 $M=m_0m_1m_2...m_n$ 为明文，$C=c_0c_1c_2...c_n$ 为密文，$B=b_0b_1b_2...b_n$ 为由混沌序列产生的序列密码。

加密过程是：对 $i=0, 1, 2, ..., n$，计算 $c_i=m_i \oplus b_i$，得密文 C。

解密过程与加密过程类似：对 $i=0, 1, 2,..., n$，计算 $m_i=c_i \oplus b_i$，得明文 M。

混沌序列密码加密方法灵活多变，可以充分利用混沌信号的特性构造复杂的加密函数。加密时，将混沌系统产生的类似于噪声的混沌信号序列经过特殊的量化与明文序列按位异或后作为密文序列。在接收端，用相同的混沌系统产生相同的混沌信号序列与密文序列按位异或便可恢复出明文序列。

要产生序列密码，就需要对混沌方程进行二值量化。这里对式（6-1）产生的混沌序列进行量化，生成二值序列 $\{b_1, b_2, \cdots, b_m\}$。

$$b_i = \begin{cases} 0 & ,x_i \leq 0.5 \\ 1 & ,x_i > 0.5 \end{cases} \qquad 1 \leq i \leq m$$

二值量化时，要选取一个阈值，一般情况下，阈值取中间值即可。

考虑到迭代初期生成的混沌序列随机性较差，不适合用作序列密码，可将前面的一些迭代值丢掉不要，取从某一位开始的二值序列。这是一种最简单的数值量化方法。

4．案例总结

本案例实现的文件加密方式，利用这种简单的数值量化方法，并从中间的某一个值开始，实现容易、实用性好、速度快、安全程度高，且不需要额外的硬件，是实验和应用不错的选择。

6.2.2　Lorenz 混沌系统的高效数值量化

利用 Lorenz 混沌系统的复杂性进行高效的数值量化，可为需要随机数及遍历的领域提供方便的实现途径。

1. 利用 Lorenz 构造二值序列的优点

根据式（6-3）的 Lorenz 模型，可知它属于高维混沌系统，这种系统结构较为复杂，有多个系统变量以及多个系统参数，系统变量的时间序列相对于低维系统更加无规律，不可预测。应用高维 Lorenz 方程构造序列的优点如下：

① 可对三个系统变量进行处理产生序列。产生序列的原始混沌浮点数序列可以是一个、两个或三个变量的函数值。这样的序列设计灵活、有更大的设计空间。同时为提高安全性、改善有限精度造成的短周期效应提供了解决的可能性。

② 能提供大量密钥空间。Lorenz 方程具有较多的系统变量与系统参数，这些都可以用来作为序列系统的种子密钥。算法的密钥空间大大高于使用低维混沌方程构造的序列。

混沌信号（二进制序列）的产生分两步。首先，应用四阶 Runge-Kutta 法对 Lorenz 系统进行数值积分，步长为 0.01，得到随机性良好的数值序列 $x_i(n)$（i=1, 2, 3），n 为数值积分算法的循环次数。然后，用一个量化算法对得到的连续数值序列 $x_i(n)$ 进行处理，产生二进制序列，作为混沌信号。量化处理是一个不可逆过程，序列中不显含混沌系统的信息，因此利用混沌时间序列进行分析的攻击方法失效。

2. 利用 Lorenz 构造二值序列的缺点及对策

虽然高维混沌方程的结构相对于低维方程更复杂，但 Lorenz 方程同其他高维混沌方程一样具有自身的缺点，这些缺点使其不能直接应用于序列的产生。它们的缺点及克服这些缺点的对策如下：

① 高维混沌方程变量在均值两侧的跳变较缓慢，对其直接通过量化产生的 0-1 序列中会出现大量长游程的子序列。对策：提出对变量进行预处理的方法，得到了自相关特性良好的输出序列。

② 高维混沌方程对初始状态的微小变化反应较为缓慢。这个较长的演化过程严重影响了系统的实用性与安全性。对策：利用系统变量反馈微扰方法来加快不相干进程的演化。

③ 高维系统结构的复杂性导致了用数值方法以数字方式实现的复杂性，相应影响到运行速度。对策：设计一种通过均分区间一次迭代生成多位二进制信号的方法。

6.2.3　混沌序列密码对图像加密

随着人们对混沌系统的深入研究，利用混沌序列加密图像的方法将会越来越多。基于混沌的二维水印图像加密就是利用混沌模型对图像进行某种变换，使得变换后的图像与原始图像存在视觉差异，从而实现图像加密。这里的视觉差异可以是颜色、亮度或轮廓等定性或定量的差异。按照变换的方式，混沌加密可分为像素值变换和像素坐标变换两种方法。像素值变换是将混沌序列与图像的像素直接进行某种相关运算，由于混沌序列具有伪随机性，使得变换后的图像亦表现出伪随机性，从而实现图像加密。像素坐标变换的实现相对复杂，它是利用二维混沌映射，将图像中的每个像素的原始坐标 (x, y) 映射到新坐标 (x', y')，从而得到加密图像。图像解密则要利用混沌映射的逆映射将新坐标 (x', y') 映射到原始坐标 (x, y)。

6.2.4 混沌同步构造非对称数字水印

混沌同步隶属于混沌控制问题，指对于从不同初始条件出发的两个混沌系统，随着时间的推移，它们的轨线逐渐一致。目前应用在保密通信中的同步方案主要有驱动响应同步、耦合同步、反馈微扰同步、自适应同步、噪声同步等，大部分混沌系统的同步化方法都属于驱动响应类型。非对称数字水印指水印检测过程所需要知道的密钥（信息）与嵌入过程所使用的密钥（信息）不同或只有一部分相同。我们可以利用混沌同步理论来构造非对称数字水印，采用驱动子系统构造水印嵌入器，响应子系统构造水印检测器。将混沌同步理论应用于非对称数字水印的构造是混沌在数字水印技术应用中的一种新的尝试。

视频 6.3

 *6.3　量子加密密码体系

加密和破解加密是互相促进的。每一次技术的变革都是以加密开始，以破解加密结束。传统的加密技术已经显露出一些力不从心的迹象，发展新的加密技术迫在眉睫。此时，量子密码学应运而生。

量子信息学是物理学的重要分支，在微观世界里，不论两个粒子间距离多远，一个粒子的变化都会影响另一个粒子，该现象称作量子纠缠，爱因斯坦称其为"诡异的互动"。根据这一特性，科学家们认为它是不会被黑客攻击的绝对安全的密码。20 世纪 90 年代以来，越来越多的科学家醉心于量子密码的研究，他们力图用量子密码作为量子计算机和量子保密系统的基础。

量子计算与量子密码是基于量子效应的计算技术和密码技术。班奈特（Bennett）和同事斯莫林（John A.Smolin）以及布拉萨（Gilles Brassard）根据量子力学的原理提出了第一个量子密钥分发协议，开启了量子密码学的研究，此后相继在量子加密、量子签名等领域进行了大量研究。

6.3.1 量子密码的提出

密码学的基本思想是对所传输的信息做某种干扰，达到只有合法用户才能从中恢复原来信息的目的。它的基本原理是传送方和接收方共同掌握一组比特序列，即"密钥"。密钥的作用是对传输文件进行加密和对接收的文件进行解密。密钥的保密性非常重要，它的重复使用和长期保存，必然导致安全性降低。

理论上唯一可以确保不被破译的密码体制是所谓的一次一密乱码本。不过它要求其密钥和传输文件一样长，而且每个密钥只能使用一次。它要求双方共享与传输文件同样长的密钥，所以在常规的使用中是不现实的。于是，人们致力于寻找这样一种加密体制：

① 密钥在公开信道中传输而不必担心是否被窃听。

② 可以通过检验密钥来了解该密钥在传输过程中是否被窃听了。

这样一种加密体制的优越性是显而易见的。幸运的是，量子密钥分发体制正是这样一种体制。虽然现在还没有进入广泛的实用阶段，可是它成为实用的保密通信手段已经没有原则问题。

迄今为止，量子密码可以抵抗任何破译技术和计算工具的攻击，原因在于它的保密性由物理定律来保证。与现在基于数学的加密方式相反，由量子加密技术所形成的密码在理论上是不能被破解的，而且任何对加密数据的侦听企图都会被发觉，因而保证了加密的可靠性。然而，量子加密技术并不是一个新概念，它的基本原理在 20 世纪 70 年代早期就被发现了，与公钥加密方法同期出现，但是直到十几年以后，人们才发现了其真正的使用价值。

量子密码就是用量子状态作为信息加密和解密技术的密钥。与当前普遍使用的以数学为基础的密码体系相比，量子密码通过量子信号来实现，由自然规律来保证其安全性。根据量子纠缠原理，光子被分离之后，即使相距十分遥远，也是相互联结的。只要测量出一个被纠缠光子的属性，就很容易推断出其他光子的属性。而这些相互纠缠的光子产生的密码，只有通过特定的发送器和接收器才能阅读。

更重要的是，这些光子之间的诡异的互动是独一无二的，只要有人非法破译这些密码，就不可避免地要扰乱光子的性质，而且，异动的光子会像警铃一样显示出入侵者的踪迹。量子密码术打破了传统加密方法的束缚，量子状态的密钥具有不可复制性，可以说是绝对安全的。任何截获或测试量子密钥的操作，都会改变量子状态。因此，当一个无权知道某种信息的人想要窃取信息时，就很容易被发现。这样截获者得到的只是无意义的信息，而信息的合法接收者也可以从量子态的改变，知道密钥曾被截取过。

量子密码有两种发展趋势：一种是使用口令，另一种是使用纠缠态。虽然使用纠缠态的量子密码是未来发展的方向，不过要充分实现还需要较长的时间。

6.3.2　量子物理学基础

与其他密码方式不同，量子密码学是建立在物理学基础之上，而不是数学基础之上的，它利用我们所知的光粒子的运动。光粒子又称光子，它们在空间中定向运动。光子在运动时伴随着各个方向的振动。尽管光子可以在 0°～360° 的任何方向上定向运动，但是为了密码学的需要，可以假设只有四个定向方向。可以把这四个定向方向用四个符号表示为：↔、↕、↗和↘。通常能够以很高的确定性区分↔和↕的光子，但是，↗和↘的光子有时候看起来很像↔和↕。类似地，区别↗和↘的光子是可能的，但是有时↔和↕可能被理解成↗和↘。幸运的是，这些缺点对密码算法是不重要的。

极化过滤器（Polarizing Filter）是接收所有光子作为输入，但是只产生某些类型的光子作为输出的装置或程序。光子过滤器分为两种类型：+ 和 ×。+ 过滤器可以正确地区分↔和↕光子，但是有 50% 的可能性把↗和↘误记成↔和↕光子。相反地，× 过滤器可以正确地区分↗和↘光子，但是也可以接受一半的↔和↕光子。可以把一个 + 过滤器想象成一个狭窄的水平狭缝，↔光子可以轻易通过它，而↕光子总会被阻塞掉。有时（也许是一半的时间），↗和↘光子也能通过某种程度的振动"偷偷溜过"狭缝。

6.3.3　量子密码学

量子密码（Quantum Cryptography）算法是非常低效的，因为有超过传送数量两倍的比特没有被使用。幸运的是，传输的比特是光子，而光子是非常容易获得的。

假设发送者 Sam 产生了一个光子序列并记下了它们的方向。Sam 和接收者 Ruth 约定↔和↗表示 0，↕和↘表示 1，这样的一个序列如图 6-7 所示。

图 6-7　光子传输序列

现在，Ruth 随机使用一个极化过滤器 + 和 × 记录下结果。记住，+ 过滤器能够准确区分↔光子和↕光子，但是有时也把╱光子和╲光子误认为↔。所以，Ruth 不知道所测量得到的结果是否就是 Sam 发送的。Ruth 对过滤器的选择以及得到的结果如图 6-8 所示。

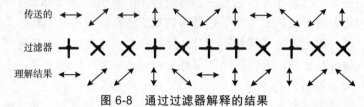

图 6-8　通过过滤器解释的结果

结果一部分是正确的，一部分是不正确的，这取决于 Ruth 选择的过滤器。现在 Ruth 将其使用过的过滤器类型发送给 Sam，如图 6-9 所示。

图 6-9　使用的过滤器

Sam 告诉 Ruth 她使用的过滤器哪些是正确的，如图 6-10 所示。据此 Ruth 可以判断得到的结果中哪些是正确的，如图 6-11 所示。在这个例子里，Ruth 选择的 10 个过滤器中刚好有6 个是正确的，稍高于期望值，这样传输的 10 个光子中有 6 个被正确接收。由于↔和╱表示0，↕和╲表示 1，Ruth 可以把光子转换成数据位，如图 6-11 所示。一般来说，传输的光子只有一半能被正确接收，于是这种通信信道的带宽只有一半携带的是有意义的数据。

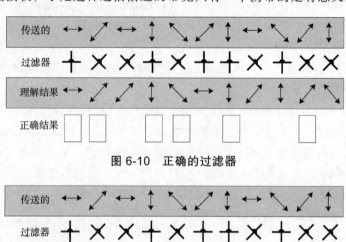

图 6-10　正确的过滤器

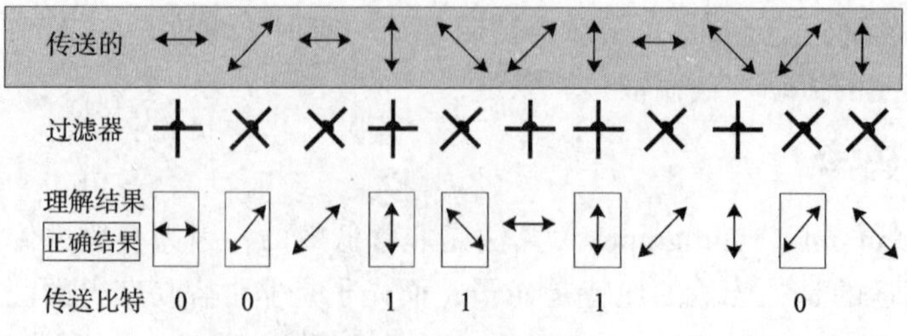

图 6-11　正确的结果

　　注意：Ruth 可以告诉 Sam 她使用了哪些过滤器，Sam 可以告诉 Ruth 其中哪些能产生正确的结果，而这些都不会泄露实际传输比特的任何信息。以这种方式，Sam 和 Ruth 可以谈论他们的传输内容，而窃听者不会知道他们实际上传输的是什么。

6.3.4　量子密码的安全性分析

　　当前，量子密码研究的核心内容，是如何利用量子技术在量子通道上安全可靠地分配密钥。所谓"密钥"，在传统的密码术中就是指只有通信双方掌握的随机数字串。

　　量子密钥分配，其安全性由"海森堡测不准原理"及"单量子不可复制定理"保证。"海森堡测不准原理"是量子力学的基本原理，它说明了观察者无法同时准确地测量待测物的"位置"与"动量"。因为这个原则，当测定一个粒子的任何性质时，就已经对其他性质产生了影响。例如，对光子方向的测量会对光子产生影响。一个水平狭缝过滤器阻塞掉所有↕的光子和一半↗和↘的光子，所以它影响了通过它的光子。发送者知道他发送的内容，接收者知道接收到的内容，但是窃听者将会明显改变光子流，于是发送者和接收者便可以很容易地判定是否有人在窃听。

　　"单量子不可复制定理"是"海森堡测不准原理"的推论，它指在不知道量子状态的情况下复制单个量子是不可能的，因为要复制单个量子就只能进行测量，而测量必然改变量子的状态。根据这两个原理，即使量子密码不幸被黑客窃取，因为测量过程中会改变量子状态，黑客得到的也是毫无意义的数据。

　　可以这样描绘科学家们关于"量子密码"的设想：由电磁能产生的量子（如光子）可以充当为密码解码的一次性使用的"钥匙"。每个量子代表 1 位含量的信息，量子的极化方式（波的运动方向）代表数字化信息的数码。量子一般能以四种方式极化，水平的和垂直的，而且互为一组；两条对角线的，也是互为一组。这样，每发送出一串量子，就代表一组数字化信息。而每次只送出一个量子，就可以有效地排除黑客窃取更多的解密"钥匙"的可能性。

　　量子密码最重要的性质是没有人能在不影响通信的情况下对通信进行窃听。通过一小段简单的错误检测编码，发送者和接收者可以很容易地判定是否有人在窃听通信。假如，现在有一个窃密黑客开始向"量子密码"动手了，可以看到这样一场有趣的游戏：窃密黑客必须先用接收设施从发射出的一连串量子中"吸"去一个量子。这时，发射密码的一方就会发现发射出的量子流出现了空格。于是，窃密黑客为了填补这个空格，不得不再发射一个量子。但是，由于"量子密码"是利用量子的极化方式编排的，根据量子力学原理，同时检测出量子的四种极化方式是完全不可能的，窃密黑客不得不根据自己的猜测随便填补一个量子，这个量子由于极化方式的不同很快就会被发现。

˙6.4　量子密码的研究与应用

视频 6.4

　　1994 年，Shor 利用量子 Fourior 变换，设计了第一个实用的量子算法，在多项式时间内对大整数进行因子分解. 1996 年，Grover 提出了量子搜索算法，能够对无结构数据进行二次加速. Shor 算法和 Grover 算法的提出不仅体现了量子计算的优越性，还对传统基于数学困难问题的密码学体制造成威胁。经过半个世纪的发展，量子计算与量子密码在理论与实践的研究上都取得了丰硕的成果。我国在量子及量子密码的研究和应用方面，都走在了世界的前列。量子密码在信息安全领域可进行多方面的应用，包括量子随机数发生器、量子密钥分配、量子密钥验证、量子身份认证等。

6.4.1 量子密码的研究前沿

基于量子力学原理，量子密码有着先天的优势。从理论上讲，量子密码学有着无条件安全性的特点，这是信息安全领域理想的目标之一；然而在实际应用时，由于设备缺陷、噪声影响等因素，还存在许多安全问题，需要人们从理论和实践两个层面去解决。此外，在效率、易用性、健壮性等方面也存在诸多问题有待解决。在量子密码安全方案设计方面，同经典密码一样，由于很难穷举所有攻击方式，仅进行启发式分析是远远不够的，必须考虑可证安全理论。量子力学有其独特的机制，如量子纠缠、未知量子态不可克隆等，利用这些特有的机制设计与经典密码中没有显式对应的安全应用，也是一个重要的方向。同量子计算一样，由于受经典思维方式的影响，这一方面的工作也面临重要挑战。

中科院院士潘建伟，被称为量子力学之父，他是第一个拿下菲涅尔奖的中国人。他于 2001 年在中科大组建了量子物理与量子信息实验室。多年来，他的团队硕果累累，有些成果在全世界都是开创性的。2008 年，他的科研团队成功组建了世界上第一个三节点链状光量子电话网；2009 年，他的团队建成了世界上第一个全通型量子通信网络原型。

2016 年，在潘建伟和陆朝阳的带领下，我国发射了世界上第一颗量子科学试验卫星"墨子号"，打破了量子隐形传态的记录，将一个光子的量子态传输到一个距地面 1 400 km 的轨道卫星的光子上。并且，利用这颗卫星向北京和维也纳发射了光子，用来产生量子加密密钥，使这些城市的团队能够以完全安全的方式进行视频聊天。"墨子号"量子卫星发射成功，此次升空的第一要务，是借助科学卫星进行星地量子密钥分发（Quantum Key Distribution，QKD）。除此之外，"墨子号"还进行了多个量子力学实验，其中包括进行量子力学完备性检验、量子远程传态，以及广域量子纠缠分发等实验研究。"墨子号"的发射成功是向建设广域量子保密通信网络迈出的重要一步。根据《自然》杂志刊登的文章，潘建伟所带领的团队于新疆南山站和青海省德令哈站之间进行了科学实验。为了提高量子密码链路的效率，试验人员改进了卫星和地面站目标的获取、定向和跟踪系统；研究人员还提高了地面透镜和其他仪器的数据收放效率和容量。实验结果是，量子密钥以 0.12 bit/s 的最终编码速率得以构建。在实验过程中，研究人员还采用不同方式对运行中的系统进行攻击测试，测试结果表明系统非常安全。此外，超过一千公里量子密钥分配的设计，使得纠缠的来源问题不再威胁到通信安全，因为只要通信双方能够检测到量子纠缠，就仍然可以生成安全密钥，实现"无中继量子分布"，这一突破也解决了先前在"墨子号"卫星上出现的隐忧。

2020 年 12 月 4 日，潘建伟和陆朝阳带领的团队，构建的一套光量子计算系统，取得重要突破，成果登上国际顶尖期刊《科学》，其求解速度达到目前全球最快超级计算机的一百万亿倍。

量子技术成为极其重要的"高地"，假如战争爆发，普通卫星一旦被挟持、窃密，国家的信息安全网将毁于一旦。但量子卫星、量子技术却可以杜绝间谍窃听和破解。

潘建伟团队的研究未来将为实现二十大报告中提到的网络强国，提供技术保障。

2020 年，欧美纷纷在量子领域开始发力，美国之后，俄罗斯宣布成立国家量子实验室；

欧洲 14 个机构联合开发了欧洲第一台云量子计算机，法国宣布启动量子生态系统的创建，英国宣布将用量子密钥构建安全网络。日本正准备实施全球量子密码通信网络研究项目。

6.4.2　量子密码的应用领域

1．量子随机数发生器

真正的随机数发生器是不确定的，即作为旁观者，永远无法猜测到设备的输出。第 2 章中的 A5 算法，以及本章探讨的利用混沌产生的随机数，从理论上讲都不是真正的随机。各类物理随机源中，基于量子力学随机性的随机数发生器可以产生理论上完全随机的随机数序列。基于量子力学原理，人们开发了多种量子随机数发生器。其中一种常用的方法就是利用放射性衰变事例的随机性。在这种发生器中使用电子 Geiser 计数器，每次检测到放射性衰变时，就会生成一个脉冲。衰变之间的时间间隔是一个纯粹的随机部分。尤其是没有人可以预测到下一次衰变的时间大于还是小于自上次衰变以来的时间，从而产生了随机信息。

2．量子密钥分配

量子保密通信区别于经典保密通信的本质特征，在于通信双方通过单个量子态传输构成的量子信息通道实现密钥分配。量子密码通信系统能够保证合法的通信双方可觉察潜在的窃听者并采取相应的措施，使窃听者无法破解量子密码，无论破译者有多么强大的计算能力。同时，量子密码通信不是用来传送密文或明文，而是用来建立和传送密码本。这个密码本是绝对安全的，因为量子力学的基本原理：量子不可复制原理和测不准原理从原理上保证了密码体系的绝对安全性。量子密码的安全性理论基础是量子信息理论和量子计算的复杂性理论。

3．量子密钥管理

密钥管理包括密钥的产生、分发、存储、验证、删除等，它是经典密码学中最困难的问题。由于密钥管理困难，使得无条件安全的一次一密算法难以实现。量子密码学解决了这一问题，为密钥管理提供了可证明安全的方法。

4．量子身份认证

目前量子认证主要包括量子身份认证、量子信道认证和量子消息认证三个方面。在量子密钥的验证问题、量子身份认证、量子签名、量子消息确认等方面都进行了一些研究。

小　　结

本章首先介绍了混沌的定义和特征，给出一个混沌加密的模型。接着，基于 Lorenz 方程构建了一个混沌系统，并提出它的一种量化过程的高效方法，然后对它做了较详细的分析。最后，简要地介绍了量子密码及其目前的研究和应用水平。当前最常用的加密技术是用复杂的数学算法来改变原始信息，但存在被破译的可能，并非绝对可靠。而量子密码利用量子状态来作为信息加密和解密的密钥，任何想测算和破译密钥的人，都会因改变量子状态而得到无意义的信息，而信息合法接收者也可以从量子态的改变而知道密钥曾被截获过。全光网络将是今后网络的发展趋势，利用量子技术实现的密码体制，可以在光纤线路级别完成密钥交换和信息加密。

习　题

1. 什么是混沌？它的特征是什么？
2. 混沌的哪些特性使得它适合于加密？
3. 用 Logistic 混沌模型编程实现文件加密。
4. 量子密码的最基本特征是什么？
5. 解释海森堡测不准原理。
6. 用什么方法可以产生理论上真正的随机数？

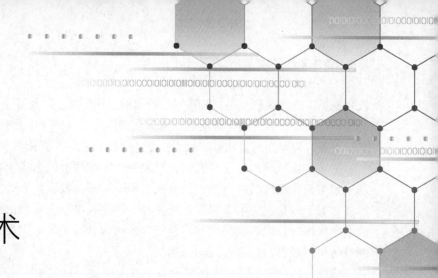

第 7 章
信息隐藏技术

学习目标：

- 掌握信息隐藏的基本概念；
- 理解数字水印基本原理；
- 了解基于混沌的小波数字水印。

关键术语：

- Digital Watermarking（数字水印）；
- Steganography（隐写术）；
- Least Significant Bit，LSB（最低有效位）；
- Signal-To-Noise Ratio（信噪比，SNR）；
- Peak Signal-To-Noise Ratio（峰值信噪比，PSNR）；
- Fingerprint（指纹）。

信息隐藏就像隐身人，也像一首藏头诗，更像宇宙中不发光的黑洞，但只要存在的事物就会留下蛛丝马迹。

利用本书前面讨论的各种密码系统将机密信息加密，加密后的信息将变为不可识别的乱码，但这也提醒攻击者：这是机密信息。如何隐藏机密信息的存在是本章将要讨论的问题。当前，数字音频和视频应用非常广泛，对其进行不限次数的完全保真复制异常简单，可利用数字水印保护数字产品的版权问题。

7.1　信息隐藏技术概述

视频 7.1

7.1.1　信息隐藏产生的背景

采用传统密码学理论开发出来的加解密系统，不管是对称密钥系统（如 DES）还是公开密钥系统（如 RSA），对于机密文件的处理都是将其加密成密文，使得非法拦截者无法从中获取机密信息，达到保密的目的。但是这种加密方法有一个致命的缺点，那就是它明确地提示攻击者哪些是重要信息，容易引起攻击者的注意，由此带来被破解的可能。除此之外，攻击者还可以在破译失败的情况下将信息破坏，使得合法的接收者也无法接收信息。采用加密技术的另一个潜在缺点是，随着硬件技术的迅速发展，以及基于网络实现的具有并行计算能力的破解技术的日益成熟，传统的加密算法的安全性受到了严重挑战。1997 年，DES 被破译就是一个很有说服力的实例。仅仅通过增加密钥长度来增强安全性已不再是唯一的可行方法。

随着多媒体技术和互联网的迅猛发展，互联网上的数字媒体应用正在呈爆炸式的增长，越来越多的知识产品以电子版的方式在网上传播。数字信号处理和网络传输技术可以对数字媒体（数字声音、文本、图像、视频等）的原版进行无限制的编辑、修改、复制和传播，造成数字媒体的知识产权保护和信息安全的问题日益突出。因此，如何防止知识产品被非法复制及传播，是目前急需解决的问题。

传统的信息安全技术无法解决以上这些问题。1992 年，一种关于信息安全的新概念——信息隐藏被提出，即将关键信息秘密地隐藏于一般的载体中（图像、声音、视频或一般的文档），或发行或通过网络传递。由于非法拦截者从网络上拦截的伪装后的关键信息，并不像传统加密过的文件一样，看起来是一堆会激发非法拦截者破解关键信息的乱码，而是和其他非关键性信息无异的明文信息，因而十分容易逃过非法拦截者的破解。这一点是传统加解密系统所欠缺的，也是信息隐藏的基本思想。信息隐藏的首要目标是隐藏性好，也就是使加入隐藏信息后的媒体的质量降低尽可能小，使人无法看到或听到隐藏的数据，达到令人难以察觉的目的。

信息隐藏不同于传统的加密，其目的不在于限制正常的数据存取，而在于保证隐藏数据不被侵犯和重视。信息隐藏必须考虑隐藏的信息在经历各种环境、操作之后免遭破坏的能力。在载体传递过程中，秘密信息若是在非法拦截者破解的过程中消失，则机密信息的传递是失败的、无效的，必须重新传递。一般的多媒体形式的文件，其信息量都非常大，为了节省传递时间，在传递之前都会先将传递的数据进行压缩处理。因此，信息隐藏也必须考虑这种来自非恶意操作造成的威胁，使机密数据对正常的有损压缩技术具有免疫能力。这种免疫能力的关键是要使隐藏信息部分不易被有损压缩破坏，也不易被通常的信号变换操作所破坏。可见，隐藏的数据量与隐藏的免疫力始终是一对矛盾，目前还不存在一种完全满足这两种要求的隐藏方法。通常只能根据需求的不同有所侧重，使一方得以较好的满足。

信息隐藏技术和传统密码技术的区别在于：密码仅仅隐藏了信息的内容；而信息隐藏不但隐藏了信息的内容，而且隐藏了信息的存在。信息隐藏技术提供了一种有别于加密的安全模式。在这一过程中的载体信息的作用实际上包括两个方面：一是提供传递信息的信道；二是为隐藏信息的传递提供伪装。

随着数字技术和网络技术的迅速发展，人们越来越多地采用多媒体信息进行交流。但各种多媒体信息以数字形式存在，制作其完美副本变得非常容易，从而可能会导致盗版、伪造和篡改等问题。数字水印（Digital Watermarking）是一种数字产品版权保护技术，目的是鉴别出非法复制和盗用的数字产品。作为信息隐藏技术研究领域的重要分支，数字水印一经提出就迅速地成为多媒体信息安全研究领域的一个热点问题，出现了许多数字水印方案，也有许多公司已推出了数字水印产品。

7.1.2 信息隐藏的基本原理

信息隐藏是集多门学科理论技术于一身的新兴技术领域，它利用人类感觉器官对数字信号的感觉冗余，将一个消息隐藏在另一个消息中。由于隐藏后外部表现的只是遮掩消息的外部特征，故并不改变遮掩消息的基本特征和使用价值，所以用信息隐藏的方法和用密码加密的方法进行保密通信各有优势。

信息隐藏学是一门有趣、古老的学问，从中国古代文人的藏头诗，到现在的隐蔽信道通信，信息隐藏学都在发挥作用。今天，数字化技术、计算机技术和多媒体技术的飞速发展，又为信息隐藏学赋予了新的生命，为信息隐藏技术的应用和信息隐藏科学的发展开辟了崭新的领域。因此，数字信息隐藏技术已成为信息科学领域研究的一个热点。被隐藏的秘密信息可以是文字、密码、图像、图形或声音，而作为宿主的公开信息可以是一般的文本文件、数字图像、数字视频和数字音频等。

信息隐藏系统的模型如图 7-1 所示。待隐藏的信息称为秘密信息（Secret Message），它可以是版权信息或秘密数据，也可以是一个序列号；而公开信息则称为宿主信息（Cover Message，也称载体信息），如视频、音频片段等。这种信息隐藏过程一般由密钥（Key）来控制，通过嵌入算法（Embedding Algorithm）将秘密信息隐藏于公开信息中，而隐蔽宿主（隐藏有秘密信息的公开信息）则通过通信信道（Communication Channel）传递，然后对方的检测器（Detector）利用密钥从隐蔽宿主中恢复/检测出秘密信息。

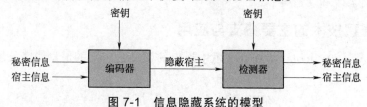

图 7-1 信息隐藏系统的模型

由此也可以看出，信息隐藏技术主要由下述两部分组成：

① 信息嵌入算法（编码器）：利用密钥来实现秘密信息的隐藏。

② 隐蔽信息检测/提取算法（检测器）：利用密钥从隐蔽宿主中检测/恢复出秘密信息。

在密钥未知的前提下，第三者很难从隐蔽宿主中得到或删除，甚至发现秘密信息。

7.1.3 信息隐藏系统的特征

信息隐藏不同于传统的加密，因为其目的不在于限制正常的数据存取，而在于保证隐藏数据不被侵犯和发现。根据目的和技术要求，一个信息隐藏系统的特征主要有：

1. 鲁棒性

鲁棒性（健壮性或顽健性）指不因宿主文件的某种改动而导致隐藏信息丢失的能力。这里的所谓"改动"包括传输过程中的信道噪声、滤波操作、重采样、有损编码压缩、D/A 转换、A/D 转换或人为攻击等。

2. 不可检测性

不可检测性指隐蔽宿主与原始宿主具有一致的特性，如具有一致的统计噪声分布，以便使非法拦截者无法判断是否藏有隐蔽信息。

3. 透明性

利用人类视觉系统或人类听觉系统的特性，经过一系列隐藏处理，使目标数据没有明显的降质现象，而隐藏的数据却无法人为地看见或听见。

4. 安全性

隐藏的信息内容应是安全的，最好经过某种加密后再隐藏，同时隐藏的具体位置也应是安全的，至少不会因格式变换而遭到破坏。

5．自恢复性

由于经过一些操作或变换后，可能会使原图产生较大的破坏。如果只从留下的片段数据就能恢复隐藏信息，而且恢复过程中不需要宿主信息，这就是所谓的自恢复性。这要求隐藏的数据必须具有某种自相似特性。

6．可纠错性

为了保证隐藏信息的完整性，使其在经过各种操作和变换后仍能很好地恢复，通常采取纠错编码方法。

需要指出的是，以上这些特征会根据信息隐藏的目的与应用而有不同的侧重。比如在隐写术中，最重要的是不可检测性和透明性，但鲁棒性就相对差一点；而用于版权保护的数字水印特别强调具有很强的对抗盗版者可能采取的恶意攻击的能力，即水印对各种有意的信号处理手段具有很强的鲁棒性；用于防伪的数字水印则非常强调水印的易碎性，以敏感地发现对数据文件的任何篡改和伪造等。

7.1.4 信息隐藏技术的主要分支与应用

按照 Fabien A. P. Petitcolas 等在其文献中提出的意见，广义的信息隐藏技术可以分为以下几类，如图 7-2 所示。

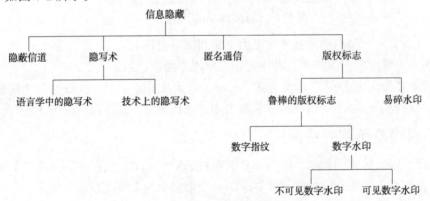

图 7-2 广义的信息隐藏技术分类

隐蔽信道是相对于公开信道来说的。广义地讲，隐蔽信道是在公开信道中建立起来的进行隐蔽通信的信道。该信道的存在仅为确定的收方所知，而信道上传递信息的目的不是信道拥有者传递信息的公开目的。隐蔽信道的使用总是伴随着公开信道的使用，从而避免隐蔽信道被发现。

隐写术（Steganography）是指将欲传递的真实信息隐藏于普通信息的技术，是信息隐藏学的一个重要分支。藏头诗就是隐写术的典型应用。

匿名通信就是寻找各种途径来隐藏通信消息的主体，即消息的发送者和接收者。这方面的例子包括电子邮件匿名中继器。根据谁被匿名（发送者、接收者，或两者），匿名通信又可分为几种不同的类型。Web 应用强调接收者的匿名性，而电子邮件用户更关心发送者的匿名性。

版权标志包括鲁棒的版权标志和易碎水印。鲁棒的版权标志包括数字指纹和数字水印。数字水印又分可见数字水印和不可见数字水印。可见数字水印最常见的例子是电视上的电视台标识（Logo），其主要目的在于明确标识版权，防止非法使用，虽然降低了资料的商业价值，却无损所有者的使用。而不可见数字水印将水印隐藏，视觉上不可见（严格来说应是用肉眼无法察觉），目的是将来起诉非法使用者，作为起诉的证据，保护原创造者和所有者的版权。不可见数字水印往往用在商用的高质量图像上，而且往往配合数据加密技术一同使用。

7.2　数字水印概述

视频 7.2

随着多媒体技术和计算机网络的飞速发展，数字产品的版权问题日益受到关注。数字水印技术正是适应这一要求发展起来的，数字水印是为了保护数字产品的版权，对数字产品加载所有者的水印信息，以便在产品的版权产生纠纷时作为证据。一般来说，数字水印技术要求较高，要求所加载的水印不仅有安全性，还要有很强的健壮性。

7.2.1　数字水印系统的基本框架

数字水印系统包含嵌入器和检测器两大部分。嵌入器至少具有两个输入量：一个是原始水印信息，它通过适当变换后作为待嵌入的水印信号（或称为密印）；另一个就是要在其中嵌入水印的载体作品。水印嵌入器的输出结果为含水印的载体作品，通常用于传输和转录。之后这件作品或另一件未经过这个嵌入器的作品可作为水印检测器的输入量。大多数检测器试图尽可能地判断出水印存在与否，若存在，则输出为所嵌入的水印信号。图 7-3 所示为数字水印处理系统基本框架。它可以定义为九元组（$M, X, W, K, G, Em, At, D, Ex$），分别定义如下：

① M 代表所有可能的原始水印信息集合。

② X 代表所要保护的数字产品 x（或称为作品）的集合，即内容。

③ W 代表所有可能水印信号（密印）w 的集合。

④ K 代表水印密钥 k 的集合。

⑤ G 代表利用原始水印信息 m、密钥 k 和原始数字产品 x 共同生成待嵌入水印的算法，即

$$G: M \times X \times K \rightarrow W, w=G(m,x,k)$$

需要说明的是，原始数字产品不一定参与水印的生成过程，因此图 7-3 中用虚线表示。

⑥ Em 表示将密印 w 嵌入数字产品 x 中的嵌入算法，即

$$Em: X \times W \rightarrow X, x^w=Em(x,w)$$

这里，x 代表原始产品，x^w 代表含水印产品。为了提高安全性，有时在嵌入算法中包含嵌入密钥。

⑦ At 表示对含水印产品 x^w 的攻击算法，即

$$At: X \times K \rightarrow X, \hat{x} = At(x^w,k)$$

这里，K' 表示攻击者伪造的密钥，$\hat{x}$ 表示被攻击后的含水印产品。

⑧ D 表示水印检测算法，即

$$D: X \times K \rightarrow \{0,1\}, \quad D(\hat{x},k)=\begin{cases} 1 & ，如果\hat{x}中存在w \quad (H_1) \\ 0 & ，若\hat{x}中不存在w \quad (H_0) \end{cases}$$

这里，H_1 和 H_0 代表二值假设，分别表示有无水印信息。

⑨ *Ex* 表示水印提取算法，即

$$Ex: X \times K \rightarrow W, \quad \hat{w} = Ex(\hat{x}, k)$$

这里，$\hat{w}$ 表示水印。

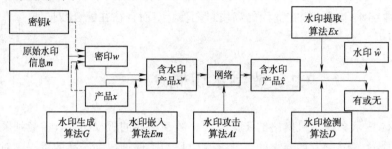

图 7-3　数字水印处理系统基本框架

7.2.2　数字水印的主要特征

数字水印技术作为信息隐藏技术的一个分支，除了应该具备信息隐藏技术的一般特点外，还有其固有的特征和研究方法。一般认为具有版权保护功能的数字水印应具有以下几个基本特征中的一些或全部：

① 不可见性（透明性）。不可见包含两方面的意思：一方面是指视觉上的不可见性；另一方面水印用统计方法是不能恢复的。

② 健壮性。健壮性指在经过常规信号处理操作及攻击后仍能够检测出水印的能力。常见的信号处理操作包括有损编码、信道噪声、滤波等；攻击有压缩、几何变形、加噪等图像处理操作及篡改水印、伪造水印、多重水印等恶意攻击。

③ 确定性。恢复出的水印或水印判决的结果应能充分可靠地证明所有者对数字产品的所有权，不会发生多重所有权的纠纷。

④ 安全性。水印的安全性与密码算法的安全性非常类似。水印嵌入的算法是公开的，安全性建立在密钥管理基础之上，所以密钥空间需要足够大，而且分布比较均匀。水印还应是统计上不可检测的，对于通过改变水印载体来消除和破坏水印的企图，水印应该持续存在直到数字产品丧失使用价值为止。另外，脆弱水印要能抵抗"伪认证"攻击。

⑤ 数据容量。数据容量是指在单位时间或一幅作品中能嵌入水印的比特数。嵌入的水印必须唯一地标识一个多媒体信息，这就要求嵌入的比特数满足一定的数量。

⑥ 计算复杂度。不同应用对水印嵌入和提取算法的计算复杂度有不同的要求。例如，数字指纹（Fingerprint）要求嵌入算法速度要快，而对检测算法则不需要很快；其他水印一般对嵌入的速度要求不高，但要求很快检测的速度。

其中，不可见性和健壮性是数字水印最基本的要求，又是相互矛盾的因素。如何在不可见性与健壮性之间取得平衡是数字水印研究的重点内容之一。

7.2.3　数字水印的分类

数字水印的分类方法有很多，分类的出发点不同导致了分类的不同，它们之间既有联系又有区别。根据水印的应用领域和应用目的的差异，可以把数字水印这样分类：

1. 可见数字水印和不可见数字水印

从人类视觉系统来看，按照数字水印在数字作品中是否可见分为可见数字水印和不可见数字水印。可见数字水印指水印在数字产品中可见。不可见数字水印指将水印信息嵌入到数字图像、音频或视频中，从表面上很难察觉到数字作品的变化。

2．脆弱水印、半脆弱水印和健壮水印

按稳健性来分，数字水印可分为脆弱水印、半脆弱水印和健壮水印。脆弱水印很容易被破坏，主要应用于数字产品的完整性检验；健壮水印则要求具有较好的稳健性，在受到恶意攻击后仍可检测出水印信息，该水印主要用于版权证明；半脆弱水印是介于脆弱水印与健壮水印之间的一种水印，它要求能够抵抗一定程度的数字信号处理操作，如 JPEG 压缩和 VQ 压缩等，比脆弱水印稍微健壮一些，是在一定程度上的完整性检验。

3．时/空域数字水印和频域数字水印

按数字水印的隐藏位置，可以将其划分为时/空域数字水印、频域数字水印。时/空域数字水印是直接在信号空间上叠加水印信息，这类水印算法一般较为简单，嵌入的信息量较大，但是稳健性较弱。频域数字水印是对被保护的原始载体先进行某种变换，如离散余弦变换（DCT）、离散小波变换（DWT）、离散傅里叶变换（DFT），通过修改变换域系数来达到嵌入水印的目的。这类水印算法一般较为复杂，但是往往具有较强的稳健性。

4．非盲水印和盲水印

在水印提取或检测过程中，如果需要原始数据来提取水印信息，称为非盲水印算法；如果不需要原始数据参与，可直接根据含水印的数据来提取水印信息，称为盲水印算法。

5．私有水印（秘密水印）和公开水印

只能被密钥持有人读取或检测的水印称为私有水印，可以被公众提取或检测的水印称为公开水印。私有水印主要用于保护数字产品所有人的版权利益，公开水印则用于版权信息的声明和预防侵权行为。一般来说，公开水印的安全性和稳健性比私有水印稍差。

6．对称水印和非对称水印

在水印检测过程所需要知道的密钥（信息）与嵌入过程所使用的密钥(信息)相同，这种水印（算法）称为对称水印（算法）；反之，在水印检测过程所需要知道的密钥（信息）与嵌入过程所使用的密钥（信息）不同或只有一部分相同，这种水印（算法）称为非对称水印（算法）。

另外，还可以按照数字水印的内容将其分为有意义水印和无意义水印；按水印所依附的载体分为图像水印、音频水印、视频水印和文本水印等。

7.2.4　数字水印的原理

在 7.2.1 节中提到数字水印系统包含嵌入器和检测器两大部分，其中，嵌入器将水印信息嵌入到载体作品中，检测器是从含水印的载体作品中检测出或提取出水印信息。下面将对水印信息的嵌入、检测或提取过程进行分析说明。

1．水印信息嵌入

从图像处理的角度看，嵌入水印可以视为在强背景（原图像）下叠加一个弱信号（水印）。由于人的视觉系统（HVS）分辨率受到一定的限制，只要叠加信号的幅度低于 HVS 的对比度门限，人眼就无法感觉到信号的存在。下面以数字图像为载体来说明水印的嵌入过程。

设载体图像为 I，水印信息为 W，密钥为 K，含水印的图像为 I^w，则水印嵌入过程可

用公式表示为：$I^w = F(I,W,K)$，式中 F 为所采用的嵌入算法。水印信息嵌入流程图如图 7-4 所示。

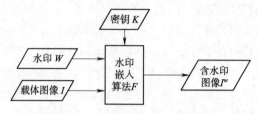

图 7-4　水印信息嵌入流程图

为了增强水印的安全性和不可见性，可以在水印嵌入前对其进行预处理，如对水印信息加密或对水印图像进行置乱等。

最常见的水印嵌入规则有加性嵌入规则和乘性嵌入规则，用公式分别表示如下：

加性嵌入规则：　　$x^w = x + \alpha w$。

乘性嵌入规则：　　$x^w = x \cdot (1 + \alpha w)$。

其中，$x^w = \{x_i^w, 0 \leqslant i < N\}$ 为含水印载体；$x = \{x_i, 0 \leqslant i < N\}$ 和 $w = \{w_i, 0 \leqslant i < N\}$ 分别为原始载体和水印；α 为嵌入因子，用来调整嵌入水印的不可见性和稳健性。为了保证不可见性，尽可能提高嵌入水印的强度，α 的选择必须考虑图像的性质和人类视觉系统的特性（HVS）。加性嵌入规则与乘性嵌入规则都适用于空域及变换域。由于乘性规则在空域中应用引起的改动较大，因此在空域中利用乘性规则的算法较少。

2．水印信息检测

水印的检测可看成一个有噪信道中弱信号的检测问题，它一般包含水印提取和水印的判定两部分。水印判决通常是用相关性检测来实现的，选择一个相关性判别标准，计算提取出的水印与指定水印的相关值。如果相关值足够高，则可以基本判定被检测数据含有指定的水印。根据检测过程中是否需要原始载体的参与，可以把水印检测分为需要原始载体参与的非盲检测和不需要原始载体参与的盲检测。水印的盲提取一般需要设置一个阈值，由含水印数据与阈值进行比较得到水印信息。水印的非盲提取过程一般是水印嵌入过程的逆过程。常见的两种嵌入规则相应的水印提取公式如下：

加性嵌入规则下的提取：　　$w' = (x^w - x) / \alpha$。

乘性嵌入规则下的提取：　　$w' = (x^w / x - 1) / \alpha$。

图 7-5 所示为以数字图像作为原始载体的水印检测流程图，图中的虚框部分表示在水印检测过程中，原始载体不是必需的，如水印的盲检测就不需要原始载体参与。

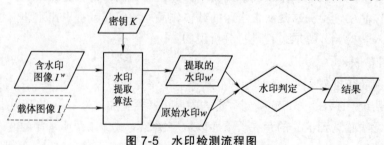

图 7-5　水印检测流程图

7.2.5 数字图像水印的典型算法

根据所基于的域不同，数字水印技术主要分为时/空域算法、变换域算法和压缩域算法三大类。时空域算法将水印信息直接嵌入到音频时域采样、图像空间像素和视频数据等原始数据中，即在媒体信号的时间域或空间域上实现水印嵌入。变换域算法将水印信息嵌入到音频、图像、视频、三维目标等原始载体的变换域系数中。压缩域算法广义上是指充分考虑 JPEG、MPEG 和 VQ 技术的结构和特性，将水印嵌入到压缩过程的各种变量值域中，以提高对相应压缩技术标准攻击的稳健性为目标的嵌入算法。下面以数字图像数据为例介绍三大类算法中的几种典型算法。

1. 时空域算法

早期人们对数字水印的研究基本上是基于时空域的，算法相对简单，实时性较强，但在稳健性上不如变换域算法和压缩域算法。以下是几种常见的时空域算法。

（1）最低有效位方法

最低有效位方法（Least Significant Bit，LSB）是一种典型的空间域数据隐藏算法，L.F.Tumer 与 R.G.Van Schyadel 等先后利用此方法将特定的标记隐藏于数字音频和数字图像内。该方法是利用原始数据的最低几位来隐藏信息的（具体取多少位以人的听觉或视觉系统无法察觉为原则）。LSB 方法的优点是有较大的信息隐藏量，但采用此方法实现的数字水印是很脆弱的，无法经受一些无损和有损的信息处理，而且如果确切地知道水印隐藏在几位 LSB 中，数字水印很容易被擦除或绕过、甚至替换。

（2）Patchwork 方法及纹理块映射编码方法

这两种方法都是由麻省理工学院媒体实验室 Walter Bender 等人提出的。Patchwork 是一种基于统计的数字水印，其嵌入方法是任意选择 N 对图像点，在增加一点亮度的同时，降低另一点的亮度值。该算法的隐藏性较好，并且对有损的 JPEG 和滤波、压缩及扭转等操作具有抵抗能力，但仅适用于具有大量任意纹理区域的图像，而且不能完全自动完成。

（3）文本微调法

Brassil 等人首先提出了三种在通用文档图像中隐藏特定二进制信息的技术，数字水印信息通过轻微调整文档中的结构来完成编码：垂直移动行距、水平调整字距、调整文字特性（如字体）。基于此方法的数字水印可以抵抗一些文档操作，如照相复制和扫描复制，但也很容易被破坏，而且只适用于文档图像类。

2. 变换域算法

时空域数字水印算法的普遍缺点是嵌入的信息量不能太多，稳健性差，尤其对滤波、量化和压缩攻击。为此，变换域水印算法成为当前研究的重点。变换域算法主要通过修改载体的变换域系数来实现水印嵌入过程，它具有物理意义清晰、可充分利用人类的感知特性、不可见性和稳健性好及可与压缩标准兼容等优点。

变换域水印算法大体可分为离散傅里叶变换（DFT）算法、离散余弦变换（DCT）算法、离散小波变换（DWT）算法、傅里叶－梅林（Fourier-Mellin）变换、哈德码变换域算法、矢量变换域算法、KLT 变换域算法等等。下面主要介绍前三种常用变换域算法。

（1）DFT 域水印算法

离散傅里叶变换是复数变换，在幅度和相位满足特定条件下，数字水印信息既可以嵌入到媒体信号的幅度上，也可以隐藏在它的相位中。

（2）DCT 域水印算法

DCT 域水印算法的最大优点就是它与国际压缩标准（JPEG、MPEG、H.261/263）兼容，水印的嵌入和检测都能够在数据的压缩域中直接进行，是目前研究最多的一种数字水印算法。其主要思想是在图像的 DCT 变换域上选择中低频系数叠加水印信息。选择这一频段系数，是因为人眼的感觉主要集中在这一频段，攻击者在破坏水印的过程中，不可避免地会引起图像质量的严重下降，而一般的图像处理过程不会改变这部分数据。

（3）DWT 域水印算法

离散小波变换是一种局部的变换，它具有多尺度分析能力，例如，图像压缩标准 JPEG2000 和视频的 MPEG7 压缩标准都采用了小波变换。基于压缩标准模型的数字水印算法可以很好地解决与这些压缩标准的兼容问题，增强了抵抗有损压缩攻击的能力。利用小波变换把原始图像分解成多频段的图像，能适应人眼的视觉特性且使得水印的嵌入和检测可分多个层次进行。小波变换域数字水印的方法兼具时空域方法和 DCT 变换域方法的优点。因此，基于离散小波变换的数字水印算法已经成为当前研究的热点和更重要的研究方向。

3．压缩域算法

加了水印的数据在传输时需要进行压缩编码，而压缩可能会影响所携带的版权信息或机密信息，因此许多文献提出压缩域数字水印嵌入技术。这些方法主要分为 JPEG 压缩域、MPEG 压缩域和 VQ 压缩域三大类。基于 JPEG 和 MPEG 标准的压缩域数字水印系统不仅节省了完全解码和重新编码过程，而且在数字电视广播及 VOD（Video on Demand，视频点播）中有很大的实用价值。

7.2.6　数字水印的攻击类型及对策

若要把数字水印技术真正地应用到实际的版权保护、内容认证等领域，必须考虑的一个重要问题是系统可能受到的各种攻击。当然，不同的应用场合有不同的抗攻击能力要求。抗攻击能力是数字水印系统评测最重要的性能指标，系统地了解攻击的种类及抗攻击策略对于帮助人们设计出更好的水印方案是十分必要的。

1．攻击类型

图 7-6 所示为各种攻击类型的示意图。

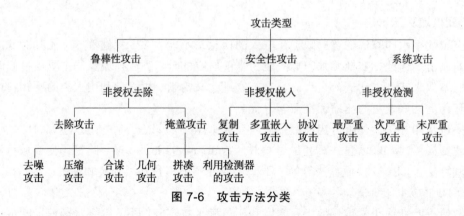

图 7-6　攻击方法分类

攻击技术总的来讲可分为三大类：

（1）鲁棒性攻击

鲁棒性攻击是指在不损坏图像使用价值的前提下减弱、移去或破坏水印，也就是各种信号处理操作。还有一种可能性是面向算法分析的，这种方法针对具体的水印插入和检测算法的弱点来实现攻击。这种攻击方法的基础就是认识到大部分现有算法不能有效地抵御多复制联合攻击。目前水印技术研究主要是针对鲁棒性攻击。

（2）安全性攻击

这种攻击是指攻击者为了政治、经济或军事利益或者纯粹为了恶作剧而对水印算法、水印密钥或者含水印作品所进行的各种恶意攻击。安全性攻击可归纳为三类：非授权去除、非授权嵌入和非授权检测。

① 非授权去除：指通过攻击使作品中的水印无法被检测到。这种攻击通常具有两种形式：去除攻击和掩盖攻击。

- 去除攻击：指被攻击的作品不再被认为含有水印，一旦水印被去除，即使使用最先进的检测器也无法检测出水印的存在。常见的去除攻击有线性滤波（去噪）攻击、压缩攻击、合谋攻击等。去噪攻击即利用低通（高通）滤波将主要能量集中在高频（低频）段的水印去除。压缩攻击主要针对将信息嵌入到高频部分以减少图像失真的水印嵌入方案。有损压缩会删除一些对可视性影响微小的高频分量，而只保持了低频分量。合谋攻击也称串谋攻击，主要有两种情况：在第一种情况下，攻击者得到含有相同水印的多件不同作品，通过对其进行研究，得知算法的原理。在另一种合谋攻击中，攻击者获得相同作品的数件副本，每件副本嵌有不同的水印。这种情况下，攻击者可通过结合不同的副本得到一个同原始作品极为接近的版本。

- 掩盖攻击：可使水印嵌入算法无效，不一定必须删除含水印作品中的水印，可通过对内容进行修改，使得检测器找不到有效水印。在掩盖攻击中，被攻击的作品实际上仍含有水印，但使用现有的检测器很难检测到。这类攻击也称表达攻击，主要包括几何攻击、拼凑攻击、利用检测器的攻击和加噪攻击。一般来讲，针对图像的几何攻击主要包括图像的剪切、旋转、缩放和平移等操作。

② 非授权嵌入：即在作品中嵌入本不该含有的非水印信息。非授权嵌入攻击方法主要分为三类：

- 复制攻击：复制攻击的思想是首先对一件合法的含水印作品使用水印去除攻击得到原始作品的近似版本，然后通过从含水印作品中减去估计的原始作品来估计所嵌入的水印模式，最后将估计得到的水印模式添加到不含水印的作品中以得到其含水印版本。

- 多重嵌入攻击：指攻击者在别人的含水印图像中加入自己的水印，从而不管攻击者还是产品的所有者都能用自己的密钥检测出自己的水印。

- 协议攻击：也称解释攻击，可以制造出在作品中嵌有水印的伪像，而实际上并未发生这种嵌入。一种是明检测解释攻击，也称为 IBM 攻击，即针对可逆、非盲水印算法而进行的攻击；另一种是盲检测解释攻击，可通过构造形似噪声但却同所分发作品高度相关的伪造水印来进行。

③ 非授权检测，或者称为被动攻击，可以按严重程度分为三个级别：最严重攻击，指攻击者检测并破译了嵌入的消息；次严重攻击，指攻击者检测出水印，并辨认出每一点印记，但却不能破译这些印记的含义；末严重攻击，指攻击者可以确定水印的存在，但却不能对消息进行破译，也无法分辨出嵌入点。

（3）系统攻击

系统攻击不是针对水印算法的鲁棒性和安全性，而是针对水印应用系统中所涉及的其他问题，如硬件设备的安全问题、标准化问题和法律问题。通常把那些利用水印使用上的弱点而不是水印本身弱点的攻击行为总称为系统攻击，也称合法攻击或法律攻击，这种攻击不包括对水印产品的伪造，而是试图利用水印作为所有权证据的法律基础上的缺陷（如版权法立法上的缺陷），对所有者的可信性进行挑战。

2．抗攻击对策

下面针对上面提出的一些攻击，简要介绍抗攻击策略。

（1）针对非授权去除攻击

人们可以通过建立类似于非对称密钥加密系统的方式保证水印处理系统的安全，即可以让水印嵌入器、检测器所使用的密钥不相同，前提是即使得知检测密钥，攻击者也很难将水印去除。

（2）针对合谋攻击

针对合谋攻击的一种对策是嵌入多个水印，并让它们在图像中相互独立。Boeh 和 Shaw 提出了合谋安全编码的设计问题（即能抵御这种攻击的编码）。如果在最多 C 个人合谋时，处理后的一件作品含有足够信息识别出至少一个合谋者的可能性很高，那么这种编码称作 C － 安全。如果所有合谋者的编码字串的某一部分均相同，那么在对这些副本进行对比时，合谋者不会知道他们仍需要破坏这一部分，因此人们假设这一部分不会遭受攻击。如果未受影响的这部分编码字串携带有足够的信息，人们便能够至少指认出其中一个合谋者。

（3）针对几何攻击

O'Ruanaidh 和 Perera 建议使用 Fourier-Mellin 变换，一种固有的旋转不变变换技术，来解决旋转和缩放问题。

（4）针对协议攻击

协议攻击所利用的安全漏洞是水印算法的可逆性，如果嵌入过程的逆过程在计算上容易实现，则把水印算法称作是可逆的。因此，选择不可逆的水印嵌入算法是针对协议攻击的有效策略。创建不可逆嵌入器的一种方法是使参考模型依赖于原始作品的内容，以使这些参考模型无法在缺少原始作品的情况下生成。例如，可通过原始图像 Hash 值作种子的伪随机噪声发生器来产生一个水印参考模型。

（5）针对多重嵌入攻击

这种攻击可用两种方法解决：第一种，最大强度嵌入，也就是说，原始内容的创建者在嵌入水印时要在保证不可见性的同时嵌入最大能量的水印，以使第二次嵌入一定会影响图像质量；第二种，时间戳，可以通过对水印加盖时间戳（由可信赖第三方提供）来确定谁第一个给图像做了标记。

7.2.7　数字水印的评价标准

评价一个数字水印系统的标准是多方面的，目前该标准还没有被统一，其中主要的标准是不可见性和鲁棒性（稳健性/健壮性），这是体现数字水印技术的两个主要特征。不可见性和鲁棒性是一对矛盾，为了解决这一对矛盾，通常采用的准则是：在满足不可见性要求的基础上，尽可能增强水印的鲁棒性。

1. 可见性评价

对水印可见性的测量可采用定量方法或主观测试方法。前者又包括基于像素的度量方法和基于人类视觉系统的度量方法。主观测试方法中将介绍一种基于观测者打分的质量等级评判方法。

（1）基于像素的度量方法

基于像素畸变量的度量方法属于定量量测方法（Quantitative Distortion Metrics），用它得到的结果不依赖于主观评测，它允许在不同方法之间进行公平的比较。现在，在图像和视频编码、压缩领域使用最多的畸变量度量指标是信噪比（SNR）或峰值信噪比（PSNR）。

PSNR（峰值信噪比，单位分贝）定义如下：

$$PSNR = 10 \lg \frac{f_{max}^2}{MSE}$$

其中

$$MSE = \frac{1}{MN} \sum_{i=0}^{M-1} \sum_{j=0}^{N-1} (f'(i,j) - f(i,j))^2$$

式中，$f(i,j)$、$f'(i,j)$ 分别表示原图像和加水印图像在坐标为 (i,j) 处的像素值，图像大小为 $M \times N$。f_{max} 是函数 $f(i,j)$ 的最大灰度值，例如，常用的 8bit 的灰度图像中，则 f_{max} 的值为 255。

（2）可见性质量度量方法

可见性质量度量利用了人的视觉系统的对比敏感性和屏蔽现象，它基于人的空间视觉的多信道模型。度量值的计算包括以下步骤：首先对图像进行粗分块，用滤波器组将编码误差和原图分解到各个知觉组件中；然后用原图作为掩蔽对象对每一个像素计算检测门限，最后根据给定的门限计算滤波误差，对所有的颜色信道进行上述操作。高于门限的差值给出的即为一致性的度量量，此误差也称为可见性差值（Just Noticeable Difference，JND）。对整体图像的度量采用掩蔽峰值信噪比 $MPSNR = 10 \lg \frac{255}{E^2}$，其中 E 是由上述计算得出的畸变量。该质量度量值用视觉分贝数（VdB）来表示。

（3）主观性质量度量方法

对视觉质量的评测还可以采用主观打分的方法进行。当进行主观测试时，必须遵循一个测试协议，此协议描述了测试和评价的整个过程。不同经历的人（如专业摄像师和研究人员）对水印图像的主观测试结果差异很大。主观测试对最终的图像质量评测和测试是十分有用的。但是，在研究和开发中用处却并不大，实际的量测往往采用定量量测方法。

2. 鲁棒性评价

水印系统的鲁棒性是水印系统性能评估过程中一个重要因素。水印的鲁棒性主要与嵌入信息的数量、水印嵌入强度、图像的尺寸和特性有关。对同一种水印方法而言，嵌入的信息越多，水印的鲁棒性越差；增加水印嵌入强度将会增加水印的鲁棒性，但相应地会增加水印的可见性。测试水印系统的鲁棒性，通常需要对水印系统进行一些攻击，此处攻击包含有意的攻击和无意的攻击。有意攻击是为了去除水印而采取的各种处理方法，此时攻击往往是恶意的；无意攻击是指加有水印的图像在使用过程中受到一些不可避免的攻击，如压缩、噪声等处理。常见的水印鲁棒性测试攻击有：JPEG 压缩攻击、几何失真攻击（水平翻转、旋转、剪切、尺度变换等）、增强处理攻击（低通滤波、锐化、直方图修正等）、噪声攻击、统计平均和合谋攻击、Oracle 攻击、嵌入多重水印攻击等。鲁棒性用来描述对攻击的抵抗能力，可由误码率来评估。解码出的错误位数与全部嵌入数据位数之比称为误码率。

7.2.8　信息隐藏的主要应用领域

1．版权保护

版权保护即数字作品的所有者可用密钥产生一个水印，并将其嵌入原始数据，然后公开发布他的水印版本作品。当该作品被盗版或出现版权纠纷时，所有者即可从盗版作品或水印版作品中获取水印信号作为依据，从而保护所有者的权益。

2．加指纹

指纹是指一个客体所具有的、能把自己和其他相似客体区分开的特征。它有许多应用，包括数字产品的版权保护。数字指纹虽然不能抵抗篡改，不能防止用户复制数据，但是它能使数据所有者追踪非法散布数据的授权用户。为避免未经授权的复制和发行，出品人可以将不同用户的 ID 或序列号作为不同的水印（指纹）嵌入作品的合法副本中。一旦发现未经授权的副本，就可以根据此副本所恢复出的指纹来确定它的来源。在加密的卫星电视广播中，发给用户一组用于加密视频流的密钥，并且电视台能在每个传输包中插入指纹比特来检测非授权的使用。如果有用户把他们密钥的子集分给非授权用户，以便于他们也能解密视频流数据，那么一旦捕获到非授权译码者，至少能追踪到一个密钥提供者。

3．标题与注释

标题与注释是将作品的标题、注释等内容（如一幅照片的拍摄时间和地点等）以水印形式嵌入该作品中，这种隐式注释不需要额外的带宽，且不易丢失。

4．篡改提示

当数字作品被用于法庭、医学、新闻及商业时，常需要确定它们的内容是否被修改、伪造或特殊处理过。为实现该目的，通常可将原始图像分成多个独立块，再将每个块加入不同的水印。同时可通过检测每个数据块中的水印信号，来确定作品的完整性。与其他水印不同的是，这类水印必须是脆弱的，并且检测水印信号时，不需要原始数据。

视频 7.3

*7.3　案例应用：基于混沌的小波域数字水印

1．案例描述

在一个图像文件的小波域嵌入水印，且水印为密印。要求：嵌入密印简单实用且安全可靠；基于小波变换的图像水印算法能经受攻击者常见的攻击，图像水印稳健性较好，包含的信息量丰富，且可视性好。

2．案例分析

根据案例要求，基于混沌产生序列密码的密钥，对水印进行加密变成密印，然后用小波变换将密印嵌入数字图像中（选择中高频区域作为水印嵌入域），即为基于混沌的小波域数字水印。

3．案例解决方案

（1）图像的小波分解与重构方案

在小波分析的许多应用中，都可以归结为信号处理问题，因为图像可以看作二维信号。作为信号处理问题之一的数字水印技术，小波变换在其水印隐藏及检测中有着重要应用。下面结合图 7-7 分析小波变换用于二维数字图像的分解和重构过程。

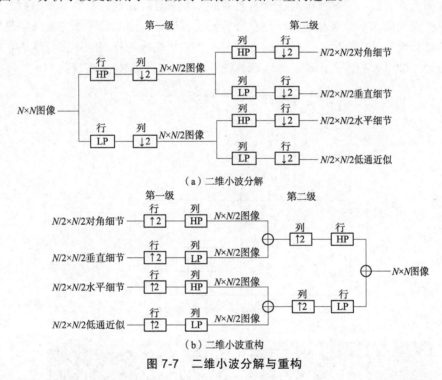

（a）二维小波分解

（b）二维小波重构

图 7-7　二维小波分解与重构

二维小波分解过程如下：

首先对 $N \times N$ 图像中的每一行进行低通和高通滤波。因为每一行的图像就是一个一维信号，二分之一向下滤波将滤波后的采样点每隔一个去掉一个，就相当于在 $N \times N$ 图像块中每隔一列去掉一列，得到一个 $N \times (N/2)$ 的图像。然后，滤波后图像的每一列向下采样，采样点间隔一个去掉一个，相当于每隔一行去掉一行，这样图 7-7（a）的每一分支都生成了一幅 $(N/2) \times (N/2)$ 的图像。四个 $(N/2) \times (N/2)$ 分支数据量之和与输入数据量 $N \times N$ 相等。就是说，数字图像经过小波分解后，数据总量并没有发生变化，只不过按照频率信息的不同，重新进行了分组和排列，便于信号的处理。

在基于小波域的数字水印技术中，通常是先将原始图像进行多级小波分解，然后通过修改小波变换系数来实现水印的嵌入。检测器接收到目标图像以后，先对其进行多级小波分解，通过相应的提取算法来判定目标图像中是否含有水印或直接将水印提取出来。

二维小波的分解结构如图 7-8 所示，图 7-9（a）和（b）分别给出了一幅图像及其小波分解后的高频和低频信息。图 7-9（b）中左上角是原始图像的近似低通效果，即低频部分 LL，右上角是水平细节 HL，左下角是垂直细节 LH，右下角是对角线高频部分 HH。图像经过小波变换后，能量主要集中在低频部分，人眼对这部分比较敏感。因此，LL 部分的小波系数很大，对这部分系数的修改很容易使图像的视觉质量下降，所以在嵌入水印时应尽量避免对 LL 小波系数进行较大幅度的修改。对于高频系数来说，它们的重要性顺序按 HL、LH、HH 依次递减，HH 部分相对最不重要，这部分的系数也很小，大部分接近于 0。从人眼的感觉上来看，人眼对这部分也相对最不敏感。在应用小波理论进行水印嵌入时，通过修改高频系数进行水印嵌入能够达到比较好的隐蔽性效果。但根据信号处理理论，嵌入水印的图像遭到常规信号处理如低通滤波、数据压缩时，通常是对高频系数进行处理，而对低频系数的保护比较好。这样，嵌入高频系数部分的水印信息最容易受到破坏，因此，将水印嵌入到高频区域会使水印的鲁棒性降低。解决这一问题的办法是：将原始图像进行多级小波分解，在中间某一级或几级的小波系数中嵌入水印，本水印算法正是基于这一思想来实现的。

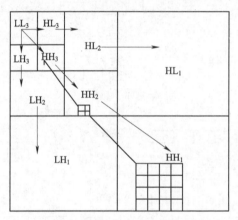

图 7-8　二维信号小波分解原理图

（a）原始图像

（b）小波分解后的频率信息

图 7-9　图像及其小波分解

（2）水印信息预处理方案

① 混沌序列的产生。采用 Logistic 映射作为密钥流生成器：

$$x_{n+1} = f(x_n) = ux_n(1-x_n) \quad x_n \in [0,1], n = 1,2\cdots \quad (7\text{-}1)$$

其中，当 $u > 3.57$ 时，系统处于混沌状态，即由初始条件 x_0 在 Logistic 映射迭代下所产生的序列是非周期的、不收敛的，并对初始条件极其敏感，具有随机信号的一些特征。

② 水印加密过程。设原始灰度水印图像 $W = \left\{ w_{i,j} \mid i \leqslant N, j \leqslant N \right\}$，密钥为初始值 x_0 和系数参数 u（$u > 3.57$），具体实现步骤如下：

第一步：由初始值 x_0 和参数 u，根据式（7-1）迭代生成实数值混沌序列 $b(k)(k = 1,2,\cdots,m)$，然后通过 $\lfloor b(k) \times 256 \rfloor (k = 1,2,\cdots,m)$ 转化成整数值混沌序列 $b'(k)$。

注：由于在开始的多轮迭代中随机效果较差，可考虑从某一轮迭代开始。

第二步：将 W 按行列扫描方式放入一个 $N \times N$ 的二维矩阵 J。

第三步：i 从 1 到 N，j 从 1 到 N 完成下列计算：

$$k = 1; w_{i,j} = w_{i,j} \oplus b'(k); k = k+1$$

从而得到加密后的图像 $W' = \left\{ w'_{i,j} \mid i \leqslant N, j \leqslant N \right\}$。

第四步：解密算法，用户必须输入正确的密钥（混沌序列初始值 x_0 和初始参数 u 及迭代次数 k）将加密算法逆向运算，才可获得解密图像。

③ 仿真结果分析。本文以 64×64 的灰度水印图像进行仿真，实验环境为 MATLAB 7.1，其加密前后仿真结果如图 7-10 和图 7-11 所示。对图 7-10 所示原始水印图像进行加密（$x_0 = 0.123\,456\,789\,666, u = 4$）后的水印图像如图 7-11 所示。

图 7-10　原始水印图像

图 7-11　加密的水印图像

- 抗攻击能力分析。首先，采用一次一密制，按照 Shanon 理论，即使调制后的水印信号在传输途中被截获，破译者也是难以破译的。其次，从密钥流的构成上看，因为混沌序列由 Logistic 映射 f 及参数 u、初值 x_0 确定，不同的参数 u 和初值都将产生不同的随机序列，所以 u 和 x_0 都可以作为密钥，并且由于混沌系统对初值极为敏感，哪怕初值有极其微小的改变，系统在相空间的轨迹将快速分离，系统输出序列也将完全改变，要破译是很困难的，这样密钥便由 $\{u, x_0\}$ 组成。显然，这对攻击者的穷尽搜索攻击具有很强的抵抗能力。此外，混沌序列还具有较宽的频谱，这使得混沌序列加密系统能够抵抗基于频谱的分析，所以这种调制方法能有效地抵御攻击者的破译。

- 效率分析。算法中采用的都是迭代映射形式，适合计算机快速计算。加密水印图像之前，不需要对水印图像进行预处理，节省了时间。采用混沌映射产生密码流，简单快速且具有非线性，所以算法的迭代轮数不需要太多，这样加密效率会非常高。

（3）水印嵌入和提取模型

目前，还没有找到一种公认的水印嵌入位置和嵌入方法最优的策略。有些专业人士认为应该将水印信息嵌入到小波的中频系数或高频系数中，以使算法的隐蔽性更好。对于大于阈值的相关三个高频系数进行排序，修改中间系数的值来实现嵌入，这种算法的优点是嵌入后水印不容易被察觉。但其阈值的确定取决于高频分量的最大值，嵌入量与原图纹理特征相关性太大，可能造成嵌入容量小于水印量的失控。

这里所用的算法是将水印信息分段嵌入到各个中高频系数块中，在保证算法透明性的条件下，尽可能地提高算法的鲁棒性。我们将原始图像表示为 $I = \{x(i,j) | 0 \leq i \leq M, 0 \leq j \leq M\}$，灰度水印图像表示为 $W = \{w_{i,j} | i \leq N, j \leq N\}$，加密后的水印图像表示为 $W' = \{w'_{i,j} | i \leq N, j \leq N\}$，从嵌入水印后的图像中提取出来的水印图像用 $W^* = \{w^*_{i,j} | i \leq N, j \leq N\}$ 来表示。

① 水印嵌入模型（见图 7-12）：

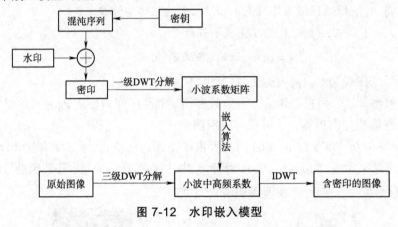

图 7-12　水印嵌入模型

② 水印提取模型（见图 7-13）：

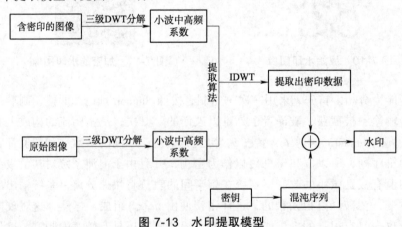

图 7-13　水印提取模型

（4）水印嵌入和提取算法

① 水印嵌入算法：

第一步：对原始图像 I 作三级 DWT 变换，得到小波系数 f。设对应的第三级中高频区域的小波系数为：$\overset{\text{third}}{f} = \{LH_3, HL_3, HH_3\} = \left\{ \overset{\text{third}}{f_1}, \overset{\text{third}}{f_2}, \cdots, \overset{\text{third}}{f_i} \right\}$，其中 $i = \dfrac{M \times M}{4^3} \times 3$。对应的第二级中

高频区域的小波系数为：$\overset{\text{second}}{f} = \{\text{LH}_2, \text{HL}_2, \text{HH}_2\} = \left\{\overset{\text{second}}{f_1}, \overset{\text{second}}{f_2}, \cdots, \overset{\text{second}}{f_j}\right\}$，其中 $j = \dfrac{M \times M}{4^2} \times 3$。

对应的第一级中高频区域的小波系数为：$\overset{\text{first}}{f} = \{\text{LH}_1, \text{HL}_1, \text{HH}_1\} = \left\{\overset{\text{first}}{f_1}, \overset{\text{first}}{f_2}, \cdots, \overset{\text{first}}{f_m}\right\}$，其中

$m = \dfrac{M \times M}{4} \times 3$。

第二步：对密印 W' 作 1 级 DWT 变换，得到小波系数 k，长度为 $N \times N$。

第三步：按照如下规则进行水印嵌入：

- 将 $\overset{\text{third}}{f}$ 中的值按绝对值大小依次排序，用 idxfirst 记录序号的位置，取前 $\left\lfloor \dfrac{N \times N}{3} \right\rfloor + 2$ 个。

- 将 $\overset{\text{second}}{f}$ 中的值按绝对值大小依次排序，用 idxsecond 记录序号的位置，取前 $\left\lfloor \dfrac{N \times N}{3} \right\rfloor$ 个。

- $\overset{\text{first}}{f}$ 中的值按绝对值大小依次排序，用 idxthird 记录序号的位置，取前 $\left\lfloor \dfrac{N \times N}{3} \right\rfloor - 1$ 个。

注：$M = 2^n N$ $(n = 1, 2, \cdots)$。例如，本算法仿真实验中取 $M = 512, N = 64$，则 $\overset{\text{third}}{f}$ 排序后的前 $\left\lfloor \dfrac{N \times N}{3} \right\rfloor + 2 = 1\,367$；$\overset{\text{second}}{f}$ 排序后的前 $\left\lfloor \dfrac{N \times N}{3} \right\rfloor = 1\,365$；$\overset{\text{first}}{f}$ 排序后的前 $\left\lfloor \dfrac{N \times N}{3} \right\rfloor - 1 = 1\,364$。

- 将 idxfirst、idxsecond、idxthird 组合成一个 $N \times N$ 大小的矩阵，然后变换成一维矩阵（向量）用 idxall 表示，将水印信息嵌入：

  idxall $= [\text{idxfirst}, \text{idxsecond}, \text{idxthird}]$；

  $f^*(\text{idxall}(r)) = f(\text{idxall}(r)) + 0.06 * k(r)$；$(r = 1, 2, \cdots, N \times N)$

其中，嵌入水印的强度（δ）这里设为 0.06。因为中高频这部分系数很小，人眼对这部分相对最不敏感，α 取值要在水印的可见性与鲁棒性之间权衡。本实验中 α 选为 0.06 能兼顾算法透明性和鲁棒性两方面的要求。

第四步：这样就能得到嵌有水印的小波系数 f^*，然后使用 $IDWT$ 即可得到嵌有水印的图像 I'。

② 水印提取算法。水印提取实际上是水印嵌入的逆过程，需要用到原始图像，具体如下：

第一步：对嵌入水印后的图像 I' 作三级 DWT 变换，得到小波系数 f^*。

第二步：对原始图像 I 作三级 DWT 变换，得到小波系数 f。

第三步：按照嵌入算法的第三步得到 idxall 矩阵，进行下面运算提取数据信息：

$$k'(r) = (f^*(\text{idxall}(r)) - f(\text{idxall}(r))) / \alpha；\quad (r = 1, 2, \cdots, N \times N)$$

第四步：对 k' 作 1 级 IDWT 变换得到密印 $W^* = \left\{w_{i,j}^* \mid i \leqslant N, j \leqslant N\right\}$。用密钥 key 对提取出的水印图像 W^* 进行解密，得到恢复的水印图像 W_1^*。

4．案例方案实施

根据案例解决方案，实现基于混沌与 DWT 的中高频域水印算法，通过仿真结果进行分析分析。

本实验以 lena（512×512 像素）灰度图像为原始图像，图像质量由峰值信噪比 PSNR（定义见 7.2.7）来评测。将视觉上可直观认知的灰度图像 uestc（64×64 像素）作为有意义水印，以下结果均由 MATLAB 7.1 仿真所得。

（1）无失真情况测试（见图 7-14）

（a）嵌入水印后的图像（PSNR=50.195 8）　　　（b）提取的水印（cor=0.999 93）

图 7-14　嵌入和提取

由图 7-14 可以看出，在无失真的情况下，比较原始图像和嵌入水印的图像，人眼无法感知水印的存在，PSNR 值很高，并且提取出的水印与原始水印的差别也不大，可以看出本算法具有很好的信息隐藏效果和不可觉察性。

（2）抗噪声性能测试

对嵌入水印的图像加入均值为 0 不同方差的高斯噪声，见表 7-1。随着噪声方差增高，提取水印的质量也随着下降。

表 7-1　添加噪声后的水印提取

噪声方差	提取出的水印	PSNR	cor
0.0001		47.021 7	0.896 19
0.0005		41.588 2	0.723 06
0.001		39.145 0	0.553 88
0.005		35.561 7	0.278 39
0.01		34.788 5	0.199 54

（3）抗压缩性能测试

表 7-2 所示为不同的压缩质量参数下水印的提取结果和相应的 PSNR 值及 cor 值，PSNR 的值随着压缩质量参数的减小而减小，cor 的值也随着压缩质量参数的减小而减小，可见本算法能抵抗 JPEG 压缩攻击。

表 7-2　不同压缩质量参数提取的水印

压缩质量参数	提取出的水印	PSNR	cor
90		47.557 6	0.923 78
80		45.090 0	0.875 71
70		44.105 0	0.843
60		43.326 8	0.806 26
50		42.746 3	0.741 37
40		42.068 5	0.700 42
30		41.189 6	0.598 39
20		39.793 9	0.459 3
10		37.024 5	0.285 17

（4）抗剪切攻击测试

将含水印的图像平均划分为16份，被剪切部分的像素值用0来代替。如表7-3所示，PSNR的值随着剪切比的增大而减小，cor的值也随着剪切比的增大而减小。

表7-3　不同剪切尺寸提取的水印

剪切比	剪切后的水印图像	提取出的水印	PSNR	cor
1/64			21.108 4	0.925 3
1/16			14.343 9	0.871 63
1/4			8.336 7	0.547 52

5．案例总结

由仿真实验可知：在 DWT 中高频域嵌入水印，因高频带表达的是图像的细节特征，对透明性的影响相对小一些，并且可加入的水印容量相对较大，但对低通类图像处理鲁棒性较弱。不管水印的嵌入方法、嵌入的信息量以及对图像嵌入水印后透明性的下降，对水印检测来说都是一个 0/1 决策。由于基于小波变换的水印方案受嵌入位置和水印形式的影响各不相同，相应地各自在透明性和鲁棒性方面的性能也不同，因此可以将各种方案相互融合、相互补充以均衡抵抗各种不同类别的攻击，并根据实际需求进行方案的选择。总的来说，所嵌入的水印是有意义的灰度图像，增加了嵌入水印的信息量；采用基于混沌序列的加密方法对水印进行处理，并且以混沌序列的初始值作为嵌入和检测提取信号的密钥，不仅简单实用且安全可靠；基于小波变换的图像水印算法能经受攻击者常见的攻击，图像水印稳健性较好，包含的信息量丰富，且可视性也好。但是，基于小波变换的图像水印算法的实现比较复杂，此乃其缺陷，但可通过使用 MATLAB 编程工具较容易地实现。

视频 7.4

 ## 7.4　数字水印研究状况与展望

数字水印是当前数字信号处理、图像处理、密码学应用、通信理论、算法设计等学科的交叉领域，是目前国际学术界的研究热点之一。国外许多著名的研究机构、公司和大学都投入了大量的人力和财力，如美国的 MIT、Purdue、Columbia

大学、George Mason 大学、德国的 Erlangen-Nuremberg 大学、IBM 研究所、Bell 实验室等。这些研究小组及公司许多都有有关数字水印及信息隐藏方面的商业软件，也有一些软件和源代码可免费获得。

数字水印在理论方面的工作包括建立更好的模型、分析各种媒体中隐藏数字水印信息的容量（带宽）、分析算法抗攻击和鲁棒性等性能。同时，也应重视对数字水印攻击方法的研究，这有利于促进研制更好的数字水印算法。

许多应用对数字水印的鲁棒性要求很高，这需要有鲁棒性更好的数字水印算法，因此，研究鲁棒性更好的数字水印算法仍是数字水印的重点发展方向。但应当注意到在提高算法鲁棒性的同时应当结合 HVS 或 HAS 的特点，以保持较好的不可见性及有较大的信息容量。另外，应注意自适应思想以及一些新的信号处理算法在数字水印算法中的应用，如分形编码、小波分析、混沌编码等。

数字水印应用中安全性自然是很重要的要求，但数字水印算法的安全性是不能靠保密算法得到的，这正如密码算法必须公开，必须经过公开的研究和攻击其安全性才能得到认可，数字水印算法也一样。因此，数字水印算法必须能抵抗各种攻击，许多数字水印算法在这方面仍需要改进提高，研制更安全的数字水印算法仍是水印研究的重点之一。

对于实际网络环境下的数字水印应用，应重点研究数字水印的网络快速自动验证技术，这需要结合计算机网络技术和认证技术。

应该注意到，数字水印要得到更广泛的应用必须建立一系列的标准或协议，如加载或插入数字水印的标准、提取或检测数字水印的标准、数字水印认证的标准等都是急需的。因为不同的数字水印算法如果不具备兼容性，显然不利于推广数字水印的应用。

在这方面需要政府部门和各大公司合作，如果等待市场上自然出现事实标准，将延缓数字水印的发展和应用。同时，需要建立一些测试标准，如 Stir Mark 几乎已成为事实上的测试标准软件，用以衡量数字水印的鲁棒性和抗攻击能力。这些标准的建立将会大大促进数字水印技术的应用和发展。

在网络信息技术迅速发展的今天，数字水印技术的研究更具有明显的意义。数字水印技术将对保护各种形式的数字产品起到重要作用，但必须认识到数字水印技术并非万能，必须配合密码学技术、认证技术及数字签名等技术一起使用。一个实用的数字水印方案必须有这些技术的配合才能抵抗各种攻击，构成完整的数字产品版权保护解决方案。

小　结

本章介绍了信息隐藏技术，应该说这是一个相当开放的研究领域，不同背景的研究人员，从不同的介入点和不同的应用目的均可进行研究，因此必会带来百花纷呈的研究成果。相信随着信息时代和知识经济时代的到来，信息隐藏技术在理论体系上会日臻完善，该项技术的应用也将会拥有巨大的市场。

数字水印的研究是基于计算机科学、密码学、通信理论、算法设计和信号处理等领域的思想和概念的，一个数字水印方案一般总是综合利用这些领域的最新进展，但也无法避免这些领域固有的一些缺点。目前较多的文献是讨论如何设计数字水印方案或如何攻击数字水印方案的，各种方案或产品还都有着这样或那样的问题，尚缺乏统一的有关数字水印的理论。可以说数字水印仍然处于发展的初期阶段，从理论到实践上都有许多问题有待解决。

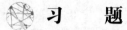 习　题

1. 信息隐藏技术与加密技术有何异同？
2. 信息隐藏技术有哪些分支？分别举例说明。
3. 有哪些数据隐写方法？编程实现书中介绍的 LSB 方法。
4. 数字水印技术有哪些分类方法？数字水印技术有何特点？
5. 数字水印有哪些算法？如何对数字水印进行攻击？

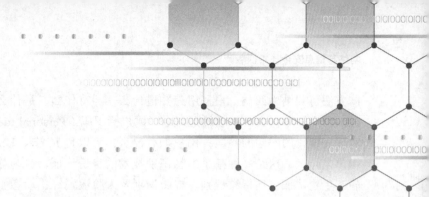

第 8 章
身份认证与 PKI 技术

学习目标：

- 掌握身份认证的基本概念与方法；
- 掌握 PKI 的基本概念；
- 理解 CA 的功能与组成；
- 理解数字证书的结构与功用；
- 了解信任模型的基本概念。

关键术语：

- 身份认证（Identity Authentication）；
- 公钥基础设施（Public Key Infrastructure，PKI）；
- 证书（Certificate）；
- 证书权威或认证中心（Certificate Authority，CA）；
- 在线证书状态协议（Online Certificate Status Protocol，OCSP）；
- 信任模型（Trust Model）。

在网络通信中，需要确定通信双方的身份，这就需要身份认证技术。在信息安全的众多解决方案中，一般都要用到公钥密码技术，也就是说要用到公/私钥对。在双方或者多方的通信过程中，通信的一方要使用其他通信方的公钥，公钥虽然不需要保密，但攻击者却可以利用虚假的公钥进行欺骗。用户从网上得到了张三的公钥，它真的就是张三的吗？李四完全可以将自己的公钥冒充为张三的。如何将公钥与一个实体绑定在一起呢？这就需要公钥基础设施 PKI。PKI 通过一个可信的第三方对实体进行身份认证，并向其签发数字证书。数字证书起到现实生活中身份证的作用，可以将某实体与其拥有的公钥绑定在一起。本章将详细讨论身份认证与 PKI 技术。

8.1　身　份　认　证

视频 8.1

在有安全需求的应用系统中，识别用户的身份，即身份认证（Identity Authentication）是系统的基本要求，认证也称为鉴别。身份认证是安全系统中不可缺少的一部分，也是防范入侵的第一道防线。身份认证的方法多种多样，其安全强度也各不相同，具体方法可归结为四类：根据用户知道什么、拥有什么、是什么，以及使用数字证书来进行认证。用户知道什么，一般就是口令、用户标识码（Personal Identification Number，PIN）以及对预先设置的问题的答案；用户拥有什么，可以是 IC 卡、USB key、令牌、手机卡等硬件；用户是什么，这是一种基于生物识别技术的身份认证，分为静态生物认证和动态生物认证。静态生物认证包括指纹识别、虹膜识别及人脸识别等；动态生物认证包括语音识别、笔迹特征识别、步态识别等。数字证书则由一个可信的第三方签发。

8.1.1　根据用户知道什么进行认证

用户知道什么，一般就是用户名与口令。这是最简单，也是最常见的认证方式，但是认证的安全强度不高。目前绝大多数的应用系统在用户登录时，都要求用户提供用户名与口令。系统将用户输入的口令与以前保存在系统中的该用户的口令进行比较，若完全一致则认证通过，否则不能通过认证。根据处理方式的不同，用户名和口令认证有三种方式：口令的明文传送、利用单向散列函数处理口令、利用单向散列函数和随机数处理口令，这三种方式的安全强度依次增高，处理复杂度也依次增大。

口令以明文形式传送时，没有任何保护，如图 8-1 所示。如果有黑客在客户与验证服务器之间进行窃听，那么很容易知道用户名与口令，从而能对系统进行非法访问。此外，验证服务器存储着全部用户口令的明文，如果不慎泄露，系统将没有任何安全性可言。很多实际的系统都采用这种方式，如远程登录协议 Telnet 就是用明文传输用户名和口令。

图 8-1　传输口令的明文

为防止口令被窃听，可用单向散列函数处理口令，传输口令的散列值，而不传输口令本身。如图 8-2 所示，用户把口令的散列值传输到验证服务器，验证服务器不存储用户的口令，只存储口令的散列值。验证服务器比较收到的散列值与存储的散列值，若相同就认为有效，若不同就认为无效。这样黑客就窃听不到口令的原文，而且连服务器的系统管理员都不知道用户的口令原文。

图 8-2　传输口令的散列值

传输口令的散列值也存在不安全因素，黑客虽然不知道口令的原文，但是他可以截获口令的散列值，直接把散列值发送给验证服务器，也能验证通过，这是一种重放攻击。为解决这个问题，服务器首先生成一个随机数并发给用户，用户把口令散列值与该随机数连接或异或后再用单向散列函数处理一遍，把最后的散列值发给服务器。如图 8-3 所示，服务器对存储的口令散列值同样处理，然后与用户传过来的散列值比较，若相同就认为有效，若不同就认为无效。由于每次生成的散列值各不相同，就避免了重放攻击。随机数也可以用时间来代替，服务器不用再给用户发送随机数。这时服务器与用户计算机的时钟应该同步到一定精度。

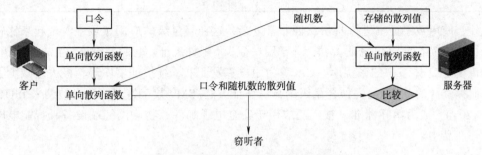

图 8-3　传输口令和随机数的散列值

对于使用用户名和口令进行身份认证的方法，人本身的记忆力决定了口令的长度和随机性都不是太好，目前情况下，这种简单的身份认证方法只能用于对安全性要求不高的场合。

8.1.2　根据用户拥有什么进行认证

根据用户拥有的某个独一无二的物品，可以实现身份认证。这个物品通常是 USB key、IC 卡、令牌等硬件。这类硬件内部保存着用户的密钥，且能够进行加解密、单向散列函数等密码运算，从而实现身份认证的功能。这些硬件中，USB key 使用最为广泛，因为 USB key 可以通过 USB 接口连接计算机，使用方便。而 IC 卡如果需要连接计算机，则需要使用专门的读卡器。令牌没有物理接口，无法与计算机连接，必须人工进行输入/输出。

另外，目前广泛使用的手机短信验证码，实际上是根据用户拥有的手机卡进行认证。

8.1.3　根据用户是什么进行认证

使用生物识别技术的身份认证方法已经广泛使用，主要是根据用户的图像、指纹、气味、声音等作为认证数据。例如，有的的公司为了严格职工考勤，购入指纹考勤机，职工上下班时必须按指纹考勤。这避免了以前使用打卡机时职工相互代替打卡的问题，虽然认证已经非常严格而且安全，但是存在识别率不够高的问题。

最后是使用数字证书进行身份认证，本章从下一节起，将开始论述数字证书。需要指出的是，数字证书的功能有很多，身份认证只是其中之一。

尽管以上这些认证方式在一定条件下都可以提供安全的身份认证，但每一种认证方式都存在这样或那样的缺陷。例如，攻击者可以猜测、盗取或者伪造用户的口令；用户可能丢失USB key 或者忘记口令；生物特征的误报、漏报、使用成本高和易用性低等；数字证书成本较高、使用复杂。四种身份认证方式的比较见表 8-1。在安全性要求很高的系统中，可以把几种认证方法结合起来，达到最高的安全性。

表 8-1　四种身份认证方式的比较

身份认证方式	实现难易程度	安 全 性	使用难易程度
根据用户知道什么	容易	低	容易
根据用户拥有什么	中等	中等	中等
根据用户是什么	困难	高	困难
数字证书	困难	高	困难

另外，使用数字证书进行身份认证非常复杂，这在轻量级的应用领域中实现起来比较困难。本书前面介绍的 SM9 密码算法，基于用户标识（邮件地址、电话号码等）生成公私钥对，不需要传统 PKI 体系中的密钥库、CA 等为用户签发证书、维护证书库等，极大地减少了计算和存储等资源的开销，是一种轻量级的身份认证方法。SM9 数字签名算法已被纳入 ISO/IEC 14888-3:2018，成为国际标准，被广泛应用于安全电子邮件、物联网终端设备、智能电网数据网关等产品中。

视频 8.2

8.2　PKI 概述

上一节讲解了身份认证，PKI 实际上也是身份认证的一种，只不过它是对公钥真实性的认证。对于在网络上传输的机密信息，需要采用安全措施，无论用什么样的安全解决方案，一般都要用到公钥密码技术，也就是说要用到公/私钥对。在双方或者多方的通信过程中，通信的一方要使用其他通信方的公钥。例如，张三在一份电子文件上进行了数字签名，他将文件和签名通过网络传给李四。李四要验证这个签名，就需要张三的公钥。这时有一个关键问题必须要解决：如何保证公钥的真实性？

8.2.1　公钥密码系统的问题

在李四用张三的公钥验证张三的数字签名时，有一个关键问题必须要解决。李四怎样得到张三的公钥？李四又怎样才能确定这个公钥的确是张三的，而不是王五冒充的呢？如果张三和李四认识，李四从张三那里用 U 盘复制即可。甚至张三可以打电话告诉李四，这很安全，公钥是公开的，不怕被人窃听，李四也能从声音上确定是张三，不会被冒充。

但是，如果张三和李四以前并不认识，从未联系过，并且相隔万里，怎么办？这种情况在互联网上很多了。电子商务的发展，使你可能和陌生人在网上谈生意，也可能从网上购物，这时最简单的办法是张三在发送文件和签名的同时，把自己的公钥传给李四。现在李四得到了公钥，可是它是张三的吗？如果王五心怀恶意，冒充张三怎么办？李四用公钥验证签名，当然验证会通过，因为王五自己生成了一对公/私钥，用私钥签名，然后将公钥发给李四。这个问题现在看来只靠李四和张三两个人是无解的。

这就需要一个可信任的第三方，它负责验证所有人的身份，包括某些计算机设备的身份。这个第三方现在称为 CA（Certificate Authority），CA 首先认真检查所有人的身份，然后给他们颁发数字证书。证书包括持有人的信息和他的公钥，还可以有其他更复杂的信息。关键的一点是证书不可被篡改，这由数字签名技术来保证。

现在问题得到了圆满解决，张三向李四发送自己的数字证书，李四验证 CA 的签名无误，就可以确定证书中的公钥的确是张三的。可见，CA 以及其他相关的软件、硬件、协议、安全策略、设备等构成了一个安全平台，在此之上，用户可以进行安全的通信，这个平台就称为 PKI。有了 PKI 之后，凡是使用公钥的地方，都使用数字证书代替公钥。

8.2.2 PKI 的概念、目的、实体构成和服务

PKI（Public Key Infrastructure，公钥基础设施）的作用是提供信息安全服务，可利用它保证网络中的信息安全。PKI 从不同的角度有着不同的定义，这里采用如下定义：PKI 是利用公钥密码技术提供一套安全基础平台的技术和规范。从定义可以看出，PKI 的目的是给用户提供安全服务的，用户利用这些服务可在互联网上进行安全通信。只有 PKI 是没有意义的，必须有相应的安全应用建立在它上面才有意义。图 8-4 所示为一个简化的 PKI 实体构成图。

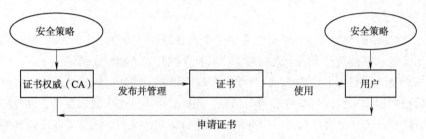

图 8-4 简化的 PKI 实体构成图

安全策略建立和定义了信息安全方面的指导方针。例如，如何管理密钥这种高度敏感信息，就是安全策略的一部分。证书权威通常简称 CA，是可信任的第三方。其职责是发布并管理证书。证书是一段数据，它可以将一个公钥和一个人对应起来。用一句话说，PKI 提供的服务就是发布并管理证书，然后用户使用证书以达到在网络上安全通信的目的。

下面继续用张三和李四的例子来说明 PKI 的运作过程。李四需要证书，他要先选择一个合适的 CA。CA 是营利机构，而且其影响力和信誉度也是不一样的。大型的、信誉度好的 CA 相信它的人自然就多，这种 CA 签发的证书会很容易被别人相信，与此对应，这种 CA 的收费较高。李四可以先去他选定 CA 的网站，输入有关信息。公/私钥对可以委托 CA 生成，也可以在李四自己的计算机上生成，这取决于李四对公/私钥对的安全要求。然后，他到 CA 的办公地点或代理机构提交他的相关证件验证身份，信誉好的 CA 的验证过程是很严格的。缴纳有关费用后，李四就可以得到证书。证书中保存着李四的身份与公钥，而这个公钥对应的私钥则需要李四另外保存，为了安全，私钥通常保存在密码硬件中。

实际上，这个过程很多情况下可以代办，比如网上银行用的证书，银行替用户去 CA 申请，从银行直接就可以得到证书。而且很多银行本身就拥有自己的 CA，它直接向用户发放证书。有了证书，李四就可以和张三安全地通信。如果需要，张三也要申请证书。在证书的使用过程中，如果不小心泄密了私钥，李四可以请 CA 将证书撤销。证书不能无限期使用，它有一个有效期，过期后要申请新的证书。实际的过程是非常复杂的。

PKI 技术的标准化是 PKI 技术推广的关键。目前，制定 PKI 相关标准（也包括有关的密码标准）的主要组织有三个。

① 美国 RSA 公司：由 RSA 公钥密码算法的发明人创办，2006 年并入美国 EMC 公司。EMC-RSA 公司的研究机构是 RSA 实验室，RSA 实验室制定了很多规范，都已成为事实上的国际标准。这些规范统称为 PKCS（Public-Key Cryptography Standards）。

② 因特网工程任务组（Internet Engineering Task Force）：互联网标准化的主要力量，它制定的标准都以 RFC 的形式出现，关于 PKI 和密码的 RFC 有很多。

③ 国际电信联盟（International Telecommunication Union，ITU）：电信界最权威的标准制订机构。以 X 开头的标准是关于网络和开放系统通信的，其中 X.509 标准的名称为 The Directory: Public-key and attribute certificate frameworks。它定义了数字证书的格式，因而成为 PKI 的基础标准，数字证书通常也称为 X.509 证书。

8.3 数 字 证 书

数字证书（Certificate）类似于现实生活中的个人身份证。身份证将个人的身份信息（姓名、出生年月日、地址和其他信息）同个人的可识别特征（照片或者指纹）绑定在一起。个人身份证是由国家权威机关（公安部）签发的，该证件的有效性和合法性是由权威机关的签名或签章保障的，因此身份证可以用来验证持有者的身份信息。同样，数字证书（简称证书，也可称作公钥证书）是将证书持有者的身份信息和其所拥有的公钥进行绑定的文件，证书文件还包含签发该证书的认证中心 CA 对该证书的数字签名，数字签名保障了证书的真实性和完整性。

目前定义和使用的证书有很多种类，如 X.509 证书、WTLS（WAP）证书和 PGP 证书等，大多数证书是 X.509 证书。

8.3.1 ASN.1 概述

视频 8.3.1

为介绍证书的结构，首先简要介绍一下描述证书的语言：ASN.1。实际上，不只是证书，几乎全部与密码语法有关的描述（如全部的 PKCS 系列标准）都使用 ASN.1。

ASN.1（Abstract Syntax Notation One）的意思为抽象语法符号一号，由 ITU 的 X.208 标准定义。其主要目的是描述一种数据结构，而这种数据结构是高度抽象的，与任何软件、硬件都没有关系，然后再用某种编码方法将其编为二进制串。它是一套类似 C 语言的结构描述符的规范，只要在上层的应用中用这套规范来描述数据，就不必考虑这些数据存储和传输的方法。图 8-5 说明了两个实体如何使用 ASN.1 交换数据。

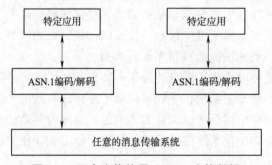

图 8-5　两个实体使用 ASN.1 交换数据

ASN.1 的抽象表述允许使用者非常灵活地定义一系列的数据类型，这些类型从简单的整数到具备结构的数据类型，直到基于其他类型的类型。对于 ASN.1 的抽象表述，相应的标准中有一系列的规则将这些表述"翻译"成由 0、1 组成的二进制序列，其中在 PKI 中用得最多的是唯一性编码规则（Distinguished Encoding Rules，DER），它是另外一个重要规则基本编码规则（Basic Encoding Rules，BER）的一个子集。下面简单介绍一些常见的类型。

1．简单类型

① BIT STRING：任意的由 0、1 组成的位串。

② IA5String：任意的由 ASCII 码组成的字符串。

③ INTEGER：任意的整数。

④ NULL：一个空的值。

⑤ OBJECT IDENTIFIER：对象标识符，由一串整数来标识一个对象。

⑥ OCTET STRING：一串任意的 8 元组（实际上就是字节）。

⑦ PrintableString：一串任意的可打印字符。

⑧ UTCTime：用来表示时间的值。

2．具有结构的类型

① SEQUENCE：一系列有序的类型的组合，它和 C 语言中的结构体有异曲同工之处。

② SEQUENCE OF：一系列由 0 个或多个相同类型组成的有序组合。

③ SET：一系列的类型的组合，这里不要求它们有序。

④ SET OF：0 个或多个相同类型的组合，不要求它们有序。

对每一种类型，利用 BER 规则都可以将其编码为一个二进制串，但是形式不唯一，具有二义性；DER 规则对 BER 规则做了微小的限制，使这个二进制串形式唯一，便于编码和译码。因此，密码学中广泛使用 DER 规则，极少使用 BER 规则。下面来看一个简单的例子，PKCS#12 标准中使用 ASN.1 语法规定了 PKCS#12 包的格式（用 PFX 表示）。

```
PFX::=SEQUENCE
{
    version     INTEGER,
    authSafe    ContentInfo,
    macData     MacData
}
MacData::=SEQUENCE
{
    mac         DigestInfo,
    macSalt     OCTET STRING,
    iterations  INTEGER
}
```

其中，PFX 是一个 SEQUENCE（这是使用最多的一个类型）类型的数据，它由三项数据有序地组成。version 是一个整数，表示版本号；authSafe 是 ContentInfo 类型的数据；macData 是 MacData 类型的数据。紧接着定义了 MacData 类型，它也是一个 SEQUENCE 类型的数据，由三项数据有序地组成。mac 是 DigestInfo 类型的数据；macSalt 是 OCTET STRING 类型，iterations 是 INTEGER 类型。

这里 SEQUENCE、OCTET STRING、INTEGER 三种类型是 ASN.1 语法中已经定义的类型，而 ContentInfo、DigestInfo 是用户自己定义的类型，后面必须对它进行详细定义，就像定义 MacData 一样，直到 ASN.1 语法中已经定义的类型。这个过程和 C 语言是非常类似的。

定义完毕后，代入具体的数据，比如 version 为 3，就可以使用 DER 规则将其转化为二进制串。至于这个二进制串如何在磁盘上存储，在网络上如何传输，由具体系统决定，与 ASN.1 和 DER 规则无关。这样，不管什么系统，只要都使用 ASN.1 语法和 DER 规则，就能自由地交换数据。实际上，不仅是密码方面，其他很多协议都使用 ASN.1 语法和 DER 规则描述数据结构。

8.3.2 X.509 证书

1988 年，ITU-T 发布 X.509 标准定义了标准证书格式，它首先是作为 X.500 目录服务系统推荐的一部分出版。1988 年标准的证书格式称为 v1 格式；1993 年的版本称为 v2 格式，它增加了额外的两个字段，以支持目录服务系统的存取控制；1996 年 6 月完成了 v3 格式的标准化。X.509 v3 证书格式在 v2 基础上通过扩展添加了额外的字段（称为扩展字段），特殊的扩展字段类型可以在标准中或者可以由任何组织定义和注册。X.509 标准虽然经过了多次更新，但目前使用最广泛的仍然是 v3 格式的证书。

1．X.509 证书基本结构

现在来看一下 X.509 标准是如何用 ASN.1 语法来描述证书的。

```
Certificate::=SEQUENCE {
    tbsCertificate          TBSCertificate,
    signatureAlgorithm      AlgorithmIdentifier,
    signature               BIT STRING
}
TBSCertificate::=SEQUENCE{
    version[0]              Version DEFAULT v1(0),
    serialNumber            CertificateSerialNumber,
    signature               AlgorithmIdentifier,
    issuer                  Name,
    validity                Validity,
    subject                 Name,
    subjectPublicKeyInfo    SubjectPublicKeyInfo,
    issuerUniqueID[1]       IMPLICIT UniqueIdentifier OPTIONAL,
    subjectUniqueID[2]      IMPLICIT UniqueIdentifier OPTIONAL,
    extensions[3]           Extensions OPTIONAL
}
Version::=INTEGER {v1(0),v2(1),v3(2)}
CertificateSerialNumber::=INTEGER
Validity::=SEQUENCE{
    notBefore   Time,
    notAfter    Time }
Time ::=CHOICE {
    utcTime         UTCTime,
    generalTime   GeneralizedTime}
UniqueIdentifier ::= BIT STRING
SubjectPublicKeyInfo ::= SEQUENCE{
    algorithm               AlgorithmIdentifier,
    subjectPublicKey        BIT STRING}
Extensions::=SEQUENCE OF Extension
Extension::=SEQUENCE {
    extnID      OBJECT IDENTIFIER,
    critical    BOOLEAN DEFAULT FALSE,
    extnValue   OCTET STRING }
```

证书是包含三个字段的组合。这三个字段分别是 tbsCertificate、signatureAlgorithm、signature。

（1）tbsCertificate

这个字段是真正的证书，含有主体（也就是证书持有者）和 CA、与主体联系起来的公钥、有效期和其他相关信息。

① version：这个字段描述证书的版本。现在广泛使用的是 v3 版本。

② serialNumber：序列号是 CA 给每一个证书分配的一个整数，它是特定 CA 签发证书唯的一代码，即 CA 名字和序列号唯一识别一张证书。

③ signature：本字段含有算法标识符，这个算法是 CA 在证书上签名使用的算法，与 Certificate 中 signatureAlgorithm 字段是相同的。它看起来似乎没有太多的用途，但是实际上可以通过检查签名算法标志来判断 CA 对证书的签名是否符合所声明的算法。这样可以防止某些可能出现的攻击行为。

④ issuer：发行者字段用来标识发行证书的 CA。发行者字段含有一非空的唯一名字（Distinguished Name，DN）。DN 由多个字段构成，含有相当丰富的内容，从国家名、组织名一直到实体名。

⑤ validity：证书有效期是一个时间段，在这期间 CA 保证它将保持关于证书的状况的信息。把该字段描述为两个日期：证书有效期开始（notBefore）和证书有效期结束（notAfter）。notBefore 和 notAfter 可以作为 UTCTime 或者 GeneralizedTime 类型编码。

⑥ subject：主体实际上就是证书持有者。主体字段必须含有一个唯一名 DN。

⑦ subjectPublicKeyInfo：主体公开密钥信息，这个字段包括公开密钥和密钥使用算法的标识符。算法使用 AlgorithmIdentifier 结构来标识。

⑧ extensions：扩展字段仅出现在 v3 中。在一张证书中的每一项扩展可以是关键的或者非关键的（由字段 critical 决定）。如果应用系统遇到一项不能识别的关键扩展，就必须拒绝接受此证书；但是，如果不能识别的项是非关键扩展，则可以被忽视。对证书至关重要的扩展应标记为关键扩展，不是那么重要的应标记为非关键扩展。应该谨慎采用在证书中的任何关键扩展，这可能阻碍在一般情况下的证书应用。

（2）signatureAlgorithm

signatureAlgorithm 字段是 CA 签发证书使用的签名算法标识符。由 ASN.1 结构确定一个算法标识符：

```
AlgorithmIdentifier::=SEQUENCE{
    algorithm           OBJECT IDENTIFIER,
    parameters          ANY DEFINED BY algorithm OPTIONAL}
```

算法标识符用于识别出采用的签名算法，可选参数字段的内容决定于具体的算法。算法标识符必须和 tbsCertificate 字段中 signature 字段的算法标识符相同。

（3）signature

signature 字段是对 tbsCertificate 的 DER 编码的数字签名，它可以保证证书不可篡改。

2．X.509 证书扩展

X.509 证书拥有种类非常多的扩展，这些扩展使得证书结构变得异常复杂。下面简单介绍几种重要的扩展。

（1）密钥用途扩展

这个字段指出公钥（或与之对应的私钥）的用途，常用的用途有以下几种：

① digitalSignature：用于数字签名，但不包括②、⑥和⑦中的那些目的。

② nonRepudiation：在一个提供抗抵赖的服务中用于数字签名，以防止签名的实体在事后否认某些操作，但不包括⑥和⑦中的目的。

③ keyEncipherment：用于加密对称密钥等机密信息。

④ dataEncipherment：用于加密用户数据，但不包括③中的密钥和机密信息。

⑤ keyAgreement：用于密钥协商。

⑥ keyCertSign：用于 CA 对证书的签名。

⑦ cRLSign：用于 CA 对 CRL 的签名。

（2）私钥使用期限扩展

这个字段指出对应于一个认证了的公钥的私钥的使用期限。它只能用于数字签名密钥，私钥的有效使用期限可能与证书的有效期不同。对于数字签名密钥，用于签名的私钥的使用期通常要比用于认证的公钥使用期短。

（3）基本限制扩展

这个扩展用来区分 CA 证书和一般用户证书。只有 CA 证书才能用来签发证书，而且这个扩展还可以确定 CA 证书签发证书的种类：是只能签发一般用户证书，还是能再签发下一级的 CA 证书。甚至它还可以进一步确定下级 CA 的个数。

（4）CRL 分布点扩展

这个字段标识一个或多个与本证书相关的 CRL 分布点，用户可以从一个可用的分布点获得一个 CRL，来验证该证书是否被撤销。

8.3.3 在线证书状态协议

视频 8.3.3

当一个在有效期内的证书因某种原因（如证书中公钥对应的私钥泄露）而不能再使用时，需要将它撤销。早期使用证书撤销列表（Certificate Revocation List，CRL）来撤销证书，它是所有已被撤销证书的名单，由 CA 定期发布并进行数字签名。用户可以通过在线的或离线的方法得到 CRL，并在使用证书前，检查证书是否在 CRL 中。

CRL 不是实时的，一般隔几天或几周刷新一次 CRL。而在有些场合下必须获得证书的实时状态，如涉及大量金钱的场合。CRL 是几十年前的概念，那时互联网还不普及，很少用户能做到随时在线，只能靠本机中存储的 CRL 来验证证书。现在互联网已经普及，无论是在家中，还是在办公室，每个人都能做到随时在线。难道不能通过互联网实时地向 CA 查询某个证书的状态吗？答案是肯定的，这就是在线证书状态协议（Online Certificate Status Protocol，OCSP）。通过 OCSP，能实时地获取某个证书的状态，这在涉及大量资金的场合特别重要，如股票交易、签订大金额合同。

1999 年发布的 RFC 2560 定义了 OCSP。用户向 CA 的 OCSP 服务器发送一个 OCSP 请求，指明要验证的证书，OCSP 服务器则回复一个 OCSP 响应，指出该证书的状态。限于篇幅，OCSP 的细节不再介绍。

8.3.4　密码操作开发工具

编制程序进行证书及其他密码操作是非常复杂的。以制作证书为例，得到用户相关数据后，先需要调用 DER 编码器编码，然后对编码后的证书签名。签名过程同样复杂，首先要确定签名算法，再获得 CA 私钥，运行签名程序。签名程序有多种实现方法，可以用软件实现，这显然不安全，应该用硬件实现，密码硬件设备多种多样，如何提高通用性和可移植性是复杂的问题。也就是说，程序员在应用程序中调用函数 SignCertificate 对一张证书签名即可。至于这个函数如何实现，用软件还是用硬件，用何种硬件，与程序员无关。这要求有一套抽象的、与实现无关的密码函数接口定义。这种体系结构如图 8-6 所示。

目前，密码函数接口有好几种，相互之间并不兼容。现在主流的密码函数接口有 PKCS#11、MSCSP、JCE 等。以及我国的行业标准 GM/T 0016—2012《智能密码钥匙密码应用接口规范》与 GM/T 0018—2012《密码设备应用接口规范》。

图 8-6　密码操作实现体系结构

1. PKCS#11

PKCS#11 接口是在 RSA 公司的 PKCS#11 标准中定义的，它具有以下特点：

① 使用时不需要任何机构签名。

② 由于用标准 C 语言编写，可跨平台使用（支持 Windows、UNIX、Linux、Aix 等）。

③ 不需要在系统中注册。

下面是签名函数和签名验证函数的定义：

```
C_Sign(                      /*签名函数*/
    g_hSession,              /*会话句柄*/
    signMsg,                 /*要签名的数据*/
    strlen(signMsg),         /*要签名的数据的字节数*/
    signature,               /*用于保存签名结果*/
    &ulSignatureLen          /*签名结果长度*/
);
C_Verify(                    /*签名验证函数*/
    g_hSession,              /*会话句柄*/
    signMsg,                 /*要验证的数据*/
    strlen(signMsg),         /*要验证的数据的字节数*/
    signature,               /*签名数据*/
    ulSignatureLen           /*签名数据长度*/
);
```

2. MSCSP

MSCSP 是 Microsoft Cryptographic Service Provider（微软密码服务提供者）的缩写。Microsoft 为各类 Windows 操作系统提供了一个特殊的名为 CryptoAPI（有时也称为 CAPI）的加密应用程序编程接口（API）。CryptoAPI 提供了一个标准的框架，应用程序可通过它来获得加密和数字签名服务。微软自己已经对它做了具体实现，不同供应商也可以开发独立的具体实现模块，这些模块叫作密码服务提供者（CSP），它们可以通过 CryptoAPI 接口被任何程序调用。

微软 CSP 接口特点：

① 通过加密应用程序编程接口 CryptoAPI 调用（早期 Windows 系统自带的 CSP 必须符

合美国密码出口条件，加密强度较低，现在有所放宽）。

② 国内厂商独自开发的 CSP 需要经过微软数字签名方可使用。

③ 使用时需要在 Windows 系统注册表中注册。

④ 使用 C/C++语言编写。

⑤ 只能在 Windows 系统平台上使用。

⑥ Windows 系统应用程序安全加密功能，如微软证书服务、Word 签名、Outlook 签名和加密、IIS 服务器 SSL 通道、智能卡管理开机操作等均可通过微软 CSP 实现。

下面是签名函数和签名验证函数的定义：

```
BOOL WINAPI CryptSignMessage(        /*签名函数*/
    PCRYPT_SIGN_MESSAGE_PARA pSignPara,
    BOOL fDetachedSignature,
    DWORD cToBeSigned,
    const BYTE *rgpbToBeSigned[ ],
    DWORD rgcbToBeSigned[ ],
    BYTE *pbSignedBlob,
    DWORD *pcbSignedBlob
);
BOOL WINAPI CryptVerifySignature(     /*签名验证函数*/
    HCRYPTHASH hHash,
    BYTE *pbSignature,
    DWORD dwSigLen,
    HCRYPTKEY hPubKey,
    LPCTSTR sDescription,
    DWORD dwFlags
);
```

3. JCE

JCE（Java Cryptography Extension，Java 密码扩展）是美国 SUN 公司（已于 2009 年被 Oracle 公司收购）专为 Java 制定的标准。它具有以下特点：

① 使用时需 SUN 公司签名。

② 由于用 Java 语言编写，可跨平台使用。

4. 我国的国密标准

习近平总书记在党的二十大报告中指出："加快实现高水平科技自立自强"。考虑到计算机密码对国家安全的极端重要性，我国的国家密码管理局也发布了很多与计算机密码相关的行业标准，通称为国密标准。其中 GM/T 0016—2012《智能密码钥匙密码应用接口规范》与 GM/T 0018—2012《密码设备应用接口规范》都定义了密码函数接口。前者针对 USB Key 等微型密码设备，后者则针对其他类型的密码设备。两者都是用标准的 C 语言编写的。下面是 GM/T 0018—2012 中，使用设备内部 ECC 密钥的签名函数和签名验证函数的定义。

```
int SDF_InternalSign_ECC(            /*签名函数*/
    void *hSessionHandle,
    unsigned int uiISKIndex,
    unsigned char *pucData,
    unsigned int uiDataLength,
    ECCSignature *pucSignature
);
int SDF_InternalVerify_ECC(          /*签名验证函数*/
    void *hSessionHandle,
    unsigned int uiISKIndex,
```

```
unsigned char *pucData,
unsigned int uiDataLength,
ECCSignature *pucSignature
);
```

8.4 证书权威（CA）

在 PKI 技术中，数字证书是用户的身份与之所持有的公钥的结合。在结合之前，由一个可信任的认证机构——**证书权威**（CA）来证实用户的身份，然后由该 CA 向用户发放数字证书。CA 在公钥密码技术基础上实现证书的产生、管理、存档、发放以及证书撤销管理等功能，并拥有实现这些功能的硬件、软件、人力资源、相关策略和操作规范。在我国，CA 通常称为认证中心。我国已有多家 CA，如中国金融认证中心（CFCA）、山东省数字证书认证管理有限公司（SDCA）等。

8.4.1 CA 的功能和组成

CA 是 PKI 的核心，CA 负责管理 PKI 结构下的所有用户（包括各种计算机设备甚至某个应用程序）的证书，把用户的公钥和用户的身份信息捆绑在一起，在网上验证用户的身份。CA 还要提供用户证书的 OCSP 查询服务，或者定期发布证书吊销列表（Certifiate Revocation List，CRL）。概括地说，CA 的基本功能有证书发放、证书更新、证书撤销，具体描述如下：

视频 8.4.1

① 接收最终用户数字证书的申请。

② 确定是否接受最终用户数字证书的申请——证书的审批。

③ 向申请者颁发或者拒绝颁发数字证书——证书的发放。

④ 接收、处理最终用户的数字证书更新请求——证书的更新。

⑤ 接收最终用户数字证书的查询、撤销。

⑥ 提供 OCSP 查询服务，或者产生和发布 CRL。

⑦ 数字证书的归档。

⑧ 密钥归档。

⑨ 历史数据归档。

CA 要完成上述功能，必须要有大量硬件设备的支持。图 8-7 是一个简化的 CA 组成图。

图 8-7　简化的 CA 组成图

① Web 服务器：以网页形式提供证书申请、证书更新、证书撤销、证书/CRL 的查询/下载等功能，各种查询/下载从目录服务器中读取数据。

② 管理控制台：对系统进行日常的配置和管理。提供各种证书请求的审核、CA 策略设定、系统监控、操作员管理、日志管理、统计报表以及各种查询功能。各种具体操作调用 CA 服务器进行处理。

③ CA 服务器：这是 CA 的核心，由管理控制台调用。对各种证书请求进行处理，如证

书的签发、更新、撤销、CRL 的生成等。其中的密码操作调用加密机处理。

④ 加密机：由 CA 服务器调用。执行产生用户公私钥对、对证书及 CRL 签名及验证签名、对称密钥加密解密等密码操作。需要指出的是，CA 的私钥是极端机密的信息，必须保存在加密机这样的密码硬件设备中。

⑤ 目录服务器：实际上就是数据库服务器，存储了用户证书和 CRL 等公开信息，供所有用户下载使用。在 CA 中，目录服务器多用 LDAP（Lightweight Directory Access Protocol，轻量级数据访问协议）服务器，较少使用一般的关系型数据库。大多数的 LDAP 服务器都为读密集型的操作进行了专门的优化，从 LDAP 服务器中读取数据会比从关系型数据库中读取数据快一个数量级。

上面简单介绍了 CA 的组成。实际使用的 CA，特别是一些大型的 CA 其结构是极其复杂的。图 8-8 所示为一个实用的 CA 组成图。

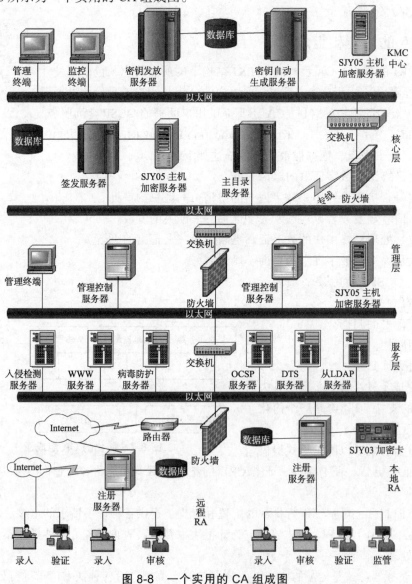

图 8-8　一个实用的 CA 组成图

从图 8-8 中可以看出，大型 CA 除自身外，还有许多远程的代理机构——注册中心（Registry Authority，RA）。比如，CA 设于 A 地，为了拓展业务，在 C 地、D 地等外地城市设立了多个 RA。RA 系统是 CA 的延伸，它负责证书申请者的信息录入、审核等工作；同时，对发放的证书完成相应的管理功能。RA 系统是整个 CA 得以正常运营不可缺少的一部分，但在有的小型系统中，RA 被合并在 CA 中。一般来说，RA 仅是 CA 的代理机构，是依附于 CA 的。所以，只有 CA 才可以颁发证书，RA 只能以 CA 的名义发放证书，而不能以自己的名义发放证书。

8.4.2　CA 对用户证书的管理

1. 用户公/私钥对的分类和产生

一般来说，用户公/私钥对有两大类用途：

① 用于数字签名：用户用私钥对消息进行数字签名，而消息的接收者使用用户的公钥对消息的数字签名进行验证。

② 用于加密信息：消息发送者使用接收者的公钥加密机密数据，接收者使用私钥解密数据。

相应地，系统中需要配置用于数字签名/验证的密钥对和用于数据加密/解密的密钥对，这里分别称为签名密钥对和加密密钥对。这两类密钥有不同的管理要求。

① 签名密钥对：签名密钥对由签名私钥和验证公钥组成。签名私钥具有日常生活中公章、私章、手写签名的作用，为了保证其唯一性，签名私钥绝对不能在 CA 做备份和存档。如果丢失或泄露只需重新生成新的密钥对，原来的签名仍可以使用旧公钥来进行验证。验证公钥（实际上存在于证书中）则是需要存档的。用来做数字签名的这一对密钥一般可以有较长时间的生命期。

② 加密密钥对：加密密钥对由加密公钥和解密私钥组成。为了防止私钥丢失时无法解密数据，解密私钥应该在 CA 进行备份和存档，以便在任何时候解密历史密文数据。另外，根据法律规定，需要时警方可以申请从 CA 取得用户私钥解密相关数据。

从上面可以看出，这两种密钥对的密钥管理机制要求存在相互冲突的地方，因此，系统必须针对不同的用途使用不同的密钥对。

用户的密钥对可有两种产生方式：

① CA 替用户生成密钥对，将公钥制作进证书，然后将私钥以秘密的方式传送给用户。该方式下由于用户的私钥为 CA 所产生，故对 CA 的可信性有很高的要求。CA 必须在事后销毁用户的私钥，或做私钥备份。这种方法称为密钥托管，适用于加密密钥对，对签名密钥对不太适合。很少有人对 CA 绝对信任，签名私钥是不是真的销毁了？纵然 CA 打算真的销毁，可是 CA 的操作人员会不会窃取用户的签名私钥呢？多数情况下，签名私钥比加密私钥重要得多，其价值也大得多。

② 用户自己生成密钥对，然后自己保存私钥，将公钥以安全的方式传给 CA，CA 将这个公钥制作进证书里。这种方法适用于签名密钥对，CA 不会知道用户的签名私钥。这里出现一个新问题，CA 如何确定公钥与用户私钥是对应的？公钥可能在网络中传送，恶意的攻击者会替换用户的公钥。如果假公钥制作进用户的证书，攻击者就可以冒充用户的签名。因为攻击者手中的私钥是与证书中的公钥对应的。

RSA 公司制定的规范 PKCS #10: Certification Request Syntax Standard 解决了这个问题。其解决办法是这样的：用户生成密钥对后，将公钥和自己身份的相关信息打包，然后用私钥签名，再发送给 CA。CA 首先对用户进行身份认证，再从信息中取出公钥，验证这个签名，验证通过才开始制作证书。这时，恶意的攻击者再想替换公钥就办不到了。

2．证书签发

证书签发前 RA 必须对用户进行身份认证。一种机制是使用完全手工过程，就像办理身份证、驾驶证、护照等证件一样，要求申请者向注册管理员提供所有关于他们身份的物理证据。注册管理员将检查申请者所提供的证据，持怀疑态度地去验证他们的照片与本人的匹配程度，当满意时便会初始化一个注册请求来输入数据，并且由注册管理员进行数字签名后发给 CA。当 CA 接到请求后，他们将注意到这确实是注册管理员预先审查的，并且不要求更多的证据来确认申请者的身份，使用最小限度的附加检查就可以发行证书。这种方式适用于安全性要求比较高的注册系统。

身份验证后，证书的发放分为两种方式：一是离线方式发放，即面对面发放，特别是 CA 代为生成密钥对时，最好用面对面的离线方式发放证书与私钥，非常安全；二是在线方式发放，即通过 Internet 使用 LDAP 目录服务器下载证书。

现在，一般利用浏览器申请证书，具体过程如下：

① 访问 CA 的网站，打开一个 Web 页面，它提供输入表单来让申请者输入注册信息。包括用户的个人信息、申请证书的类型、密钥的生成方式等。

② 填写信息时重要的一项是选择密钥生成方式，用户可以选择密钥托管或不托管。如果密钥不托管，用户可以提交一个已有的 PKCS#10 请求，也可以选择智能卡或 USB key 等密码硬件设备生成标准的 PKCS#10 请求。这要求网页中有操作智能卡或 USB key 等密码硬件设备的 ActiveX 控件。如果没有密码硬件设备，也可以直接利用微软的 ActiveX 控件 ICEnroll 中的方法 createPKCS10 产生 PKCS#10 请求。

③ RA 检查申请信息并且开始验证用户提供的身份信息。如果用户申请的是可信程度较高的证书，RA 会要求他去 RA 的办公地点面对面地审核他的身份。用户也可以通过打电话、电子邮件等方式审核用户的身份。当然，这种证书的可信程度是很低的。由于证书是有多种类型的，所以 RA 应该根据需要来确定审核方式。

④ 当 CA 接收到 RA 的申请时，它根据证书操作管理规范定义的颁发规则制作证书。证书的类型不同，证书中的策略设置也会有所不同，以此限制证书的使用方式。

⑤ 生成的证书返还给用户。如果是密钥托管，最好还是采用离线方式发放证书与私钥，确保私钥的安全。其他情况下采用在线方式即可。

⑥ 如果用户自己生成密钥对，还需要将返回的证书和先前生成的私钥对应起来。这需要运行一个程序将证书和私钥建立起关联。

3．证书撤销

在证书的有效期内，由于私钥丢失泄密等原因，必须撤销证书，此时证书持有者要提出证书撤销申请。注册管理中心一旦收到证书撤销请求，就可以立即执行证书撤销，并同时通知用户，使之知道特定证书已被撤销。CA 撤销证书通常使用 OCSP 或 CRL。

根据 CA 与申请人的协议，可规定申请人可以在任何时间以任何理由对其拥有的证书提出撤销，撤销申请必须向 CA 或者 RA 提交。用户提出证书撤销的一般原因如下：

① 密钥泄密：证书对应的私钥泄密。

② 从属变更：某些关于证书的信息变更，如机构从属变更等。

③ 终止使用：该密钥对已不再用于原用途。

CA 根据与证书持有人的协议，可由于以下原因主动撤销证书：

① 知道或者有理由怀疑证书持有人私钥已经被破坏，或者证书细节不真实、不可信。

② 证书持有者没有履行其职责。

③ 证书持有者死亡、违反电子交易规则或者已经被判定犯罪。

④ CA 本身原因：由于 CA 系统私钥泄密，在更新自身密钥和证书的同时，必须用新的私钥重新签发所有它发放的下级证书。

从安全角度来说，每次使用证书时，系统都要检查证书是否已被撤销。为了保证执行这种检查，证书撤销是自动进行的，而且对用户是透明的。当证书的有效期结束时，证书自动失效，无须撤销。

4．证书更新

如果与证书相关的密钥已经到达它有效生命的终点，或证书已经过期（与签署的有效期比较），或证书中已经证明的一些属性可能已经改变，并且对于这些新属性值必须重新证明，这时就要发放新证书。但只要证书没有撤销，先前的密钥和证书仍然有效。

证书更新时，CA 要签发新的证书，其过程与证书签发类似，只不过简化了身份审核过程。如果旧证书仍在有效期内，可以撤销，也可以不撤销。撤销时，其过程就是上一部分证书撤销的过程；不撤销时，旧证书仍然有效。

8.4.3　密码硬件简介

应该指出，仅仅使用软件就可以完成全部的密码操作，包括密钥的生成、加解密、签名、验证签名、单向散列函数处理。而且随着处理器速度的飞速提高，这些密码操作的速度越来越快。但是，在对安全性要求高的场合，如 CA 甚至是某些个人必须要用密码硬件，主要目的就是安全。另外，使用密码硬件也可以提高密码操作的速度。

设想如果密码操作只用软件来完成，那么密钥存于何处？用脑子记住是不可能的。密钥不是口令，是很长的一段二进制数据，非常随机没有任何规律。只能存于硬盘上，至多用口令保护。这对于一般个人用户也许还可以，但是对 CA 这显然是不行的。CA 的私钥一旦泄密，其后果将是灾难性的。备份的用户的私钥泄密是不可接受的，不但给用户造成损失，而且 CA 的信誉将一落千丈。

密码硬件可以分为三类：一是 USB key、IC 卡等小型设备；二是加密卡等中型设备；三是加密机等大型设备。它们的主要功能是保存密钥等机密信息，这类机密信息在密码硬件中生成，并且永远不会导出。在正常使用过程中，操作时需要将数据输入密码硬件，密码硬件利用密钥加密或签名后再输出。密码硬件即使丢失或被盗，从硬件设计上也保证了恶意攻击者无法读出里面的机密信息，这就保证了机密信息的安全。

1．USB Key

USB key 使用 USB 接口，从外形看像 U 盘，可以直接插入计算机的 USB 口。其突出

视频 8.4.3

特点是内部集成了微处理器和大容量存储器，内置小型的操作系统，可以认为是一台超微型的计算机。USB key 经过特殊设计，具有很高的硬件安全机制，选用 USB key 可以减少用户在使用方面的安全顾虑，在应用中更有信心。USB key 的存储器可以分成若干应用区，各应用区可设置各自独立的访问权限与安全规则，相互隔离，分别保存不同密级的数据，所以可有多种用途。例如，高密级应用区中的数据不可读出，该应用区可以保存私钥等机密数据，低密级应用区中的数据可以读出，但对写入有一定限制，该应用区可以保存证书等数据。

随着 USB key 的广泛使用，其价格已经很低，绝大多数网上银行都使用 USB key 来保存用户的私钥与证书，安全性比在硬盘上保存私钥高得多。另外，对安全性要求高的身份认证，也可以使用 USB key。

2．加密卡和加密机

加密卡类似于网卡，直接插在用户计算机的扩展槽中。加密卡有与其配套的密钥管理软件，或密钥管理开发接口。用户可直接使用密钥管理软件来管理加密卡，也可使用密钥管理开发接口，在自己的应用系统中对密钥进行管理。加密卡的结构如图 8-9 所示。

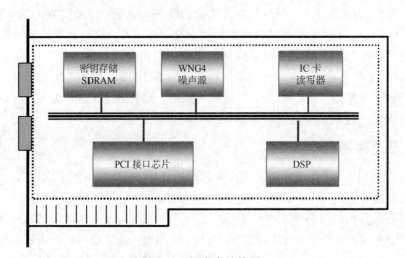

图 8-9　加密卡结构图

加密机是一种昂贵的高端密码硬件设备，从外形看像一台路由器。加密机通过 TCP/IP 协议（或 SCSI）和计算机连接。应用系统通过调用计算机上的软件接口库来使用加密机，通过加密机的密钥管理软件来管理加密机的密钥。为了安全，使用加密机的计算机应该采用双网卡结构，一块和应用系统连接，另一块和加密机连接，加密机和计算机构成一个独立的内部网，加密机对外部网不可见。

密码硬件设备是非常昂贵的，应该根据需要来选用。对于个人用户，选用 USB Key 即可；对于小型应用，可以选用加密卡；对于企业级应用，就必须选用加密机。虽然 CA 大量使用了密码硬件，但是在其他很多场合，也经常使用密码硬件，如网上银行就广泛使用了 USB Key 这种小型的密码硬件。

8.4.4 商用 CA 产品

目前，无论是国外还是国内，投入商用的 CA 产品很多。国内已有多家计算机安全公司提供 CA 产品，从硬件直到软件，其规模都十分庞大，且部署复杂、价格昂贵。我国的 CA 只能使用我国企业研发的 CA 产品（包括全部的软件、硬件），因为我国政府颁布的《商用密码管理条例》有如下规定：

第十三条 进口密码产品以及含有密码技术的设备或者出口商用密码产品，必须报经国家密码管理机构批准。任何单位或者个人不得销售境外的密码产品。

第十四条 任何单位或者个人只能使用经国家密码管理机构认可的商用密码产品，不得使用自行研制的或者境外生产的密码产品。

这是出于国家安全的考虑。实际上，不仅我国，其他国家都有类似规定。早期 IE 浏览器中的密码部分（SSL）的密钥长度只有 56 位，就是美国政府禁止长密钥密码产品出口的结果。好在现在有所放宽，密钥长度可以为 128 位或 256 位。

实际上，在 Windows 2000 服务器版及以后的各类 Windows 服务器版操作系统中就有一个小型的 CA，只不过默认是不安装的，需要手工安装，如图 8-10 所示。它的功能比较简单，没有太大的实用价值，不过用来学习一下 CA 的运作过程还是非常好的。

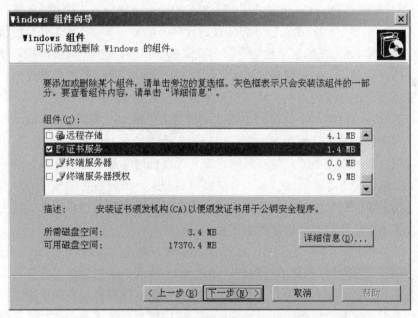

图 8-10　在 Windows 服务器版操作系统中安装证书服务

 ## 8.5　信 任 模 型

视频 8.5

　　X.509 规范对信任的定义为"一般来说，如果一个实体假定另一个实体会严格地像它期望的那样行动，就称它信任那个实体。"其中的实体是指在网络或分布式环境中具有独立决策和行动能力的终端、服务器或智能代理等。何谓信任模型？用一个不太确切但好理解的解释，PKI 体系中的信任模型是指各类 CA 的组织方法。

8.5.1 证书验证方法

在讨论具体的信任模型前，首先讨论一个前面未涉及的问题，如何验证一个证书。证书验证是确定证书在某一时刻是否有效以及确认它能否符合用户意图的过程，证书只有在验证有效后才能使用，它包括以下内容：

① 证书是否包含一个有效的数字签名，以此确定证书内容没有被修改过，保持数据的完整性。这可利用颁发者（CA）的公钥来验证。

② 颁发者（CA）的公开密钥是否有效，是否可以用来验证证书上的数字签名。

③ 当前使用证书的时间是否在证书的有效期内。

④ 证书（或其对应的密钥）是否用于最初签发它的目的。

⑤ 利用 OCSP 协议或 CRL，验证证书是否被撤销。

只有这些过程全部无误，才说明这张证书是有效的，才可以使用。请注意第二条，CA 的公开密钥是否有效，CA 的公钥在哪里呢？在 CA 的证书里。首先要验证 CA 的证书是否有效，然后再验证本证书是否有效，因此这是一个递归的过程。CA 证书也许是另一个较大的 CA 签发的，那就要验证较大 CA 的证书，较大 CA 的证书也许是另一个更大 CA 签发的，那就要验证更大 CA 的证书，一直进行下去，直到最后一个 CA，它的证书是自己给自己签发的。这种 CA 称为根 CA，它的证书称为自签名证书或根证书。这样 会形成一个证书链，顶端是根 CA 的自签名证书，中间是中级 CA 的证书，最后才是一般用户的证书。要验证证书链中的全部证书。在实际应用中，证书链中的证书一般有 2~5 个。

一般用户的身份由中级 CA 保证，中级 CA 的身份由根 CA 来保证，但是谁保证根 CA 的身份？这个问题仅用网络是无法解决的。用户无法确定从网上传来的根 CA 证书的真伪。不过，在现实生活中可以去根 CA 的办公地点或其代理机构，复制它的证书，这好像也不容易做到。根 CA 都是实力雄厚的大公司，有很多可靠的途径来分发它的根证书，而且其证书的有效期长达几十年。最简单的办法是，根 CA 的证书已经预装在很多软件（特别是操作系统）中，安装了这个软件的同时也就拥有了根 CA 的证书。

下面看一下 Windows 10 中的证书。打开 IE 浏览器，单击"工具"→"Internet 选项"→"内容"→"证书"，即可打开证书管理器，如图 8-11 所示。证书管理器将显示系统证书存储区中所有的证书，这些证书分为若干类别。"个人"指本计算机用户的证书，"其他人"指非本计算机用户的证书，"中间证书颁发机构"指中级 CA 的证书，"受信任的根证书颁发机构"指根 CA 的证书，而且这些根 CA 的证书均受到信任。"导出"按钮可将证书从证书存储区中导出为文件，"导入"按钮可将证书文件导入证书存储区。如果将根 CA 的证书导入证书存储区，则意味着它受到了用户的信任。

选择某一证书，单击"查看"按钮，即可查看其信息，如图 8-12 所示。"详细信息"选项卡中显示证书所有字段的信息，"证书路径"选项卡则显示这个证书所在的证书链。如果这个证书有一个对应的私钥，将显示"您有一个与该证书对应的私钥"。

图 8-11 证书管理器

图 8-12 证书信息

在证书管理器中选择"受信任的根证书颁发机构"选项卡，能看到大量预装的根 CA 证书，如图 8-13 所示，这些证书在安装完 Windows 后就自动出现在里面。所谓根 CA 证书被信任，就是指它是有效的，可以用来验证下级 CA 的证书。在 Windows 中，只有导入"受信任的根证书颁发机构"中的根 CA 证书才是被信任的。

图 8-13 Windows 中预装的根 CA 证书

8.5.2 信任模型

1. 层次信任模型

在层次信任模型中，认证机构（CA）的层次结构可以描绘为一棵倒置的树，根在顶上，树枝向下伸展，树叶在下面，如图 8-14 所示。这样的一棵树称为一个信任域。在这棵倒置的树上，根代表一个对整个信任域所有实体都有特别意义的 CA，通常叫作根 CA，作为信任的根。在根 CA 的下面是零层或多层中间 CA（也称作子 CA），这些 CA 由中间节点代表，从中间节点再伸出分支。与非子 CA 的 PKI 实体相对应的树叶通常称作终端实体或终端用户。

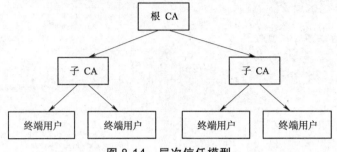

图 8-14　层次信任模型

根是信任的始点，系统中所有实体（终端实体和所有的子 CA）都将根作为它们的信任始点，也就是它们对所有证书验证决策的信任始点。在这个模型中，层次结构的所有实体都信任唯一的根 CA。这个层次结构按如下规则建立：

① 根 CA 认证直接在它下面的 CA。

② 这些 CA 中的每个都认证零个或多个直接在它下面的 CA。

③ 倒数第二层的 CA 认证终端实体。

在层次结构中的每个实体都必须拥有根 CA 的公钥（证书）。根 CA 公钥的安装是所有通信实体进行证书处理的基础，因此必须通过安全的离线方式来完成，例如上一节中的 Windows 预装根证书方法。

在 Windows 操作系统中，就使用了这种信任模型，只不过根 CA 不止一个，而是有很多个。这方便了用户的使用，但是过多的根 CA 难以管理，而且在安装新的根 CA 证书时，会有一定的安全风险。

2．对等信任模型和网状信任模型

对等信任模型假设建立信任的两个认证机构不能认为其中一个从属于另一个——它们是对等的。在本模型中，没有作为信任始点的根 CA。证书用户通常依赖自己的局部 CA，并将其作为信任始点。这两个 CA 现在是孤立的，它们是不同的信任域，域内的用户只能验证本域内的用户。如何建立两个信任域的联系？这就要使用交叉认证。

交叉认证是一种把以前的无关的 CA 连接在一起的机制，使得在它们各自主体群之间的安全通信成为可能。交叉认证可以是单向的，也可以是双向的。也就是说，CA1 可以交叉认证 CA2，而 CA2 没有交叉认证 CA1。这种单向交叉认证导致了单个交叉证书，前面提到的 CA 层次结构是一个典型的实际应用。CA1 和 CA2 也可以互相交叉认证，这种相互交叉认证导致了两个不同的交叉证书，CA1 向 CA2 签发证书，同时 CA2 向 CA1 签发证书。两个互相交叉认证的 CA 便构成了对等信任模型，如图 8-15 所示。

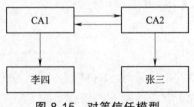

图 8-15　对等信任模型

当 CA 很多时，要想在任意两个 CA 之间都进行交叉认证是不太可能的，只能在某些 CA 之间进行交叉认证，这就构成了网状信任模型，如图 8-16 所示。

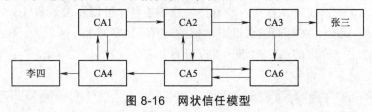

图 8-16 网状信任模型

3．混合信任模型

在实际应用中，经常使用混合信任模型，就是上面几种信任模型的组合，如图 8-17 所示。根 CA1 及其子 CA 构成一个信任域，根 CA2 及其子 CA 构成另一个信任域，它们都是层次信任模型。然后，根 CA1 和根 CA2 进行交叉认证，它们二者构成对等信任模型。

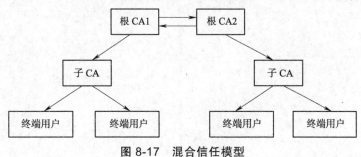

图 8-17 混合信任模型

8.6 案 例 应 用

视频 8.6

有了 PKI 之后，凡是使用公钥的地方，都要从数字证书中获取公钥。现在用下面常见的两个案例来说明 PKI 技术的应用。

8.6.1 软件防篡改

1．案例描述

从网上下载可执行的软件后，由于可执行的软件可以在用户的计算机上做任何事情，用户如何相信它是无害的呢？这要看它的生产商，大公司的软件可以信赖。但是，如果黑客用自己的软件冒充大公司的软件，或者篡改大公司的软件，企图危害用户时怎么办？

2．案例分析

根据本书前面部分的讲解，数字签名可以防止恶意篡改软件。再结合本章的讲解，数字证书可以认证实体的身份，二者结合就可以完美解决软件防篡改的问题。

3．案例解决方案

下面以迅雷公司的 Web 迅雷软件为例说明。为了保证安全，让用户放心使用，迅雷公司首先要申请证书，完成软件后，用与该证书中公钥对应的私钥对软件进行数字签名，最后将软件本身、签名值、自己的证书打成一个包供用户下载。签名和打包都由专门的工具软件来完成，微软就有这样的工具，并可免费下载使用。Windows 下载了这样的软件包，解包后先验证签名，验证通过后再安装，若验证失败则提示用户。

在 Windows 10 中，如果要查看一个软件的数字签名，可以右击该软件，在弹出的快捷菜单中选择"属性"命令，在打开的属性对话框中选择"数字签名"选项卡，如图 8-18 所示。选择签名后，再单击"详细信息"按钮，可以查看签名的详细信息，如图 8-19 所示。

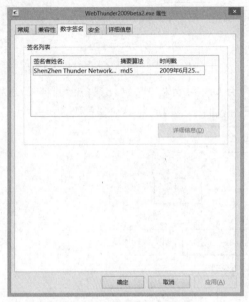

图 8-18　查看软件的数字签名　　　　图 8-19　数字签名详细信息

4．案例总结

在上述方案中，数字签名防止了软件被篡改，若有篡改则无法通过签名验证。同时，与签名私钥对应的数字证书中有软件开发商的信息，这保证了软件开发商身份的真实性，无法被冒充。这二者相结合就完美地解决了软件防篡改的问题。

8.6.2　网上银行

1．案例描述

随着计算机网络的普及，越来越多的人开始使用网上银行进行转账、支付与查询。个人用户的交易金额较小，但单位用户的交易金额可能高达数千万元。网上银行的安全问题受到越来越多的关注。

2．案例分析

为保证数据从用户客户端到银行服务器间的安全，网上银行使用了 SSL 协议。SSL 协议对用户与银行间的所有数据进行加密等多种操作，既可以防窃听，也可以抵御重放攻击。SSL 协议详见第 11 章。对于个人用户或金额较小的交易，网上银行可以只用用户名、口令，或者增加手机短信验证码，但对于单位用户或金额较大的交易，必须使用本章介绍的数字证书、密码硬件等高安全性技术。本案例将讨论数字证书、密码硬件等内容。

3. 案例解决方案

在网上银行用户的整个操作过程中，有一处用到银行服务器的公钥（证书），有两处用到用户的公钥（证书）。

① 用户客户端利用 SSL 协议连接银行服务器时，需要认证银行服务器，这个过程需要银行服务器的公钥（证书）。此过程自动进行，完全对用户透明。

② 用户登录银行服务器时，有多种登录方法，如用户名和口令、一次性口令，以及证书登录。其中，安全性最高的就是证书登录，这个过程是利用 USB key 中保存的用户私钥进行的，而银行利用用户的证书进行验证。

③ 用户通过网上银行支付或转账较大金额时，必须用自己的私钥进行数字签名，这也是利用 USB key 进行的，而银行则会利用用户的证书去验证这个签名。

需要特别指出的是，因多种原因，银行业务员在谈到网上银行安全时，或者在很多宣传材料中，频繁提到证书，但安全的另一核心元素——私钥却被忽略了。USB key 中保存着用户的私钥与证书，真正需要保密的是私钥，而不是证书，证书是完全公开的。用户直接使用的也是自己的私钥，自己的证书是由银行来使用的。

虽然理论上网上银行用户的证书应该由 CA 签发，但是在绝大多数情况下，证书是由银行签发的，这时银行就相当于一个 CA。证书签发过程如下：

① 银行营业员利用身份证审核用户的身份正确无误。

② 银行营业员操作 USB key，USB key 生成公私钥对，输出公钥到银行服务器，私钥则保存在 USB key 内。

③ 银行或 CA 为用户签发证书，证书包含用户的身份信息与公钥。

④ 银行营业员或用户自己从网上银行的服务器下载证书，并把证书导入 USB key，与私钥对应起来。

不同银行的 USB key 有不同的商业叫法，如 U 盾、K 宝等。第一代 USB key 只有口令保护，使用其中的私钥时，必须输入口令，而且口令多次输入错误后 USB key 会被锁定。这种 USB key 有安全隐患，只要 USB key 插在计算机上，病毒如果暗中记录了 USB key 口令，就可以悄悄使用 USB key 签名，而用户毫无察觉。第二代 USB key 增加了一个按键，使用 USB key 时，必须人工按一下此按键，病毒就无机可乘了，但仍然存在另一安全隐患。例如，用户要支付 100 元，可是发往 USB key 的数据却被病毒篡改为 1 000 元，而用户无法发现。为此，第三代 USB key 增设了一个小屏幕，会显示需要私钥签名的内容，用户确认无误后按确认键才能生效。这三代 USB key 如图 8-20 ～图 8-22 所示。

图 8-20　第一代 USB key

图 8-21　第二代 USB key

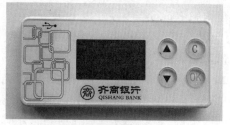

图 8-22　第三代 USB key

当需要使用 USB key 中的私钥时，比如进行大金额交易时，系统会提示用户将 USB key 插入计算机，输入 USB key 口令，利用其中的私钥对支付数据签名。银行验证用户签名无误后，会将款项从用户账号转走。

在使用 USB key 的网上银行中，私钥从生成到使用的整个过程中，一直保存在 USB key 中，从不导出，因此具有极高的安全性。对于不使用 USB key 的网上银行，以及其他一些不使用 USB key 的支付方式，安全性则差得多。这些支付方式，在一些功能上，如支付额度等都有一些限制。

USB key 的缺点是需要在计算机上安装驱动程序，使用比较麻烦，且只适用于计算机，无法适用于目前广泛使用的手机支付。为此，很多网上银行推出了电子密码器（令牌），如图 8-23 所示。电子密码器的原理与 USB key 类似，只不过能独立使用，无须连接计算机或手机，输入/输出由用户手工完成。用户将需要处理的数字输入密码器，处理结果显示在屏幕上，一般为 6 位或 8 位数字，再由用户输入计算机或手机。因为输入/输出只能是数字，且位数较短，所以安全性远低于 USB key。

图 8-23　电子密码器

4．案例总结

虽然网上银行使用了 SSL 协议、数字证书、USB key 等各种安全措施，但网上银行仍然有其他安全问题。针对网上银行的攻击，目前最流行的是一种叫作网络钓鱼的诈骗方式。顾名思义，网络钓鱼就是骗子利用一些诱饵，来骗取用户的账户和口令，从而坐收渔翁之利。通常骗子都是利用虚假的链接，如向受害人发送带有虚假链接的电子邮件，将受害人引导到一个假的网站。这个假网站会做得与某个网上银行网站一模一样，仅仅网址与真网址有一个字符不同，粗心的用户往往会被骗取自己的账户和口令。例如中国银行网站为 www.bank-of-china.com，而假冒的可能是 www.bank-off-china.com，仅多一个字母 f；工商银行网站为 www.icbc.com.cn，而假冒的可能是 www.1cbc.com.cn。

如今，骗子的花样仍在不断翻新，其中鸡尾酒钓鱼术更让人防不胜防。与使用假冒网站行骗的网络钓鱼不同，鸡尾酒钓鱼术直接利用真的银行网站行骗，即使是有经验的用户也可能会陷入骗子的陷阱。鸡尾酒钓鱼术仍使用虚假的链接，当用户单击虚假链接以后，的确能进入真正的网上银行网站，但是骗子的恶意代码会让浏览器出现一个类似登录框的弹出窗口，毫无戒心的用户往往会在这里输入自己的账户和口令，而这些信息就会发送到骗子的邮箱中。由于骗子使用了客户端技术，银行方面也无法发现异常。抵御这些钓鱼诈骗并不难，只需在进入网上银行网站时，一定要自己在浏览器的地址栏中输入网址。

使用网上银行需要注意以下安全事项：

① 从公开渠道获得网上银行的真实网址，登录时核对所登录的网址与真实网址是否相符，谨防被骗。

② 一定要使用 USB key，在一些网上银行中，USB key 是可选的，千万不要为了省 USB key 的几十元钱而遭受巨大损失。如果不使用 USB key，那就使用只能查询、不能转账与支付的网上银行。USB key 只有在使用时才应插入计算机的 USB 口，平时要妥善保管，不能总

是插在计算机的 USB 口上。

③ 应妥善选择和保管好登录口令与 USB key 口令。

④ 开通银行余额变动短信通知，或经常查看交易明细、定期打印网上银行业务对账单，如发现异常交易或账务差错，立即与银行联系，尽可能地避免损失。

⑤ 对计算机的异常状态提高警惕，必要时立即停止业务。

⑥ 安装杀毒软件，开启实时保护功能，安装防火墙程序。

⑦ 及时更新相关软件，下载安装各种补丁。

⑧ 尽量避免在网吧等公共场所使用网上银行。

⑨ 使用网上银行时不要浏览其他网站，同时尽可能关闭其他软件，如 QQ 等。

小　结

身份认证的具体方法可以归结为四类：根据用户知道什么、拥有什么、是什么，以及使用数字证书来进行认证。PKI 通过一个可信的第三方对实体进行身份认证，并向其签发证书，将该实体与一个公钥绑定在一起，其内容十分广泛。本章首先介绍了 PKI 的概念和构成，接着详细讨论了数字证书，包括 ASN.1 语法概述、X.509 证书基本结构、在线证书状态协议、密码操作开发工具。然后详细讨论了 CA，包括 CA 的功能和组成、CA 对用户证书的管理、密码硬件简介、商用 CA 产品。最后简单讨论了几种信任模式，包括层次信任模型、对等信任模型和网状信任模型。

习　题

1. 身份认证的方法有哪几类？它们各有哪些优缺点？目前经常使用的有什么方法？其安全性如何？

2. 什么是 PKI？讨论 PKI 提出的安全背景。

3. 完整的 PKI 应用系统应包括哪些部分？

4. 任意下载一个 ASN.1 编译器并研究它的使用方法。

5. 查看 Windows 中的数字证书。

6. 用于数据加密的私钥和用于数据签名的私钥都可以备份吗？试说明理由。

7. CA 是由哪几部分构成的？它的主要功能是什么？

8. 说明 CA 对用户密钥对的管理情况，包括密钥对的生成、备份、恢复等步骤。

9. CA 私钥是一个非常敏感的信息，要求受到很好的保护，但是即便如此，还是有可能泄露或怀疑受到威胁，所以在 PKI 管理中，对 CA 密钥对（包括私钥及证书中的公钥）的更新也是必需的。上网查找相关资料，了解在改变 CA 的密钥对时的处理措施。

10. 在 Windows 服务器版中安装 CA（证书服务），并练习使用。

11. 信任模型是什么？有哪几种典型的信任模型？

12. 在如图 8-24 所示的信任模型中，箭头由 CA1 指向 CA2 的含义是 CA1 向 CA2 签发证书。李四证书由 CA4 签发，他只信任 CA4，张三证书由 CA3 签发，请回答以下问题：

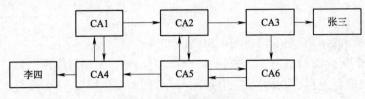

图 8-24　信任模型

（1）给出一个李四验证张三证书的证书路径（证书链）。

（2）说明李四验证张三证书的具体步骤。

13. 下载并运行安装经数字签名的可执行软件，理解整个过程的原理。

14. 开通网上银行，理解网上银行的工作原理。

15. 在网上银行及其他支付方式中，使用与不使用 USB key，对安全性有什么影响？为什么？

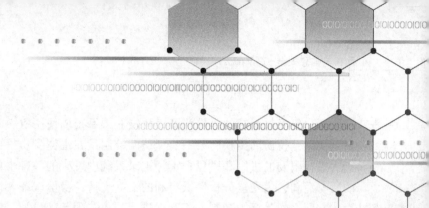

第 9 章
访问控制与系统审计

学习目标：

- 理解系统安全模型；
- 理解访问控制的相关概念；
- 掌握访问控制实现方法；
- 掌握访问控制模型；
- 理解访问控制策略；
- 理解安全审计的相关知识；
- 了解授权管理基础设施。

关键术语：

- 主体（Subject）；
- 客体（Object）；
- 用户标识（User Identification，UID）；
- 访问控制列表（Access Control List，ACL）；
- 访问控制矩阵（Access Control Matrix，ACM）；
- 能力表（Capability List，CL）；
- 访问控制标签列表（Access Control Security Labels Lists，ACSLL）；
- 安全级别（Security Class，SC）；
- 自主访问控制（Discretionary Access Control，DAC）；
- 强制访问控制（Mandatory Access Control，MAC）；
- 基于角色的访问控制（Role-Based Access Control，RBAC）；
- 基于任务的访问控制（Task-Based Access Control，TBAC）；
- 基于角色和任务的访问控制（R-TBAC）；
- 使用控制（Usage Control，UCON）；
- 引用监控器（The Reference Monitor）；
- 授权管理基础设施（Privilege Management Infrastructure，PMI）；
- 国家信息安全基础设施（National Information Security Infrastructure，NISI）；
- 属性证书（Attribute Certificate，AC）；
- 属性权威（Attribute Authority，AA）。

　　用户要经过系统的身份认证，才能获得系统的使用权，不同用户的使用权不同。身份认证是主体获得访问授权的第一步；访问控制是在主体身份得到认证后，根据安全策略对主体行为进行限制的机制和手段；审计记录系统中发生的各种事件，贯穿于身份认证、访问控制的所有活动，为安全分析提供有利的证据支持。身份认证、访问控制为审计的正确性提供保障，它们之间是互为牵制、相互促进。授权管理基础设施（PMI）与 PKI 有很大的相似性，它通过属性证书将用户与某些权限绑定在一起。

视频 9.1

9.1　访问控制基本概念

　　广义地讲，所有的计算机安全都与访问控制有关。实际上 RFC 2828 定义计算机安全如下：用来实现和保证计算机系统的安全服务的措施，特别是保证访问控制服务的措施。

　　访问控制是指对主体访问客体的权限或能力的限制，以及限制进入物理区域（出入控制）和限制使用计算机系统和计算机存储数据的过程（存取控制）。在访问控制中，必须控制主体对客体的访问活动。

　　访问控制也可以定义为：主体依据某些控制策略或权限对客体本身或者其资源进行的不同授权访问。

　　以下是与访问控制有关的几个概念：

　　① 实体（Entity）：表示一个计算机资源（物理设备、数据文件、内存或进程）或一个合法用户。

　　② 主体（Subject）：指一个提出请求或要求的实体，是动作的发起者，但不一定是动作的执行者，简记为 S。有时也称为用户（User）或访问者（被授权使用计算机的人员），简记为 U。主体的含义是广泛的，可以是用户所在的组织（以后我们称为用户组）、用户本身，也可以是用户使用的计算机终端、手持终端（无线）等，甚至可以是应用服务程序或进程。

　　③ 客体（Object）：指接受其他实体访问的被动实体，简记为 O。客体的概念也很广泛，凡是可以被操作的信息、资源、对象都可以认为是客体。在信息社会中，客体可以是信息、文件、记录、程序等的集合体，也可以是网络上的硬件设施，无线通信中的终端，甚至一个客体可以包含另外一个客体。

　　④ 控制策略：指主体对客体的操作行为集和约束条件集。简单地讲，控制策略是主体对客体的访问规则集，这个规则集直接定义了主体对客体的作用行为和客体对主体的条件约束。访问控制策略体现了一种授权行为，也就是客体对主体的权限允许，这种允许不超越规则集。

　　⑤ 授权：指资源的所有者或者控制者准许他人访问资源，这是实现访问控制的前提。对于简单的个体和不太复杂的群体，可以考虑基于个人和组的授权，即便是这种实现，管理起来也有可能是困难的。当我们面临的对象是一个大型跨国集团时，如何通过正常的授权以便保证合法的用户使用公司的资源，而不合法的用户不能得到访问控制的权限，这是一个复杂的问题。

⑥ 域：每一域定义了一组客体及可以对客体采取的操作。一个域是访问权的集合。每一个主体（进程）都在一特定的保护域下工作，保护域规定了进程可以访问的资源。例如，域 X 有访问权，则在域 X 下运行的进程可对文件 A 执行读/写，但不能执行任何其他操作。保护域并不是彼此独立的，它们可以有交叉，即它们可以共享权限。如图 9-1 所示，保护域 X 和保护域 Y 对打印机都有写的权限，从而产生了访问权交叉现象。

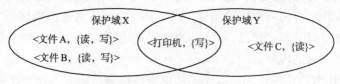

图 9-1　有重叠的保护域

访问控制包括三个要素：主体、客体和控制策略。

9.2　系统安全模型

视频 9.2

James P. Anderson 在 1972 年提出的引用监控器（The Reference Monitor）的概念是经典安全模型的最初雏形，如图 9-2 所示。在这里，引用监控器是个抽象的概念，可以说是安全机制的代名词。

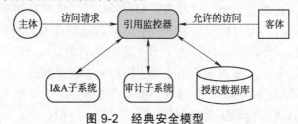

图 9-2　经典安全模型

经典安全模型包含如下基本要素：
① 明确定义的主体和客体。
② 描述主体如何访问客体的一个授权数据库。
③ 约束主体对客体访问尝试的引用监控器。
④ 识别和验证（I&A）主体和客体的可信子系统。
⑤ 审计引用监控器活动的审计子系统。

可以看出，这里为了实现计算机系统安全所采取的基本安全措施，即安全机制，包括身份认证、识别和验证，访问控制和审计。

访问控制是计算机保护中极其重要的一环，它是在身份识别的基础上，根据身份对提出的资源访问请求加以控制。访问控制的目的是为了保证网络资源受控、合法地使用。用户只能根据自己的权限大小来访问系统资源，不能越权访问。同时，访问控制也是记账、审计的前提。

当主体提出一系列正常的请求信息，通过信息系统的入口到达控制规则集监视的控制器，由控制规则集判断允许或拒绝这次请求。因此，这种情况下，必须先要确认是合法的主体，而不是假冒的欺骗者，也就是对主体进行认证。主体通过验证，才能访问客体，但并不保证其有权限可以对客体进行操作。客体对主体的具体约束由访问控制规则来控制实现，对主体的验证一般会鉴别用户的标识和用户密码。用户标识（User Identification，UID）是一个用来鉴别用户身份的字符串，每个用户有且只能有唯一的一个用户标识，以便与其他用户区别。当一个用户注册进入系统时，必须提供其用户标识，然后系统执行一个可靠的审查来确信当前用户是对应用户标识的那个用户。

访问控制的前驱是身份认证，访问控制的后继是审计。从访问控制完整性考虑，访问控制的实现首先要考虑对合法用户进行验证，然后是对控制策略的选用与管理，最后要对非法用户或者越权操作进行管理。所以，从访问控制完整性角度讲，访问控制应包括认证、控制策略实现和审计三方面的内容：

① 认证：主体对客体的识别认证和客体对主体检验认证。主体和客体的认证关系是相互的，当一个主体受到另外一个主体的访问时，这个主体也就变成了客体。一个实体可以在某一时刻是主体，而在另一时刻是客体，这取决于当前实体的功能是动作的执行者还是动作的被执行者。动作的执行者是主体，动作的被执行者是客体。

② 控制策略实现：设置规则集合从而确保正常用户对信息资源的合法使用，既要防止非法用户，也要考虑敏感资源的泄露，对于合法用户而言，不能越权行使控制策略所赋予其权利以外的功能。

③ 审计：审计的重要意义是通过记录主体的所有活动，使主体的行为有案可稽，从而达到威慑和保证访问控制正常实现的目的。

通常，用图 9-3 所示的安全机制模型来表示身份认证、访问控制和审计这三者之间的关系。从图 9-3 可以看出，引用监控器是主体/角色对客体进行访问的桥梁；身份识别与验证，即身份认证是主体/角色获得访问授权的第一步，这也是早期黑客入侵系统的突破口；访问控制是在主体身份得到认证后，根据安全策略对主体行为进行限制的机制和手段；审计作为一种安全机制，它在主体访问客体的整个过程中都发挥着作用，为安全分析提供了有利的证据支持，它贯穿于身份认证、访问控制的前前后后。同时，身份认证、访问控制为审计的正确性提供了保障。它们之间是互为制约、相互促进的。

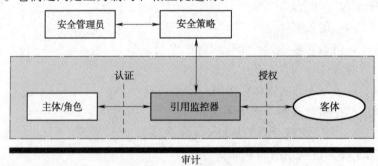

图 9-3　安全机制模型

视频 9.3

🌐 9.3　安　全　策　略

能够提供恰当的、符合安全需求的整体方案就是安全策略。一种安全策略应表明：在安全领域的范围内，什么操作是明确允许的，什么操作是一般默认允许的，什么操作是明确不允许的，什么操作是默认不允许的。建立安全策略是实现安全的最首要的工作，也是实现安全技术管理与规范的第一步。

按照 ISO 7498-2 中 OSI 安全体系结构中的定义，访问控制的安全策略有以下两种实现方式：基于身份的安全策略和基于规则的安全策略。目前使用的两种安全策略，建立的基础都是授权行为。

9.3.1 基于身份的安全策略

基于身份的安全策略（Identification-based Access Control Policies，IDBACP）的目的是过滤对数据或资源的访问，只有能通过认证的那些主体才有可能正常使用客体资源。基于身份的安全策略包括基于个人的安全策略和基于组的安全策略。

1．基于个人的安全策略

基于个人的安全策略（Individual-based Access Control Policies，IDLBACP）是指以用户为中心建立的一种策略，这种策略由一些列表来组成，这些列表限定了针对特定的客体，哪些用户可以实现何种操作行为。例如，对文件 2 而言，授权用户 B 有只读的权利，授权用户 A 则被允许读和写，这个策略的实施默认使用了最小特权原则，对于授权用户 B，只具有读文件 2 的权利。

2．基于组的安全策略

基于组的安全策略（Group-based Access Control Policies，GBACP）是基于个人的安全策略的扩充，指一组用户被允许使用同样的访问控制规则访问同样的客体。例如，授权用户 A 对文件 1 有读和写的权利，授权用户 B 同样被允许对文件 1 进行读和写，则对于文件 1 而言，A 和 B 基于同样的授权规则；若对于所有的文件而言，从文件 1、2 到 N，授权用户 A 和 B 都基于同样的授权规则，那么 A 和 B 可以组成一个用户组 G。

9.3.2 基于规则的安全策略

基于规则的安全策略中的授权通常依赖于敏感性。在一个安全系统中，数据或资源应该标注安全标记。代表用户进行活动的进程可以得到与其原发者相应的安全标记。

基于规则的安全策略在实现上，由系统通过比较用户的安全级别和客体资源的安全级别来判断是否允许用户进行访问。安全级别一般分多级，对应的安全策略为多级安全策略。多级安全系统必然要将客体资源按照安全属性分级考虑，如层次安全级别（Hierarchical Classification），分为 TS、S、C、RS 和 U 五个安全等级，TS 代表绝密级别（Top Secret），S 代表秘密级别（Secret），C 代表机密级别（Confidential），RS 代表限制级别（Restricted），U 代表无级别级（Unclassified）。TS、S、C、RS 和 U 这五个安全级别从前往后依次降低，即安全级别的关系为 TS>S>C>RS>U。多级安全策略的优点是避免敏感信息的扩散。具有安全级别的信息资源，只有安全级别相匹配的主体才能够访问。同样，也可以对主体按这样的安全级别划分，当然也可以有另外的安全级别划分。

9.4 访问控制实现方法

建立访问控制模型和实现访问控制都是抽象和复杂的行为，实现访问控

视频 9.4

制不仅要保证授权用户使用的权限与其所拥有的权限对应，制止非授权用户的非授权行为，还要保证敏感信息的交叉感染。通过什么样的方法才能实现访问控制的这些要求？本节探讨访问控制的实现方法。

要学习访问控制的实现方法，先来学习存取许可与存取模式这两个访问控制实现中的重要概念，它们决定着能否正确理解对客体的控制和对客体的存取。存取许可是一种权力，即存取许可能够允许主体修改客体的访问控制表。存取模式是经过存取许可确定后，对客体进行的各种不同的存取操作。存取许可的作用在于定义或改变存取模式；存取模式的作用是规定主体对客体可以进行何种形式的存取操作。

在各种访问控制系统中，存取模式主要有：读（Read，R），即允许主体对客体进行读和复制的操作；写（Write，W），即允许主体写入或修改信息，包括扩展、压缩及删除等；执行（Execute，E），就是允许将客体作为一种可执行文件运行，在一些系统中该模式还需要同时拥有读模式；拥有（Own，O），即主体是客体资源的拥有者；空模式（Null，N），即主体对客体不具有任何存取权。与存取模式对应的权限集为 {Read, Write, Execute, Own, Null}，简写为{R, W, E, O, N}。

9.4.1 目录表

在目录表（Directory List）访问控制方法中借用了系统对文件的目录管理机制，为每一个欲实施访问操作的主体，建立一个能被其访问的"客体目录表"。例如，某个主体 A 的客体目录表见表 9-1。

表 9-1　主体 A 的客体目录表

客体 1：R	客体 2：W	...	客体 n：E

表 9-1 表示主体 A 对客体 1 具有读的权限，对客体 2 具有写的权限，对客体 n 具有执行的权限。

当然，客体目录表中各个客体的访问权限的修改只能由该客体的合法属主或具有存取许可权限的主体确定，不允许其他任何用户在客体目录表中进行写操作，否则将可能出现对客体访问权的伪造。因此，系统必须在客体的拥有者或具有存取许可权限的主体控制下维护所有的客体目录。

目录表访问控制机制的优点是容易实现，每个主体拥有一张客体目录表，这样主体能访问的客体及权限就一目了然，依据该表监督主体对客体的访问比较简便。

缺点是系统开销、浪费较大，这是由于每个用户都有一张目录表，如果某个客体允许所有用户访问，则将给每个用户逐一填写目录表，因此会造成系统额外开销。

9.4.2 访问控制列表

访问控制列表（Access Control List，ACL），简称访问控制表，其策略正好与目录表访问控制相反，它是从客体角度进行设置的、面向客体的访问控制。每个客体有一个访问控制列表，用来说明有权访问该客体的所有主体及其访问权限。

客体资源的拥有者称为属主。当一个用户参与组成一个用户组时（系统中的一个或多个用户可以组成一个用户组），该用户就是该用户组的成员，该用户组可以称为该用户的属组。

以下示例说明了不同主体所属组对客体（PAYROLL 文件）的访问权限。其中，客体 PAYROLL 的访问控制列表见表 9-2。

表 9-2　客体 PAYROLL 的访问控制列表

（a）

john.acct	R
jane.pay	RW

（b）

.	R

（c）

*.pay	RW

表 9-2（a）中，john 和 jane 表示用户标识 UID；acct 和 pay 表示用户所属的组 ID。如果 john 属于 acct 组，则他只能读文件；如果他不属于任何组，则默认情况下他没有任何访问权限。类似地，如果 jane 属于 pay 组，则她可以读和写文件。

访问控制列表通常还支持通配符，从而可以制定更一般的访问规则。表 9-2（b）中，表示任何组当中的任何用户都可以读文件。表 9-2（c）中，表示组 pay 中的任何用户都能读和写文件。

访问控制列表方式的缺点是任何得到授权的客体都有一个访问控制列表，当授权客体数量多时，每个表单独存放会产生大量的表，若集中存放会因各个客体的访问控制列表长度不同而出现存放空间碎片，造成浪费；其次，每个客体被访问时都需要对访问控制列表从头到尾扫描一遍，影响系统运行速度。

访问控制列表是以客体为中心建立的访问权限表。目前，大多数 PC、服务器和防火墙都使用 ACL 作为访问控制的实现机制。访问控制列表的优点在于实现简单，不会出现越权访问，任何得到授权的客体都可以有一个访问表。

9.4.3　访问控制矩阵

描述一个保护系统的最简单框架是使用访问控制矩阵模型，这个模型将所有用户对文件的访问权限存储在矩阵中。访问控制矩阵模型最早由 B.Lampson 于 1971 年提出，Graham 和 Denning 对它进行了改进，这里将使用这种模型。

访问控制矩阵（Access Control Matrix，ACM）是通过矩阵形式表示访问控制规则和授权用户权限的方法，是对上述两种方法的综合。在访问控制矩阵中，描述了每个主体拥有对哪些客体的哪些访问权限；描述了可以对每个客体实施不同访问类型的所有主体；将这种关联关系加以阐述，就形成了控制矩阵。访问控制矩阵模型是用状态和状态转换进行定义的，系统和状态用矩阵表示，状态的转换则用命令来进行描述。直观地看，访问控制矩阵是一张表格（见表 9-3），每行代表一个用户（即主体），每列代表一个客体，表中纵横对应的项是该用户对该存取客体的访问权集合（权集）。

表 9-3　访问控制矩阵

主　体	客　体		
	客体 1	客体 2	客体 3
用户 1	R	R	W
用户 2		W	
用户 3	E		R

访问控制矩阵中的客体一般意味着文件、设备或者进程，但客体其实可以是小到进程之间发送的一条消息，也可以大到整个系统。在更微观的层次，访问控制矩阵也可以为计算机程序语言建模。在这种情况下，客体指程序中的变量，主体是程序中的进程或模块。

特权用户或特权用户组可以修改主体的访问控制权限。访问控制矩阵的实现很易于理解，但是查找和实现起来有一定的难度，而且，如果用户和文件系统要管理的文件都很多，那么控制矩阵将会成几何级数增长，这样对于几何级数增长的矩阵而言，会有大量的空余空间。

9.4.4 访问控制安全标签列表

安全标签是限制和附属在主体或客体上的一组安全属性信息。安全标签的含义比能做什么更加广泛和严格，因为它实际上还建立了一个严格的安全等级集合。访问控制标签列表（Access Control Security Labels Lists，ACSLLs）是限定一个用户对一个客体目标访问的安全属性集合。访问控制标签列表的实现示例见表 9-4，左侧为用户及对应的安全级别（见 9.3.2 节的安全级别划分），右侧为文件系统及对应的安全级别。假设请求访问的用户 UserA 的安全级别为 S，那么 UserA 请求访问文件 File2 时，由于 S<TS，访问会被拒绝；当 UserA 请求访问文件 FileN 时，因为 S>C，所以允许访问。

表 9-4　访问控制标签列表

用　户	安 全 级 别	文　件	安 全 级 别
UserA	S	File1	S
UserB	C	File2	TS
…	…	…	…
UserX	TS	File*N*	C

安全标签能对敏感信息加以区分，这样就可以对用户和客体资源强制执行安全策略，因此，强制访问控制经常会用到这种实现机制。

9.4.5 权限位

主体对客体的访问权限可用一串二进制位来表示。二进制位的值与访问权限的关系是：1 表示拥有权限，0 表示未拥有权限。比如，在操作系统中，用户对文件的操作，定义了读、写、执行三种访问权限，可用一个二进制位串来表示用户拥有的对文件的访问权限。用一个由三个二进制位组成的位串来表示一个用户拥有的对一个文件的所有访问权限，每种访问权限由 1 位二进制来表示，由左至右，位串中的各个二进制位分别对应读、写、执行权限。位串的赋值与用户拥有的访问权限见表 9-5。

表 9-5　位串值与访问权限

二进制位串	操 作 权 限
000	不拥有任何权限
001	拥有执行权限，不拥有读、写权限
010	拥有写权限，不拥有读、执行权限
011	拥有写和执行权限，不拥有读权限
100	拥有读权限，不拥有写、执行权限
101	拥有读和执行权限，不拥有写权限
110	拥有读和写权限，不拥有执行权限
111	拥有读、写和执行权限

权限位的访问控制方法以客体为中心，简单、易实现，适合于操作种类不太复杂的场合。由于操作系统中的客体主要是文件、进程，操作种类相对单一，操作系统中的访问控制可采用基于权限位的方法。

上面陈述了访问控制的几种实现方法，在实际应用中可以根据具体情况和需要选择其中的一种。

9.5　访问控制模型

访问控制模型是一种从访问控制的角度出发，描述安全系统，建立安全模型的方法。

访问控制安全模型一般包括主体、客体，以及为识别和验证这些实体的子系统和控制实体间访问的引用监控器。由于网络传输的需要，访问控制的研究发展很快，已有许多访问控制模型被提出来。建立规范的访问控制模型，是实现严格访问控制策略所必需的。20 世纪 70 年代，Harrison、Ruzzo 和 Ullman 提出了 HRU 模型。接着，Jones 等人在 1976 年提出了 Take-Grant 模型。随后，1985 年美国军方提出可信计算机系统评估准则 TCSEC，其中描述了两种著名的访问控制策略：自主访问控制模型和强制访问控制模型。Ferraiolo 和 Kuhn 在 1992 年提出基于角色的访问控制。考虑到网络安全和传输流，后来又提出了基于对象和基于任务的访问控制。为了实现过程连续性控制，Park 和 Sandhu 在 2002 年又提出了使用控制。

9.5.1　访问控制模型类型

本书根据访问控制策略的不同，将主流访问控制模型分为自主访问控制、强制访问控制、基于角色的访问控制、基于任务的访问控制和使用控制。而基于属性的访问控制，是从实现角度考虑的，从本质上讲，所有的访问控制都是通过属性来实现的。

视频 9.5.1

自主访问控制是根据访问者的身份和授权来决定访问模式的，属主能自主地将访问权限传给他人。

强制访问控制是将主体和客体分级，然后根据主体和客体的级别标记来决定访问模式。"强制"主要体现在系统强制主体服从访问控制策略上，通常使用多级安全策略实现。

基于角色的访问控制的基本思想：授权给用户的访问权限通常由用户在一个组织中担当的角色来确定。它根据用户在组织内所扮演的角色做出访问授权和控制，但用户不能自主地将访问权限传给他人。这一点是基于角色访问控制和自主访问控制的最基本区别。

基于任务的访问控制是从应用和企业层角度来解决安全问题，以面向任务的观点，从任务（活动）的角度建立安全模型和实现安全机制，在任务处理的过程中提供动态实时的访问控制。

使用控制用一个统一的大框架涵盖了传统访问控制、信任管理和数字版权保护三大领域，针对目前信息资源使用控制的多样化、精确化需求的现状，通过授权、责任、条件各种使用决策对资源访问整个使用过程进行动态控制，实现了过程连续性控制及属性动态更新，为研究开放式网络环境下资源使用权的控制问题奠定了基础。

视频 9.5.2

上面简单陈述了访问控制的几种主要模型，在实际应用中既可以选择其中的一种，也可以对其中的几种进行组合应用。

9.5.2　自主访问控制

自主访问控制又称任意访问控制（Discretionary Access Control，DAC），是指根据主体身份或者主体所属组的身份或者二者的结合，对客体访问进行限制的一种方法。它是访问控制措施中常用的一种方法，这种访问控制方法允许用户可以自主地在系统中规定谁可以存取它的资源实体，即用户（包括用户程序和用户进程）可选择同其他用户一起共享某个文件。所谓自主，是指具有授予某种访问权力的主体（用户）能够自己决定是否将访问权限授予其他的主体。安全操作系统需要具备的特征之一就是自主访问控制，它基于对主体及主体所属的主体组的识别来限制对客体的存取。在大多数的操作系统中，自主访问控制的客体不仅仅是文件，还包括邮箱、通信信道、终端设备等。

在许多操作系统当中，对文件或者目录的访问控制是通过把各种用户分成三类来实施的：属主（Self）、组内的其他用户（Group）属组和其他用户（Public）。

每个文件或者目录都同几个称为文件许可（File Permissions）的权限位相关联。各个文件权限位的访问控制如图 9-4 所示。

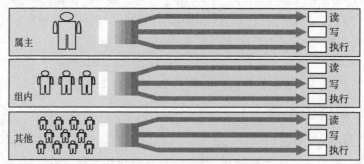

图 9-4　各个权限位的访问控制

自主访问控制的具体实施可采用 9-4 中的方法，通过目录表、访问控制列表、访问控制矩阵、权限位方法实现。

自主访问控制面临的最大问题：在自主访问控制中，具有某种访问权的主体能够自行决定将其访问权直接或间接地转交给其他主体，实施权限传递并可多次进行。自主访问控制允许系统的用户对于属于自己的客体，按照自己的意愿，允许或者禁止其他用户访问。在基于DAC 的系统中，客体的拥有者负责设置访问权限。也就是说，客体拥有者对访问的控制有一定权利。但正是这种权利使得访问权限关系会被改变，造成同一文件有多个属主的情形，且各属主每次传递的访问权限也难以相同，甚至可能会把客体改用别名，在管理上繁乱易错。例如，用户 A 可以将其对客体目标 O 的存取许可权限传递给用户 B，用户 B 又可以将存取许可权限传递给用户 C。这样一来，在用户 A 不知道的情况下，用户 C 也有存取许可权限，用户 B 和用户 C 还可以进一步传递这种权限，导致这种存取许可权限不受用户 A 的控制，容易产生安全漏洞，所以自主访问控制的安全级别很低。

9.5.3　强制访问控制

视频 9.5.3

强制访问控制（Mandatory Access Control，MAC）是根据客体中信息的敏感标签和访问敏感信息的主体的访问等级，对客体的访问实行限制的一种方法。它主要用于保护那些处理特别敏感数据（例如，政府保密信息或企业敏感数据）的系统。在强制访问控制中，用户的权限和客体的安全属性都是固定的，由系统决定一个用户对某个客体能否进行访问。所谓"强制"，就是安全属性由系统管理员人为设置，或由操作系统自动地按照严格的安全策略与规则进行设置，用户和他们的进程不能修改这些属性。所谓"强制访问控制"，是指访问发生前，系统通过比较主体和客体的安全属性来决定主体能否以他所希望的模式访问一个客体。

强制访问控制的实质是对系统当中所有的客体和所有的主体分配敏感标签（Sensitivity Label）。用户的敏感标签指定了该用户的敏感等级或者信任等级，也称为安全许可；而文件的敏感标签则说明了要访问该文件的用户所必须具备的信任等级。

强制访问控制就是利用敏感标签来确定谁可以访问系统中的特定信息。

贴标签和强制访问控制可以实现多级安全策略（Multi-level Security Policy）。这种策略可以在单个计算机系统中处理不同安全等级的信息。

只要系统支持强制访问控制，那么系统中的每个客体和主体都有一个敏感标签同它相关联。敏感标签由两部分组成：类别（Classification）和类集合（Compartments，有时也称为隔离间）。

类别是单一的、层次结构的。在军用安全模型（基于美国国防部的多级安全策略）中，有四种不同的等级：绝密级（Top Secret，TS）、机密级（Secret，S）、秘密级（Confidential，C）及普通级（Unclassified，U），其级别为 TS>S>C>U。

类集合或者隔离间是非层次的，表示了系统当中信息的不同区域。类当中可以包含任意数量的项。在军事环境下，类集合可以是情报、坦克、潜艇、秘密行动组等。

在强制访问控制系统当中，控制系统之间的信息输入和输出是非常重要的。MAC 系统有大量的规则用于数据输入和输出。

在 MAC 系统当中，所有的访问决策都是由系统做出，而不像自主访问控制那样由用户自行决定。对某个客体是否允许访问的决策将由以下三个因素决定：

① 主体的标签，即安全许可（括号中的内容为类集合）：

`TOP SECRET [VENUS TANK ALPHA]`

② 客体的标签，例如文件 LOGISTIC 的敏感标签如下：

`SECRET [VENUS ALPHA]`

③ 访问请求，例如试图读该文件。

当试图访问 LOGISTIC 文件时，系统会比较安全许可和文件的标签从而决定是否允许读该文件，如图 9-5 所示。

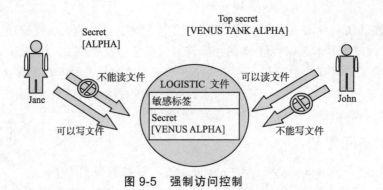

图 9-5 强制访问控制

基本上，强制访问控制系统根据如下判断准则来确定读和写规则：只有当主体的敏感等级高于或等于客体的等级时，访问才是允许的，否则将拒绝访问。根据主体和客体的敏感等级和读写关系可以有以下四种组合：

① 下读（Read Down）：主体级别大于客体级别的读操作。

② 上写（Write Up）：主体级别低于客体级别的写操作。

③ 下写（Write Down）：主体级别大于客体级别的写操作。

④ 上读（Read Up）：主体级别低于客体级别的读操作。

这些读写方式保证了信息流的单向性。显然，上读–下写方式只能保证数据的完整性，而上写–下读方式则保证了信息的安全性，也是多级安全系统必须实现的。

以图 9-5 为例，客体 LOGISTIC 文件的敏感标签为 Secret [VENUS ALPHA]，主体 Jane 的敏感标签为 SECRET [ALPHA]。虽然主体的敏感等级满足上述读写规则，但是由于主体 Jane 的类集合当中没有 VENUS，所以不能读此文件，而写则允许，因为客体 LOGISTIC 的敏感等级不低于主体 Jane 的敏感等级，写了以后不会降低敏感等级。

强制访问控制机制的特点主要有：一是强制性，这是强制访问控制的突出特点，除了代表系统的管理员以外，任何主体、客体都不能直接或间接地改变它们的安全属性；二是限制性，即系统通过比较主体和客体的安全属性来决定主体能否以它所希望的模式访问一个客体，这种无法回避的比较限制，将防止某些非法入侵，同时，也不可避免地要对用户自己的客体施加一些严格的限制。

9.5.4 基于角色的访问控制

视频 9.5.4

1992 年，D.Ferraiolo 和 R.Kuhn 在美国国家标准技术局所举办的计算机安全研讨会中，发表了一篇名为 *Role-Based Access Control* 的文章，这是基于角色的访问控制（Role-Based Access Control，RBAC）系列文献中第一篇以 RBAC 命名的文章。RBAC 作为一种安全访问控制已经得到充分的研究和广泛的应用。RBAC 的核心思想是用户的权限由用户担当的角色来决定。角色是 RBAC 中最重要的概念，所谓角色，实际上就是一组权限的集合，用户担当哪个角色，他就具有哪个角色的权限。除此之外，RBAC 还提出了最小特权原则等新的思想。

【扩展阅读】

1996 年，R.Sandhu 教授发表了经典文献 *Role-Based Access Control Models*，提出了著名

的 RBAC96 模型，成为基于角色的访问控制发展的基础。1997 年，Sandhu 提出 RBAC97 模型，即 RBAC 管理模型，提供对 RBAC96 模型中各元素进行管理的策略。2000 年，美国国家标准技术局委托 Ravi Sandhu、David Ferraiolo 和 Richard Kuhn 三位作者，发表了 *The NIST Model for Role-Based Access Control:Toward a Unified Standard*（NIST RBAC），被美国国家标准技术局作为 RBAC 领域的标准。2002 年，Park 和 Sandhu 提出了使用控制。鉴于 Sandhu 在基于角色的访问控制模型、使用控制等信息安全领域的突出贡献，他于 2008 年获 ACM SIGSAC 杰出贡献奖，2004 年获 IEEE 计算机学会技术成就奖。R.Sandhu 教授自 2007 年起任职于 University of Texas at San Antonio。

国内研究人员将注意力集中到 RBAC 模型实现及应用的研究上，有些文献针对不同的信息系统，提出了相应的实现方案。研究最多的是在 C/S 和 B/S 结构的信息系统中，如何实现基于角色的安全访问控制方案，以及 Web 环境下的基于角色安全访问控制机制的实现。

RBAC 可以方便地管理权限，很多系统都采用了这种方法。在 Windows 中，用户可以属于某个用户组，用户组实际上就是角色，用户属于哪个用户组，就具有哪个用户组的权限。

1．RBAC 核心模型

基于角色的访问控制的核心思想就是：授权给用户的访问权限通常由用户在一个组织中担当的角色来确定。在 RBAC 中，引入了"角色"这一重要的概念，所谓"角色"，是指一个或一群用户在组织内可执行的操作的集合。这里的角色就充当着主体（用户）和客体之间的关系的桥梁。这是与传统的访问控制策略的最大区别所在。

RBAC 核心模型如图 9-6 所示，它的基本元素包括：用户（Users）、角色（Roles）、目标（OBS）、操作（OPS）和权限（PRMS）。整个 RBAC 模型的基本定义基于为用户分配角色，为角色分配权限，用户由此获得访问权限。在核心 RBAC 模型中还包括一系列会话（Sessions），每个会话都是从用户到分配给用户角色的映射。

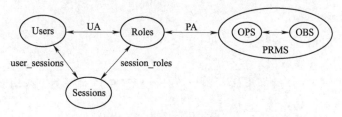

图 9-6　RBAC 核心模型

任何访问控制机制的目的都是保护系统资源。在计算机系统中应用 RBAC 时，称为保护目标。目标是一个包含或接收信息的对象。对于一个具体的 RBAC 的系统，目标能够代表信息容器（例如，操作系统的文件和目录，数据库管理系统的行、列、表和视图），或者代表可消耗的系统资源，如打印机、磁盘和 CPU。

RBAC 以角色作为相互关系的核心，在 RBAC 核心模型里，角色是构成策略的语义结构。图 9-6 阐述了用户分配（UA）和权限分配（PA）的关系，它们之间均为多到多的关系。例如，一个用户可以拥有一个或多个角色，而一个角色也可以被分配给一个或多个用户。

每个会话都是用户到角色的映射，这就是说，当一个用户建立一个会话时，用户就激活分配给他的角色的子集。每个会话都与某一个用户相关联，每个用户又与一个或多个会话相关联。通过 session_roles( )函数，可以获得会话激活的角色；通过 user_sessions( )函数，可以获得与用户有关的会话。用户所拥有的权限，就是通过所有当前用户会话中被激活角色的权限。

2．RBAC 的形式化描述

NIST 标准中对核心 RBAC 的描述及形式化定义如下：

① -USERS、ROLES、OPS、OBS：分别表示用户、角色、操作和目标对象的集合。

② -UA⊆USERS × ROLES：用户与角色之间多对多的指派关系。

③ _ assigned_users(r:ROLES)→2^{USERS}：角色 r 到一个用户集合的映射。形式化表示为：assigned_users(r)={$u \in$ USERS|(u,r) $\in$ UA}。

④ -PRMS = $2^{OPS \times OBS}$，权限的集合。

⑤ -PA⊆PRMS × ROLES，从权限集合到角色集合的多对多映射，表示角色被赋予的权限关系。

⑥ _assigned_permissions(r:ROLES)→2^{PRMS}：角色 r 到一个权限集合的映射，形式化表示为： assigned_permissions(r)={$p \in$ PRMS|(p,r) $\in$ PA}。

⑦ _op(p:PRMS)→{op $\in$ OPS}：权限到操作之间的映射，返回权限 p 所关联的操作的集合。

⑧ _ob(p:PRMS)→{ob $\in$ OBS}：权限到目标对象的映射，返回权限 p 所关联的目标对象的集合。

⑨ -SESSIONS：会话的集合。

⑩ _user_sessions(u:USERS)→$2^{SESSIONS}$：用户 u 到一个会话集合的映射。

⑪ _session_roles(s:SESSIONS)→2^{ROLES}：会话 s 到一个角色集合的映射。形式化表示为：session_roled(s)={$r \in$ ROLES|(session_users(s),r) $\in$ UA}。

⑫ _avail_session_perms(s:SESSIONS)→2^{PRMS}：在一个会话中当前用户可用权限的集合，即∪assigned_permissions(r)。

3．基于角色访问控制的特点

基于角色的访问控制有以下五个特点：

① 以角色作为访问控制的主体。用户以什么样的角色对资源进行访问，决定了用户拥有的权限以及可执行何种操作。

② 角色继承。为了提高效率，避免相同权限的重复设置，RBAC 采用了"角色继承"的概念，定义的各类角色，它们都有自己的属性，但可能还继承其他角色的属性和权限。角色继承把角色组织起来，能够很自然地反映组织内部人员之间的职权、责任关系。

角色继承可以用祖先关系来表示，如图 9-7 所示，角色 2 是角色 1 的"父亲"，它包含角色 1 的属性和权限。在角色继承关系图中，处于最上面的角色拥有最大的访问权限，越下端的角色拥有的权限越小。

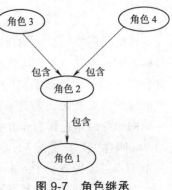

图 9-7　角色继承

③ 最小特权原则（Least Privilege Theorem）。最小特权原则是系统安全中最基本的原则之一。所谓最小特权，是指"在完成某种操作时所赋予网络

中每个主体（用户或进程）的必不可少的特权"。最小特权原则是指"应限定网络中每个主体所必需的最小特权，确保由于可能的事故、错误、网络部件的篡改等原因造成的损失最小"。换句话说，最小特权原则是指用户所拥有的权利不能超过他执行工作时所需的权限。

实现最小特权原则，需要分清用户的工作内容，确定执行该项工作的最小权限集，然后将用户限制在这些权限范围之内。在 RBAC 中，可以根据组织内的规章制度、职员的分工等设计拥有不同权限的角色，只将角色执行操作所必需的权限授予角色。当一个主体需访问某资源时，如果该操作不在主体当前所扮演的角色授权操作之内，该访问将被拒绝。

最小特权原则一方面给予主体"必不可少"的特权，这就保证了所有的主体都能在所赋予的特权之下完成所需要完成的任务或操作；另一方面，它只给予主体"必不可少"的特权，这就限制了每个主体所能进行的操作。

最小特权原则要求每个用户和程序在操作时应当使用尽可能少的特权，而角色允许主体以参与某特定工作所需要的最小特权去控制系统。特别是被授权拥有高特权角色（Powerful Roles）的主体，不需要动辄使用到其所有的特权，只有在那些特权有实际需求时，主体才会运用它们。如此一来，可减少由于无意的错误或者入侵者假装合法主体所造成的安全事故。另外，它还减少了特权程序之间潜在的相互作用，从而尽量避免对特权无意的、没必要的或不适当的使用。这种机制还可以用于计算机程序：只有程序中需要特权的代码才能拥有特权。

④ 职责分离（主体与角色的分离）。对于某些特定的操作集，某一个角色或用户不可能同时独立地完成所有这些操作。"职责分离"可以有静态和动态两种实现方式。

静态职责分离：只有当一个角色与用户所属的所有其他角色都彼此不互斥时，这个角色才能授权给该用户。

动态职责分离：只有当一个角色与用户的所有当前活跃角色都不互斥时，该角色才能成为该主体的另一个活跃角色。

⑤ 角色容量。在创建新的角色时，要指定角色的容量。在一个特定的时间段内，有一些角色只能由一定人数的用户占用。

基于角色的访问控制是根据用户在系统里表现的活动性质而定的，这种活动性质表明用户充当了一定的角色。用户访问系统时，系统必须先检查用户的角色，一个用户可以充当多个角色，一个角色也可以由多个用户担任。

基于角色的访问控制机制有这几个优点：便于授权管理、便于根据工作需要分级、便于赋予最小特权、便于任务分担、便于文件分级管理、便于大规模实现。

基于角色的访问控制是一种有效而灵活的安全措施，目前仍处在深入研究之中。

9.5.5　基于任务的访问控制

视频 9.5.5

基于任务的访问控制（Task-Based Access Control，TBAC）以面向任务的观点建立安全模型并实现安全机制，在任务处理的过程中提供动态实时的安全管理。在 TBAC 模型中，对客体的访问权限并不是静止不变的，而是随着执行任务的上下文环境发生变化。TBAC 首要考虑的是在工作流的环境中对信息的保护问题：在工作流环境中，数据的处理与上一次的处理相关联，相应的访问控制也如此，因而 TBAC 是一种上下文相关的访问控制模型。其次，TBAC 不仅能对不同工作流实行不同的访问控制策略，而且还能对同一工作流的不同任务实例实行不同的访问控制策略。从这个意义上说，

TBAC 是基于任务的，这也表明 TBAC 是一种基于实例（Instance-Based）的访问控制模型。

工作流是为完成某一目标而由多个相关的任务（Task）构成的业务流程。工作流所关注的问题是处理过程的自动化，对人和其他资源进行协调管理，从而完成某项工作。当数据在工作流中流动时，执行操作的用户在改变，用户的权限也在改变，这与数据处理的上下文环境相关。基于任务的访问控制在任务处理过程中提供动态实时的安全管理。

1．TBAC 中的基本概念

TBAC 模型是一种基于任务、采用动态授权的主动安全模型，它将访问权限与任务相结合。一个工作流包括一组任务及它们之间的相互顺序关系，还包括任务的启动和终止条件以及对每个任务的描述。基本概念如下：

① 授权步骤（Authorization Step）：指在一个工作流程中对处理对象（如办公流程中的原文档）的一次处理过程。它是访问控制所能控制的最小单元。授权步骤由受托人集（Trustee Set）和多个许可集（Permissions Set）组成。受托人集是可被授予执行授权步骤的用户的集合，许可集则是受托人集的成员被授予授权步时拥有的访问许可。

在 TBAC 模型中，授权步骤是其中最基本的概念。它是任务在计算机中进行控制的一个实例，任务中的每个子任务对应于一个授权步骤。授权步骤是访问控制所能控制的最小单元，表示一个基本的授权处理步骤，类似于办公流程中的一次签字。授权步骤不是静态的，而是随着处理的进行动态地改变内部状态。对一个授权步骤的内部状态，可以用一个状态迁移图来表示，如图 9-8 所示。授权步骤的状态变化一般自我管理，依据执行的条件而自动迁移。授权步骤在生命期中一般要经历五个状态，分别是睡眠状态、激活状态、有效状态、无效状态和挂起状态。授权步骤在没有被激活前处于睡眠状态。一旦被激活，授权步骤生成并等待被处理。如果处理成功，授权步骤进入有效状态，处理不成功则进入无效状态。当授权步骤处在有效状态中时，所有与之相关的权限都是活跃的，因此也是可用的。从进入有效状态开始，授权步骤经过进一步的处理最终达到生命期的终点然后进入无效状态。然而，处在有效状态的授权步骤也可能被暂时挂起。当授权步骤处于挂起状态时，与该授权步骤相关的权限将不可用，直到该授权步骤从挂起状态中恢复到有效状态。最后，当一个授权步骤变成无效状态时，表示该授权步骤已经没有存在的必要，可以从系统中删除。

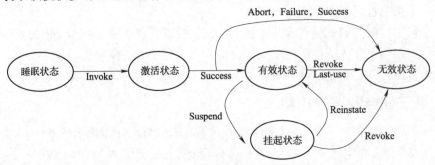

图 9-8　授权步骤的状态转换图

② 授权单元（Authorization Unit）：授权单元是由一个或多个授权步骤组成的单元，它们在逻辑上是相互联系的。授权单元分为一般授权单元和复合授权单元。一般授权单元内的授权步骤按顺序依次执行，复合授权单元内部的每个授权步骤紧密联系，其中任何一个授权

步骤失败都会导致整个单元失败。

③ 任务：任务是工作流程中的一个逻辑单元。它是一个可区分的动作，可能与多个用户相关，也可能包括几个子任务。一个任务包含如下特征：生存期；可能包括多个子任务；完成每个子任务可能需要不同的人。

任务是工作流系统中的一个逻辑单元，完成某种特定的功能。它的信息包括开始和结束条件、可参与到此环节中的用户、完成此任务所需的应用程序或数据以及关于此任务应如何完成的一些限制条件（如时间上的限制等）。任务是一个可区分的动作，可能与多个用户相关，也可以包括几个子任务。例如，一个支票处理流程包括三个任务：准备支票、批准支票和提交支票。任务可以由人来执行，也可以由工作流管理系统自动激活。

④ 依赖（Dependency）：依赖是指授权步骤之间或授权单元之间的相互关系，包括顺序依赖、失败依赖、分权依赖和代理依赖。依赖反映了基于任务的访问控制的原则。

2. TBAC 模型

在 TBAC 中，对客体的访问控制并不是静止不变的，而是随着执行任务的上下文环境发生变化。在工作流环境中，对数据的处理与上一次的处理结果相关联，相应的访问控制也是如此，TBAC 模型如图 9-9 所示。当工作流程中的某个任务 A1 被触发后，进入保护态（Portection State）执行。当任务 A1 被撤销时，则退出保护态。

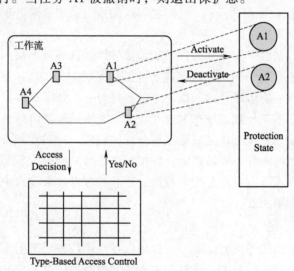

图 9-9 TBAC 模型

在 TBAC 模型中，某个任务是否有权限执行，要看此任务与其他相关的任务之间维持着怎么样的关系，任务之间的关系包括：

① 任务顺序限制：在企业内部的任务，有的可以被并行处理，有些任务却必须有前后顺序，此为任务顺序的限制。

② 任务相依限制：两个任务若具有执行的相关性，例如同一个任务内的多个子任务之间，必须依循某种相互影响的关系，即具有任务的相依性。

TBAC 模型的特色是在执行时依据任务之间的相互关系来决定使用者拥有的权限。当任务可能违反任务之间的约束时，通过隶属于这个任务的授权步骤，逐步检查授权限制与其他相关任务的关系，来决定该任务是否可以继续执行。例如，任务 A1 与 A2 可能因任务流程的结合而违反上述的一些限制，此时 A1、A2 进入保护态（Protection State）。在此状态下，TBAC 模型记录下使用者、任务和权限，然后经由访问控制表（Type-Based Access Control）对两个任务相互之间的角色、操作方式等一些既定的限制条件进行检查，决定哪一个任务可以（或两者同时）持续运作下去。

TBAC 着重于任务流程和任务生命周期的管理。可以在任务执行时期动态地得到每个任务进行的情况，以方便控制每一个任务流程的细节，并据此管理该任务与其他任务的相互关系。

在 TBAC 访问控制模型中，授权需要用五元组（U, O, P, L, As）来表示。其中 U 表示用户，O 表示客体（指需要进行访问控制的对象），As 表示授权步骤，P 表示授权步骤 As 的执行许可集，L 表示授权步骤 As 的存活期限。在授权步骤 As 被激活之前，它的保护态是无效的，其中包含的权限不可使用。当授权步骤 As 被激活后，它所拥有的许可集中的权限被激活，同时它的生存期开始倒计时，在授权步骤存活期间，五元组有效。当生存期终止，即授权步骤 As 无效时，五元组失效，用户所拥有的权限也被收回。在 TBAC 访问控制模型中，访问控制策略包含在 As-As、As-U、As-P 的关系中。授权步骤（As-As）之间的关系决定了一个工作流的执行过程，授权步骤与用户之间的联系 As-U 以及授权步骤与权限之间的联系 As-P 组合决定了一个授权步骤的运行。它们之间的关系由系统管理员根据需要保护的具体业务流程和系统访问控制策略进行直接管理。

工作流系统访问控制的主要目标是保护工作流应用数据不被非法用户浏览或修改。为了实现这一目标，工作流系统访问控制机制应当能够满足两方面的需求：一是用户选择，即能够在一个授权步骤被激活后选择合适的用户来执行任务。二是实现授权步骤与用户权限的同步，当一个用户试图完成工作列表中的某项工作时，能够判断该用户是否为合法用户，为合法用户分配必要的权限，并在工作完成后收回分配的权限。通过授权步骤的动态权限管理，TBAC 支持最小特权原则和最小泄露原则，在执行任务时只给用户分配所需的权限，未执行任务或任务终止后用户不再拥有所分配的权限；而且在执行任务过程中，当某一权限不再使用时，系统自动将该权限回收。

3．TBAC 模型的不足

TBAC 从工作流中的任务角度建模，可以依据任务和任务状态的不同，对权限进行动态管理。因此，TBAC 比较适合分布式计算和多点访问控制的信息处理控制，以及在工作流、分布式处理和事务管理系统中的决策制定。然而，以任务为核心的工作流模型并不适合大型企业的应用，因为如果将工作流管理系统应用于大型企业的流程自动化管理，那么该系统的访问控制就会不可避免地牵涉许多任务以及用户的权限分配问题，而 TBAC 只是简单地引入受托人集合来表示任务的执行者，而没有论及怎样在一个企业环境中确定这样的受托人集。这样的系统虽然可以运作起来，也达到了基于任务授权、提高安全性的目的，但是这种情况就像 RBAC 出现之前应用两层访问控制结构（这种模型直接指定主体对客体访问操作）的情况一样，都能运行，却存在配置过于烦琐的缺点。所以，有必要对这种机制进行改进，比如在模型中引入角色的概念简化其安全控制管理工作。

9.5.6 基于角色和任务的访问控制

视频 9.5.6

1. R-TBAC 模型

在具体的包含工作流技术的系统中，往往希望能够使用 RBAC 中的一些抽象手段来划分或描述系统中一些与访问控制有关的实体。同时，又希望使用 TBAC 中的一些描述手段来描述工作流系统中访问控制的动态特性。

可以将 TBAC 模型中的受托人集（Trustee-Set）说明为 RBAC 中的角色集，将授权分成静态授权和动态授权。静态授权与角色相联系，动态授权与任务相联系，可以实现 RBAC 和 TBAC 两个模型有机结合，将传统 RBAC 模型的三层访问控制结构改成四层访问控制结构，得到基于角色和任务的访问控制模型（R-TBAC）。R-TBAC 的简化模型如图 9-10 所示，它的基本元素包括用户（Users）、角色（Roles）、任务（Tasks）、会话（Sessions）、权限（Permissions），指派关系包括用户–角色指派（URA）、角色–任务指派（RTA）、任务–权限指派（TPA）。

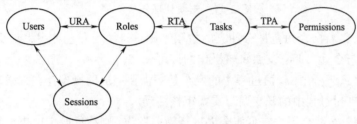

图 9-10 R-TBAC 的简化模型

在 R-TBAC 模型中，整个工作流系统中的用户都被赋予特定的角色，再规定每个角色可以执行哪些任务以及每个任务的最小访问权限。该模型中，权限不再直接与角色相关，而必须通过任务才能与角色关联起来，这时的权限集合单纯地表示为对数据资源的访问操作集合。如此一来，权限可以作为任务的属性来实现，方便了管理员的安全控管工作。

在该模型中，用户登录系统后，得到管理员预先分配给他的角色，但此时用户并不具有访问资源的权限。用户必须在执行系统分配的任务实例的过程中，才能通过任务得到相应的资源访问权限，这样就自然地实现了权限的动态分配和撤销，提高了工作流系统的动态适应性。其次，由于权限直接与任务相关，用户只有在执行某任务实例的情况下才拥有该任务所对应的访问权限，所以，最小权限约束可以进一步细化到任务一级。

2. R-TBAC 中的约束

对于访问控制模型中的各个元素需要有必要的约束机制来避免冲突，如果在授权过程中不加约束则将增加商业欺诈的风险。例如，NIST RBAC 模型定义了静态职责分离和动态职责分离两种约束。静态职责分离是在时间上对最小特权原则的扩展，它用于解决角色系统中潜在的利益冲突，强化了对用户分配角色的限制，使得一个用户不能分配两个互斥的角色。而动态职责分离用于在用户会话中对可激活的当前角色进行限制，一个用户可被赋予多个角色，但它们不能在同一会话期中被激活。在 RBAC 模型中加入的这些约束条件对实施安全的访问控制起了重要作用。同样，在一个工作流系统中，权限、角色、活动和用户也都存在发生冲突的可能性。因此在 R-TBAC 模型中也需要引入相关的约束以提高访问系统的安全性。由于工作流管理系统对权限的动态性要求，在对模型中各个元素的约束方面跟单纯的基于角色的访问控制系统有不同之处。对于 R-TBAC 模型中定义的四种基本元素，分别可能存在以下四种类型的冲突：

① 权限冲突：若同一用户执行两个操作存在商业欺诈的可能性，则称这两个操作存在许可冲突，如开支票与支票审核操作。工作流环境中经常会出现多个活动具有相同操作的情况，例如，在图 9-11 所示的例子中同一支票需要由三个不同人员进行审核，同一用户通常不允许对同一数据对象多次执行相同操作。因此，规定权限冲突具有自反性，即任何操作与自身存在许可冲突。

图 9-11　支票处理任务

② 角色冲突：若两个角色拥有冲突的权限，则称这两个角色冲突，如出纳（拥有开支票操作的许可）与会计（拥有支票审核操作的许可）。

③ 任务冲突：若一个工作流过程中的两个任务需要完成的操作存在权限冲突，则称这两个任务冲突，如支付过程中的开支票与支票审核活动。

④ 用户冲突：若两个用户有可能合谋进行商业欺诈，则称这两个用户冲突。例如，出纳和会计应当避免由同一家庭中的两个成员担任。

在工作流系统中，任务可能处于不同状态，任务之间还可能存在各种关联，在进行动态授权时应该充分考虑这些因素。例如，图 9-11 所示的支票处理应用中，支票处理流程包括三个任务：甲职员准备支票、审核员确认支票和乙职员签发支票。当负责准备支票的职员不在时，可以由某一审核员代替甲职员准备支票，但该审核员不能再确认自己准备的支票。这种在工作流执行过程中确定的职责分离属于动态职责分离的范畴。

在 R-TBAC 模型中，某个任务是否能被执行，还需要看该任务与其他相关任务之间需要维持着怎样的关联。任务之间的关联沿用 TBAC 中给出的说明，常见的如任务间的依赖约束。任务依赖限制约束指某任务需要等待它之前的一个或几个任务完成后才能被执行，例如，在图 9-11 所示的一个支票应用中，一名雇员负责准备支票并且指定账户，然后由三个彼此独立的审查者对该支票和账户进行确认，最后由另外一名雇员将该支票发出。这是一个典型的复合任务，由准备支票、发出支票、确认支票三个子任务组成，其中发出支票这个子任务依赖于前面三个确认支票的子任务，只有当确认支票这三个子任务都顺利执行完毕后，发出支票这个任务才可以被执行。

视频 9.5.7

9.5.7　使用控制

一些研究者对经典的访问控制进行了多方面的扩展，而这些扩展只适合某些特定的问题，不具有通用性。而现代信息系统更多是面向动态、开放的网络环境，传统经典访问控制模型不能很好地满足动态、连续的访问控制需求。于是，使用控制（Usage Control，UCON）应运而生。

使用控制方案不仅兼容传统的访问控制，而且包含了现代的访问控制技术，如数字版权管理和信任管理。UCON 包含授权、责任、条件三大决策因素，具有过程连续性和属性可变性，非常适合现代应用的需求。系统的使用控制概念是由美国 Mason 大学的 Park 和 Sandhu 在 2002 年首次提出的。2003 年，Park 和 Sandhu 提出了使用控制的核心模型——ABC（Authorizations, oBligations, Conditions）模型，通过 ABC 模型的组成及授权策略诠释了"使用控制"的思想及内涵。2004 年，Park 和 Sandhu 给出了 ABC 模型的完整定义及属性可变性描述

1. UCON-ABC 模型

UCON-ABC 模型是使用控制的核心模型，它抓住了使用控制的本质，由如下八部分构成：主体（即资源请求者）、主体属性、客体（即资源及资源拥有者）、客体属性（或客体资源属性）、权利、授权、责任和条件，如图 9-12 所示。

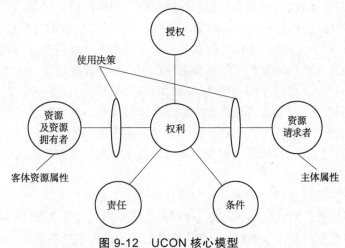

图 9-12　UCON 核心模型

（1）主体、客体及权利

主体和客体来自传统访问控制，并应用于 UCON-ABC 模型。权利指一个主体以特定的方式（如读或写）访问一个客体资源的权限。从这个意义上讲，UCON-ABC 模型的权利概念在本质上与传统访问控制的权利相似。它们之间的微妙区别是：UCON-ABC 模型的权利不再把权利看成独立于主体的访问控制矩阵的元素。在 UCON 中，权利并非独立于主体行为静态存储于访问矩阵中的，而是当主体试图访问客体时才确定。图 9-12 所示的使用决策函数基于主客体属性、授权、责任及条件做出判断，允许之后，权利才存在。使用决策函数在请求使用资源的时刻做出这个授权决定，该决定依赖于主体属性、客体属性、授权、职责和条件。

（2）主体属性与客体属性

主体和客体属性是指主客体可以用于使用决策判断的性质。实际上，最重要的主体属性之一是主体的身份标识。授权可以基于用户的身份标识实现，也可以允许匿名方式。若采用匿名方式，授权可基于各种属性来实现，如预付信用金额等。主体属性包括身份、组名、角色、成员关系、预付的信用、账户余额和能力列表等。客体的属性包括安全标签、所有关系、种类和访问控制列表等。在信息资源分发中，价格列表可以作为客体资源属性，例如可能规定对一篇电子文章支付 20 元具有阅读权限，支付 35 元具有分发权限。UCON-ABC 模型的一个重要创新是主体和客体的属性是可变的。传统的访问控制很少讨论属性的易变性，属性仅

能由管理员进行修改。UCON 通过可变属性来实现属性在访问过程中根据主体行为等情况被修改，极大地丰富了访问控制的动作和范围。可变属性会随着主体访问客体的结果而改变，然而不可变的属性仅能通过管理行为改变。需要限制主体访问客体次数和根据访问的时间实时减少账户余额，都是利用了可变属性的特点。更常见的，各种可消费的授权都可以用这种方式建模。可变属性的引入是 UCON-ABC 模型与其他访问控制模型的最大差别之一。

（3）授权、责任和条件

授权、责任和条件（可分别用 A、B、C 表示）是使用决策函数决定主体是否能以特定权利访问客体资源的决定因素。

- 授权是基于主、客体属性，以及所请求的权利进行的。与传统访问控制仅在访问前进行授权判断相比，UCON 综合考虑授权、责任、条件及主客体属性等多种因素，使控制更加精确化。它实现过程访问控制，控制资源访问的整个过程。此期间若某权利被撤销，可即时终止相关访问主体的访问行为，这就是 UCON 的过程控制连续性。例如，在资源分发过程中，访问主体的权利可能需要周期性地被检查，如果其父分发商某时刻撤销了该主体的访问权利，那么该主体的访问将立即被终止。这十分符合现代信息资源访问的需求，如对于那些主体访问时间相对较长的信息资源而言，过程访问控制就显得尤为重要。授权也可能更改主体或客体的属性。这些更新可在访问之前、访问中或在访问结束之后进行，例如按时间计费的系统需要使用结束之后计算使用时间。使用按时间计费的交费信用卡需要在使用过程中周期性地更新信用卡的余额，当余额为 0 时，访问就被迫终止。
- 责任是主体必须在访问之前或者在访问过程中应完成的行为。一个预先责任例子：一个用户必须提供合同信息或个人信息才被允许访问公司的技术资料。要求用户必须使某个广告窗口处于打开状态才能享受某个服务是访问过程中控制的例子，属于过程责任。
- 条件是与主体或客体属性无关的系统因素，如系统不同的时间段或系统的负荷。它们也可能包含系统的安全状态，例如正常、告警、被攻击状态等。条件并不被某些个别主体直接控制，条件的评估并不改变任何主体或客体的属性。

使用控制基于以上授权、责任和条件三个因素进行决策判断，具有过程连续性及属性可变性两大特性：

① 过程连续性：指在主体使用客体权利之前及使用权利过程中，系统不断地检查和决定主体是否具有继续使用客体的权利。

② 属性可变性：指在权利的使用过程中，主客体属性可因访问行为而发生改变，称为属性的更新。属性更新的方式可以是在主体访问客体前，即使用前更新；可以是在主体访问客体过程中，即使用中更新；还可以在访问结束后，即使用后更新。

基于上面讨论的 UCON 有八大组成部分，表 9-6 所示为 16 种 UCON-ABC 核心模型。该 ABC 模型是基于授权、责任、条件、连续性控制和可变属性五大因素进行划分的。连续性控制分为预先控制和过程控制两类，可变属性分为访问前更新、过程中更新和访问后更新三种。根据连续性控制的类别及属性更新的时间不同，表 9-6 给出了 16 种基本模型。假如属性是不可变的，属性不能因主体访问行为而改变，更新就不会发生，这种情况用 0 来代替；对于可变属性，分别用 1、2、3 来表示访问前更新、过程中更新和访问后更新。

表 9-6　16 种 UCON-ABC 核心模型

授权、责任和条件	0（属性不可变）	1（属性访问前更新）	2（属性过程更新）	3（属性访问后更新）
预先授权	Y	Y	N	Y
过程授权	Y	Y	Y	Y
预先责任	Y	Y	N	Y
过程责任	Y	Y	Y	Y
预先条件	Y	N	N	N
过程条件	Y	N	N	N

对于可能性不现实的情况用 N 表示。对于预先决策 pre，属性更新可能仅发生在权利被实施之前或权利实施之后，因为没有使用过程中的决策判断，使用过程中的更新仅能影响将来的请求，因此更新可能在使用结束之后发生。即对于预先责任或授权而言，过程中的属性更新仅能影响将来的决策判断，对本次访问过程没有影响，因此更新应放在访问之后，preA、preB 的属性过程中更新情形标记为 N。例如，某用户播放音乐需要每小时交费 1 元，在每首歌播放完之后，使用时间这个属性需要被更新，这就是预先授权、属性访问后改变的例子。

对于过程决策 ongoing，属性更新可能发生在使用之前、使用过程中或使用之后。对于条件因素模式，条件的判断不能更新属性值，因为它只能简单地检查现在的环境和系统状态。符合实际情形的模型共有 16 种，A 模型和 B 模型各有 7 种，C 模型有 2 种。在实际应用中，可对这些模型进行综合使用。

图 9-13 所示为 UCON-ABC 模型的组合及相互关系，这里以模型 A、B、C（授权、责任、条件）作为组合的基础，在图中将它们置于最底端。在图 9-13（b）、（c）、（d）中，模型 A、B、C 根据属性更新的时间被分成若干种情况。

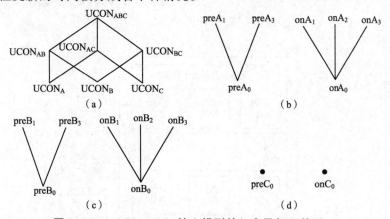

图 9-13　UCON-ABC 核心模型的组合及相互关系

2. 使用控制的引用监控器

从体系结构的观点来说，执行使用控制的关键问题之一是引用监控器。引用监控器是一个提供访问控制机制和使用数字信息的核心概念，它与控制客体资源访问的策略和规则相联系，一直运行并对各决策因素进行实时判断。在使用控制策略中，主体对客体的访问必须通过引用监控器进行监视，如图 9-14 所示。

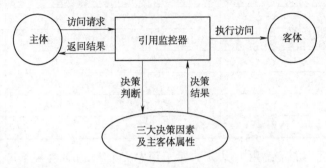

图 9-14　引用监控器功能图

访问主体提出对客体资源的访问请求，引用监控器接受请求并对主体的请求进行决策判断，综合考虑授权、责任、条件三大使用决策因素及主客体的属性，返回是与否的决策结果，允许或拒绝主体的请求。

ISO 的访问控制框架标准定义了引用监控器，引用监控器由两部分组成：访问控制执行部分和访问控制决策部分。使用控制模型引用监控器与 ISO 定义的传统引用监控器相似，如图 9-15 所示，它由使用决策部分（UDF）和策略执行部分（UEF）组成。UDF 包括授权模块、责任模块和条件模块。这三个模块分别检查主体请求是否满足其约束限制。授权模块和传统授权过程类似，利用主客体属性及使用规则检查请求是否被允许。它可能返回是或否的结果，也可能返回请求客体被授权部分的元数据和允许的权利，这些元数据随后被 UEF 的定制模块用于请求权利。责任模块检查主体是否履行了必需的义务，监视模块监视责任的履行过程，更新模块负责结果的更新。条件模块决定主体请求是否满足条件需求，如时间限制、IP 限制等。UDF 中的三大决策模块控制主体对数据资源的访问，根据具体应用情况，可以与不同的数据资源绑定在一起使用，也可与数据资源分离使用。

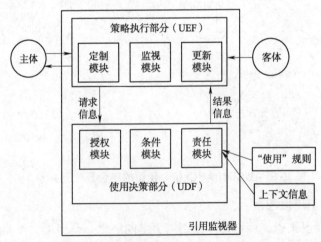

图 9-15　使用控制模型引用监控器

使用控制模型根据引用监控器的位置不同，分为服务器端引用监控器（SRM）和客户端引用监控器（CRM），它们分别设置在服务器端和客户端。这里，服务器是提供客体资源的实体，客户是访问、使用资源客体的实体。SRM 位于服务器系统环境内，协调并控制对客体资源的访问，而 CRM 驻留在客户系统环境，代表服务器系统控制对客体资源的使用。SRM 和 CRM 可以在一个系统中并存，这依赖于具体的应用需求，为了实现更好的功能和安全性，可以同时使用 CRM 和 SRM。

视频 9.5.8

9.5.8　访问控制小结

每种访问控制都有各自的特点，表 9-7 列出了几种访问控制的主要特点。

表 9-7　几种访问控制的主要特点

访问控制模型	主 要 优 点	主 要 缺 点
DAC	基于授权者的访问控制手段，访问控制灵活	安全可靠性低，授权过于灵活
MAC	基于管理的信息流控制原则，支持多级别安全，具有高安全性	授权方式不太灵活，安全级别划分困难
RBAC	角色、继承和约束这些概念与现实世界相吻合，易实现，授权灵活	最小权限约束还不够细化，不具有动态性，不能实现动态的访问控制
TBAC	采用动态授权的主动安全模型，将访问权限与任务相结合实现了动态访问控制，适合工作流系统	只能进行主动的访问控制，对存在的大量非工作流系统不适合
R-TBAC	同时拥有角色与任务两种访问控制的优点，实现了动静结合的访问控制思想	不适宜用在非工作流系统，不能适应系统的多样性访问控制需求
UCONABC	将传统访问控制、信任管理和数字版权管理集成一个整体框架，具有连续性控制和属性易变两大特性，丰富和完善了访问控制，适于现代开放式网络环境	这是一种抽象的参考性的基本框架，具体实施还存在许多问题，将访问控制、信任管理和数字版权管理真正融合任重而道远

 ## 9.6　案例应用：RBAC 在企业 Web 系统中的应用

1．案例描述

基于角色的访问控制（RBAC）与现实世界中的角色相吻合，现在已经被广泛应用于大中型 Web 信息系统开发中。一个大型企业有很多部门，不同类型的用户对应各种权限，要求开发一个 Web 信息系统，实现基于角色的访问控制。

视频 9.6

2．案例分析

基于角色的访问控制的主要元素：主体、角色、客体，分别对应三个模块：用户管理、角色管理、模块管理（模块看成客体）。此模型将系统的模块权限和用户分开，使用角色作为一个中间层。

用户访问模块时，通过其所对应的角色对该模块的访问权限来获得访问模块的权限，通过这种分层的管理模式可以实现有效的访问控制。

3．案例解决方案

一个企业由多个部门组成，一个部门可以有多个用户；一个用户可以对应多个角色，一个角色也可以对应多个用户；一个角色可以对应多个模块，一个模块也可以对应多个角色。它们间的关系如图 9-16 所示。

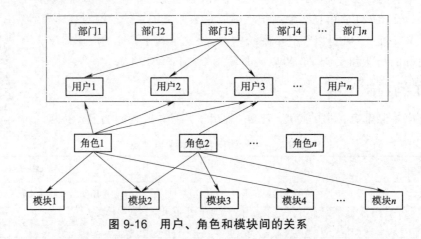

图 9-16　用户、角色和模块间的关系

角色是为系统安全而设计的抽象层，同一角色里的成员具有相同的模块操作权限。但是，角色不像机构部门那样有固定成员和组织结构，并非真正的实体，可以根据需求任意地建立和删除角色。通过这种设计思想形成三层安全模型，第一层为用户，第二层为角色，第三层为系统模块。用户和角色之间建立关系，角色和模块权限之间建立关系，而用户和模块权限之间没有直接的关系。用户、角色、模块之间的数据访问结构如图 9-17 所示。

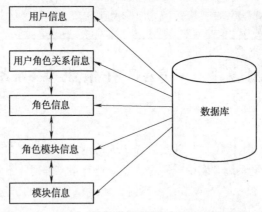

图 9-17　用户、角色和模块间的数据访问结构

下面是三个模块需要实现的功能。

（1）模块管理

建立和角色的关系信息，定义基本权限信息。对每个模块的操作权限分为五个级别：浏览、查询、添加、修改和删除，软件界面如图 9-18 所示。

模块管理页面可修改模块和角色的关系，如图 9-18 所示。左边是系统中所有角色的下拉列表，选择相应的角色，单击"添加"按钮，可将选择的角色添加到右边的模块角色关系列表中，使此角色与该模块建立关联。每个角色信息的下方是五个选择控件，代表五种级别的权限，由于这五个权限是向下包含的，因此选择高级别的权限，低级别权限自动被选择。添加之后默认的权限是浏览功能，也可修改此角色对该模块的操作权限。这样，通过添加角色到此列表中，可使角色和模块建立关联。

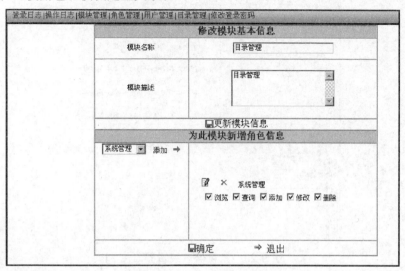

图 9-18　模块管理界面

（2）角色管理

一是提供对角色的添加、修改和删除功能；二是建立和模块的关系信息；三是建立和用户的关系信息，软件界面如图 9-19 所示。

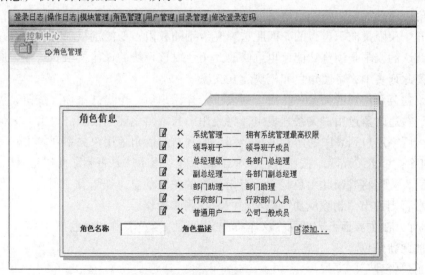

图 9-19　角色管理主界面

从这个页面可以看出，上方是系统所有角色的列表。在每个角色记录的前面都有两个图像按钮，第一个图像按钮的功能是编辑此角色的详细信息，第二个图像按钮的功能是删除此角色。下方两个文本框和一个按钮是实现添加角色的功能。

① 编辑：角色信息编辑页面分为三部分，软件界面如图 9-20 所示。

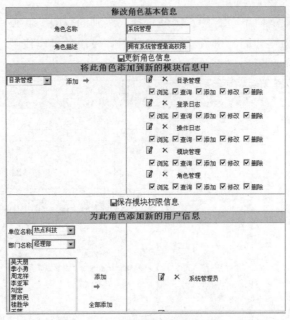

图 9-20　角色信息编辑界面

- 修改角色基本信息。包括角色名称和角色描述，单击"更新角色信息"按钮，可保存修改后角色的基本信息。
- 修改角色和模块的权限关系。左边是系统中所有模块的下拉列表，选择相应的模块，单击"添加"按钮，可将选择的模块添加到右边的角色模块关系列表中，使此模块与该角色建立关联。每个模块信息的下方是五个选择控件，代表五种级别的权限，由于这五个权限是向下包含的，因此选择高级别的权限，低级别权限自动被选择。添加之后默认的权限是浏览功能，也可修改此角色对该模块的操作权限。这样，通过添加模块到此列表中，可使角色和模块建立关联。
- 修改角色和用户的关系。在用户列表中选择用户后，单击"添加"按钮，可将用户添加到右边的角色用户关系列表中，将此用户与该角色建立关联。单击"全部添加"按钮，可将用户列表中的所有用户全部添加到右边的角色用户关系列表中。

② 删除：单击"删除"按钮时，将弹出提示框，提示"是否删除此项记录"，单击"确定"按钮后，程序将判断此角色是否还有未删除的关联信息。如果有，则弹出"删除失败"的提示框，否则弹出"删除成功"提示框，完成删除操作。

③ 添加：在主界面下方的两个文本框中分别输入角色名称和角色描述后，单击"添加"按钮可添加此新角色。

（3）用户管理

用户管理一是提供对用户的修改和删除功能；二是建立和角色的关系，用户管理主界面如图 9-21 所示。

页面最上方是所有单位的下拉列表，选择单位后，其下方的部门列表将出现此单位下的所有部门，同样，选择部门后，最下方的用户列表将出现此部门下的所有用户。在每个用户记录的前面都有两个图像按钮，第一个图像按钮的功能是编辑此用户的信息，第二个图像按钮的功能是删除此用户。

① 编辑：用户信息编辑页面分为两部分，界面如图 9-22 所示。

* 修改用户的登录账号。
* 修改用户和角色的关系。左边是系统中所有角色的下拉列表，选择下拉列表中的角色，单击"添加"按钮，可将选择的角色添加到右边的用户角色关系列表中，使此角色与该用户建立关联。

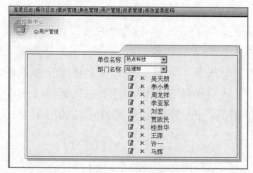 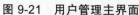 

图 9-21　用户管理主界面　　　　　　图 9-22　用户信息编辑界面

在用户角色关系列表中，单击角色记录前的"删除"图像按钮时，可删除此角色与该用户的关联信息；单击角色记录前的"编辑"图像按钮时，将出现此角色的编辑页面。

② 删除：单击"删除"按钮时，将弹出提示框，提示"是否删除此项记录"，单击"确定"按钮后，程序将判断此用户是否还有未删除的关联信息，如果有则弹出"删除失败"的提示框，否则弹出"删除成功"提示框，完成删除操作。

4．案例总结

本案例实施方案，很好地实现了基于角色的访问控制，能够方便地实现部门、用户、角色、模块之间的对应，为系统管理提供了便利。

 ## 9.7　系 统 审 计

视频 9.7

对付网络入侵，只有防火墙是不够的。防火墙只是试图抵挡网络入侵者，很难去发现入侵的企图和成功的入侵。这就需要一种新的技术——入侵检测技术。入侵检测技术能发现网络入侵者的入侵行为和入侵企图，及时向用户发出警报，将入侵消灭。审计则是记录系统中发生的各种事件，这些记录有助于发现入侵的行为和企图。

计算机的出现，尤其是计算机网络的出现，使得安全问题备受人们关注，而且人们在实现计算机安全的征程中经历着不断的探索。最引人注目的应该是美国国防部（DOD）在 20 世纪 80 年代支持的一项内容广泛的研究计划，该计划研究安全策略、安全指南和"可信系统"的控制。

可信系统定义：能够提供足够的硬件和软件，以确保系统同时处理一定范围内的敏感或分级信息。因此，可信系统主要是为军事和情报组织在同一计算机系统中存放不同敏感级别（通常对应于相应的分级）信息而提出的。

在最初的研究中，研究人员争论安全审计机制是否对可信系统的安全级别有帮助，最终，审计机制被纳入《可信计算机系统评估准则》（橙皮书）中，作为对 C2 及 C2 以上级系统要求的一部分。概括了 DOD 的可信计算机系统研究成果的这一系列文档通常被称为"彩虹系列"（Rainbow Series）。"彩虹系列"中的一份文档"褐皮书"就是说明可信系统中的审计的，标题是《理解可信系统中的审计指南》。

9.7.1 审计及审计跟踪

审计（Audit）是指产生、记录并检查按时间顺序排列的系统事件记录的过程，是一个被信任的机制。同时，它也是计算机系统安全机制的一个不可或缺的部分，对于 C2 及其以上安全级别的计算机系统来讲，审计功能是其必备的安全机制。而且，审计是其他安全机制的有力补充，它贯穿计算机安全机制实现的整个过程，从身份认证到访问控制这些都离不开审计。同时，审计还是后来人们研究的入侵检测系统的前提。安全审计系统的基本结构如图 9-23 所示。

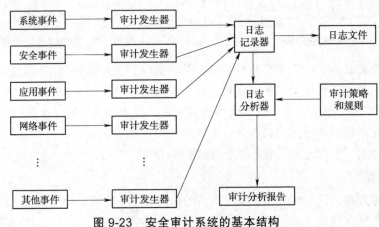

图 9-23 安全审计系统的基本结构

审计跟踪（Audit Trail）是系统活动的记录，这些记录足以重构、评估、审查环境和活动的次序。从这个意义来讲，审计跟踪可用来实现以下功能：确定和保持系统活动中每个人的责任；重建事件；评估损失；监测系统问题区；提供有效的灾难恢复；阻止系统的不正当使用。

作为一种安全机制，计算机系统的审计机制的安全目标有：

① 审查基于每个目标或每个用户的访问模式，并使用系统的保护机制。

② 发现试图绕过保护机制的外部人员和内部人员。

③ 发现用户从低等级到高等级的访问权限转移。

④ 制止用户企图绕过系统保护机制的尝试。

⑤ 作为另一种机制确保记录并发现用户企图绕过保护的尝试，为损失控制提供足够的信息。

9.7.2 安全审计

审计是记录用户使用计算机网络系统进行所有活动的过程，它是提高安全性的重要工具。安全审计跟踪机制的价值在于经过事后的安全审计可以检测和调查安全漏洞。

① 它不仅能够识别谁访问了系统，还能指出系统正被怎样使用。

② 对于确定是否有网络攻击的情况，审计信息对于确定问题和攻击源很重要。

③ 系统事件的记录能够更迅速和系统地识别问题，并且它是以后事故处理的重要依据。

④ 通过对安全事件的不断收集与积累并且加以分析，有选择性地对其中的某些站点或用户进行审计跟踪，以提供发现可能产生破坏性行为的有力证据。

安全审计就是对系统的记录与行为进行独立的品评考查，其目的是：

① 测试系统的控制是否恰当，保证与既定安全策略和操作能够协调一致。

② 有助于做出损害评估。

③ 对控制、策略与规程中特定的改变做出评价。

安全审计跟踪机制的内容是在安全审计跟踪中记录有关安全的信息，而安全审计管理的内容是分析和报告从安全审计跟踪中得来的信息。

安全审计跟踪将考虑以下问题：

① 要选择记录什么信息。审计记录必须包括网络中任何用户、进程、实体获得某一级别的安全等级的尝试，包括注册、注销，超级用户的访问，产生的各种票据，其他各种访问状态的改变，并特别注意公共服务器上的匿名或访客账号。

实际收集的数据随站点和访问类型的不同而不同。通常要收集的数据包括用户名和主机名、权限的变更情况、时间戳、被访问的对象和资源，当然这也依赖于系统的空间（注意不要收集口令信息）。

② 在什么条件下记录信息。

③ 为了交换安全审计跟踪信息所采用的语法和语义定义。收集审计跟踪的信息，通过列举被记录的安全事件的类别（例如明显违反安全要求的或成功完成操作的），应能适应各种不同的需要。已知安全审计的存在可对某些潜在的侵犯安全的攻击源起到威慑作用。

审计是系统安全策略的一个重要组成部分，它贯穿整个系统不同安全机制的实现过程，为其他安全策略的改进和完善提供了必要的信息。而且，它的深入研究为后来的一些安全策略的诞生和发展提供了契机。后来发展起来的入侵检测系统就是在审计机制的基础上得到启示而迅速发展起来的。

9.8　案例应用：Web 信息系统的审计信息

1．案例描述

在一个 Web 信息系统中实现系统审计。审计信息应包括登录日志和操作日志。登录日志一般比较简单，操作日志要包含重要操作的日志信息。

视频 9.8

2．案例分析

（1）登录日志

登录日志是提供给系统管理员进行管理使用的，记录所有用户的登录信息，包括登录账号、登录时间、离开时间、登录主机的 IP 地址、登录是否成功、失败原因等信息。除了查看登录信息外，此子模块还提供给系统管理员删除过期日志信息的功能。

（2）操作日志

操作日志提供对用户重要操作行为的记录，系统管理员可以通过操作日志查看用户对数据库的关键操作，及时发现用户的不合理操作或非法操作，保证系统数据的安全。同时，操作日志也提供给系统后期维护一个很有用的参考。除了查看功能外，操作日志也提供给系统管理员删除过期操作信息的功能。

3．案例解决方案

（1）登录日志

在系统审计部分，将出现登录日志信息，信息系统监管平台的登录日志界面如图 9-24 所示。

📋 信息列表　　　　　　　　　　　　　　　　　　　　　　　　　　　📌 ☑分页显示 ☐选择全部

序号	用户账号	登录时间	用户IP地址	是否成功	失败原因	选择
1	lsszyt	2014-6-24 15:39:29	10.1.79.34	登录成功		☐
2	lss	2014-6-24 15:22:21	10.1.79.34	登录成功		☐
3	admin	2014-6-24 15:21:18	210.44.176.97	登录成功		☐
4	lss	2014-6-24 15:21:00	210.44.176.97	登录成功		☐
5	admin	2014-6-24 15:15:13	10.1.79.34	登录成功		☐
6	admin	2014-6-24 15:15:12	10.1.79.34	登录成功		☐
7	admin	2014-6-24 15:03:37	210.44.176.97	登录成功		☐
8	admin	2014-6-24 12:41:09	210.44.176.97	登录成功		☐
9	admin	2014-6-23 11:43:07	210.44.176.97	登录成功		☐
10	admin	2014-6-23 10:11:37	211.64.20.23	登录成功		☐

共116条记录，当前第1/12页　　　　　　　　　　　　首　页 ◀上一页 ▐▌下一页 ▶ 末　页 ▶▶ 第1页 ▼

图 9-24　登录日志界面

当登录不成功时原因有两种：用户名错（不存在）或密码错。如果登录日志信息中连续出现多次用户名错，则考虑恶意攻击的可能。

（2）操作日志

在系统审计部分，实现操作日志信息，信息系统监管平台的操作日志界面如图 9-25 所示。

📋 信息列表　　　　　　　　　　　　　　　　　　　　　　　　　　　📌 ☑分页显示 ☐选择全部

序号	用户账号	用户名	操作时间	操作模块	操作描述	选择
1	admin	管理员	2014-4-11 14:10:25	角色添加	添加角色信息	☐
2	lsszyt	刘树淇	2014-6-18 17:13:50	禁用用户信息	禁用管理员"111:12"的用户信息	☐
3	admin	管理员	2014-6-18 17:19:47	互斥角色管理	更新记录"21:一个用户不能同时具有这两个角色"的互斥角色管理信息	☐
4	admin	管理员	2014-6-18 17:20:14	互斥角色管理	更新记录"21:一个用户不能同时具有这两个角色"的互斥角色管理信息	☐
5	lss	lss	2014-5-15 15:51:41	审核角色	审核角色信息	☐
6	lss	lss	2014-5-15 15:54:20	审核用户	审核用户信息	☐
7	lss	lss	2014-6-12 16:56:11	审核互斥角色	审核互斥角色信息	☐
8	lss	lss	2014-6-12 16:56:16	审核互斥角色	审核互斥角色信息	☐
9	lss	lss	2014-6-12 16:56:20	审核互斥角色	审核互斥角色信息	☐
10	admin	管理员	2014-6-16 10:53:29	互斥角色管理	更新记录"23:一个用户不能同时具有这两个角色1"的互斥角色管理信息	☐

共123条记录，当前第1/13页　　　　　　　　　　　　首　页 ◀上一页 ▐▌下一页 ▶ 末　页 ▶▶ 第1页 ▼

图 9-25　操作日志界面

4．案例总结

一般来说，登录日志都相对简单。但操作日志可以包含很丰富的信息，图 9-25 仅包含了操作日志的最基本信息：哪个用户在什么时间对哪个模块进行了哪种方式的操作，这对安全性要求很高的系统是远远不够的。在高安全领域，操作日志信息还应该包括：删除的具体信息、增加的具体信息、将什么样的旧信息替换成了什么样的新信息等。

*9.9　授权管理基础设施（PMI）

视频 9.9

访问控制就是控制用户访问资源的权限，如何证明用户所具有的权限正是 PMI 要做的事情。

9.9.1　PMI 概述

授权管理基础设施（Privilege Management Infrastructure，PMI）是国家信息安全基础设施（National Information Security Infrastructure，NISI）的一个重要组成部分，目标是向用户和应用程序提供授权管理服务，提供用户身份到应用授权的映射功能，提供与实际应用处理模式相对应的、与具体应用系统开发和管理无关的授权和访问控制机制，简化具体应用系统的开发与维护。

PMI 是一个由属性证书（Attribute Certificate，AC）、属性权威（Attribute Authority，AA）、属性证书库等部件构成的综合系统，用来实现权限和证书的产生、管理、存储、分发和撤销等功能。PMI 使用属性证书表示和容纳权限信息，通过管理证书的生命周期实现对权限生命周期的管理。属性证书的申请、签发、撤销、验证流程对应着权限的申请、发放、撤销、使用和验证的过程。而且，使用属性证书进行权限管理使得权限的管理不必依赖某个具体的应用，而且利于权限的安全分布式应用。

PMI 以资源管理为核心，对资源的访问控制权统一交由授权机构统一处理，即由资源的所有者来进行访问控制。同公钥基础设施 PKI 相比，两者主要区别在于：PKI 证明用户是谁，而 PMI 证明这个用户有什么权限、能干什么，而且 PMI 需要公钥基础设施 PKI 为其提供身份认证。PMI 与 PKI 在结构上是非常相似的。信任的基础都是有关权威机构，由他们决定建立身份认证系统和属性特权机构。在 PKI 中，由有关部门建立并管理根 CA，下设各级 CA、RA 和其他机构；在 PMI 中，由有关部门建立权威源点（Source Of Authority，SOA），下设分布式的 AA 和其他机构。

PMI 实际上提出了一个新的信息保护基础设施，能够与 PKI 和目录服务紧密地集成，并系统地建立起对认可用户的特定授权，对权限管理进行了系统的定义和描述，完整地提供了授权服务所需过程。

9.9.2　PMI 技术的授权管理模式及其优点

授权服务体系主要是为网络空间提供用户操作授权的管理，即在虚拟网络空间中的用户角色与最终应用系统中用户的操作权限之间建立一种映射关系。授权服务体系一般需要与信任服务体系协同工作，才能完成从特定用户的现实空间身份到特定应用系统中的具体操作权限之间的转换。

目前建立授权服务体系的关键技术主要是 PMI 技术。PMI 技术通过数字证书机制来管理用户的授权信息，并将授权管理功能从传统的应用系统中分离出来，以独立服务的方式面向应用系统提供授权管理服务。由于数字证书机制提供了对授权信息的安全保护功能，因此，作为用户授权信息存放载体的属性证书同样可以通过公开方式对外发布。由于属性证书并不提供对用户身份的鉴别功能，因此，属性证书中将不包含用户的公钥信息。考虑到授权管理体系与信任服务体系之间的紧密关联，属性证书中应标明与之相关联的用户公钥证书，以便将特定的用户角色（对应于操作权限）绑定到对应的用户上。

在 PMI 中主要使用基于角色的访问控制，其中角色提供了间接分配权限的方法。在实际应用中，个人被签发角色分配证书使之具有一个或多个对应的角色，而每个角色具有的权限通过角色定义来说明，而不是将权限放在属性证书中分配给个人。这种间接的权限分配方式使得角色权限更新时，不必撤销每一个属性证书，极大地减小了管理开销。

授权管理体系将授权管理功能从传统的信息应用系统中剥离出来，可以为应用系统的设计、开发和运行管理提供很大的便利。应用系统中与授权处理相关的地方全部改成对授权服务的调用，因此，可以在不改变应用系统的前提下完成对授权模型的转换，进一步增加了授权管理的灵活性。同时，通过采用属性证书的委托机制，授权管理体系可进一步提供授权管理的灵活性。

与信任服务系统中的证书策略机制类似，授权管理系统中也存在安全策略管理的问题。同一授权管理系统中将遵循相同的安全策略提供授权管理服务，不同的授权管理系统之间的互通必须以策略的一致性为前提。

与传统的同应用密切捆绑的授权管理模式相比，基于 PMI 技术的授权管理模式主要存在以下三方面的优势：

1. 授权管理的灵活性

基于 PMI 技术的授权管理模式可以通过属性证书的有效期以及委托授权机制来灵活地进行授权管理，从而实现了传统的访问控制技术领域中的强制访问控制模式与自主访问控制模式的有机结合，其灵活性是传统的授权管理模式无法比拟的。

与传统的授权管理模式相比，采用属性证书机制的授权管理技术对授权管理信息提供了更多的保护功能；而与直接采用公钥证书的授权管理技术相比，则进一步增加了授权管理机制的灵活性，并保持了信任服务体系的相对稳定性。

2. 授权操作与业务操作相分离

基于授权服务体系的授权管理模式将业务管理工作与授权管理工作完全分离，更加明确了业务管理员和安全管理员之间的职责分工，可以有效地避免由于业务管理人员参与到授权管理活动中而可能带来的一些问题。基于 PMI 技术的授权管理模式还可以通过属性证书的审核机制来提供对授权过程的审核，进一步加强了授权管理的可信度。

3. 多授权模型的灵活支持

基于 PMI 技术的授权管理模式将整个授权管理体系从应用系统中分离出来，授权管理模块自身的维护和更新操作将与具体的应用系统无关。因此，可以在不影响原有应用系统正常运行的前提下，实现对多授权模型的支持。

小　结

身份认证是系统的第一道防线，只有经过身份认证，用户才能访问系统。当一个用户有权利访问系统时，一般仅允许他访问系统的部分资源，这需要访问控制来控制主体对客体的访问，访问控制作为安全防御措施的一个重要环节，其作用是举足轻重的。审计系统记录系统中发生的各种事件，如试图访问系统、成功访问系统，这些记录有助于发现入侵者的行为和企图。PMI 利用属性证书将用户与其角色（本质上就是权限）绑定在一起，作为一种安全基础设施，可同时为多个应用提供权限管理服务。

习 题

1. 请解释：广义地讲，所有的计算机安全都与访问控制有关。

2. 基于组的策略应用于什么情况下？

3. 多级安全系统中要将信息资源和主体按照安全属性进行分级，哪种访问控制模式使用多级安全策略？

4. 权限位的访问控制实现机制的特点是什么？如果操作权限是读、写、执行和拥有，请用四位二进制位串表示所有权限的组合。

5. 比较目录表、访问控制列表、访问控制矩阵、能力表、访问控制安全标签列表和权限位的访问控制实现机制各有什么优缺点。

6. 什么是访问控制矩阵？说明它的结构和意义，举例说明它们在实际应用中的方法。

7. 在多级安全系统当中，"不下写"规则的重要性是什么？

8. 比较下列敏感标签的安全等级：

TOP SECRET[VENUS ALPHA]和 SECRET[VENUS ALPHA]
    TOP SECRET[VENUS]和 SECRET[ALPHA]

9. 结合实际应用解释基于角色的访问控制中，最小特权原则、角色容量、角色互斥、角色继承、职责分离的含义。

10. 基于任务的访问控制有何优缺点？

11. 使用控制有哪些特点？

12. 比较各种访问控制的优缺点。

13. 审计的意义是什么？

14. 属性证书（AC）有哪些特点？

15. 比较公钥证书和属性证书的不同，包括内容、应用和颁发方法。

16. 说明 PKI 和 PMI 有何差异，它们在信息安全基础设施中是如何共存和相互作用的？

17. 现在要求开发一个 Web 信息系统，请问如何实现安全身份认证？使用基于角色和任务的访问控制，如何规划数据库？审计信息不但包括成功访问系统的记录，而且还包括试图登录系统但不成功的，如何实现？

18. 设用户 U 对文件 F 拥有 r-x 权限，请问，该用户对该文件可以进行什么操作?该用户拥有的权限的二进制表示是什么？

19. 设文件 F 的 ACL 表中有如下设置：

user:wenchang:rwx
mask::r-x

请问，用户 wenchang 可以对文件 F 进行什么操作？

第⑩章
数据库系统安全

学习目标:

- 了解数据库加密的基本原理;
- 理解统计数据库的安全问题;
- 理解网络数据库的安全问题;
- 了解 SQL Server 数据库的安全设置。

关键术语:

- 多级数据库 (Multistage Database);
- 数据库加密 (Database Encryption);
- 统计数据库 (Statistics Database);
- SQL 注入攻击 (SQL Injection Attack);
- 网络数据库 (Network Database)。

数据库是计算机科学的一个重要分支,任何信息管理的应用都离不开数据库的支持。从普通网站的论坛、学校的教务系统到银行的储蓄系统、电信的计费系统与铁路的客票系统,都使用了不同规模、不同类型的数据库。随着网络的发展,数据库已经与网络紧密地结合起来,数据库系统安全的重要性不亚于网络安全的重要性。数据库系统的安全有它独有的特点,本章将讨论数据库的安全问题。需要指出的是,像数据库的完整性、并发控制、备份与恢复这类问题不是本章要讨论的重点,这些内容在一般数据库的书籍中都能找到。

视频 10.1

 10.1 数据库安全概述

随着计算机技术的飞速发展,数据库的应用越来越广泛,目前已深入到各个领域,但随之而来产生了数据的安全问题。各种应用系统的数据库中大量数据的安全问题、敏感数据的防窃取和防篡改问题,越来越引起人们的高度重视。数据库系统作为信息的聚集地,是计算机信息系统的核心部件,其安全性至关重要,关系到企业兴衰、国家安全。因此,如何有效地保证数据库系统的安全,实现数据的保密性、完整性和有效性,已经成为业界人士探索研究的重要课题之一。数据库的一般安全性要求见表 10-1。

表 10-1　数据库的一般安全性要求

安 全 问 题	注　　释
物理上的数据库完整性	预防数据库物理方面的问题（如掉电），以及当被灾祸破坏后能重构数据库
逻辑上的数据库完整性	保持数据的结构，比如，一个字段值的修改不至于影响其他字段
元素的完整性	包含在每个元素中的数据都是准确的
可审计性	能够追踪到谁访问修改过数据
访问控制	允许用户只访问被批准的数据，以及限制不同的用户有不同的访问模式，如读或写
用户认证	确保每个用户被正确地识别，既便于审计追踪，也为了限制对特定的数据进行访问
可获（用）性	用户可以正常访问数据库以及所有被批准访问的数据
保密性	非授权用户得不到数据的明文

10.1.1　数据库安全技术

数据库安全问题可归结为保证数据库系统中各种对象存取权的合法性（保证合法访问，阻止非法访问）和数据库内容本身的安全（防泄露、篡改或破坏）两方面。围绕这两方面，数据库的安全可采用如下技术：

1．存取控制技术

存取控制技术是数据库安全的核心，一般采用多层控制，即系统登录控制、数据库使用权控制及数据库对象操作权控制。系统登录控制，又称标识/鉴别技术，即通过输入用户名及口令，由系统进行身份验证。数据库使用权及数据库对象操作权控制通过数据库的授权系统将各种使用与操作权授予用户。

2．隔离控制技术

隔离控制技术在数据库中也是一项很重要的安全技术。通过某种中间机制，将用户与存取对象隔离。用户不能直接对存取对象进行操作，而是通过中间机构间接进行。常用的中间机构有视图和存储过程。

3．加密技术

加密技术是将数据库中的原始数据（明文）转换成人们所不能识别的数据（密文），以达到防止信息泄露的目的。

4．信息流向控制技术

信息流向控制技术是将数据库信息内容按敏感程度分成多个密级（如绝密、机密、秘密、一般），以防止信息从高安全级流向低安全级。

5．推理控制技术

推理控制技术是防止用户从对数据库的合法访问得到的信息，推断出他所不应了解的信息。推理控制技术特别适用于统计数据库的安全。

6．数据备份技术

从理论上讲，只要存在网络连接，就存在安全风险。要时刻当心数据被破坏，最简单的应对措施就是数据备份。很多计算机用户和管理人员虽然认识到备份的重要性，具备一定的备份概念，但仍存在一些误区。有的用户认为备份就是简单地做一份副本，因而往往达不到实际要求，或者陷入烦琐耗时的手工操作中。备份并不仅仅是执行复制指令或程序，一个完整的备份方案大致应具备以下特点：

① 保证数据资料的完整性。

② 能自动定时备份，实现备份任务的自动管理。

③ 能对不同的存储介质进行有效管理。

④ 支持多种操作系统平台。

⑤ 操作简便、易于实现。

另外，制订周密的备份计划也很重要。有些管理人员不太重视备份计划的设计，缺乏完整的规划和策略，使得备份效果大打折扣。要注意备份过程可能对一些应用系统有影响，要针对系统运行情况，合理安排备份时间，避免与应用程序发生冲突。备份方案是存储设备、备份工具、运作方式、恢复重建方法、操作性、可靠性等方面的综合考虑。

10.1.2 多级数据库

一般情况下，可以确定整个数据库是敏感的（要求保密）或不敏感的（不要求保密）。细一点，可以确定库中的某个表（对于关系型数据库）是敏感的或不敏感的，但有时情况却复杂得多。表 10-2 所示为某公司职工信息。

表 10-2 某公司职工信息（阴影表示敏感数据）

姓　　名	部　　门	工　　资	电　　话	绩 效 考 核
张三	培训部	4 800	2175349	优
李四	技术部	4 500	2171420	良
王五	办公室	4 600	2582322	中
赵六	客户服务部	4 000	2582254	良

姓名、部门和电话这三列是不需保密的，任何人都可以查询。但是工资和绩效考核却是必须保密的，不是任何人都可以查询的，只有被授权的少数人才能查询。这说明表中只有部分字段是敏感的。另外，某个人的工资是保密的，但是有时工资总额却无须保密。还有更复杂的情况，见表 10-3。

表 10-3 某公司职工信息（阴影表示敏感数据）

姓　　名	部　　门	工　　资	电　　话	绩 效 考 核
张三	培训部	4 800	2175349	优
李四	技术部	4 500	2171420	良
王五	办公室	4 600	2582322	中
赵六	客户服务部	4 000	2582254	良

也许李四是一个特殊人物，他的所有情况都要保密，甚至他的存在都是一个秘密，例如李四是秘密地从另一公司跳槽到本公司的。赵六的电话也许很重要，不想被别人知道。这些数据的安全要求与工资与绩效考核两个字段的安全要求是不一样的。从这里可以看出数据库的三个安全特性：

① 一个元素的敏感度可能不同于同一记录的其他元素或同一属性的其他值。也就是说，一个

元素的敏感度可能不同于同一行或同一列的其他元素。这要求应该对每个元素单独实行安全保护。

② 敏感和不敏感两种级别不足以描绘某些安全要求，需要多个安全级别。

③ 集合安全不同于单个元素的安全，如数据库中的和、平均值。集合安全可能高于，也可能低于单个元素的安全。

多级数据库要求对数据库采用不同的安全粒度，粒度可大可小，可以是整个数据库，也可以是某个表，可以是表中的某些字段，也可以是表中的某些记录。最小的粒度是某条记录的某个字段值。如何确定粒度的大小是一个复杂的问题，粒度太大则难以精确地控制安全性，粒度太小则控制起来太复杂。粒度小的多级数据库实现起来非常困难，甚至比操作系统的安全控制更难于实现。

10.2　数据库加密

视频 10.2

虽然数据库管理系统（DBMS）在操作系统的基础上增加了不少安全措施，例如基于权限的访问控制、基于角色的访问控制等，但操作系统和 DBMS 对数据库文件本身仍然缺乏有效的保护措施，有经验的黑客会"绕道而行"，直接利用操作系统工具窃取或篡改数据库文件内容。这种隐患被称为通向 DBMS 的"隐秘通道"，对它所带来的危害一般数据库用户难以觉察。对数据库中的敏感数据进行加密处理，是堵塞这一"隐秘通道"的有效手段。

据有关资料报道，80%的计算机犯罪来自系统内部。在传统的数据库系统中，数据库管理员的权力至高无上，他既负责各项系统管理工作，例如资源分配、用户授权、系统审计等，又可以查询数据库中的一切信息。为此，不少系统以种种手段来削弱系统管理员的权力，如采用多权分立的策略，除了系统管理员以外，增加安全员和审计员，使系统管理员、安全员和审计员之间相互牵制、制约。实现数据库加密以后，各用户（或用户组）的数据由用户用自己的密钥加密，数据库管理员没有密钥无法进行正常解密，从而保证了用户信息的安全。另外，通过加密，数据库的部分内容成为密文，从而能减少因介质失窃或丢失而造成的损失。由此可见，数据库加密对于企业内部安全管理，也是不可或缺的。

数据库加密也会带来一些新的问题。比如，将加密的数据写入数据库时，如何对数据进行合法性检查。

10.2.1　数据库加密的基本要求

一般来说，一个良好的数据库加密系统应该满足以下基本要求：

① 支持各种粒度加密。仅能加密文件或某些表是不够的，为了更好地控制数据库的安全，必须支持各种不同粒度的加密，至少要支持字段粒度的加密。

② 良好的密钥管理机制。数据库有很多用户，数据库加密的粒度又有多种，因此密钥量很大。极端情况下，每个加密数据项都需要一个密钥，这与一般的密钥管理机制有很大的不同。需要一个良好的密钥管理机制，来组织和存储大量密钥。

③ 合理处理数据。这包括几方面的内容：首先要恰当地处理数据类型，否则 DBMS 将会因加密后的数据不符合定义的数据类型而拒绝加载；其次，需要处理数据的存储问题，实现数据库加密后，应该基本上不增加存储空间开销。另外，上面提到的如何对加密数据进行

合法性检查也是一个需要解决的问题。

④ 不影响合法用户的操作。加密系统影响数据操作的响应时间应尽量短，在现阶段，平均延迟时间不应超过 0.1 秒。此外，对数据库的合法用户来说，数据的录入、修改和检索操作应该是透明的，不需要考虑数据的加密/解密问题。

10.2.2 数据库加密的方式

我们可以考虑在三个不同层次实现对数据库数据的加密，这三个层次分别是操作系统层、DBMS 内核层和 DBMS 外层。

① 操作系统层加密。在操作系统层无法辨认数据库文件中的数据关系，从而无法产生合理的密钥，对密钥合理的管理和使用也很难。所以，对大型数据库来说，在操作系统层对数据库文件进行加密很难实现。

② DBMS 内核层实现加密。这种加密是指数据加密在 DBMS 内核层实现，如图 10-1 所示。这种加密方式的优点是加密功能强，并且加密功能几乎不会影响 DBMS 的功能，可以实现加密功能与数据库管理系统之间的无缝耦合。其缺点是加密运算在服务器端进行，加重了服务器的负载，而且 DBMS 和加密器之间的接口需要 DBMS 开发商的支持。

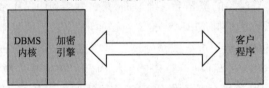

图 10-1　DBMS 内核层实现加密

③ DBMS 外层实现加密。比较实际的做法是将数据库加密系统做成 DBMS 的一个外层工具，根据加密要求自动完成对数据库数据的加密/解密处理，如图10-2 所示。采用这种加密方式，加密/解密运算可在客户端进行。它的优点是不会加重数据库服务器的负担并且可以实现网上传输的加密，缺点是加密功能会受到一些限制，与数据库管理系统之间的耦合性稍差。

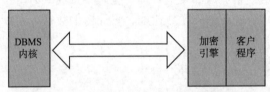

图 10-2　DBMS 外层实现加密

数据库加密系统分成两个功能独立的主要部件：一个是加密字典及其管理程序，另一个是数据库加密/解密引擎，如图10-3 所示。数据库加密系统将用户对数据库信息具体的加密要求以及参数信息保存在加密字典中，通过调用数据加密/解密引擎实现对数据库表的加密、解密及数据转换等功能。数据库信息的加密/解密处理对数据库服务器是透明的。

数据库加密/解密引擎是数据库加密系统的核心部件，它位于客户程序与数据库服务器之间，负责在后台完成数据库信息的加密/解密处理，对操作人员来说是透明的。数据加密/解密引擎没有操作界面，在需要时由操作系统自动加载并驻留在内存中。

数据库加密/解密引擎由三大模块组成：加密/解密处理模块、用户接口模块和数据库接口模块。其中，用户接口模块的主要工作是接受用户的操作请求，并判断是否需要加密/解密处理；数据库接口模块要去存取数据库服务器；加密/解密处理模块完成数据库加密/解密引擎的初始化、内部专用命令的处理、加密字典信息的检索、加密字典缓冲区的管理、SQL 命令的加密变换、查询结果的解密处理以及加密/解密算法实现等功能，另外还包括一些公用的辅助函数。

图 10-3　数据库加密系统的组成

　　按以上方式实现的数据库加密系统具有很多优点：首先，系统对数据库的最终用户是完全透明的，管理员也很难随意进行明文和密文的转换工作；其次，加密系统完全独立于数据库应用系统，无须改动数据库应用系统就能实现数据加密功能；第三，加密/解密处理在客户端进行，不会影响数据库服务器的效率。

10.2.3　数据库加密的方法及加密粒度

　　对称密码分序列密码和分组密码两种。数据库加密如果采用序列密码，那么同步将成为一个大问题。当需要对大片密文中的极小部分解密时，如何同步密文与密钥呢？所以数据库加密一般采用分组密码。

　　对于分组密码中常用的 ECB（Electronic Codebook，电码本）和 CBC（Cipher Block Chaining，密文分组链接）两种模式，又该如何确定呢？考虑到数据库中会有大量相同的数据，比如性别、职务、年龄等信息，我们应该采用 CBC 模式。如果采用 ECB 模式，相同的数据加密后形成相同的密文，这能够泄露某些信息，或者给攻击者带来某些方便。采用 CBC 模式，相同的数据加密后形成不同的密文，消除了这一问题。CBC 模式的主要问题是当明文有改动时，改动点以后的链接部分都要重新解密和加密，比较费时。

　　对于在 DBMS 上实现的加密，加密的粒度可以细分为表、记录、字段或数据元素。

　　① 表加密：对每一个表确定加密还是不加密。这是一个较大的加密粒度。由于这种方式使用的密钥数量较少，因此密钥的产生和管理较为容易。缺点是安全控制不太灵活。

　　② 记录加密：如果一个用户只允许访问数据库少量记录，而不是大量的记录，那么采用记录加密方式较好。因为它具有灵活、高效和适应性强等优点，因此是数据库加密常采用的方式。这种方式把数据库的每一行记录进行加密，此时每行记录必须有一个密钥与之匹配。因此，记录加密的缺点是产生和管理密钥较为复杂。

　　③ 字段加密：对于许多用户，经常以字段方式访问数据库，这时应以字段方式加密。这种加密方式和记录加密方式是同一级的，一个是对数据库的行加密，另一个是对数据库的列加密。它的缺点与记录加密相同，密钥的产生和管理较为复杂。

　　④ 数据元素加密：数据元素是数据库的最小粒度。这种加密方式具有最好的灵活性和适应性，完全支持数据库的各种功能（如记录、数据项的查询与修改等）。每个被加密的数

据元素有一个与之对应的密钥。由于它的加密粒度小，因此加解密效率低，而且密钥的产生和管理比前两种方式还要复杂。

10.2.4 数据库加密系统的密钥管理

密钥管理是密码系统的一个重要部分，同时它也是一个很难解决的问题。特别是数据库系统的密钥管理比网络系统的密钥管理更复杂，并且具有它自己的特点。许多数据一旦存入数据库中，在相当长的时间内不会改变，因此，加解密密钥也不能改变。若要改变加密/解密密钥，则必须对整个数据库解密后再加密，这在数据库庞大的情况下是行不通的。另外，当用户改变了自己的用户密钥后，数据库的主密钥应该能保持不变。

一般来说，数据库的密钥有多级，基于用户的密钥为用户级密钥；基于数据库的密钥为数据库级密钥；基于表的密钥为表级密钥；基于记录的密钥为记录级密钥；基于字段的密钥为字段级密钥；有时还要有数据元素级密钥。这些情况与网络通信中的情况完全不同，它使得数据库加密系统密钥的产生、管理和更新技术有自己的特点。其中密钥的产生应满足下列条件：

① 在产生大量密钥的过程中，产生重复密钥的概率要尽可能得低。

② 从一个数据项的密钥推导出另一个数据项的密钥在计算上是不可行的，这样，即使部分密钥泄露，其他密钥也是安全的。

③ 即使知道一些明文值的统计分布，要从密文中获取未知明文，在计算上也是不可行的。

为了解决数据库加密系统的密钥管理问题，国内外许多专家学者进行了大量的研究，也有不少成果。但是，目前还没有像网络通信系统密钥管理方法那样比较完善、实用的密钥管理方法。下面简单介绍一种集中式的密钥管理方法，如图10-4所示。

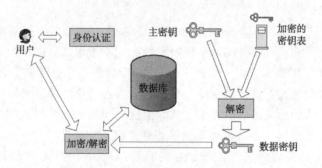

图 10-4　集中式的密钥管理方法

集中密钥管理方法要求设立一个数据库密钥管理中心。密钥统一由密钥管理中心产生和管理。由于加密粒度不同，密钥的种类和密钥的数量也不同。若加密粒度为表，则每个表有一个密钥；若加密粒度为记录，则每条记录有一个密钥。所有这些密钥存储在一张表中，这张表通过密钥加密密钥（主密钥）加密保存。

当用户访问数据库时，密钥管理中心利用某种技术对用户进行身份认证。如果该用户是合法用户，则允许访问。密钥管理中心根据用户的权限取出相应的数据密钥，根据用户的请求对有关数据进行加解密处理。如果需要，密钥管理中心也可以产生新的密钥。这种密钥管理方法，用户使用灵活、方便，但由于全部密钥都由安全管理人员控制，权力过分集中。

10.3　统计数据库安全

统计数据库是一种特殊类型的数据库,它和一般数据库相比,有共同点,也有许多独特之处。具体地说,统计数据库是这样一种数据库;从库中取得的信息是关于某一实体集子集的汇总信息。统计数据库只为提供统计数据所用,如人口普查数据库就是这样。在统计数据库中,除了禁止非法存取等一般安全问题外,还存在特殊的安全问题。保护统计数据库的目的是,由该数据库发布统计信息时,保证不会使其中受保护的具体信息泄露。

视频 10.3.1

10.3.1　统计数据库的安全问题

下面以表 10-4 所示的试题表来说明统计数据库的安全问题。

表 10-4　试题表

编　号	章	节	题　型	难　度	分　值
1	1	1	选择	A	2
2	1	1	填空	B	2
3	2	1	判断	C	2
4	2	1	简答	A	5
5	3	1	应用	B	10
6	3	1	选择	C	2
7	4	1	填空	A	2
8	4	1	简答	B	5

这个试题表,对于命题人来说,是一般数据库,命题人可以查看所有的具体信息。但是,对于搞题库分析的人来说,这就是一个统计数据库,不允许他知道试题的具体内容,只需他知道一些统计信息,如试题总量、难度分布等。现在的问题就是如何保证题库分析人无法从统计信息中推理出具体信息。一般的统计数据库有下面几种统计信息类型:

① 计数:count(c),求满足特征表达式 c 的记录个数。

② 求和:sum(c,a),求满足特征表达式 c 的记录中字段 a 的和。

③ 求平均值:average(c,a),求满足特征表达式 c 的记录中字段 a 的平均值。

④ 求最大值:max(c,a),求满足特征表达式 c 的记录中字段 a 的最大值。

⑤ 求最小值:min(c,a),求满足特征表达式 c 的记录中字段 a 的最小值。

从表面上看,题库分析人没有对单个记录的访问权,只能使用上面几种统计信息类型,各记录的保密性似乎能得到保障,但事实并非如此,请看下面的例子。

例如,题库分析人如果想知道第 3 章各题的分值,他直接查询将会被拒绝。但他可以先查询 count(章=3),得到结果为 2;再查询 sum(章=3,分值),得到结果 12;再查询 max(章=3,分值),得到结果 10。现在他已知第 3 章有两道题,一道 10 分,一道 2 分。

这个例子告诉我们,用户通过一些统计数据库允许的合法查询,便可以得到本来对他保密的信息。可见,统计数据库远不是安全保密的,而且,前面介绍的一般数据库的访问控制并不能解决统计数据库的泄密问题，因为它主要是限制用户的存取权力，用户只能对数据库中的一部分数据进行访问。而在统计数据库中，保密的目标应该是防止用户通过一系列"合法"的统计查询，使"不合法"的要求得到满足，也就是防止用户从一系列查询中推理出某些秘密信息，这时要实行的控制称为"推理控制"。

一个推理控制机制必须能够保护所有的秘密信息。设 S 为全部统计信息，P 为非机密统计信息子集，R 为发布的子集，D 是由 R（也包括 R 在内的统计信息）泄露的统计信息子集，如图 10-5 所示。发布 R 子集的目的是，全部非机密统计信息在 R 内或可由 R 求得，当 $D \geq P$ 时，发布的统计信息包含了全部非机密统计信息，因而可认为发布的统计信息保证了精确度，精确度保证了最大限度地使用统计信息。安全性则保证了机密统计信息的安全，如果满足条件 $D \leq P$，则不会因 R 而使机密统计信息泄露。

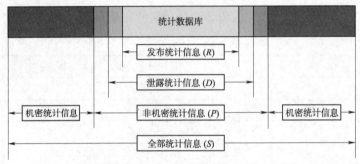

图 10-5 安全性与精确度

视频 10.3.2

可以看出，安全性与精确度的要求正好是相反的，二者都满足的条件是 $D = P$。实际上，要做到既保证安全性，又保证精确度，即 $D = P$，是非常困难的。

10.3.2 对统计数据库的攻击方式

在介绍具体的推理控制方式之前，首先应清楚对统计数据库的威胁所在，因此，本节介绍一些已存在的对统计数据库的攻击方式。需要指出的是，用户在攻击过程中可能会使用"外部知识"。所谓"外部知识"，是指用户通过其他方式（非统计查询）知道的关于统计数据库的信息，这种信息是用户本身所具有的，而并非通过查询统计信息得到的知识。

1. 小查询集和大查询集攻击

Haffman 和 Miller 曾证明了查询集过小时容易泄露统计数据库的信息，如上一小节例子中查询集只有两个记录的情况。现假设用户的外部知识使其知道数据库内第 i 个记录满足特征表达式 c，如果用户以统计信息 count(c)查询数据库，并得到回答 count(c)=1，则该用户能够确定该查询集只含一个记录，即第 i 个记录。此时，用户利用统计信息 sum(c,a)的查询，可求得第 i 个记录的字段 a 的值；也可以以统计信息 count(c and d)查询数据库内第 i 个记录是否满足特征表达式 d，若值为 0 则说明不满足，值为 1 则说明满足。

甚至在查询集记录个数不唯一的情况下，这类攻击有时仍然是可行的。假设已知第 i 个记录满足 c，且 count(c)>1，如果 count(c and d)=count(c)，则第 i 个记录当然也满足 d。如果 count(c and d)<count(c)，则不能确定第 i 个记录是否满足 d。

为防止这类小查询集的攻击，在查询集过小时，系统应拒绝回答。如果查询语言在条件中允许使用否定运算符 not，则大查询集也必须限制，否则，用户可以通过提出与期望特征表达式 c 相反的 not c 查询，以达到小查询集攻击的目的。

2．跟踪器攻击

限制查询集的方式为防止一般秘密统计信息泄露提供了一种简单的保护机制，不幸的是，利用所谓"跟踪器"的手段，也可使统计数据库泄密。跟踪器有多种，在此只简单地介绍一种单跟踪器。

假设用户已知第 i 个记录唯一满足特征表达式 c，如果想通过统计查询 $sum(c,a)$ 求得第 i 个记录的字段 a 的值，在系统实施了查询集控制后，由于查询集过小将遭拒绝，故用户不能直接得到结果。但是，如果特征表达式 c 可由多个表达式组合而成，即将 c 分成 c_1、c_2，使得 $c=c_1-c_2$，同时，$count(c_1)$ 和 $count(c_2)$ 都大小适中，不受限，如图 10-6 所示。

此时，由于 $count(c_1)$ 和 $count(c_2)$ 均不受查询集限制，所以用户可用 $count(c)=count(c_1)-count(c_2)$ 来验证 $count(c)=1$，然后可利用 $sum(c,a)$ $=sum(c_1,a)-sum(c_2,a)$ 来求得第 i 个记录的字段 a 的值。

除单跟踪器外，还有普通跟踪器和双跟踪器，此处不再赘述。

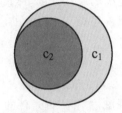

图 10-6　$c=c_1-c_2$

3．插入和删除攻击

插入和删除攻击是利用统计数据库中可插入和删除记录的特性对其进行攻击。插入和删除攻击是攻击者通过插入自己所知的假记录来观察统计信息的变化情况，从而分析出秘密信息。例如，如果查询集过小，用户可以将一些满足条件的假记录插入统计数据库，使得查询集变大，从而使查询得以进行。只需从查询集中除去那些假记录的信息，即可得到真实信息。

显然，如果要求只对统计信息有查询权的用户不能插入或删除记录，或虽然能够插入删除，但对数据库出现的变化加以控制，则插入删除攻击并不会构成严重威胁。

4．对线性系统的攻击

可以对统计数据库进行多次相关的查询，把查询条件、查询结果和秘密信息构成一个线性方程组，通过解线性方程组的方法来求得秘密信息。

10.3.3　统计数据库的安全措施

推理控制方式主要分为两大类：一类是对统计数据库的查询加以限制，即限制那些可能导致泄密的统计查询；另一类可以称为数据搅乱方式，它虽然不限制用户要求的统计查询，但是在公布的统计值中，甚至在数据库中加入一些冗余信息以搅乱数据，防止泄密。

首先介绍第一类：对统计数据库的查询加以限制。

1．限制查询集的大小

如上所述，为防止小查询集和大查询集的攻击，在查询集过小或过大时，系统应拒绝回答。但是，何谓"过小"和"过大"不好界定，应该与数据库中数据的多少有关。如果过于严格，将使一些正常的查询无法进行。

2．单元隐蔽

有些秘密信息虽然从统计信息上不能直接得到，但却可能根据该信息推导出来，因此，能够帮助用户推导出秘密信息的有关统计信息单元应该隐去。以表 10-4 为例，如果统计输出中含有下面信息：第3章共有选择题100道，且第3章的选择题总分共为200分，则用户很容易知道第3章每道选择题的分值为2分，这样的信息单元必须隐去。很多情况下，这是很难做到的，因为很难判断攻击者会用什么样的推理方式，而且当输出项有很多或有多次相关输出时，也许只有其中几项数据单元会泄密，如何在众多的输出中确定可能泄密的数据单元？

3. 最大阶控制

如果一个统计查询恰好涉及 m 个互不相同的属性，那么这样的统计称为 m 阶统计，所谓最大阶控制就是要限制 m 的值。有人曾做过调查统计，发现在100个记录中，如果用3个或更少的属性查询，则没有唯一满足的记录，用4个属性查询，则有个别记录唯一满足，7个属性可有一半以上的记录唯一满足，用 10 个属性基本上可识别所有记录。显然，查询的属性越多，查询集的记录数越少，当属性多到一定程度时，就能唯一识别一个记录。就上例而言，如果最多只允许进行三阶统计查询，就可以防止泄密。

对于 m 阶统计，如果允许使用否定运算符 not，那么组合后查询条件总共有 2^m 种。只有全部 2^m 种查询条件的查询集都不是小查询集或大查询集，m 阶统计才是允许的。

4. 数据库分割

将数据库分割成一个个记录组，规定用户只能以这些记录组作为基本单元进行统计查询，即同一记录组中的数据，或者全部在查询集中，或者全部不在其中。这样，在一个记录组中的记录很难区分开而得到某一个个体信息。

现在简单介绍一下第二类：数据搅乱方式。前面提到的对统计数据库的几种查询限制方式在保证数据库安全方面做了很多努力，但这却是以限制用户的统计查询要求为代价的，有时会影响正常用户的使用。数据搅乱方式的原理与此则完全不相同。所谓数据搅乱，就是系统在发布统计信息之前，使统计值发生变化。当然，搅乱的目的是使用户无法从统计值中推断出秘密信息，而不能破坏整个数据库数据的统计规律。

例如，可以利用某函数 $f(x_i)$ 把用于求出统计信息的每个数据值 x_i 搅乱，并且在计算中用 $f(x_i)$ 代替 x_i。这种方式是直接搅乱数据值，它可以永久性地修改数据库内的存储数据，也可以在计算某统计值时，临时把数据搅乱。还可以在正确的统计值中随机加入一些干扰成分以搅乱统计值。

无论采用何种方式，搅乱的宗旨都应该是防止攻击者根据查询结果得到他们不应得到的信息，同时又要争取统计结果的正确性。一般来说，搅乱后的统计结果不再是精确的，而仅仅是一个范围，这个范围应该让用户知道。例如，统计结果的精确值是 A，搅乱后的输出值是 B，用户同时能够知道精确值在区间 $[B-x, B+y]$ 内。

10.4 网络数据库安全

10.4.1 网络数据库概述

视频 10.4

目前计算机网络已经覆盖全球，计算机、手机上的绝大多数应用程序都是基于计算机网络的。这些应用后面，一般都有数据库的支持。数据库技术是计算机处理与存储数据的最有效、最成功的技术，而计算机网络的特点是资源共享，因此数据库与计算机网络这两种技术的结合即成为今天广泛应用的网络数据库。

网络数据库的形式有多种。在计算机上，目前最流行的是浏览器/服务器（B/S）模式。用户打开浏览器访问某个网站，网页程序则访问数据库，将运行结果返回给浏览器。这种模式下的数据库也可以称为 Web 数据库。在手机上，最流行的则是 App 模式。用户下载安装各种 App，App 再访问服务器与数据库，将运行结果返回给 App。无论哪种形式，网络数据库本质上都是各种不同的客户端通过网络远程访问服务器，服务器的软件再访问数据库，将运行结果返回给客户端。多数情况下，客户端并不会直接访问数据库，而是通过服务器上的软件间接访问数据库，安全性比客户端直接访问数据库好一些。

例如，Web 数据库的访问过程是这样的：用户利用浏览器作为输入接口，输入所需要的数据，浏览器将这些数据传送给网站，网站软件再对这些数据进行处理，如将数据存入后台数据库，或者对后台数据库进行查询操作等。最后，网站将操作结果传回浏览器，通过浏览器将结果告知用户。这个过程中，网站上的后台数据库就是 Web 数据库。

现在的主流数据库管理系统都可以作为网络数据库来使用。目前国内的数据库市场份额，仍然被国外数据库产品占据主要部分，主要有 Oracle 公司的 Oracle、微软公司的 SQL Server、IBM 公司的 DB2，以及自由软件 MySQL。习近平总书记在党的二十大报告中指出："加快实现高水平科技自立自强"，自 2018 年以来，考虑到数据库对国家安全的极端重要性，我国大力发展国产数据库产品。目前国产数据库管理系统主要有以下几个：

① 达梦：由华中科技大学冯玉才教授创办，自主研发。

② 人大金仓：由中国人民大学王珊教授创办，自主研发。

③ 神舟通用：天津神舟通用数据技术有限公司开发的关系型数据库，主要用于数据分析领域。

④ 南大通用（Gbase）：天津南大通用数据技术有限公司研发，具有南开大学背景，是基于列式存储的，面向数据分析、数据仓库的数据库管理系统。

10.4.2　网络数据库安全简介

网络数据库的安全问题除具有一般数据库的特征外，还具有自己的特征。网络数据库独有的安全问题，集中表现在数据库、网络客户端、服务器这三者的关系上。

1．突破客户端程序的限制

这一点在 Web 数据库上体现得特别明显。例如，某网页上有一个文本框，限制最多只能输入四个字符。许多程序都是在客户端限制的，使用 JavaScript 脚本检查输入长度，然后用 alert() 函数弹出错误提示。如果需要突破此限制，只需要在本地做一个一样的网页，但去掉 JavaScript 限制程序，就可以成功突破。更简单的办法是在浏览器中设置禁止运行 JavaScript。对于非 Web 数据库，需要设法修改客户端程序，取消或绕过限制条件的检查，难度较大。

对这种攻击的应对措施是对所有的限制条件，服务器都要再做一遍检查。

2．SQL 注入攻击

这种攻击对所有的网络数据库都有效。例如，客户端程序在登录时需要输入用户名和口令，这样就有两个文本框需要输入。正常情况下，在第一个文本框输入用户名 cheng，第二个文本框输入 123456 之类的口令，如果用户名口令正确就登录成功，否则报错。服务器端程序中的 SQL 查询语句（以 ASP.NET 开发环境与 SQL Server 数据库为例，username.Text 与 passwd.Text 是用户名与口令两个文本框的值）通常是：

```
select * from users where username='" + username.Text + "' and passwd='"
+ passwd.Text + "'"
```

用户登录执行时 SQL 语句就是：

```
select * from users where username='cheng' and passwd='123456'
```

服务器端程序根据返回的数据集是否为空来判断是否能够登录，有以下两种攻击方法：

① 如果攻击者知道用户名是 cheng，就可以在用户名文本框中输入 "cheng'--"，口令输入任意字符，比如 "1111"，执行时 SQL 语句就成为：

```
select * from users where username='cheng'--' and passwd='1111'
```

由于 "--" 是注释符号，它后面的部分不会执行，因此程序只是验证了用户名是否存在，与用户密码没有任何关系，只要用户名正确就可以成功登录。

② 如果攻击者连用户名都不知道，他可以在用户名文本框中输入任意值，比如 "abc"，在口令文本框里输入 "1111' or '1'='1"，执行时 SQL 语句就成为：

```
select * from user where username='abc' and passwd='1111' or '1'='1'
```

由于'1'='1'恒为真，即使用户名、口令不对也没有关系，这条语句肯定能返回数据集，从而成功登录，这就是著名且古老的 1=1 攻击。

根据这个思路，还能产生更严重的后果。如果用户根据书名（例如 linux 入门）查询所有的书，SQL 语句通常为：

```
select * from books where bookname='linux 入门'
```

如果攻击者输入的不是 "linux 入门" 而是 "linux 入门';delete books --"，则执行时 SQL 语句变为：

```
select * from books where bookname='linux 入门';delete books --'
```

这将运行两条 SQL 语句，构成对表 books 的删除，其中 "--" 的作用是把最后一个单引号注释掉。实际上，可以写入任意的语句。成功的前提条件是服务器端允许多条 SQL 语句的执行。

像以上这类对 SQL 语句的攻击方式统称为 SQL 注入攻击。一个应对办法是在服务器端程序中增加对单引号等特殊字符的过滤，通常应该只允许用户输入字母、数字与下画线。除可以禁止出现特殊字符外，还可以使用参数化查询来阻止这一攻击。1=1 攻击改变了 SQL 语句的语义，原来是用户名与口令两个查询条件，攻击后却变成了三个。而参数化查询可以固定住 SQL 语句的语义，将整个恶意输入 "1111' or '1'='1" 解释为一个查询参数，从而阻止 SQL 注入攻击。关于参数化查询，请查阅有关数据库编程书籍，此处不再赘述。

3. 包含文件泄露

这种攻击主要针对某些网络数据库。比如在 ASP 时代，通常将网页中连接数据库的代码放在一个包含文件中，其中有连接数据库用的用户名和口令。需要时包含进来即可，这与 C 语言中的#include 语句类似。当然，包含文件中也可以有其他需要共用的过程、函数等。包含语句为（假设包含文件名为 conn.inc）：

```
<!--#include file="conn.inc"-->
```

包含文件一般人习惯放到网站的/include 或/inc 目录下，而且文件名通常会是 conn.inc、

db_conn.inc、dbconn.inc 等。如果这个目录没有禁读，就可以在浏览器地址栏中输入文件名下载，数据库的用户名和口令将泄露。应对措施是不要用常规文件名，让包含文件名无法被猜到，也可以禁读包含文件所在的目录。另外，当包含文件运行出错时返回的出错信息中常会暴露包含文件名，这可以在 Web 服务器里设置不显示脚本出错信息。

实际上，不只是 ASP，其他语言也有这个问题；也不只是包含文件，其他文件（如数据库文件）如果也在网站的虚拟目录内，也有可能被非法下载。

 # 10.5　大数据安全

视频 10.5

10.5.1　大数据的安全问题

互联网、物联网、云计算等技术的快速发展，引发了数据规模的爆炸式增长和数据模式的高度复杂化。业界通常用 4V 来概括大数据的特点，即 Volume（体量浩大）、Variety（类型繁多）、Velocity（生成快速）和 Value（价值巨大但密度很低）。现代互联网信息的爆炸式增长使数据集合的规模不断扩大，已从 GB 到 TB 再到 PB 级，甚至开始以 EB 和 ZB 来计数，有研究报告称，未来 10 年全球数据量将增加 50 倍；大数据类型繁多，包括结构化数据、半结构化数据和非结构化数据，现代互联网应用呈现出非结构化数据大幅增长的特点；大数据往往以数据流的形式动态、快速地产生，具有很强的时效性，数据自身的状态与价值也往往随时空变化而发生演变；虽然大数据的价值巨大，但是基于传统思维与技术，人们在实际环境中往往面临信息泛滥而知识匮乏的窘态，造成大数据的价值利用密度低。

在大数据不断向各个行业渗透，深刻影响国家的政治、经济、民生和国防的同时，其安全问题也将对个人隐私、社会稳定和国家安全带来巨大的潜在威胁与挑战。当前，大数据的安全问题主要有以下几点：

1．大数据成为网络攻击的显著目标

在网络空间，大数据是更容易被"发现"的大目标，承载着越来越多的关注度。一方面，大数据不仅意味着海量的数据，也意味着更复杂、更敏感的数据，这些数据会吸引更多的潜在攻击者，成为更具吸引力的目标；另一方面，数据的大量聚集，使黑客一次成功的攻击能够获得更多的数据，无形中降低了黑客的进攻成本，增加了"收益率"。

2．大数据技术被应用到攻击手段中

在企业用数据挖掘和数据分析等大数据技术获取商业价值的同时，黑客也正在利用这些大数据技术向企业发起攻击。黑客最大限度地收集更多有用信息，如社交网络、邮件、微博、电子商务、电话和家庭住址等，为发起攻击做准备，大数据分析让黑客的攻击更精准。此外，大数据为黑客发起攻击提供了更多机会，黑客利用大数据发起僵尸网络攻击，可能会同时控制上百万台傀儡机并发起攻击，这个数量级是传统单点攻击不具备的。

3．大数据成为高级持续性攻击（APT）的载体

黑客利用大数据将攻击很好地隐藏起来，传统的防护策略难以检测出来。传统的检测是基于单个时间点进行的基于威胁特征的实时匹配检测，而 APT 是一个持续的实施过程，并不具备能够被实时检测出来的明显特征，无法被实时检测。同时，APT 攻击代码隐藏在大量数据中，很难被发现。此外，大数据的价值低密度性，让安全分析工具很难聚焦在价值点上，黑客可以将攻击隐藏在大数据中，给安全服务提供商的分析制造了很大困难。黑客发起的任何一个会误导安全厂商目标信息提取和检索的攻击，都会导致安全监测偏离应有的方向。

4．对数据隔离的要求更高

数据集中的后果是复杂多样的数据存储在一起，如开发数据、客户资料和经营数据存储在一起，可能会出现违规地将某些生产数据放在经营数据存储位置的情况，造成企业安全管理漏洞。

5．存储系统的安全防护存在漏洞

随着结构化数据和非结构化数据的持续增长以及分析数据来源的多样化，以往的存储系统已经无法满足大数据应用的需要。对于占数据总量80%以上的非结构化数据，通常采用NoSQL存储技术完成对大数据的抓取、管理和处理。虽然NoSQL数据存储具有可扩展性和可用性好等优点，利于挖掘分析，但与当前广泛应用的SQL技术不同，它没有经过长期改进和完善，在维护数据安全方面也未设置严格的访问控制和隐私管理机制。NoSQL技术还因大数据中数据来源和承载方式的多样性，使企业很难定位和保护其中的机密信息。另外，NoSQL对来自不同系统、不同应用程序及不同活动的数据进行关联，也加大了隐私泄露的风险。最后，NoSQL还允许不断对数据记录添加属性，这也对数据库管理员的安全性预见能力提出了更高的要求。

6．现有的安全防护产品面临挑战

"数据量大"是大数据最突出的特征，在大数据环境下，数据的生命周期也有所变化，这都使现有的安全防护产品面临挑战。对于海量数据，常规的安全扫描手段需要耗费过多的时间，已经无法满足安全需求，安全防护产品的更新升级速度也无法跟上数据量非线性增长的速度。另外，传统数据安全往往是围绕数据生命周期部署的，即数据的产生、存储、使用和销毁。随着大数据应用越来越多，数据的拥有者和管理者相分离，原来的数据生命周期逐渐转变成数据的产生、传输、存储和使用。由于大数据的规模没有上限，且许多数据的生命周期极为短暂，因此，传统安全防护产品要想继续发挥作用，就需要及时解决大数据存储和处理的动态化、并行化特征，动态跟踪数据边界，管理对数据的操作行为。

7．实施访问控制面临挑战

① 难以预设角色，难以实现角色划分。由于大数据应用范围广泛，它通常要被来自不同组织或部门、不同身份与目的的用户所访问，实施访问控制是基本需求。然而，在大数据场景下，有大量的用户需要实施权限管理，且用户具体的权限要求未知。面临未知的大量数据和用户，预先设置角色十分困难。

② 难以预知每个角色的实际权限。由于大数据场景中包含海量数据，安全管理员可能缺乏足够的专业知识，无法准确地为用户指定其可以访问的数据范围，且从效率角度讲，定义用户所有授权规则也不是理想的方式。以医疗领域应用为例，医生为了完成工作可能需要访问大量信息，但对于数据能否访问应该由医生来决定，不应该需要管理员对每个医生做特别的配置；但同时又应该提供对医生访问行为的检测与控制，限制医生对病患数据的过度访问。

③ 不同类型的大数据中可能存在多样化的访问控制需求。在个人用户数据中，存在基于历史记录的访问控制；在地理地图数据中，存在基于尺度以及数据精度的访问控制需求；

在流数据处理中，存在数据时间区间的访问控制需求等。如何统一描述与表达访问控制需求是一个挑战性问题。

10.5.2　大数据安全技术

许多传统的信息安全技术可用于大数据安全防护，但大数据独有的特点，使得传统的信息安全技术应用于大数据安全存在诸多问题。

1．数据加密技术

在大数据环境中，数据具有多源、异构的特点，数据量大且类型众多，若对所有数据制定同样的加密策略，则会大大降低数据的机密性和可用性。因此，在大数据环境下，需要先进行数据资产安全分类分级，然后对不同类型和安全等级的数据指定不同的加密要求和加密强度。尤其是大数据资产中非结构化数据涉及文档、图像和声音等多种类型，其加密等级和加密实现技术不尽相同，因此，需要针对不同的数据类型提供快速加解密技术。

2．身份认证技术

身份认证可以根据用户知道什么、拥有什么、数字证书等认证因子来进行。一般情况下，认证因子越多，鉴别真伪的可靠性越高，但也要综合考虑认证的方便性和性能等因素。在大数据环境中，用户数量众多、类型多样，必然面临着海量的访问认证请求，而传统的基于单一认证因子的身份认证技术不足以解决此问题。

3．访问控制技术

在大数据场景下，经常使用的角色挖掘技术可根据用户的访问记录自动生成角色，高效地为海量用户提供个性化数据服务，同时也可以及时发现用户偏离日常行为所隐藏的潜在危险。但当前角色挖掘技术大都基于精确、封闭的数据集，在应用于大数据场景时，还需要解决数据集动态变更以及质量不高等特殊问题。

4．安全审计技术

在大数据环境中，设备类型众多，网络环境复杂，审计信息海量，传统的安全审计技术和现有的安全审计产品难以快速准确地进行审计信息的收集、处理和分析，难以全方位地对大数据环境中的各个设备、用户操作、系统性能进行实时动态监视及实时报警。

5．数据溯源技术

早在大数据概念出现之前，数据溯源（Data Provenance）技术就在数据库领域得到广泛研究。其基本出发点是帮助人们确定数据仓库中各项数据的来源，例如，了解它们是由哪些表中的哪些数据项运算而成，据此可以方便地验算结果的正确性，或者以极小的代价进行数据更新。数据溯源技术在大数据安全中的应用面临如下挑战：

① 数据溯源与隐私保护之间的平衡。一方面，基于数据溯源对大数据进行安全保护首先要通过分析技术获得大数据的来源，然后才能更好地支持安全策略和安全机制的工作；另一方面，数据来源往往本身就是隐私敏感数据，用户不希望这方面的数据被分析者获得。因此，如何平衡这两者的关系是需要研究的问题之一。

② 数据溯源技术自身的安全性保护。当前数据溯源技术并没有充分考虑安全问题，例如，标记自身是否正确、标记信息与数据内容之间是否安全绑定等。而在大数据环境下，其大规模、高速性、多样性等特点使该问题更加突出。

6. 数据恢复技术

数据恢复技术是把由于硬件故障、误操作、突然断电、自然灾害、恶意破坏等各种原因导致丢失的数据进行恢复的技术。主要包括以下几类：

① 软恢复。这是针对存储系统、操作系统或文件系统层次上的数据丢失，这种丢失的原因是多方面的，如软件故障、死机、病毒破坏、黑客攻击、误操作、阵列数据丢失等。这方面的研究工作起步较早，主要难点是文件碎片的恢复处理、文档修复和密码恢复。

② 硬恢复。这是针对硬件故障所造成的数据丢失，如磁盘电路板损坏、盘体损坏、磁道损坏、磁盘片损坏、硬盘内部系统区严重损坏等，恢复起来难度较大。如果是内部盘片数据区严重划伤，会造成数据彻底丢失而无法恢复数据。

③ 数据库恢复。数据库恢复技术是数据库技术中的一项重要技术，其设计代码占到数据库设计代码的 10%以上，常用的方法有冗余备份、日志记录文件、带有检查点的日志记录文件、镜像数据库等。

④ 覆盖后恢复。磁盘上的数据被写入覆盖后再恢复，难度非常大，这与其他几类数据恢复有本质的区别。目前，只有硬盘厂商及少数几个国家的特殊部门能够做到，它的应用一般都与国家安全有关。

7. 数据销毁技术

从管理角度来讲，对于敏感程度高的数据，对接触到它的人员可分为数据使用者和数据保管者。在使用完敏感数据后就应该将其销毁，在使用过程中，应有专人监督，另设专人负责销毁。对于敏感程度低的数据，由于其散落在各个角落，不可能对其进行非常彻底的清除，所以只能要求有关人员自行销毁，并定期对其进行提醒。对接触敏感数据的返修和报废设备，要在已有的流程中增加数据销毁一环。

从技术角度来讲，对于不同敏感程度的数据，可采用不同成本的销毁方法。对于敏感度较低的数据，可采用覆写软件对其进行覆写，覆写算法可选得较为简单，覆写遍数可以只设为一遍。对于敏感度一般的数据，可采用更复杂的覆写算法和更多的覆写遍数。对于较高敏感度的数据，覆写软件不够安全，可以采用磁盘消磁法进行销毁。对于敏感度最高的数据，可能要使用焚毁或物理破坏等手段。

10.6 案例应用：SQL Server 安全设置

SQL Server 数据库是目前国内常用的一种数据库。在进行 SQL Server 数据库的安全配置时，必须同时对操作系统进行安全配置，保证操作系统处于安全状态。还要对操作数据库的软件（程序）进行必要的安全审核，比如对 ASP.NET、PHP、JSP 等脚本进行安全审核，这是很多基于数据库的 Web 应用常出现的安全隐患。安装 SQL Server 后请打上最新补丁。

视频 10.6

10.6.1 SQL Server 网络安全设置

在 SQL Server 的配置工具中，可以进行网络安全的相关设置。对于 SQL Server 2017，打开配置工具 SQL Server Configuration Manager，如图 10-7 所示。

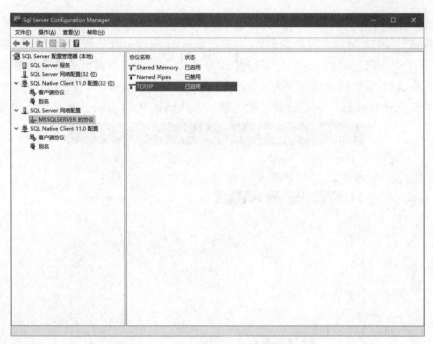

图 10-7　SQL Server 2017 配置工具

① 修改 TCP 使用的端口。当 SQL Server 允许网络访问时，默认使用 TCP 的 1433 端口，为了安全，可以修改为其他端口。在图 10-7 中，右击右侧的 TCP/IP 选项，在弹出的快捷菜单中选择"属性"命令，将会出现图 10-8 所示的对话框，在此可以将 TCP 端口改为其他值，如 2000。

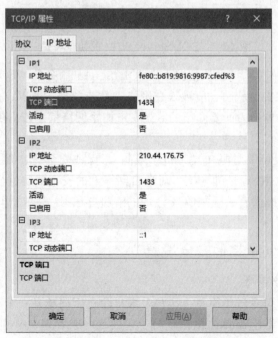

图 10-8　SQL Server 2017 的 TCP 端口

② 隐藏 SQL Server 服务器。默认情况下，SQL Server 服务器允许客户端探测自己，即使更改了默认的 1433 端口，客户端仍能自动发现 SQL Server 服务器。若要禁用这一功能，可在图 10-7 中，右击左侧的"MSSQLSERVER 的协议"选项，在弹出的快捷菜单中选择"属性"命令，将会出现图 10-9 所示的对话框，将"隐藏实例"项设为"是"即可。但是，如果攻击者用端口扫描软件逐一扫描所有可能的端口，仍然能找到 SQL Server 监听的端口。

图 10-9　SQL Server 2017 的协议属性

③ 使用加密的网络传输。默认情况下，SQL Server 服务器与客户端间传输的数据都是明文，这是一个很大的安全威胁，能被人在网络中截获数据。所以，在条件允许的情况下，最好使用安全协议（如本书后面要介绍的 SSL）来加密网络信息流。在图 10-9 所示的对话框中，可以配置 SSL。

④ 限制源 IP 地址。可以对源 IP 地址进行限制，只保证安全的 IP 地址能够访问 SQL Server 服务器，拒绝来自其他 IP 地址的连接，对来自网络上的安全威胁进行有效的控制。但 SQL Server 数据库本身没有提供有关限制源 IP 地址的解决办法，这需要操作系统或第三方软件（如防火墙）的配合。

10.6.2　SQL Server 其他安全设置

1. 使用安全的口令策略

很多数据库账号的口令过于简单，这跟系统口令过于简单是一个道理。对于管理员账号 sa 更应该注意，同时不要让 sa 账号的口令写于应用程序或者脚本中，健壮的口令是安全的第一步。SQL Server 安装的时候，如果使用的是混合验证模式，就需要输入 sa 的口令，同时养成定期修改口令的好习惯。在 SQL Server 早期版本中，sa 的默认口令为空。数据库管理员应该定期查看是否有不符合口令要求的账号，比如使用下面的 SQL 语句：

```
use master
select name,password from syslogins where password is null
```

2. 使用安全的账号策略

由于 SQL Server 不能更改 sa 用户名称，也不能删除这个超级用户，所以必须对这个账号进行最强的保护。首先使用一个非常强壮的口令，其次在数据库日常操作及应用程序访问数据库时，不要使用 sa 账号。数据库管理员可以另外建立一个有较大权限的账号来管理数据库。很多应用程序访问数据库只是做查询、修改等简单功能，请根据实际需要分配账号，并赋予仅仅能够满足应用要求和需要的权限。比如，只要查询功能，使用一个普通账号能够执行 select 命令即可。安全的账号策略还包括不要存在很多具有较大权限的账号。

SQL Server 的认证模式有 Windows 身份认证和混合身份认证两种。如果数据库管理员不希望操作系统管理员通过操作系统登录来接触数据库，可以在账号管理中把系统账号 BUILTIN\Administrators 删除。但这样做的结果是一旦忘记 sa 账号的口令，就没有办法来恢复。

3. 加强数据库日志的记录

打开 SQL Server Management Studio，右击数据库实例名，在弹出的快捷菜单中选择"属性"命令，将出现如图 10-10 所示的对话框。单击左侧的"安全性"选项，在右侧操作区将其中的"登录审核"选定为"失败和成功的登录"，这样在数据库系统和操作系统日志中，就详细记录了所有账号的登录失败和成功事件。请定期查看 SQL Server 日志检查是否有可疑的登录事件发生。

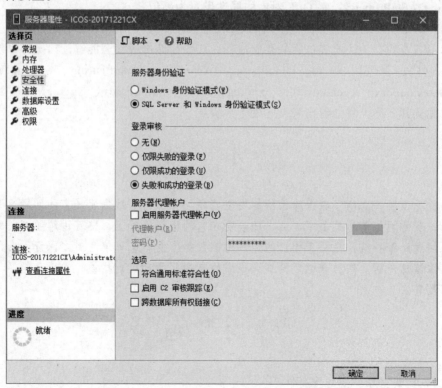

图 10-10　SQL Server 2017 的安全性设置

4. 管理存储过程

对存储过程进行大手术，并且要慎重对待账号调用存储过程的权限。其实在多数应用中根本用不到多少存储过程，而 SQL Server 这么多存储过程只是用来适应特定用户需求的，所以请删除不必要的存储过程，因为有些存储过程很容易被利用来提升权限或进行破坏。

例如，xp_cmdshell 扩展存储过程，其功能是以操作系统命令行解释器的方式执行给定的命令，是进入操作系统的最佳捷径，是数据库留给操作系统的一个大后门，一般情况下根本用不到。如果不需要 xp_cmdshell 可，使用下面的 SQL 语句将其去掉：

```
use master
sp_dropextendedproc 'xp_cmdshell'
```

用这条语句也可以恢复过来：

```
sp_addextendedproc 'xp_cmdshell','xpsql70.dll'
```

如果不需要请丢弃关于 OLE 对象的存储过程（但会造成管理器中的某些特征不能使用）。用这些存储过程可以创建 OLE 对象，然后设置它的属性，调用它的方法，同样具有不安全的因素。这些存储过程包括：

① sp_OACreate：在 SQL Server 实例上创建 OLE 对象实例。

② sp_OADestroy：释放已创建的 OLE 对象。

③ sp_OAGetErrorInfo：获取 OLE 对象错误信息。

④ sp_OAGetProperty：获取 OLE 对象的属性值。

⑤ sp_OAMethod：调用 OLE 对象的方法。

⑥ sp_OASetProperty：将 OLE 对象的属性设置为新值。

⑦ sp_OAStop：停止服务器范围内的 OLE 对象存储过程执行环境。

去掉不需要的有关注册表访问的存储过程，这些存储过程甚至能够读出操作系统管理员的口令，这些过程包括 xp_regaddmultistring、xp_regremovemultistring、xp_regdeletekey、xp_regdeletevalue、xp_regenumvalues、xp_regenumkeys、xp_regread、xp_regwrite。这些存储过程的功能从其名称上就能看出来，此处不再赘述。

小　结

本章首先概要地介绍了数据库系统的安全问题，并探讨了数据库加密的问题。数据库加密不同于一般的网络信息的加密，突出地表现在它的密钥管理上。接着讲解了有关统计数据库的安全问题。保护统计数据库的目的是，由该数据库发布统计信息时，保证不会使其中受保护的具体信息泄露。然后介绍了网络数据库的安全问题和应对措施。最后介绍了大数据的安全问题及其安全技术。

习　题

1. 试分析数据库安全的重要性。
2. 数据库中采用了哪些安全技术和保护措施？

3. 什么是多级数据库？

4. 数据库加密后会有哪些不利影响？

5. 数据库加密时密钥管理为何复杂？

6. 现已有很多数据库管理系统提供数据加密功能，请查阅相关资料进行尝试，并思考其加密原理与过程。

7. 有哪些措施保证统计数据库的安全？这些措施有哪些负面影响？

8. 请查阅其他书籍或上网搜索关于网络数据库安全的更多问题，并考虑自己使用网络数据库时如何避免这些问题。

9. 大数据的什么特点导致了它独特的安全问题？

10. 限于篇幅，本章仅简要介绍了 SQL Server 的安全配置方法，请根据本章内容安全地配置 SQL Server，并搜集学习更详细的 SQL Server 安全配置方法。

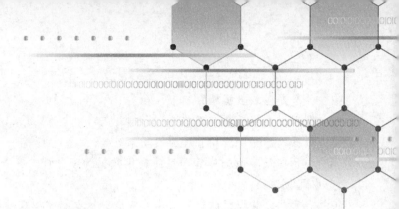

第 11 章
互联网安全

学习目标:

- 理解 IP 协议与 TCP 协议的安全问题及对策;
- 了解黑客攻击的流程、基本技术及对策;
- 了解计算机病毒的基本情况;
- 理解安全套接字层 SSL 的功能与基本原理;
- 理解 IPSec 的功能与基本原理;
- 理解 VPN 的概念与功能, 及其两种实现方式: IPSec VPN 与 SSL VPN。

关键术语:

- 拒绝服务攻击 (Denial of Service, DoS);
- 安全套接字层 (Secure Sockets Layer, SSL);
- 虚拟专用网 (Virtual Private Network, VPN);
- IP 安全 (IP Security, IPSec);
- 安全关联 (Security Association, SA);
- 认证报头 (Authentication Header, AH);
- 封装安全有效载荷 (Encapsulating Security Payload, ESP)。

互联网在最初建立时的指导思想就是资源共享, 为了实现资源共享而把系统做成开放式的。在建立协议模型以及协议实现时, 更多地考虑到易用性, 而在安全性方面的考虑存在严重不足。网络上黑客的攻击越来越猖獗, 对网络安全造成了很大的威胁。要想抵御黑客的攻击, 就必须先熟悉其攻击的流程和方法。随着互联网的普及, 计算机病毒也变得无处不在。为了保证网络上传输数据的安全, 需要把各种安全技术综合起来运用, 这就形成了安全协议, 而 SSL 就是目前广泛使用的一个安全协议。当一个单位要将位于异地的两个内部网络通过互联网安全地连接在一起时, 可以使用虚拟专用网 VPN。目前 VPN 的主流技术是 IPSec, 虽然 SSL 的设计初衷是为了保护浏览器与网站服务器间的数据, 但现在也可以应用于 VPN。本章将就以上这些问题展开讨论。

11.1 TCP/IP 协议族的安全问题

互联网的体系结构之所以叫作 TCP/IP 体系结构, 是因为 TCP 协议与 IP 协议是互联网中最重要的两个协议。在 TCP/IP 体系结构中，除 TCP 协议与 IP 协议外，还有其他很多协议，如 ARP 协议、ICMP 协议、IGMP 协议等，这些协议统称为 TCP/IP 协议族。

11.1.1 TCP/IP 协议族模型

视频 11.1.1

和其他网络协议一样，TCP/IP 有自己的参考模型用于描述各层的功能。TCP/IP 协议族参考模型和 OSI 参考模型的比较如图 11-1 所示。

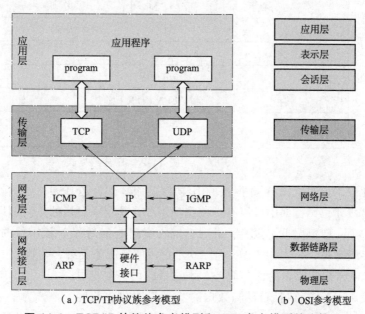

图 11-1　TCP/IP 协议族参考模型和 OSI 参考模型的比较

网络接口层似乎与 OSI 的数据链路层和物理层相对应，但实际上，TCP/IP 本身并没有真正描述这一部分，只是指出主机必须使用某种协议与网络连接，以便能在其上传递 IP 分组。

网络层（也称为网际层）是整个体系结构的关键部分，它的功能是使主机可以把分组发往任何网络，并使分组独立地传向目的地（可能经由不同的物理网络）。这些分组到达的顺序和发送的顺序可能不同，因此如果需要按顺序发送及接收时，高层必须对分组进行排序。选择分组的路由是这里主要的设计问题。

传输层（又称运输层）在 TCP/IP 模型中位于网络层之上，其功能是使源端和目的端主机上的对等实体可以进行会话（和 OSI 的传输层一样）。这里定义了两个端到端的协议，第一个是传输控制协议（Transmission Control Protocol，TCP），它是一个面向连接的协议，允许从一台计算机发出的字节流无差错地发往互联网上的其他计算机。第二个协议是用户数据报协议（User Datagram Protocol，UDP），它是一个不可靠的、无连接协议，用于不需要 TCP 的排序和流量控制能力而由自己完成这些功能的应用程序。

传输层的上面是应用层，它包含所有的高层协议。最早引入的是远程登录协议（Telnet）和文件传输协议（FTP）。后来又增加了不少协议，例如，域名系统 DNS 用于把主机名映射到 IP 地址；HTTP 协议，用于在万维网（WWW）上获取主页等。

11.1.2 IP 协议的安全问题

1. IP 协议分组格式

IP 协议是 TCP/IP 的核心，是网络层中最重要的协议。IP 分组的格式如图 11-2 所示。

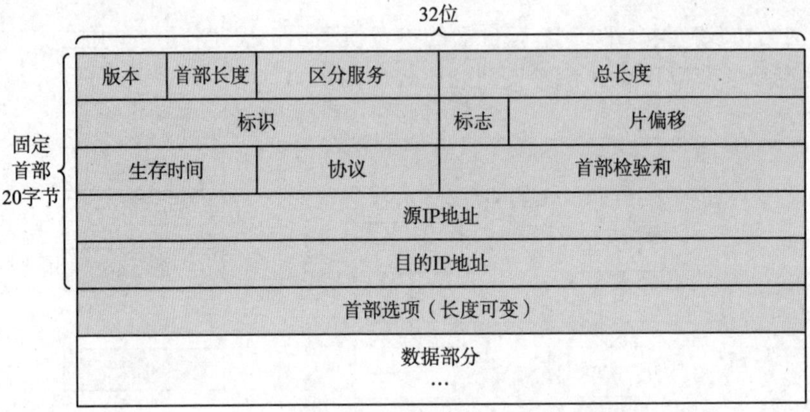

图 11-2　IP 分组格式

版本字段 4 位，指产生该 IP 数据报的 IP 协议的版本。若是 IPv4，这里就是 4。

首部长度字段 4 位，首部中可以有一些选项字段，这个字段指的是首部以 4 字节为单位的长度。首部选项一般情况下都没有，此时首部长度就是 20 字节，该字段的值为 5。

区分服务字段 8 位，在早期的 RFC 中，这个字段叫作服务类型，但实际中从来没有用过。1998 年的 RFC 2474 把它改名为区分服务，不过目前仍很少使用。

总长度字段 16 位，指包括首部与数据的整个 IP 数据报长度，单位为字节。该字段的表示范围是 0 ~ 65 535（0 ~ 2^{16}-1），所以 IP 数据报最长可以是 65 535 字节（64 KB）。不过由于以太网帧中数据的最大长度是 1 500 字节，为了方便地装入以太网帧，IP 数据报极少超过 1 500 字节。

标识字段 16 位，实际上是个序列号。发送 IP 数据报时，下一个 IP 数据报的标识比前一个 IP 数据报的标识大 1，到达最大值 65 535 后再从 0 开始，不断循环。标识字段虽然是个序列号，但接收方并不按照它把 IP 数据报排序，该字段主要用于 IP 数据报的分片与还原过程。

标志字段 3 位，片偏移字段 13 位，都用于 IP 数据报的分片与还原过程。

生存时间（Time to Live，TTL）字段 8 位，这是为了防止出现故障时 IP 数据报无休止地在网络中循环。路由器在转发一次后，就把 TTL 减 1，减后值若为 0，就丢弃这个 IP 数据报。在不同操作系统实现的 IP 协议中，TTL 具有不同的初值，Linux 为 64，Windows 10 为 128，UNIX 则为最大值 255。

协议字段 8 位，说明 IP 数据报的数据部分是什么协议的协议数据单元。如果本字段的值是十进制的 6，说明数据部分是 TCP 协议的协议数据单元；如果本字段的值是十进制的 17，说明是 UDP 协议的协议数据单元。

首部检验和字段 16 位，用以检测首部在传输过程中是否出现差错。首部检验和仅根据首部计算而成，不包括数据部分。

源 IP 地址字段 32 位，是发送计算机的 IP 地址。

目的 IP 地址字段 32 位，是接收计算机的 IP 地址。

2．IP 协议的安全问题

下面选择一些比较典型的攻击案例来分析 IP 协议的安全性。

（1）超大 IP 包

这种攻击的原理是向目标发送一个长度超过 IP 协议所规定最大长度的 IP 包。IP 包首部的总长度字段只有 16 位，最大只能表示到 65 535，所以早期的 IP 协议处理程序就认为包的总长度一定不超过 65 535 字节，分配的内存区域也就不超过 65 535 字节。超大的包一旦出现，包当中的额外数据就会被写入其他正常内存区域，很容易导致系统进入非稳定状态，这是一种典型的缓冲区溢出（Buffer Overflow）攻击。当一个 IP 包的长度超过以太网帧的最大尺寸时，包就会被分片，作为多个帧来发送。接收端的计算机提取各个分片，并重组为一个完整的 IP 包。因为每个分片的包看起来都很正常，在防火墙一级对这种攻击进行检测是相当难的。

如何产生一个超大的 IP 包呢？产生这样的包很容易，操作系统都提供了称为 ping 的网络工具，在早期版本的 Windows 中，打开一个 cmd 窗口，输入 ping -l 66000 x.x.x.x 就可达到该目的，因此这种攻击方法称为死亡之 ping。当然，还有很多工具软件都可以生成超大 IP 包，因此仅仅阻塞 ping 的使用并不能够完全解决这个漏洞。预防死亡之 ping 的最好方法是对旧的操作系统打补丁，或者使用新版的操作系统。在 Windows 98 等老的操作系统中，利用 ping 命令可以发送超大的分组，但自 Windows ME 以后，Windows 中的 ping 工具禁止发送长度超过 65 500 的分组，而且 IP 协议处理程序将检查重组包的长度，会丢弃超大 IP 包。

（2）泪滴（Teardrop）攻击

Teardrop 攻击同死亡之 ping 有些类似，一个大 IP 包的各个分片包并非首尾相连，而是存在重叠（Overlap）现象。例如，分片 1 的偏移等于 0，长度等于 15，分片 2 的偏移为 5，这意味着分片 2 是从分片 1 的中间位置开始的，即存在 10 字节的重叠。IP 协议处理程序将试图消除这种重叠，但是如果重叠问题严重，IP 协议处理程序将无法进行正常处理。

上面这两个问题并不是 IP 协议本身的问题，而是协议实现的问题。只要在编程实现时仔细考虑可能发生的攻击，这些问题都容易解决。下面讨论的问题则是因为 IP 协议本身。

（3）源路由（Source Routing）欺骗

高层的 TCP 和 UDP 服务在接收数据包时，通常假设包中的源地址是真实的。也可以这样说，IP 地址形成了许多服务的认证基础，这些服务依据包中的源 IP 地址来认证发送方的身份。

IP 协议包含一个选项，叫作 IP 源路由选项（Source Routing），可以用来指定一条源地址和目的地址之间的直接路径。对于一些 TCP 和 UDP 的服务来说，使用了该选项的 IP 包好像是从路径上的最后一个地址传递过来的，而不是来自它的真实地点。这个选项是为了测试而设计的，但利用该选项可以欺骗系统，使之放行那些通常被禁止的网络连接。因此，许多依靠源 IP 地址进行身份认证的服务将会产生安全问题以至被非法入侵。源路由选项还使黑客可以伪装成其他计算机，这使得黑客攻击变得难于跟踪。

不过大多数的主要服务都不使用源路由选项，可以使用防火墙过滤掉所有源路由选项数据包。

（4）IP 地址欺骗

入侵者使用假 IP 地址发送包，基于 IP 地址认证的应用程序将认为入侵者是合法用户。假设有三台主机 A、B 和入侵者控制的主机 X。假设 B 授予 A 某些特权，使得 A 能够获得 B 所执行的一些操作，B 根据 IP 地址确认 A 的身份。X 的目标就是得到与 A 相同的权利。为了实现该目标，X 必须执行两步操作：首先，主机 X 必须假造 A 的 IP 地址（IP 地址欺骗）与 B 建立一个虚假连接，从而使 B 相信从 X 发来的包是从 A 发来的；然后，因为所有对由 X 发给 B 的数据包的应答都返回给真正的主机 A，为了不让 A 和 B 察觉，必须阻止 A 向 B 发送应答信息。整个攻击所采用的网络模型如图 11-3 所示。

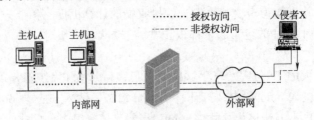

图 11-3　IP 地址欺骗攻击模型

这种攻击的难点，一是如何阻止 A 向 B 发送应答信息，二是如果使用 TCP，X 如何得到与 B 建立 TCP 连接时用到的初始序列号（因为 B 的所有信息都将发往 A，X 得不到任何信息），这将在下一小节讨论。一旦主机 X 与主机 B 建立了 TCP 连接，它就可以向主机 B 发送命令。主机 B 将执行这些命令，认为它们是由合法主机 A 发来的，但是 X 得不到任何 B 发出的信息。

如果这种攻击来自外部网，只需在防火墙上检查外来包的源 IP 地址，如果发现是内部 IP 地址则禁止通过。如果来自内部网，则难以防范（最简单的办法是不用 IP 地址进行身份认证），而且在广播式的局域网上，X 还可以得到 B 发出的信息，使得攻击更为简便。

11.1.3　TCP 协议的安全问题

视频 11.1.3

1．TCP 协议首部格式

TCP 是 TCP/IP 体系中的传输层协议，它是面向连接的，提供可靠的、按序传送数据的服务。TCP 提供的连接是双向的，即全双工的。图 11-4 所示为 TCP 首部的数据格式。

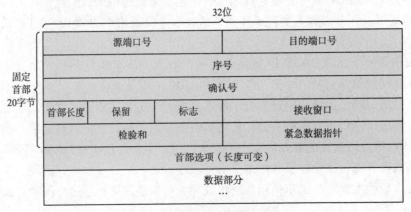

图 11-4　TCP 首部的数据格式

源端口号字段 16 位，是发送进程的端口号，用以知道 TCP 报文段由哪个应用进程发出。

目的端口号字段 16 位，是接收进程的端口号，用以知道 TCP 报文段由哪个应用进程接收。

序号字段 32 位，是针对字节的，TCP 报文段中每一个字节的数据都有一个序号。本字段中的值是数据部分第一个字节的序号。

确认号字段 32 位，含义是序号在这个确认号之前（不包括确认号本身）的数据都已正确收到，希望再接收序号为以这个确认号开始的数据。

首部长度字段 4 位，首部中可以有一些选项字段，这个字段指的是首部以 4 字节为单位的长度。首部选项一般情况下都没有，此时首部长度就是 20 字节，该字段的值为 5。

保留字段 6 位，最初没有使用，用于以后扩展。

标志字段 6 位，每一位的含义，置 0 时表示无效，置 1 时表示有效。这 6 位分别是 ACK、SYN、FIN、RST、URG 与 PSH。ACK 置 1 时表示确认号字段有效，置 0 时表示确认号字段无效，SYN 建立连接时使用，FIN 拆除连接时使用，RST、URG 与 PSH 较少使用。

接收窗口字段 16 位，单位为字节。接收方根据自己的接收能力设置本字段的值，可以随时变化，不同报文段中本字段的值可以不同。发送方已发送未确认的数据量不得超过本字段设置的值。

检验和字段 16 位，用于检测 TCP 报文段是否出错。

紧急数据指针字段 16 位，用于指出报文段数据部分中哪些数据是紧急数据。

2．TCP 连接的建立

TCP 协议使用三次握手来建立一个 TCP 连接，如图 11-5 所示。

客户机作为连接的发起者，随机选取一个序列号 x，服务器对这个序列号进行确认，同时也随机选取一个序列号 y，最后，客户机对服务器的序列号进行确认。如果不能对初始序列号进行正确确认，连接将无法建立。

3．TCP 协议的安全问题

（1）SYN 洪水（SYN Flood）攻击

SYN 洪水攻击利用的是大多数主机在实现三次握手

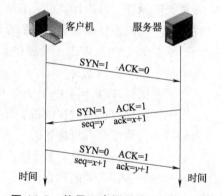

图 11-5　使用三次握手建立 TCP 连接

协议时所存在的漏洞。当主机 A 接收到来攻击者 X 的 SYN 请求时，它就将此连接请求保存在侦听队列中若干时间。由于大多数系统内存有限，能够打开的连接数有限，因而攻击者 X 可以同时向主机 A 发送多个 SYN 请求，而且不对 A 返回的 SYN+ACK 包进行应答。这样，侦听队列将会变得很长，占用很多内存，从而拒绝接收其他新的连接请求，直到这些连接请求超时被清除出侦听队列为止。这是一种典型的拒绝服务攻击。在上一小节的 IP 地址欺骗攻击中，就可以使用本方法（当然还有其他方法），使主机 A 无法对来自主机 B 的包进行应答。

（2）序列号猜测

在 11.1.2 节的 IP 地址欺骗攻击中，经过使用 SYN 洪水攻击，主机 A 已经无法对主机 B 发来的包进行应答。但攻击者 X 还要解决初始序列号的猜测问题，如果 X 不能对 B 的初始序列号进行正确确认，TCP 连接将无法建立。为此，攻击者事先需要进行连接试验：

① 同目标主机进行连接。

② 目标主机应答。

③ 记录应答包所包含的序列号，继续步骤①进行测试。

随后对这些记录进行分析，并寻找可能存在的初始序列号产生模式。如果这些序列号是通过一种专门的算法来完成的，那么攻击者的任务就是确定这种算法，或者至少确定其规律。一旦知道这一点，就能够可靠地猜测下一次连接的初始序列号。

这就要求初始序列号必须随机产生，使攻击者无法猜测。但在实际系统的初始序列号产生方法中，并非完全随机，而且很多操作系统 TCP 实现中初始序列号的产生方法是公开的。这就方便了黑客攻击。

（3）LAND 攻击

这是最简单的一种 TCP 攻击方法：将 IP 包中的源 IP 地址和目的 IP 地址、TCP 包中的源端口和目的端口都设置成相同即可。其中，IP 地址都设置为目标计算机的 IP 地址，目标计算机上必须有服务程序在监听设置的端口号。LAND 攻击可以非常有效地使目标计算机重新启动或者死机。

此过程的问题在于目标计算机把应答包发送给了自己（源和目的 IP 地址是相同的），目标计算机等待自己的序列号得到应答，而这个应答却是它自己刚刚发送出去的，而且其应答序列号是攻击者的序列号。由于这个序列号同目标计算机所期望的序列号差别太大（不在接收窗口范围内），TCP 认为这个包有问题，被丢弃。这样目标计算机再次重发数据包。这将导致无限循环：目标计算机一直给自己发送错误应答，并希望能够看到具有正确序列号的应答返回。无限循环很快会消耗完系统资源，引起大多数系统死机。

要抵御 LAND 攻击，只需在编程实现时注意到这种特殊的包，将其丢弃即可。

（4）TCP 会话劫持

下面探讨 TCP 问题的另一个严重问题。我们注意到，在 TCP 连接建立的过程中和利用这个连接传输数据的过程中没有任何认证机制，TCP 假定只要接收到的数据包包含正确的序列号就认为数据是可以接收的。

考虑下述情形：一个客户程序通过 TCP 正在与一台服务器进行通信，攻击者截获或重定向客户与服务器之间的数据流，使之经过攻击者的计算机。攻击者可以采取被动攻击以免引起注意，即将客户的所有命令保持原样发送到服务器，服务器的响应也不加修改地发送给客户。对于客户和服务器来说，它们都认为是在直接进行通信。由于攻击者可以看到序列号，如果有必要，可以把伪造的数据包放到 TCP 流中。

这将允许攻击者以被欺骗的客户具有的特权来访问服务器，攻击者同样也可以查看所有同攻击相关的输出，而且不把它们送往客户机。这样的攻击是透明的，在这种情况下，攻击者甚至于不需要知道访问服务器所需要的口令，只需简单地等待用户登录到服务器，然后劫持会话数据流即可。这种攻击的关键在于攻击者要把自己的计算机置于数据通信流的中间，这并不是很难。

这个问题是由于 TCP 协议中没有认证机制引起的，因此解决的办法是引入认证机制。本章后面讨论的 IPSec 将解决这个问题。

11.1.4 UDP 协议的安全问题

UDP 用户数据报的头部格式很简单，只有 8 个字节，由 4 个字段组成，每个字段都是两个字节。源端口字段和目的端口字段与 TCP 中的意义是一样的，指明发送端和接收端的进程；长度字段指明整个 UDP 数据报的长度；检验和字段防止 UDP 数据报在传输中出错，如图 11-6 所示。

16位源端口号	16位目的端口号
16位UDP长度	16位检验和
数据	

图 11-6 UDP 头部的数据格式

从 UDP 头部可以看出来，进行 UDP 欺骗比进行 TCP 欺骗更容易，因为 UDP 没有连接建立的过程。也就是说，与 UDP 相关的服务面临着更大的危险。

 ## 11.2 黑客攻击概述

视频 11.2

11.2.1 黑客攻击基本流程

尽管黑客攻击系统的技能有高低之分，入侵系统手法多种多样，但他们对攻击目标实施攻击的流程却大致相同。其攻击过程可归纳为以下七个步骤：踩点、扫描、查点、获取访问权、权限提升、掩盖踪迹、创建后门。

1. 踩点

在黑客攻击领域，踩点的主要目的是获取攻击目标的主机名、IP 地址等基本信息。whois 是互联网域名注册数据库，目前可用的 whois 数据库很多，例如可从中国互联网络信息中心 http://www.cnnic.net.cn 查询以 cn 结尾的域名。这些 whois 数据库任何人都可以查询，并且无须登录，图 11-7 所示为查询到的新浪域名 sina.com.cn 的信息。另外，通过一些搜索引擎，如百度，也可以搜索到攻击目标的一些有价值的信息。

图 11-7 新浪域名 sina.com.cn 的信息

2．扫描

通过踩点已获得一定信息，下一步需要确定自己与哪些攻击目标连通，以及它们提供哪些应用服务，这是扫描阶段的任务。扫描中采用的主要技术有 ping 扫描、TCP/UDP 端口扫描、操作系统及服务器软件类型检测。

① ping 扫描是判别自己是否与攻击目标连通的有效方式，操作系统自带的 ping 命令就可以利用。ping 命令一次只能 ping 一台计算机，效率太低，有很多 ping 扫描工具软件（如 Angry IP Scanner）可以同时 ping 一个子网内的多台计算机，效率很高。由于现在安全意识的普遍增强和防火墙的广泛使用，很多路由器与防火墙都禁止 ping 数据通过，所以可能目标虽然是连通的，但却 ping 不通。

② TCP/UDP 端口扫描就是确定攻击目标有哪些 TCP 端口与 UDP 端口是打开的，黑客就可以向这些端口发送非法数据，端口扫描工具也有很多，如 SuperScan。在防火墙上做适当的设置，就可以阻止端口扫描数据通过。

③ 许多漏洞是和操作系统紧密相关的，因此确定操作系统的类型对于黑客攻击目标来说十分重要。探测操作系统类型的方法有很多，例如，在不同操作系统实现的 IP 协议中，TTL 具有不同的初值，Linux 为 64，Windows 10 为 128，UNIX 则为 255，据此就可以判断操作系统的类型。同一个应用服务可以使用不同的服务器软件，如 WWW 服务可以使用微软的 IIS，也可以使用自由软件 Apache，黑客也需要知道服务器软件的类型，才能方便地进行攻击。好的管理员应该尽可能地隐藏操作系统与服务器软件的特征值，甚至可以设置虚假的特征值，以迷惑黑客。

3．查点

通过扫描，黑客掌握了攻击目标的操作系统类型等相关信息，下一步的工作是查点。查点就是搜索攻击目标上的用户和用户组名、共享资源、路由表等信息，查点所采用的技术依操作系统而定。

4．获取访问权

在搜集到攻击目标的足够信息后，下一步要完成的工作自然是得到目标的访问权。常用的攻击技术主要有：口令猜测（包括手动及自动猜测）、口令窃听、缓冲区溢出攻击、向某个打开的端口发送精心构造的恶意数据、RPC（Remote Procedure Call）攻击等。

5．权限提升

黑客一旦通过前面 4 步获得了普通用户的访问权限后，就会试图将普通用户权限提升至管理员权限，以便完成对目标的完全控制。权限提升可以利用操作系统及服务程序的漏洞，也可以利用管理员不正确的系统配置，还可以窃取口令文件，以得到管理员的口令。获得管理员权限后，黑客就可以做任何事情，如窃取与篡改数据。

6．掩盖踪迹

一旦黑客入侵系统，必然留下痕迹。此时，黑客需要做的工作就是清除所有的入侵痕迹，避免自己被发现，以便能够随时返回被入侵系统继续干坏事或作为入侵其他系统的中继跳板。操作系统中一般都有日志功能，记录用户对系统的各种操作及系统中的各种事件，掩盖踪迹的主要工作包括停用系统日志、清空系统日志、清空各种缓存、隐藏工具软件等。可以将日志存于另一台计算机，黑客想删也删不掉。

7．创建后门

黑客的最后一招是在受害系统上创建一些后门，以便日后卷土重来。创建后门的主要方法有安装远程控制工具、使用木马程序替换正常程序，还可以创建一个貌似普通用户的账号，但却具有管理员的权限。

11.2.2 黑客攻击基本技术

黑客的攻击技术范围很广，涉及网络协议安全分析、源代码安全分析、口令强度分析和社会工程等多个方面。入侵一个目标系统，在早期需要黑客具有深厚的计算机知识、过硬的技术能力。但由于各种攻击工具软件的成熟与广泛传播，现在对黑客的技术要求在不断降低，黑客的攻击行为愈演愈烈。

1．协议漏洞攻击

网络协议是网络运行的基本准则，由于在互联网发展的早期没有考虑安全问题，很多网络协议存在严重的安全漏洞，黑客可以利用协议的这些漏洞实现对目标的攻击。虽然随着网络的不断发展，各种协议正在不断进行安全性修补，但由于先天不足，一些协议的漏洞是无法通过修改弥补的。

使用较多的一类针对协议漏洞的攻击技术是欺骗技术。IP 地址欺骗就是一种典型的欺骗技术，ARP 欺骗也是一种欺骗技术。除此之外，还有 DNS 欺骗，与 ARP 欺骗类似，攻击者向目标发送虚假的 DNS 消息，使目标得到错误的主机名与 IP 地址的对应关系。欺骗技术能够得逞的根源在于计算机无条件地相信收到的数据，并不验证数据的真实性。

另一类攻击技术是窃听与劫持技术。如果数据以明文形式在网络上传输，就有被窃听的可能。比窃听更高级的是劫持技术，如图 11-8 所示，黑客 X 位于通信双方 A 与 B 的中间，X 截获 A 与 B 间通信的数据，并按自己的意图修改之后再发送出去，A 与 B 根本意识不到数据已经被篡改了。这叫作中间人攻击，根源在于通信双方没有进行身份认证，使用 SSL 等安全协议，既可以避免数据被窃听，也可以抵御中间人攻击。

图 11-8　中间人攻击

2．程序漏洞攻击

任何程序，包括操作系统与各类应用程序，都不可避免地存在着一些安全漏洞，这在 IT 行业中已经形成了共识。目前，对各个网站的攻击几乎都利用了程序中的漏洞，黑客或者利用 WWW 服务器的漏洞，或者利用操作系统的漏洞攻入服务器，篡改网站主页。很多病毒也是利用操作系统或某些应用程序中的漏洞进行传播。

程序漏洞从错误类型上看主要包括流程漏洞和边界条件漏洞。流程漏洞指程序在运行过程中，由于流程次序的颠倒或对意外条件处理的随意性，使黑客有可能攻击成功。边界条件漏洞则主要针对程序中存在的边界处理不严谨的情况，其中以缓冲区溢出漏洞最为普遍，影响也最为严重。很多程序都是用 C 语言编写的，C 语言不对数组进行越界检查，如果黑客输入超长的恶意数据，超过存储它的数组长度，就会造成缓冲区溢出。缓冲区溢出攻击轻会使程序死机，重者黑客会得到攻击目标的控制权。

程序员要以严谨、认真的态度编写程序，并要特别注意非正常情况的处理，才会尽可能地减少程序中的漏洞。大型程序中的漏洞是无法完全避免的，如操作系统中就存在着不少漏洞，这就需要经常下载安装各类补丁，堵塞安全漏洞。

3. 设置漏洞攻击

在操作系统、数据库等大型系统中，各类设置参数多如牛毛，一旦设置有误，就有可能被黑客利用。优秀的软件在安装时，安装程序会为每个选项选择最恰当的默认配置，使得一个新的系统安装结束时，用户无须干预就处于一个安全的状态，这叫作默认安全。有些软件一开始这方面做得不够完善，如 SQL Server 数据库的早期版本，管理员口令竟然默认为空。

默认安全可能会对业余用户有不利影响，例如，一项设置为了安全默认是关闭的，可是业余用户需要时又不知道如何打开它。如果为了方便业余用户，默认是打开的，又不够安全，所以对这类情况应该仔细考虑折中处理。

程序漏洞与设置漏洞在操作系统中广泛存在，现在有各类漏洞扫描软件能够发现并自动修复这些漏洞，如瑞星系统安全漏洞扫描软件、360 安全卫士软件等。

4. 密码分析与口令猜测

为了保证数据的安全，通常对数据进行加密。如果使用的密码算法有漏洞，黑客就可以得到密钥或明文，但对于 AES、IDEA、RC4、RSA 等现在广泛使用的密码算法，除蛮力攻击外，还未出现特别有效的破解方法。即使密码算法本身没有什么漏洞，如果在使用密码算法的过程中有漏洞，如不恰当地使用了脆弱的密钥，仍有被破解的可能。

黑客对于口令的攻击，通常也是蛮力攻击，即逐一尝试可能的口令。黑客首先编制或下载口令字典，然后再编写口令尝试程序，程序会自动地逐一尝试口令字典中的口令。LC5 就是一个著名的口令猜测工具软件，它能逐一尝试或利用字典尝试 Windows 操作系统中的用户口令。

现在为防止黑客程序反复尝试口令，很多登录网页中以图片的形式放置验证码，用户每次输入口令时，该验证码均不相同，要求用户同时输入用户名、口令和验证码，三者均正确才能通过认证。由于该验证码以图片形式存在，人眼能够识别，但黑客程序却无法获得，从而无法反复尝试口令。

怎样的口令才是安全的呢？基本的要求是足够随机，难以被猜到。如果使用 123456、abc、888888，或者自己的生日、学号、电话等作为密码，就极易被猜到，没有任何安全性可言。如果使用 awC#5$9、8*3Ac/=e 等作为密码，几乎不可能猜中，但难以记忆。建议使用难以猜测却又易记的字符串作为密码，如 1a[2b]3c，也可以使用中文词组或句子作为密码，这更难以猜测。

5. 拒绝服务攻击

黑客可能无法从服务器上得到机密数据，但却可以利用拒绝服务（Denial of Service，DoS）攻击，使合法用户无法得到正常的服务。DoS 攻击使用过多的请求来耗尽服务器的资源，或发送恶意数据使系统崩溃，从而使合法用户无法得到服务器的响应。SYN 洪水攻击就是一种典型的 DoS 攻击；UDP Flooder 是一种 DoS 攻击软件，它会向目标计算机发送大量无用的 UDP 数据，以消耗目标计算机的大量资源。

传统的 DoS 攻击一般是一对一的方式，当攻击目标 CPU 速度慢、内存小或者网络带宽小时，效果是明显的。随着计算机与网络技术的发展，计算机的处理能力迅速增长，内存大大增加，网络带宽迅速增大，加大了 DoS 攻击的困难程度。分布式拒绝服务攻击（Distributed DoS，DDoS）是在传统 DoS 攻击的基础上产生的攻击方式。

一个比较完善的 DDoS 攻击体系分成三部分：攻击目标、傀儡控制机和傀儡机，傀儡机也叫作奴隶机，黑客利用傀儡控制机控制住傀儡机，实际攻击是从傀儡机上发出的，傀儡控制机一般并不参与实际的攻击。黑客进行 DDoS 攻击前，首先攻击其他的安全强度较低的计算机，在被攻破的计算机中安装远程控制程序，使其成为傀儡机。平时这些傀儡机并没有什么异常，但黑客自己的傀儡控制机向它们发出攻击指令时，傀儡机就会向攻击目标进行攻击。傀儡机越多，DDoS 攻击成功的可能性就越大，而且黑客能够安全地隐藏自己，不被攻击目标发现，防火墙抵御 DDoS 攻击的难度也远大于抵御传统 DoS 攻击的难度。

由于 DoS 攻击不是使用漏洞，攻击目标难以分辨正常数据与攻击数据，目前还没有特别有效的解决方案，因此也就被攻击者大量使用。例如，某系统为了避免黑客反复尝试口令，规定口令输入错误 5 次后，账号就锁定半小时，锁定期间不能登录。黑客虽然不容易尝试密码，但却可以进行 DoS 攻击，黑客依旧不断尝试密码，虽然不太可能尝试成功，但账户总是处于锁定状态，真正的用户就不能正常登录了。

6. 社会工程攻击

社会工程攻击研究的对象是与攻击目标有关的人员，主要利用说服或欺骗的方法来获得对攻击目标的非法访问。社会工程攻击主要有以下攻击方法：

① 黑客冒充合法的工作人员，直接走进攻击目标的工作场所，对整个工作场所进行深入的观察，找到一些可以利用的信息之后离开，如观察员工如何输入密码并记住等。

② 社会工程攻击可以通过电话进行，黑客可以冒充一个权力很大或者很重要的人物，打电话从攻击目标那里获得信息。单位的公开电话容易成为这类攻击的目标，而大多数员工所接受的安全领域的培训与教育很少，这就形成了很大的安全隐患。

③ 最流行的社会工程攻击是通过网络进行的，例如，黑客发送大量某种中奖的电子邮件，要求用户输入用户名及口令等秘密信息，总有那么一部分用户会上当。黑客也可以冒充某系统的管理员，编造看起来合理的理由，通过电子邮件向用户索要口令。

④ 翻垃圾是另一种常用的社会工程攻击方法，因为单位的垃圾堆里面往往包含了大量的信息，如电话本、日程安排、备忘录等。这些资源可以向黑客提供大量的信息，例如，电话本可以向黑客提供员工的姓名、电话号码，黑客可以把他们作为下一个攻击目标和冒充的对象。废旧硬件，特别是硬盘，黑客可以对它进行恢复来获取有用信息，即使原有数据已被新的数据覆盖，利用特殊设备，仍可以恢复原有数据。

⑤ 反向社会工程攻击是一种较为高级的方法，黑客会扮演一个很有用处的人物，让用户主动地向他询问信息。如果深入地研究、细心地计划与实施，反向社会工程攻击可以让黑客获得更多更好的信息。但只要提高警惕、具有安全意识，社会工程攻击是不难抵御的。

视频 11.3

 11.3　计算机病毒简介

　　随着计算机在各行各业的大量应用，计算机病毒也随之渗透到计算机世界的每个角落，常以人们意想不到的方式侵入计算机系统。计算机病毒在《中华人民共和国计算机信息系统安全保护条例》中的定义为："编制或者在计算机程序中插入的破坏计算机功能或者数据，影响计算机使用并且能够自我复制的一组计算机指令或者程序代码"。

11.3.1　计算机病毒概述

　　计算机病毒一词首次出现在 1977 年美国的一本科幻小说 *The Adolescence of P*-1 中，在这部小说中作者幻想出世界上第一种计算机病毒，它从一台计算机传播到另一台计算机，最终控制了 7 000 多台计算机的操作系统，造成了一场大灾难。一般认为，计算机病毒的发源地在美国，早在 20 世纪 60 年代初期，美国贝尔实验室里的一群年轻研究人员常常在做完工作后，留在实验室里玩一种他们自己创造的计算机游戏。这种被称为达尔文的游戏的玩法是，每个人编一段小程序，输入到计算机中运行，互相展开攻击并设法毁灭他人的程序。这种程序就是计算机病毒的雏形，然而当时人们并没有意识到这一点。计算机界真正认识到计算机病毒的存在是在 1983 年，在这一年 11 月 3 日召开的计算机安全学术讨论会上，首次提出了计算机病毒的概念，并证明计算机病毒可以在短时间内实现对计算机系统的破坏，且可以迅速地向外传播。

　　计算机病毒是一个广义的概念，很多恶意程序都可以称为病毒，如木马程序其中包含了秘密的恶意代码。当木马程序执行时，这些秘密代码将执行一些有害的操作。木马程序的恶意代码隐藏在正常的程序当中，就像古希腊的特洛伊木马一样，所以才称为木马程序。随着移动互联网的普及、智能手机的广泛使用，智能手机上也出现了病毒。

　　现在，计算机病毒有一个新的发展趋势，进行破坏性攻击的病毒已经不再是主角，最大的威胁已经让位于以经济利益为目的的各类间谍、木马、钓鱼软件，如网银大盗病毒专门窃取用户网上银行的账号和口令，还有的病毒专门窃取用户的 QQ 号与口令。有报告显示，这类软件的危害早已超越传统病毒，成为目前网络安全的最大威胁。这类软件因为没有明显的破坏性，隐蔽性更好，更难以发现。2018 年，勒索病毒大范围爆发，这种病毒将用户文件加密，并要求用户支付货币以解密。

　　计算机病毒一般具有以下特点：

　　① 传染性：传染性是计算机病毒的基本特征，计算机病毒会通过各种渠道从已被感染的计算机扩散到未被感染的计算机。正常的计算机程序是不会强行传播的，所以是否具有传染性是判别一个程序是否为计算机病毒的最重要条件。

　　② 隐蔽性：计算机病毒一般是具有很高编程技巧、短小精悍的程序，通常隐藏在正常程序中或磁盘较隐蔽的地方，也有的以隐藏文件的形式出现。

　　③ 潜伏性：大部分计算机感染病毒之后一般不会马上发作，病毒可以长期隐藏在系统中，只有在满足其特定条件时才发作。而且计算机受到传染后，通常仍能正常运行，用户不会感到异常，病毒得以在用户没有察觉的情况下传播到大量计算机中。

④ 破坏性：计算机病毒侵入系统后，就会对系统及应用程序产生程度不同的影响，轻者会降低计算机的工作效率，占用系统资源，重者可导致系统崩溃。计算机病毒即使不破坏系统，也会盗取用户的机密数据。

⑤ 针对性：计算机病毒发挥作用是有一定环境要求的，一种病毒并不是对任何计算机系统都能传染的，如攻击 Windows 操作系统的病毒对 Linux 操作系统就是无效的。

⑥ 不可预见性：不同种类的病毒代码千差万别，而且在不断发展，声称可查杀未知病毒的杀毒软件也许能查杀已知病毒的部分变种，但绝不可能查杀所有的未知病毒。病毒对杀毒软件永远是超前的。

11.3.2　计算机病毒防范

关于计算机病毒的防范，有两种手段：一是管理手段，二是技术手段，二者缺一不可。很多人只重视技术手段，而忽视管理手段。实际上，只要加强管理，平时小心谨慎，很多病毒是可以防范的。要防范病毒，就应该知道计算机中病毒时的症状，从而及时采取措施。下列一些异常现象可以作为计算机中病毒时的参考症状：

① 程序装入时间比平时长，运行异常。

② 磁盘的空间突然变小，或者不能识别磁盘设备。

③ 程序和数据神秘地丢失，文件名不能辨认。

④ 计算机经常出现死机或不能正常启动等现象。

⑤ 可执行文件的大小发生变化或出现不知来源的隐藏文件。

⑥ 计算机中出现不明进程。

⑦ 启动项目中增加了不明程序。

很多病毒都利用了操作系统自身的漏洞，所以要及时下载安装补丁以堵塞这些漏洞。使用杀毒软件定期杀毒，并启动实时防毒功能，可以有效地防范病毒入侵。杀毒软件要占用 CPU、内存等资源，会降低系统工作效率，此时，可考虑使用完全免费的自由软件 Linux 操作系统。Linux 上的病毒极少，而且迄今为止，从未出现过大规模流行的病毒。

虽然采取了各种各样的防范措施，计算机中的数据仍有可能被病毒破坏，做好备份是最有效的防范措施。可以备份重要文件，也可以用 Ghost 等软件备份整个系统。备份不应该保存在本计算机中，最好保存在另外安全的地方，如移动硬盘上。另外，也可以使用数据恢复软件恢复被破坏的数据，如著名的 Easy Recovery。

在网络攻防过程中，有时技术并不是最重要的，而是智慧的角逐。例如，有的病毒在用户登录的过程中，记录用户的击键顺序，从而得到用户名与口令。对策是在屏幕上显示键盘图，用鼠标单击按键，但病毒可以在用户单击按键时截图，仍可以得到用户名与口令。所以，一些网上银行在用户登录时使用特殊的口令文本框，这种文本框由专门的程序生成，病毒难以得逞。

11.3.3　杀毒软件简介

杀毒软件也称为反病毒软件，是使用于侦测、清除计算机病毒的专用软件。杀毒软件通常集成监控识别、病毒扫描和清除、自动升级等功能，有的杀毒软件还带有数据恢复、防范黑客入侵、网络流量控制等功能。杀毒软件可在操作系统启动后常驻内存，随时监控计算机内各进程的举动。

在检测病毒时，杀毒软件的主要依据是病毒数据库，即病毒特征库，简称病毒库。病毒库中记录了已知病毒的特征数据。杀毒软件将可疑文件与病毒库进行对照，如果与其中的任何一个病毒特征符合，杀毒软件就会判断此文件被病毒感染。使用病毒库的优点是速度快、误杀操作较少、很少需要用户参与，最大的缺点无法检测新病毒，面对不断出现的新病毒，必须不断更新病毒库，否则无法检测。要能够查杀未知病毒，就必须分析总结已有病毒的情况，来预测未来病毒可能的特征或行为。例如，在海量病毒样本数据中归纳出一套智能算法，发现和学习病毒变化规律。这样即使某未知病毒与已有病毒库不匹配，也很可能被发现。

杀毒软件的另一工作机制是病毒行为监测法，通过对病毒多年的观察、研究，有一些行为是病毒的共同行为，而且比较特殊，而在正常程序中，这些行为比较罕见。杀毒软件会实时监控系统中运行的进程，如果发现了疑似病毒的行为，则立即报警。

随着互联网的迅速发展，几乎所有用户都能做到随时在线。很多杀毒软件都具有了"云安全""云查杀"等功能，该功能融合了并行处理、网格计算、未知病毒行为判断等新兴技术和概念，通过网状的大量客户端对网络中软件行为的异常监测，获取互联网中木马、恶意程序的最新信息，推送到服务器端进行自动分析和处理，再把病毒和木马的解决方案分发到每一个客户端。这时，识别和查杀病毒不再仅仅依靠本地硬盘中的病毒库，而是依靠庞大的网络服务，实时进行采集、分析和处理。

对于感染病毒的文件，杀毒软件有几种处理方式：

① 清除：清除文件中的病毒部分，清除后文件恢复正常。

② 删除：整个文件就是病毒，或者正常文件中的病毒无法清除，则可以将整个文件删除。

③ 禁止访问：在发现病毒后用户如果选择不处理，杀毒软件可以禁止对病毒文件的访问。用户试图访问该文件时，会弹出一个报错的对话框，出现"该文件不是有效的 Win32 文件"之类的信息。

④ 隔离：将感染病毒的文件转移到隔离区，用户可以从隔离区找回原来的文件。在隔离区的文件是不可访问的。

目前国内有很多杀毒软件，如 360 杀毒、腾讯电脑管家、百度杀毒、金山毒霸、瑞星杀毒等。这些杀毒软件都有免费版本，绝大多数用户使用的都是免费版本。这些杀毒软件厂商主要利用各类服务实现盈利，如对个人用户提供一对一的远程服务，对企业用户提供全方位的安全服务等。

视频 11.4

11.4　虚拟专用网

某单位的员工要在家里或外地通过互联网访问单位的服务器，安全性较差（互联网是公用网络）。在另一种情况下，一个公司在多个地区有分公司，每个分公司都有自己的内部网，这些内部网如何安全地连接在一起呢？可以使用专线连接，但费用昂贵；若使用互联网连接，费用比专线便宜得多，但安全性又得不到保证。使用虚拟专用网（Virtual Private Network，VPN）能够解决这些问题。

11.4.1　VPN 概述

VPN 可以将物理上分布在不同地点的网络，通过不安全的互联网连接在一起，进行安全的通信。各网络通过互联网这种公共网络连接在一起，并不是专用网络，但采取一定的安全技术后，可具有与专用网络相同的安全性，所以才叫作虚拟专用网。用户无须投入巨资建立自己的专用网，只需要使用低成本的互联网与 VPN 技术，就能得到与专用网络相同的安全性。VPN 主要有以下两种应用方式：

1. 计算机接入内部网

员工在家或出差在外时，可以利用 VPN 安全地访问单位内部网络。如图 11-9 所示，在单位内部网与互联网的连接处设置一台 VPN 网关，VPN 网关把经过它的数据进行加密等安全处理，数据在互联网上是密文，而在内部网中是明文。在员工的计算机上，也要运行 VPN 软件。这样员工的计算机只要与 VPN 网关进行身份认证后，就可以安全地访问内部网中所有的计算机。因为加密等安全操作都在 VPN 网关上进行，所以内部网中的计算机感觉不到 VPN 网关的存在，这些计算机无须增加任何软件，也无须做任何改动，与没有 VPN 网关时是完全相同的。

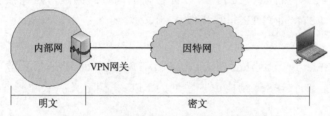

图 11-9　计算机利用 VPN 接入内部网

2. 连接多个内部网

对于在多个地点有分公司的公司，利用 VPN 可以安全地连接各个内部网。如图 11-10 所示，在各内部网与互联网的连接处设置一台 VPN 网关，数据在互联网上是密文，而在内部网中是明文。VPN 网关之间进行身份认证后，各内部网中的计算机就可以安全地互相访问，而且这些计算机也感觉不到 VPN 网关的存在。

图 11-10　利用 VPN 连接两个内部网

现在的大多数路由器都具有 VPN 功能，可以作为 VPN 网关使用。市场上也有专门的 VPN 网关，外形与交换机或路由器类似。VPN 具有如下安全功能：

① VPN 网关之间或 VPN 网关与计算机间的相互身份认证。

② 通信双方自动协商生成密钥，无须用户参与，并且密钥可以定时自动更新。

③ 加密发往互联网的数据，并可抵御重放攻击。

④ 检测自互联网接收到的数据的完整性。

11.4.2　VPN 协议

VPN 的安全功能需要具体的安全协议来实现，四种常见的 VPN 协议是：点对点隧道协议（Point-to-Point Tunneling Protocol，PPTP）、第二层隧道协议（Layer 2 Tunneling Protocol，L2TP）、IP 安全（IPSec）、安全套接字层（Secure Sockets Layer，SSL）。

1. PPTP

PPTP 是由微软所提议的 VPN 标准，PPTP 运行于 OSI 的第二层。PPTP 是点对点协议（Point-to-Point Protocol，PPP）的扩展，而 PPP 是为在串行线路上进行拨号访问而开发的。PPTP 使用微软的 Challenge-Handshake Authentication Protocol（MS-CHAP）来实现认证，使用微软的 Point-to-Point Encryption（MPPE）实现加密。

2. L2TP

L2TP 技术结合了微软的点对点隧道协议 PPTP 和 Cisco 的第二层转发（Layer 2 Forwarding，L2F）技术的优点，L2TP 可以在任何面向分组的点对点连接上建立隧道。当用于 IP 网络环境时，L2TP 同 PPTP 非常相似。

3. IPSec

IPSec 是由 Internet Engineering Task Force（IETF）设计的 IP 通信环境下一种端到端的保证数据安全的机制。整个 IPSec 结构由一系列的 RFC 文档定义。

4. SSL

SSL 最初是用于保护用户浏览器与网站服务器间的数据，现在已广泛用来实现 VPN。

在这四种技术中，使用最广泛的是 IPSec 与 SSL，下面将详细讨论这两种技术。

视频 11.5

 11.5　IPSec

以 IP 协议为核心的网络层是 TCP/IP 体系结构中最关键的一层，也是关系整个 TCP/IP 安全的核心和基础。但是，由于当初设计时的环境和考虑的基本出发点，IP 没有过多地考虑防卫问题，只是设法使网络能够方便地互通互联。这种不设防政策，给互联网造成许多安全隐患和漏洞，并随着攻击技术提高，使问题的严重性日益加剧。

11.5.1　IP 安全性分析

目前的 IP 协议有以下不安全因素：

① IPv4 缺乏对通信双方真实身份的验证能力，仅仅采用基于源 IP 地址的认证机制。这样，攻击者就有机可乘，可以在一台计算机上假冒另一台计算机向接收方发送数据包，而接收方又无法判断接收到的数据包的真实性。这种 IP 欺骗可以在多种场合制造灾难。

② IPv4 不对网络上传输的数据包进行机密性和完整性保护，一般情况下，IP 包是明文传输的，第三方很容易窃听到 IP 数据包并提取其中的数据，甚至篡改窃取到的数据包内容，而且不被发觉。

③ 由于数据包中没有携带时间戳、一次性随机数等，很容易遭受重放攻击。攻击者搜集特定 IP 包，进行一定处理就可以一一重新发送，欺骗对方。

为解决上述问题，IETF 制定了 **IP 安全**（IP Security，缩写 IPSec），它是以 RFC 形式公布的一组安全 IP 协议集，是在 IP 包级为 IP 业务提供安全保护的协议标准。它使用现代密码学方法，支持机密性、完整性和认证服务，使用户有选择地使用这些安全机制，以得到期望的安全服务。需要指出的是，对于 IPv4，IPSec 是可选的，而对于 IPv6，IPSec 则是必须支持的。IPSec 提供了大量的安全特性，例如：

① 提供认证、加密、数据完整性和抗重放保护。
② 加密密钥的安全产生和自动更新。
③ 使用强加密算法来保证安全性。
④ 支持基于证书的认证。
⑤ 支持下一代加密算法和密钥交换协议。

另外，IPSec 安全体系结构体现了很好的互操作能力。只要实现得当，它并不会影响那些不支持 IPSec 的网络或主机。现在的 Windows 操作系统，就已经内置了 IPSec 软件模块。

11.5.2　安全关联

IPSec 提供了多种选项来完成网络加密和认证。每个 IPSec 连接都能够提供加密、完整性和认证服务中的一种或者几种。一旦确定了所需的安全服务，那么通信双方必须明确规定需要使用的算法（例如，DES 或 IDEA 用来加密、MD5 或 SHA 用于完整性服务）及其参数。在确定了算法以后，双方必须共享会话密钥。这需要管理大量的信息，而安全关联（Security Association，SA）可以认为是这些参数的集合。

安全关联是有方向的，这就意味着 IPSec 连接至少需要两个安全关联：一个是从 A 到 B，而另外一个是从 B 到 A。比如，主机 A 需要有一个 SAa（out）用来处理外发的数据包，另外还需要有一个不同的 SAa（in）用来处理进入的数据包。相对应的主机 B 的两个安全关联分别是 SAb（in）和 SAb（out）。主机 A 的 SAa（out）和主机 B 的 SAb（in）将共享相同的加密参数（如密钥）。类似地，主机 A 的 SAa（in）和主机 B 的 SAb（out）也会共享相同的加密参数。每个安全关联由安全参数索引（Security Parameter Index，SPI）和目的 IP 地址来标识。

在进行 IPSec 通信前，必须首先建立 SA。SA 的创建分两步进行——先协商 SA 参数，再用 SA 更新 SADB（安全关联数据库）。安全关联数据库包含了每个 SA 的信息，如算法和密钥、序列号、协议模式和有效期等。

SA 的人工建立是必须支持的，在 IPSec 的早期开发及测试过程中，这种方式曾得到广泛的应用。在人工建立 SA 的过程中，通信双方都需要离线确定 SA 的各项参数。所谓"人工"，不外乎通过电话或电子邮件的方式，SPI 的分配、参数的选择都是人工进行的。但是，非常明显，这个过程非常容易出错，既麻烦又不安全。同时也只能以人工方式删除，否则这些 SA 永远不会过期。

绝大多数情况下，SA 是通过某些协议来自动建立的。互联网安全关联和密钥管理协议（Internet Security Association and Key Management Protocol，ISAKMP）由 RFC 2408 定义，提供了建立安全关联和密钥的框架。IKE（Internet Key Exchange）在 RFC 2409 当中定义，使用 ISAKMP 作为它的框架，在两个实体之间建立一条经过认证的安全隧道，并对用于 IPSec

的 SA 进行协商建立。2014 年 10 月的 RFC 7296（IKEv2）升级替换了这两个协议。当 SA 使用一段时间后或加密过一定量的数据后，为了安全，需要删除这个 SA，然后重新协商新的 SA。

SA 中有大量的参数，现在看一下 SA 中与密码操作无关的基本参数。

① 序列号（Sequence Number）：序列号是一个 32 位的字段，在数据包的"外出"处理期间使用。每次用 SA 来保护一个数据包，序列号的值便会递增 1。通信的目标主机利用这个字段来侦测所谓的"重放"攻击。SA 刚刚建立时，该字段的值设为 0。通常，在这个字段的值溢出之前，SA 会重新进行协商。

② 存活时间（Time To Live，TTL）：规定了每个 SA 最长能够存在的时间。超出这个时间，SA 便不可继续使用。存活时间要么可表达成受该 SA 保护的字节数量，要么可表达成 SA 的持续时间。当然，也可以同时用这两种方式来表达一个存活时间。一旦 SA 到期，便不可再用。为避免"过期"造成通信的停顿，可以采用两种类型的存活时间——软的和硬的。所谓"软存活时间"，是指用它来警告内核，通知它 SA 马上就要到期了。这样一来，在"硬存活时间"到期之前，内核便能及时地协商好一个新 SA。

③ 模式（Mode）：IPSec 协议可支持隧道模式及传输模式。依据这个字段的值，载荷的处理方式也会有所区别。可将该字段设为隧道模式、传输模式或者一个通配符。如果将该字段设为"通配符"，那么它到底是隧道模式的 IPSec，还是传输模式的 IPSec 呢？此时，为做出正确的判断，具体的信息要从其他地方收集（亦即从套接字中收集）。若将这个字段设为通配符，暗示着该 SA 既可用于隧道模式，亦可用于传输模式。

④ 隧道目的地（Tunnel Destination）：对于隧道模式中的 IPSec 来说，需要该字段指出隧道的目的地——外部头的目标 IP 地址。

⑤ 路径最大传输单元（PMTU）：在隧道模式下使用 IPSec 时，必须维持正确的 PMTU 信息。当数据包的大小超过 PMTU 时，必须对这个数据包进行相应的分段。

11.5.3 IPSec 模式

IPSec 提供了两种操作模式——传输模式（Transport Mode）和隧道模式（Tunnel Mode）。这两种模式的区别非常直观——它们保护的内容不同，后者是整个 IP 包，前者只是 IP 的有效负载。

在传输模式中，只处理 IP 有效负载，并不修改原来的 IP 协议报头。这种模式的优点在于每个数据包只增加了少量的字节。另外，公共网络上的其他设备可以看到最终的目的和源地址，还可以根据 IP 协议报头进行某些特定的处理（例如，服务质量），不过传输层的报头是加密的，无法对其进行检查。传输模式的 IP 报头是以明文方式传输的，因此很容易遭到某些通信流量分析攻击，但攻击者无法确定传输的是电子邮件还是其他应用程序的数据。同时，通过对大量数据报头的分析，攻击者还可以对目的网络和源网络内部的结构有所了解。

在隧道模式中，原来的整个 IP 包都受到保护，并被当作一个新的 IP 包的有效载荷。这种模式要求某个网络设备（如一个路由器）扮演 IPSec 代理（即 VPN 网关）的角色。也就是说，路由器代表主机完成数据加密：源主机端的路由器加密数据包，然后沿着 IPSec 隧道向前传输；目的主机端的路由器解密出原来的 IP 包，然后把它送到目的主机。这时，新 IP 包的目的和源 IP 地址是这两个路由器。实际上，这个路由器可以为一个网络内部的全部主机代理 IPSec 服务。

隧道模式的优点在于不用修改任何端系统就可以获得 IP 安全性能，隧道模式同样还可以防止通信流量分析攻击，并且不暴露网络内部的结构。在隧道模式中，因为内外 IP 头的地址可以不一样，攻击者只能确定隧道的端点，而不能确定真正的数据包源和目的站点。

一般来说，一台计算机运行 IPSec 时，应采用传输模式，此时理论上讲也可以用隧道模式，但显然没有意义。一个网络使用 VPN 网关时，VPN 网关应使用隧道模式，这时可以保护网络内所有计算机的通信。

11.5.4　认证报头

认证报头（Authentication Header，AH）是 IPSec 协议之一，为 IP 提供数据完整性、数据源身份验证和抗重放服务，它定义在 RFC 2402 中，RFC 4302 升级替换了它。AH 不对受保护的 IP 数据包的任何部分进行加密，即不提供保密性服务。AH 定义了保护方法、头的位置、完整性认证的覆盖范围以及输出和输入处理规则。AH 头位于 IP 头之后，这时 IP 头中的协议字段为 51。AH 头的结构如图 11-11 所示。

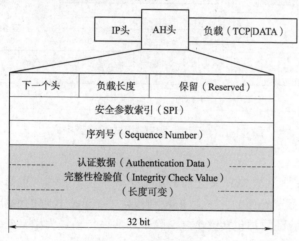

图 11-11　AH 头的结构

其中下一个头字段表示 AH 头之后是什么。在传输模式下，将是处于保护中的上层协议的数据，比如 UDP 或 TCP 协议的数据。在隧道模式下，其数值 4 表示 IPv4 封装；数值 41 表示 IPv6 封装。SPI 字段和外部 IP 头的目的地址一起，用于标识对这个包进行保护的安全关联。序列号字段每一个分组加 1，用来抵抗重放攻击。认证数据字段是一个可变长度字段，但必须是 32 bit 的整数倍。它通常是这个分组的消息认证码，使用 HMAC-MD5-96 算法（在 RFC 2403 中定义）或 HMAC-SHA-1-96 算法（在 RFC 2404 中定义），用以保证分组的完整性。

AH 协议可用于传输模式和隧道模式，而且在 IPv4 和 IPv6 下略有不同。

1．传输模式

AH 用于传输模式时，AH 头被插在数据包中实现数据包的安全保护。AH 头紧跟在 IP 头之后以及需要保护的上层协议数据之前。

在 IPv6 环境下，AH 头出现在 IPv6 基本报头、路由和分片等扩展报头后面。根据需要，目的选项报头（dest）可出现在 AH 报头之前或之后。完整性验证包括整个包，除了那些在传输过程中会变化的字段，如生存时间（TTL）字段。具体情况如图 11-12 所示。

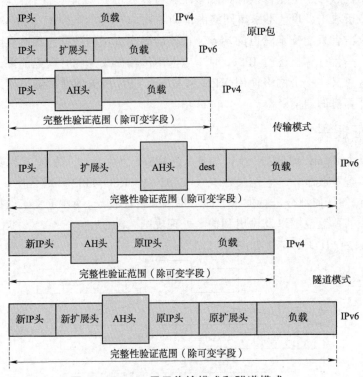

图 11-12　AH 用于传输模式和隧道模式

2．隧道模式

AH 用于隧道模式时，在 AH 头之前，添加了一个新 IP 头。"里面的" IP 数据包中包含了通信的原始地址，而"外面的" IP 数据包则包含了 IPSec 代理的地址。AH 协议没有提供保密性服务，完整性验证同样包括整个包，除了那些在传输过程中会变化的字段，如 TTL 字段。具体情况如图 11-12 所示。

在隧道模式下使用 AH 意义不大，因为原有的 IP 头没有被加密，仍为明文，仍可以被攻击者看到。

11.5.5　封装安全有效载荷

封装安全有效载荷（Encapsulating Security Payload，ESP）提供机密性、数据源的身份验证、数据的完整性和抗重放服务，提供的这组服务由 SA 的相应组件决定。下面先介绍一下 ESP 分组格式，如图 11-13 所示。

不管 ESP 处于什么模式，ESP 头都会紧跟在 IP 头之后。在 IPv4 中，ESP 头紧跟在 IP 头后面（包括选项）。这个 IP 头的协议字段将是 50，以表明 IP 头之后是一个 ESP 头。在 IPv6 中，ESP 头的放置与是否存在扩展头有关。ESP 头插在大多数扩展头之后，其中包括路由选择和分片头等，但 ESP 头应插在目的选项头之前，因为我们希望对这些目标选项进行保护。与 AH 不同的是，除了 ESP 头，还有 ESP 尾和 ESP 认证。

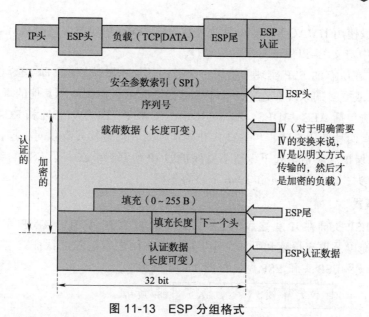

图 11-13 ESP 分组格式

说明：如果在有效载荷字段中需要包含同步数据，例如初始化向量（IV），通常不会被加密，虽然它也被认为是密文的一部分。

① 安全参数索引（SPI）：SPI 字段和外部 IP 头的目的地址一起，用于标识对这个包进行保护的安全关联。

② 序列号（Sequence Number）：每一个分组加 1，用来抵抗重放攻击。发送方的计数器和接收方的计数器在一个 SA 建立时被初始化为 0。如果抗重放服务被激活（默认服务），传送的序列号决不允许出现重复。因此，在 SA 上传送 2^{32} 个分组之前，发送方计数器和接收方计数器必须重新置位（通过建立新 SA）。

③ 载荷数据（Payload Data）：载荷数据是可变长字段，它包含 ESP 要保护的数据（下一个头字段描述的数据）。加密算法需要的初始化向量（IV）可在该字段中以明文形式传输。

④ 填充（供加密使用）：多种情况需要使用填充字段。

- 如果采用的加密算法要求明文是某个字节数的倍数（如分组密码），那么使用填充字段填充明文（包含有效载荷数据、填充长度和下一个头字段以及填充字段）以达到算法要求的长度。
- 不管使用什么加密算法，都要利用填充字段来确保结果密文以 4 字节边界终止。特别是，填充长度字段和下一个头字段必须在 4 字节字内右对齐。
- 除了算法要求或者对齐原因之外，填充字段可以用于隐藏有效载荷实际长度，支持信息流机密性。但是，这种填充字段占据一定的带宽，因而应谨慎使用。

⑤ 填充长度（Pad Length）：填充长度字段指明紧接其前的填充字节的个数。有效值范围是 0 ~ 255，0 表明没有填充字节。

⑥ 下一个头（Next Header）：下一个头是一个 8 位字段，它标识有效载荷字段中包含的数据类型。如果在隧道模式下应用 ESP，这个值就是 4，表示有效载荷还是一个 IP 包。如果在传输模式下使用 ESP，这个值表示的就是它的上一级协议的类型，比如 TCP 对应的就是 6。

⑦ 认证数据（Authentication Data）：认证数据是完整性校验值，它通常是这个分组的消

息认证码。一般使用 HMAC-MD5-96 算法（在 RFC 2403 中定义）或 HMAC-SHA-1-96 算法（在 RFC 2404 中定义），以保证分组的完整性。

IPSec 要求在所有的 ESP 实现中使用一个通用的加密默认算法，即 DES-CBC 算法（RFC 2405）。但两个或更多的系统在建立一个 IPSec 会话时可以协调使用其他的算法。目前，ESP 支持的可选算法包括 AES、3DES、RC5、IDEA、CAST、BLOWFISH 和 RC4。

ESP 同样有两种使用方式：传输模式和隧道模式。传输模式提供对上层协议的保护，不提供对 IP 头的保护。隧道模式下，整个受保护的 IP 包都封装在一个 ESP 分组中，并且还增加一个新的 IP 头。ESP 在 IPv4 和 IPv6 下略有不同。

1. 传输模式

IPv4 中，ESP 头插在 IP 头之后、上层协议（例如 TCP，UDP，ICMP 等）之前，ESP 尾包含所有的填充以及填充长度和下一个头字段。ESP 尾之后是 ESP 认证数据字段，验证范围包含所有密文以及 ESP 头和 ESP 尾，如图 11-14 所示。

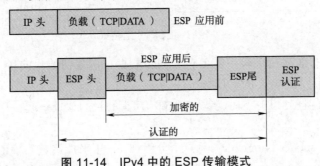

图 11-14　IPv4 中的 ESP 传输模式

IPv6 中，ESP 头出现在路由和分片等扩展头之后，目的选项扩展头（dest）则通常放在 ESP 头之后，如图 11-15 所示。

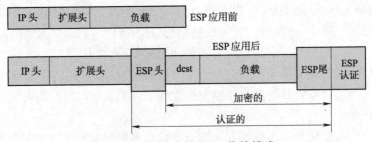

图 11-15　IPv6 中的 ESP 传输模式

2. 隧道模式

隧道模式中，"内部" IP 头装载最终的源和目的地址，而 "外部" IP 头则包含不同的 IP 地址，这是 IPSec 代理的 IP 地址。ESP 保护整个内部 IP 分组，包括整个内部 IP 头。相对于外部 IP 头，隧道模式的 ESP 头位置与传输模式中 ESP 头的位置相同，如图 11-16 所示。

综上所述，AH 与 ESP 的根本区别在于是否提供机密性服务，AH 不提供机密性服务，而 ESP 提供机密性服务。这就像一箱货物，AH 使用透明的箱子，摸不着但看得见，而 ESP 使用不透明的箱子，既摸不着也看不见。

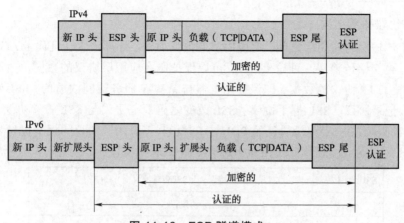

图 11-16　ESP 隧道模式

 11.6　安全套接字层（SSL）

视频 11.6

在 20 世纪 90 年代，以互联网为基础的信息业务获得了巨大发展，网上交易等电子商务行为产生。信息基础设施本身的脆弱性与网络业务的高安全性要求之间的矛盾日益突出，这就要求有一个专门的安全协议来规范数据传输方式，既确保信息业务的安全，同时也保证操作的便捷。安全套接字层（Secure Sockets Layer，SSL）就是在这种背景下由 Netscape 公司开发的一个网络安全协议，已成为事实上的网上安全交易标准协议，被各种应用网络业务和团体、企业广泛接受。

11.6.1　SSL 概述

SSL 共有三个版本。SSL 1.0 由 Netscape 公司开发后，只在内部使用，由于包含一些严重的错误，现在已不再发行。SSL 2.0 开发后就被加入著名的浏览器 Netscape Navigator 中，其中还包含了一些如无法抵抗中间人攻击等弱点。SSL 3.0 规范在 1996 年 3 月正式发行，克服了 SSL 2.0 中的缺陷，同时还加入了一些新的特征。基于 SSL 3.0，IETF 发布了 TLS（Transport Layer Security）1.0，即 RFC 2246，与 SSL 仅有微小的不同。TLS 1.0 通常被称作 SSL 3.1。2018 年，又发布了 TLS 1.3，即 RFC 8446。自由软件 OpenSSL 实现了 SSL 的全部功能，还添加了许多附加功能。

SSL 是一个双方协议，提供通信双方的安全保证，比其他安全协议（如 SET 协议）简单得多，更加容易实现，因此目前在 Web 服务中已广泛使用，用于保护用户浏览器与网站服务器间的数据传输。具体来说，SSL 包括如下安全功能：

① 客户认证服务器身份。
② 服务器认证客户身份，这是可选项。
③ 客户与服务器自动协商生成密钥，无须用户参与。
④ 加密客户与服务器间的数据，并可抵御重放攻击。
⑤ 检测客户与服务器间数据的完整性。

11.6.2　SSL 工作原理

1. SSL 协议体系结构

SSL 位于传输层与应用层之间，把应用层的数据加密、计算消息认证码 MAC（用于完整性检测）后，再交给传输层。理论上 SSL 可以保护所有应用层协议的数据，但实际上 SSL 主要用于保护 HTTP 协议的数据，即保护浏览器与 WWW 服务器间的通信。SSL 由四个子协议组成：SSL 记录协议、SSL 握手协议、SSL 改变密码规范协议与 SSL 告警协议，后三个子协议的 PDU 都封装在 SSL 记录协议的 PDU 中，HTTP 等应用层协议的报文也封装在 SSL 记录协议的 PDU 中，SSL 记录协议的 PDU 则封装在 TCP 报文段中，如图 11-17 所示。

SSL握手协议	SSL改变密码规范协议	SSL告警协议	HTTP	…
SSL记录协议				
TCP				
IP				

图 11-17　SSL 协议体系结构

SSL 支持众多加密、Hash 和签名算法，使得用户在选择算法时有很大的灵活性，这样就可以根据以往的算法、进出口限制或者最新开发的算法来进行选择。具体选择什么样的算法，通信双方可以在建立协议会话之初进行协商。

SSL 握手协议与 SSL 记录协议是两个最主要的子协议。客户与服务器使用 SSL 传输数据前，首先运行 SSL 握手协议。SSL 握手协议非常复杂，首先进行客户与服务器间的身份认证，然后协商加密和 MAC 的算法以及密钥。这些算法和密钥将由 SSL 记录协议使用，用来保护应用层的数据。例如，身份认证结束后，双方协商确定加密使用 AES 算法，MAC 则使用 SHA-256 算法，并确定了密钥。

SSL 握手协议运行完毕后，就确定了密码算法与密钥，SSL 记录协议就用这些密码算法与密钥加密数据并计算 MAC 码，后续数据就可以安全地传输。

2. SSL 记录协议

SSL 记录协议的工作过程如图 11-18 所示，共分 5 步：

① 分段：应用层数据分段后，每个分段的长度不超过 16 384 字节。

② 压缩：这是可选项。

③ 计算 MAC 码：接收方用以检测数据的完整性，MAC 中的单向散列函数与密钥在 SSL 握手协议中协商确定。MAC 码使用下面公式进行计算：

```
hash(MAC_write_secret+pad_2+
hash(MAC_write_secret+pad_1+seq_num+
    SSLCompressed.type+SSLCompressed.length+
    SSLCompressed.fragment))
```

其中，hash 为单向散列函数；"+" 代表连接操作；MAC_write_secret 为客户与服务器共享的秘密；pad_1 为字符 0x36 重复 48 次（MD5）或 40 次（SHA-1）；pad_2 为字符 0x5c 重复 48 次（MD5）或 40 次（SHA-1）；seq_num 为消息序列号；SSLCompressed.type 为被处理数据的高层协议类型；SSLCompressed.length 为压缩数据的长度；SSLCompressed.fragment 为压

缩数据（没有压缩时，就是明文数据）。

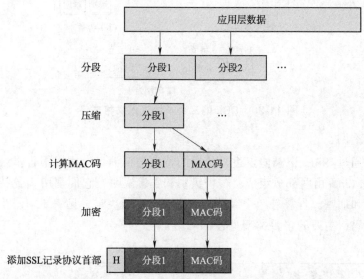

图 11-18　SSL 记录协议的操作过程

④ 加密：使用对称密钥密码算法对数据（包括 MAC 码）加密，并增加随机数以抵御重放攻击，密码算法与密钥在 SSL 握手协议中协商确定。

⑤ 添加 SSL 记录协议首部：形成 SSL 记录协议的 PDU，再交给 TCP 传输。SSL 记录协议报文格式如图 11-19 所示。

- 内容类型（8 位）：所封装数据的高层协议类型。
- 主版本（8 位）：使用 SSL 协议的主要版本号。对 SSLv3 值为 3。
- 次版本（8 位）：使用 SSL 协议的次要版本号。对 SSLv3 值为 0。
- 压缩长度（16 位）：报文的字节长度。

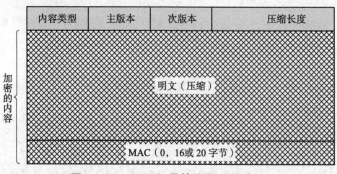

图 11-19　SSL 记录协议报文格式

3. SSL 改变密码规范协议

SSL 改变密码规范协议是使用 SSL 记录协议的三个子协议之一，也是最简单的协议。该协议由单个字节消息组成，如图 11-20（a）所示。改变密码规范协议用于从一种加密算法转变为另外一种加密算法。当 SSL 握手协议结束时，生成了新的密码参数，这时需要使用 SSL 改变密码规范协议，来使这些新的密码参数生效。

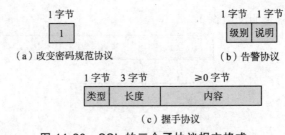

（c）握手协议

图 11-20　SSL 的三个子协议报文格式

4．SSL 告警协议

告警是能够通过 SSL 记录协议进行传输的特定类型消息，用以报告错误或危险，如图 11-20（b）所示。告警由两部分组成：告警级别和告警说明，它们都用 8 比特进行编码，告警消息也被压缩和加密。告警有两个级别，由第一个字节决定，见表 11-1。第二个字节则包含了特定警告代码，主要的告警类型见表 11-2。

表 11-1　告警级别

告 警 级 别	告 警 名 称	含　　义
1	警告	表明一个一般告警信息
2	致命错误	致命错误，立即终止当前连接，同一会话的其他连接也许还能继续，但是肯定不会再产生新的连接

表 11-2　告警类型

告 警 号	告 警 名 称	含　　义
0	Close_notify	通知接收方发送方在本连接中不会再发送任何消息
10	Unexpected_message	接收到不适当的消息
20	Bad_record_mac	接收到的记录 MAC 错误（致命）
30	Decompression_failure	解压缩失败（致命）
40	Handshake_failure	发送方无法成功协调一组满意的安全参数设置（致命）
41	No_certificate	没有合适的证书
42	Bad_certificate	证书已经破坏
43	Unsupported_certificate	不支持接收的证书类型
44	Certificate_revoked	证书已经撤销
45	Certificate_expired	证书过期
46	Certificate_unknown	在处理证书时产生了一些不确定问题
47	Illegal_parameter	握手过程某个字段超出范围或者与其他字段不符

5．SSL 握手协议

SSL 中最复杂的部分就是握手协议，也通过 SSL 记录协议传送，如图 11-20（c）所示。该协议允许客户和服务器相互验证、协商加密和 MAC 算法以及密钥，用来保护 SSL 记录协议发送的数据。这个过程类似于 IPSec 中的协商 SA。握手协议由一系列客户机和服务器的交换消息来实现，该过程根据服务器是否配置要求提供客户端证书而不同。下面就一般的 SSL 握手过程进行说明，简化的握手协议流程如图 11-21 所示。

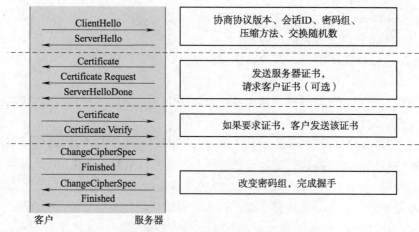

图 11-21 简化的握手协议流程

客户端和服务器端的握手协议完成以下功能：

① 协商数据传送期间使用的密码组（Cipher Suite）。

② 建立和共享客户与服务器之间的会话密钥。

③ 客户认证服务器。

④ 服务器认证客户（可选）。

客户端和服务器端握手包括以下三个步骤：

① 客户和服务器交换 Hello 消息。首先由客户端发起交换。Hello 消息的功能是建立下述安全参数。

- 协议版本（Version）：客户机能够实现的最高版本号。
- 会话 ID（Session ID）：可变长度的会话标识。
- 密码组（Cipher Suite）：客户机所支持的加密算法列表，按优先级降序排列。
- 压缩方法（Compression Method）：客户机支持的压缩模式列表。

此外，双方还要产生一些随机数，并在 Hello 消息中交换。

密码组协商允许客户端和服务器选择它们都支持的某个密码组：SSL 3.0 协议定义了 31 种密码组。密码组包含下列部件：密钥交换方法（Key Exchange Method）、数据传输加密算法（Cipher for Data Transfer）、计算消息认证码的消息摘要方法（Message Digest for Creating the MAC）。

密钥交换方法定义了如何得到加密客户和服务器之间传输的应用数据的对称密码密钥。SSL 3.0 支持使用数字证书的 RSA 密钥交换以及无数字证书的 Diffie-Hellman 密钥交换。在选择密钥交换方法时还需要考虑是否使用数字签名来验证交换信息，如果使用，选择哪种签名算法。用私钥进行签名可以确保产生共享密钥的交换消息免遭中间人攻击。

② 实际的身份认证和密钥交换过程，主要由以下几条消息来实现：

- Server_Certificate 消息：服务器的证书，在 Hello 消息之后发送，用于服务器身份认证和密钥交换。
- Server_Key_Exchange 消息：服务器密钥交换消息，用于密钥交换。
- Certificate_Request 消息：服务器要求客户发送其证书。

- Client_Certificate 消息：如果服务器发送请求，客户将发送任何被请求的证书。如果没有证书，那么客户发送无证书告警。
- Client_Key_Exchange 消息：客户密钥交换消息，用于密钥交换。
- Certificate_Verify 消息：客户证书验证消息。

以上消息的存在与否及其具体内容由系统设置和上一步协商好的密码组参数决定，其具体过程非常复杂，此处不再赘述。

③ 最后一步是客户机发送 change_cipher_spec 消息，并改变自身状态，这样后续消息都将使用新的密码组规范进行操作，然后客户机马上用新密码组规范发送 finished 消息。同样，服务器发送自身的 change_cipher_spec 消息，并改变自身状态，发送 finished 消息。此时，客户机和服务器处于同步状态，完成整个握手过程，可以开始交换应用层的数据。

11.6.3　SSL VPN

SSL 最初是设计用来保护用户浏览器与网站服务器间的数据的，但最近一段时间以来，SSL 也被广泛应用于 VPN。IPSec 与 SSL 都可以实现 VPN。IPSec 工作在网络层，在 VPN 的两种应用方式中（计算机接入内部网、连接多个内部网，见图 11-9、图 11-10），IPSec 都适用。但是 SSL 工作在传输层与应用层之间，通常适用于计算机接入内部网这种方式。

当 SSL 应用于计算机接入内部网这种方式时，对于使用浏览器的 Web 应用，图 11-9 中的 VPN 网关将起到一个代理服务器的作用。客户机浏览器先与该代理服务器建立 SSL 连接，其后当浏览器访问内部网中的 Web 应用时，所有数据将由代理服务器转发，这样浏览器就可以安全地访问内部网中的所有 Web 应用。在建立 SSL VPN 时，客户机将使用浏览器自带的 SSL 功能。而对于内部网中的非 Web 应用，使用 SSL VPN 一般需要专门的客户端软件。

与 IPSec VPN 相比，SSL VPN 具有以下几个优势：

1. 网络互联性较好

由于 IPSec 工作在网络层，受目前广泛使用的 NAT（网络地址转换设备）与防火墙影响较大，严重时甚至完全无法使用，而 SSL 工作在传输层与应用层之间，受 NAT 与防火墙的影响就小多了，几乎在任何网络环境下都能正常使用。

2. 容易部署、管理成本低

计算机使用 IPSec VPN 接入内部网时，虽然 Windows 操作系统已经内置了 IPSec，但由于兼容性、安全性等原因，用户仍需要在计算机中安装配置专门的 IPSec 客户端软件，这类 IPSec 客户端软件配置较为复杂，一般用户使用不便，大型的内部网甚至需要专人来管理维护这类客户端软件。而 SSL VPN 避开了部署及管理客户端软件的复杂性和人力需求，具有"零客户端配置"的特性。这是因为在 SSL VPN 中，计算机的浏览器已经内置了 SSL，所以不用另外安装任何软件，就可以直接通过浏览器访问内部网的 Web 应用。虽然 SSL VPN 在访问非 Web 应用时，也必须安装运行客户端软件，但相对比较简单。

3. 更安全

首先，由于 IPSec VPN 工作在网络层，非法用户只要登录了 IPSec VPN 网关，就可以顺利地访问整个内部网。而 SSL VPN 是与具体的应用系统关联的，具有权限隔离特色，用户登录后，只能看到开放给他的资源界面，不同的权限看到的用户界面是不同的。非法用户即使登录了 SSL VPN 网关，也只能访问与该 SSL VPN 网关关联的应用，而不能访问整个内部网。其次，在 SSL VPN 中，计算机与 SSL VPN 网关之间是通过 SSL 端口（默认是 TCP 的 443 号端口）通信的，只要在防火墙上开放该端口即可，无须再开放其他端口，因此大大降低了内部网络受外部黑客攻击的可能性。

4．更好的可扩展性

IPSec VPN 网关一般设置在内部网的网关处，因而要考虑网络的拓扑结构，如果改变了网络结构，IPSec VPN 网关就可能要重新部署，因此造成 IPSec VPN 的可扩展性比较差。而 SSL VPN 就不同了，SSL VPN 网关可以设置在内部网网关之外的地方，即使网络结构改变了，SSL VPN 网关也无须改动。

 # 11.7　案　例　应　用

视频 11.7

11.7.1　IE 浏览器中的 SSL

1．案例描述

通过浏览器进行对安全性有较高要求的业务（如网银业务），需要对通信双方进行身份认证，需要对传输的数据进行加密，并要求密钥自动生成，同时能抵御重放攻击，还要求对数据进行完整性认证。

2．案例分析

本章讲解的 SSL 协议是一个综合运用各种技术的安全协议，其功能已经实现了各项安全要求：

① 客户认证服务器身份。

② 服务器认证客户身份，这是可选项。

③ 客户与服务器自动协商生成密钥，无须用户参与。

④ 加密客户与服务器间的数据，并可抵御重放攻击。

⑤ 检测客户与服务器间数据的完整性。

3．案例解决方案

目前流行的 IE、Firefox 等浏览器，以及各种 WWW 服务器都支持 SSL，在 Windows 10 中，打开 IE 浏览器的"工具"菜单，选择"Internet 选项"命令，打开"Internet 选项"对话框，选择"高级"选项卡，如图 11-22 所示。在"设置"列表框中，可以看出 IE 浏览器支持 SSL 3.0、TLS 1.0、TLS 1.1、TLS 1.2 与 TLS 1.3。

运行在 SSL 上的安全 HTTP 命名为 HTTPS，服务器 HTTPS 的默认端口为 443，不再是 HTTP 的 80。在浏览器地址栏中输入 https://url 即可启用 SSL，如支付宝的主页为 https://www.alipay.com，包括登录账号与口令在内的所有数据都会加密传输，而且还能抵御重放攻击。如果服务器需要验证用户的身份，会要求用户用私钥进行数字签名，并需要把证书发送给服务器验证签名，这时会出现对话框请用户选择证书及其对应的私钥。

HTTPS 在浏览器验证 WWW 服务器的身份时，WWW 服务器会把自己的证书传输给浏览器。在 Windows 10 中，IE 浏览器在验证 WWW 服务器证书是否有效时，可能出现如图 11-23

所示的对话框，其中的问题是"该网站的安全证书尚未生效或已过期"，这说明该证书不在它的有效期内。IE 浏览器是根据本计算机的时间判断证书是否在它的有效期内的，而且证书中的有效期时间均为格林尼治时间，所以计算机必须设置正确的时间与时区信息，否则存在安全隐患。当然，如果计算机设置了错误的日期时间，也会出现这种警报。

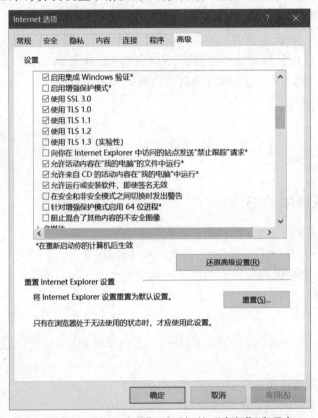

图 11-22 "Internet 选项"对话框的"高级"选项卡

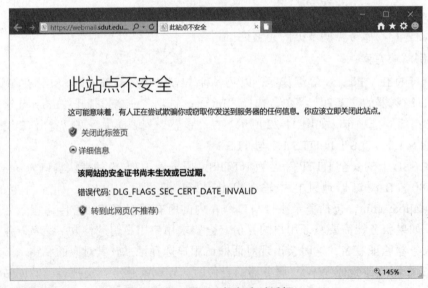

图 11-23 验证证书失败对话框

在浏览器验证 WWW 服务器证书是否有效时，还可能出现其他警报，如提示"该安全证书由您没有选定信任的公司颁发"或"你的电脑不信任此网站的安全证书"，这说明签发该证书的 CA 没有被用户信任，也就是说，证书链中的根 CA 证书没有在"受信任的根证书颁发机构"存储区中。把根 CA 证书导入"受信任的根证书颁发机构"证书存储区后，就不会再出现这个警报。

再如，提示"安全证书上的名称无效，或者与站点名称不匹配"或"该网站的安全证书中的主机名与你正在尝试访问的网站不同"，这说明该证书中持有者的名称与该 WWW 服务器的网址不同，WWW 服务器证书中的持有者名称就是该 WWW 服务器的网址。这个警报非常严重，一定要小心，该 WWW 服务器很可能是冒用别人的证书，在弄清楚前不要贸然继续操作。

若没有问题，则不会有提示出现。SSL 连接成功建立后，在 Windows 10 中，单击 IE 浏览器地址栏右侧的小锁标志，会出现如图 11-24 所示的对话框，单击"查看证书"，就可以查看 WWW 服务器的证书。

图 11-24   SSL 状态对话框

4．案例总结

综上所述，HTTPS 能够抵御各类攻击，具有很好的安全性。现在越来越多的网站都使用了 HTTPS，即使一些普通的对安全性没有特殊要求的新闻网站，也使用了 HTTPS。这是因为有人企图通过监听网络流量来获取大量用户的访问喜好，以此进行广告精准定向投放等营利行为，而 HTTPS 能够有效地阻止这类行为。

11.7.2   华为 VPN 客户端

1．案例描述

企业员工在家或出差在外时，通过互联网接入单位内部网是必然要求。单位内部网对安全性有很高的要求，同时内部网中有很多不同种类的应用。此时若只使用 SSL，安全性能够保障，但用户若需要访问内部网中多台服务器，则需要建立多个 SSL 连接，这显然不是好方案。好的方案应该只需建立一条 SSL 连接，就能同时访问内部网中的多台计算机。

2．案例分析

本章讲解的计算机接入内部网这种 VPN 的应用方式就适用于本案例。这种方式下，IPSec、SSL 都可以用来实现 VPN，其中 SSL VPN 更加简单灵活，是目前的主流方式。虽然 Windows 中已经内置了 SSL 软件，但考虑到灵活性、安全性、兼容性等问题，一般需要在用户计算机中安装专门的 SSL VPN 客户端软件。

3．案例解决方案

华为公司推出的 SecoClient 就是一款这样的 VPN 客户端软件。新建连接的界面如图 11-25 所示，可以看到，该软件同时支持 SSL、L2TP、IPSec 三种 VPN 协议。若选择 SSL VPN，只需输入"连接名称""远程网关地址""端口"这三个数据项。"连接名称"是对这个连接的描述，"远程网关地址""端口"实际上就是内部网 VPN 网关的 IP 地址与端口号。实际连接时，输入用户名与口令进行身份认证，认证通过后客户就与 VPN 网关建立了一条 SSL 连接，通过这一条连接，客户就能同时访问内部网中的多台计算机。

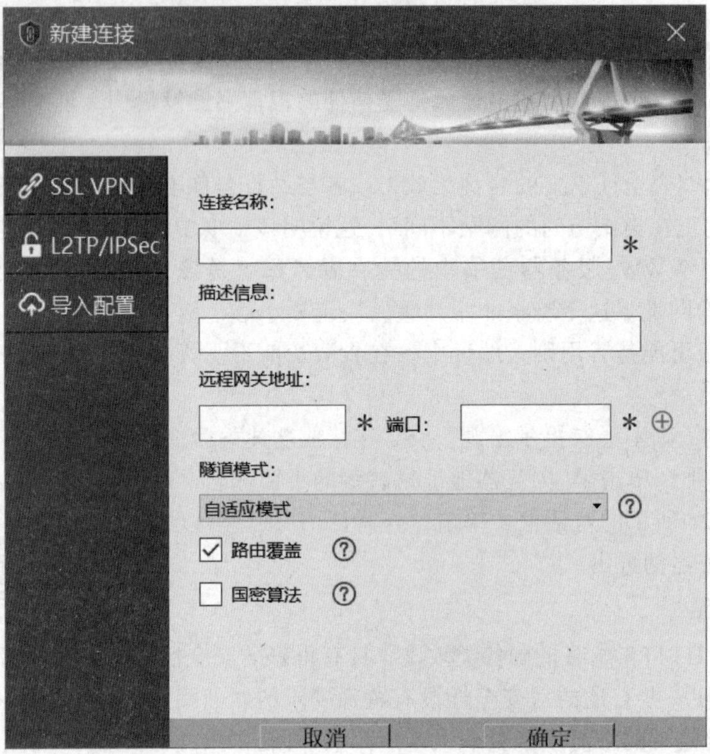

图 11-25　SecoClient 新建连接的界面

SecoClient 与内部网 VPN 网关建立连接后，本机与内部网间的所有数据都经过该连接加密保护。但与此同时，本机与互联网上非内部网间的数据不应由该连接加密，SecoClient 如何区分这两类数据呢？解决办法是：SecoClient 安装后将在本机创建一块虚拟网卡，连接建立后则修改本机的路由表，使所有与内部网间的收发数据都经过该虚拟网卡，而非内部网数据不经过该虚拟网卡，SecoClient 则对经过该虚拟网卡的所有数据进行加密解密处理。这种方法对 Windows 操作系统的改动较小，简单易行。

4．案例总结

本案例较好地解决了计算机远程安全接入内部网的问题，但也存在一个问题，就是对客户的身份认证依靠用户名与口令，安全性不高。如果采用人脸识别、USB Key 等身份认证措施，安全性更好。

🌐 小　结

本章首先介绍了 TCP/IP 协议族，并讨论了它们的安全问题，这是处理互联网安全问题的基础。接着讨论了黑客攻击的流程和基本技术，并介绍了一些防范措施和计算机病毒的基本情况，然后介绍了 VPN 的概念和应用，并讨论了 IPSec 和 SSL，包括 IPSec 的安全关联、IPSec 的工作模式、AH 和 ESP 两种协议、SSL 的工作流程、SSL VPN。

习 题

1. IP 协议与 TCP 协议有哪些安全问题？如何避免这些安全问题？

2. 黑客攻击的流程是什么？

3. 去网上下载一个黑客工具，利用它测试自己系统的安全性。并考虑如何抵御类似工具的探测和攻击。

4. 黑客是否只有通过计算机和网络才能够获取你的秘密？

5. 拒绝服务攻击的抵御是非常困难的，查阅相关专业资料，考虑如何抵御这种攻击。

6. 结合自己的上网实践，讨论应该如何防范计算机病毒。

7. 简要说明 SSL 中的 SSL 记录协议的工作机制。

8. SSL 协议是如何实现安全通信的？

9. 下载自由软件 OpenSSL，熟悉它的使用，如果可能，阅读它的源代码。

10. 什么情况下应该使用虚拟专用网？

11. 如何理解虚拟专用网络中的"虚拟"和"专用"？

12. IPSec 有哪两种工作模式？每种模式的应用环境如何？

13. AH 和 ESP 的相同点和不同点是什么？

14. 尝试在 Windows 中配置并使用 IPSec。

15. IPSec 和 IKE 的关系是什么？

16. Openswan 是 IPSec 的实现软件，它是一个自由软件。熟悉它的使用方法，如果可能，研究它的源代码。

17. 为什么 SSL VPN 得到迅速推广？

第12章
无线网络安全

学习目标：

- 理解无线网络有别于有线网络的安全威胁；
- 了解无线局域网及其安全机制的发展历史；
- 理解 WPA 与 WPA2 的几种身份认证与加密方法；
- 了解 WPA3 的特点；
- 了解 2G、3G、4G、5G 等移动通信网的安全机制。

关键术语：

- WPA（Wi-Fi Protected Access）、WPA2、WPA3;
- WPA、WPA2、WPA3 个人版与企业版；
- IEEE 802.11i;
- 预共享密钥（Pre-Shared Key，PSK）;
- IEEE 802.1X;
- CCMP（Counter mode with CBC-MAC Protocol）;
- TKIP（Temporal Key Integrity Protocol）;
- EPS-AKA（Evolved Packet System-Authentication and Key Agreement）。

目前以无线局域网与移动通信网为代表的无线网络得到了广泛应用，它们的安全性比有线网络差得多，更需要安全保护。无线网络的数据传输不需要网线，这导致了其安全威胁与有线网络相比，有自己的特点。无线局域网的标准由 IEEE 制定，目前最新的主流核心组网标准是 IEEE 802.11ax，也称为 Wi-Fi 6。无线局域网的安全方案先后经历过 WEP、WPA、WPA2、WPA3 等。无线局域网的安全方案主要包括身份认证、访问控制与数据加密等几部分，由于无线传输的特点，身份认证是无线局域网中需要重点考虑的安全问题。移动通信经历了1G、2G、3G、4G、5G 等多个阶段，1G 的安全性几乎没有，2G 存在严重的安全问题，从3G 开始，安全性有了显著提高，5G 的安全性比 3G、4G 又有了明显提高。

视频 12.1

 12.1 无线网络的安全威胁

目前以移动通信网络与无线局域网（Wireless LAN，WLAN）为代表的无线网络得到了广泛的应用。几乎一人一部智能手机，可以做到随时在线。

学校、企业、办公楼、公共场所、家庭中已经有很多的无线接入点（也称为无线热点），计算机、智能手机可以很容易地接入无线局域网。随着无线网络的普及，无线设备越来越便宜，这又使无线网络更加普及，形成了良性循环。但是，无线网络的无线特征使其安全性比有线网络更加脆弱，面临着以下主要安全威胁。

1. 搜索攻击

搜索发现无线网络是攻击无线网络的前提条件，现在有很多针对无线网络识别与攻击的技术和软件。NetStumbler 软件是第一个被广泛用来发现无线网络的软件。很多无线网络没有使用加密功能，或即使用加密功能，但没有关闭 AP 广播信息功能，AP 广播信息中仍然包括许多可以用来推断出 WEP 密钥的明文信息，如网络名称、服务集标识符（Service Set Identifier，SSID）等，可给黑客提供入侵的条件。

2. 信息泄露威胁

信息泄露威胁主要指窃听攻击。窃听是指偷听流经网络的计算机通信，它以被动和无法觉察的方式入侵无线设备。窃听无线网络比有线网络容易得多，即使网络不对外广播网络信息，只要能够发现任何明文信息，攻击者仍然可以使用一些网络工具（如 Wireshark）来监听和分析通信量，从而识别出可以破解的信息。

3. 无线网络身份验证欺骗

无线网络身份验证欺骗攻击手段是通过欺骗网络设备，使它们错误地认为连接是网络中一个合法的和经过授权的无线设备发起的。一种最简单的欺骗方法是重新设置无线设备的 MAC 地址。由于 TCP/IP 的设计原因，几乎无法防止 MAC/IP 地址欺骗，只有通过静态定义 MAC 地址表才能防止这种类型的攻击。但是因为巨大的管理负担，这种方案很少被采用。只有通过智能事件记录和监控日志才可以对付已经出现过的欺骗。

在移动通信网络中，非法手机用户可能冒充合法的手机用户，非法的基站（伪基站）也可能冒充合法的基站，使手机用户上当受骗。

4. 网络接管与篡改

利用某些欺骗技术，攻击者可以接管与无线网上其他资源建立的网络连接。如果攻击者接管了某个 AP，那么所有来自无线网的通信信息都会传到攻击者的机器上，包括其他用户试图访问合法网络主机时需要使用的密码和其他信息。欺诈 AP 可以让攻击者从有线网或无线网进行远程访问，而且这种攻击通常不会引起用户的怀疑，用户通常是在毫无防范的情况下输入自己的身份验证信息。甚至在看到许多报错信息之后，仍像是看待自己机器上的错误一样看待它们，这让攻击者可以继续接管连接，而不容易被别人发现。

5. 拒绝服务攻击

无线信号传输的特性和专门使用的扩频技术，使得无线网络特别容易受到拒绝服务（DoS）攻击的威胁。拒绝服务是指攻击者恶意占用主机或网络几乎所有的资源，使得合法用户无法获得这些资源。黑客造成这类攻击的方法包括：

① 通过让不同的设备使用相同的频率，从而造成无线频谱内出现冲突。

② 攻击者发送大量非法或合法的身份验证请求，甚至可以直接发送大量无用数据堵塞无线信道。

③ 如果攻击者接管 AP，并且不把通信传递到恰当的目的地，那么所有的网络用户都将无法使用网络。

6. 用户设备安全威胁

用户连接无线网络的口令或密码通常保存在无线设备中，如果无线设备被盗或丢失，其丢失的不仅是无线设备本身，还包括设备上的口令或密码，攻击者可以直接使用它们。

12.2　无线局域网安全

12.2.1　无线局域网概述

视频 12.2.1

无线局域网（Wireless LAN，WLAN）的标准是 IEEE 802.11 系列标准，有 IEEE 802.11b、IEEE 802.11a、IEEE 802.11g、IEEE 802.11n、IEEE 802.11ac、IEEE 802.11ax 等。IEEE 802.11 推出后得到了众多厂家的支持，这些厂家成立了一个组织 Wi-Fi（Wireless Fidelity，无线保真）联盟，旨在推动 IEEE 802.11 标准在全球的发展，所以 IEEE 802.11 网络也称为 Wi-Fi 网络。据 Wi-Fi 联盟统计，目前有超过 100 亿台 Wi-Fi 设备在使用中，在全球范围内，Wi-Fi 承载了超过一半的数据流量，个人、家庭、政府、组织每天都依赖于 Wi-Fi。

2018 年 10 月，Wi-Fi 联盟为更好地推广 Wi-Fi 技术，参考通信技术命名方式，重新命名 Wi-Fi 标准，其中 802.11ax 被命名为 Wi-Fi 6，802.11ac 被命名为 Wi-Fi 5，依此类推。Wi-Fi 6 是目前较新的 Wi-Fi 标准，除了提供更高的速度和更大的容量、更低的延迟以及更加精细化的流量管理以外，Wi-Fi 6 还拥有更高的频谱效率、更大的覆盖范围、更节能的接入终端功耗需求、更高的可靠性和安全性，以及对流量消耗型和时延敏感型应用的接入能力，它将大幅扩展 Wi-Fi 网络的应用范围和场景，从企业办公网络扩展到企业生产网络。Wi-Fi 联盟在 2019 年第三季度对 Wi-Fi 6 产品进行认证，因此 2019 年被看作是 Wi-Fi 6 元年。Wi-Fi 的发展历程如图 12-1 所示。Wi-Fi 的一大特征是向下兼容，Wi-Fi 6 网络完全兼容 Wi-Fi 5 及以前协议的终端接入。

图 12-1　Wi-Fi 发展历程

IEEE 802.11 局域网有两种组网方式，按照是否需要基础设施，分别是自组织无线局域网（Ad Hoc WLAN）与基础设施无线局域网（Infrastructure WLAN），前者如图 12-2 所示，后者如图 12-3 所示。所谓基础设施，通常是指接入点（Access Point，AP），AP 同时具有无线与有线功能，可以把无线网络与有线网络连接在一起。自组织无线局域网不需要 AP，若干台具有无线网卡的计算机就能独立地组成一个无线局域网，但无法连入有线网络。

图 12-2　自组织无线局域网

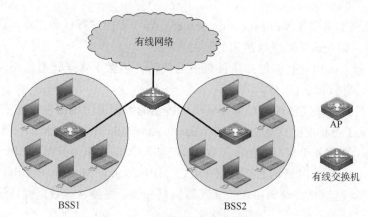

图 12-3　基础设施无线局域网

目前使用较多的是基础设施无线局域网，无线局域网一般专指基础设施无线局域网。AP同时具有无线模块与有线模块，无线模块连接无线局域网，有线模块则连接到有线网络。AP是无线局域网的核心，无线计算机与 AP 通信，再通过 AP 连入有线网络。单位组网一般使用专门的 AP，家庭、宿舍、办公室组网，则一般使用具有 AP 功能的无线路由器。AP 的覆盖范围从几十米至上百米。有的 AP 具有两个无线模块：一个模块连接无线计算机；另一个模块可以连接另一个 AP，以扩大覆盖范围。

一个 AP 与其连接的计算机形成一个基本服务集（Basic Service Set，BSS），如图 12-3所示，一个 BSS 的覆盖范围从几十米到上百米。因为一个地点可以同时有多个 BSS，所以每个 BSS 必须有一个与其他 BSS 不同的标识符，叫作 SSID。AP 周期性地发送一种称为信标帧的特殊帧，其中包含 SSID，计算机接收到信标帧后，可以与 AP 建立关联，以后就通过这个AP 收发数据。如果接收到多个信标帧，可以由用户选择一个 AP 建立关联。计算机也可以主动发送探测请求帧，AP 则回应以探测响应帧，以建立关联。

目前的无线局域网规模越来越大，AP 的数量越来越多，AP 的管理也就越来越麻烦。为了更好地管理 AP，出现了接入控制器（Access Controller，AC）。一个 AC 管理多个 AP，可以批量维护 AP 的配置，或者可以承担 AP 的部分功能。

无线局域网是开放的网络，网内数据容易被窃听，未被允许的计算机也容易与 AP 建立关联，有必要采取措施防止这些问题。利用计算机密码技术，IEEE 推出了 WEP（Wired Equivalent Privacy，有线等效保密）作为 IEEE 802.11 无线局域网的安全措施，它使用 RC4作为加密算法。但很快人们发现 WEP 有严重问题，容易被破解，于是 IEEE 开始着手制定更安全的标准 IEEE 802.11i。制定标准需要时间，在 IEEE 802.11i 未完成之前，Wi-Fi 联盟推出了 WPA（Wi-Fi Protected Access）作为 WEP 的临时替代物。2004 年 IEEE 802.11i 正式推出，Wi-Fi 联盟随即推出了 WPA2，实际上它与 IEEE 802.11i 是大体上相同的。WPA2 使用 AES作为加密算法。现在的无线设备一般都支持 WEP、WPA 与 WPA2。随着Wi-Fi 6 的推出，又推出了 WPA3，目前支持 WPA3 的设备越来越多。

12.2.2　IEEE 802.11i 概述

IEEE 802.11i 包括以下安全服务：

① 认证：针对不同的安全级别，有多种认证方法。安全级别较高的是

视频 12.2.2

专门设置一台认证服务器（Authentication Server，AS）专门进行认证工作。认证服务器提供客户与 AP 之间的相互认证和通信使用的暂时密钥。

② 访问控制：该功能能够加强认证机制的使用，确保正确进行消息路由及密钥交换，它可以与多种认证协议结合工作。

③ 消息的机密性和完整性，对无线网络中传输的数据提供机密性和完整性服务。

802.11i 定义了可扩展的认证协议（Extensible Authentication Protocol，EAP）用于实现认证和密钥的生成，使用基于端口的访问控制 IEEE 802.1X 实现访问控制，使用 TKIP（Temporal Key Integrity Protocol，临时密钥完整协议）和 CCMP（Counter Mode with CBC-MAC Protocol，计数器模式密码块链消息完整码协议）实现数据机密性、完整性、数据源认证及重放保护等服务。

802.11i 可以分为五个操作阶段，如图 12-4 所示。

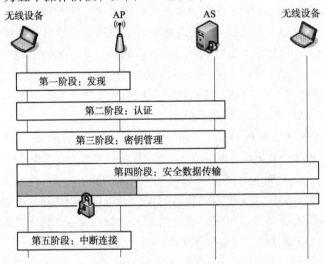

图 12-4　802.11i 操作阶段

① 发现：AP 使用一种称为信标和探查响应的消息来告知 IEEE 802.11i 的安全策略。AP 通过信标帧来广播其安全能力，或者接收和响应无线设备（站点）发出的探查响应帧。无线设备也可通过主动探查每个信道或被动地监视信标帧来发现可用的 AP。无线设备找到 AP 后与之建立关联，当信标和探查响应提供多个选项时，无线设备要选择使用的密码套件和认证机制。

② 认证：在此阶段，站点和认证服务器 AS 向对方证明自己的身份。AP 封锁站点与 AS 之间除认证消息以外的所有消息直到认证交换成功。AP 不参与认证交换，只负责转发站点与 AS 之间的通信。

③ 密钥管理：在 AP 和站点之间进行操作，完成加密密钥的生成并配置在 AP 和站点。在此阶段会生成多种密钥并分发到各个站点上。主要有两类密钥：成对密钥用于站点和 AP 之间的通信；群组密钥用于多播通信。

④ 安全数据传输：数据帧通过 AP 在站点之间传递，安全的数据传输只在站点和 AP 之间实现，并不提供端到端的安全服务。802.11i 提供两种机制来保护传输的数据，分别是 TKIP 和 CCMP。TKIP 以源 MAC 地址、目的 MAC 地址、数据及密钥等作为输入，使用 Michael 算法生成 64 bit 的消息完整性码（MIC），用 RC4 算法进行加密。CCMP 使用密码块链接消

息认证码（CBC-MAC）进行消息的认证，使用 AES 对数据进行加密。

⑤ 中断连接：AP 和站点之间交换消息，断开安全连接，并将连接恢复到初始状态。

12.2.3 WPA 与 WPA2

视频 12.2.3

在 802.11i 安全标准没有正式推出前，Wi-Fi 联盟推出了 WPA，针对 WEP 的各种缺陷做了改进，核心的数据加密算法仍然采用 RC4 算法，安全协议称为 TKIP。有别于 WPA，WPA2 采用 CCMP 安全协议，其核心加密算法为 AES。

无线终端接入 AP 时，必须进行身份认证，要求用户必须提供身份凭据来证明它是合法用户，并拥有对某些网络资源的访问权。WPA 与 WPA2 的身份认证分为两种版本：企业版和个人版。

① 企业版：采用 IEEE 802.1X 的方式，用户提供认证所需的凭证，如用户名口令、数字证书等，通过特定的用户认证服务器（一般是 RADIUS 服务器）来实现。

② 个人版：对一些中小型的企业网络或者家庭用户，架设一台专用的认证服务器未免代价过于昂贵，维护也很复杂，因此 WPA 与 WPA2 也提供一种简化的模式，即预共享密钥（Pre-Shared Key，PSK）模式，它不需要专门的认证服务器，仅要求在每个无线终端与 AP 预先输入一个预共享密钥即可。只要密钥吻合，无线终端就可以获得 WLAN 的访问权。这个密钥仅仅用于认证过程，而不用于加密过程。

1. PSK 身份认证与密钥协商

无线终端与 AP 进行 PSK 身份认证时，数据需要交换四次，称为四次握手。除身份认证外，还要产生 PTK（Pairwise Transient Key，成对瞬态密钥）和 GTK（Group Temporal Key，组临时密钥），PTK 用来加密单播无线报文，GTK 用来加密组播和广播无线报文。在 802.11i 里定义了两种密钥层次模型，一种是成对密钥层次结构，主要用来描述一对设备之间的所有密钥；一种是组密钥层次结构，主要用来描述全部设备所共享的各种密钥。

在成对密钥层次结构下，TKIP 加密方式根据主密钥衍生出四个临时密钥，每个临时密钥 128 bit，这四个密钥分别是 EAPOL-Key-Encryption-Key、EAPOL-Key-Integrity-Key、Data-Encryption-Key 和 Data-Integrity-Key。前面两个 EAPOL 密钥用于在初始化握手信息过程中保护 WLAN 客户端和 WLAN 服务端的通信，后两个用于 WLAN 客户端和 WLAN 服务端的普通数据的加密和完整性认证。在 CCMP 加密的方式下，衍生出的临时密钥只有三个，数据的完整性认证和加密密钥是同一个。

在组密钥层次结构下，TKIP 加密方式根据主密钥衍生出两个密钥，用于 WLAN 客户端和 WLAN 服务端之间的多播数据加密和完整性认证。CCMP 方式下同一个密钥用于多播数据加密和完整性认证。

四次握手密钥协商流程如图 12-5 所示，图中左侧是 WLAN 客户端，其中 Station（STA）代表无线终端，右侧是 WLAN 服务端，其中 AC 是接入控制器。

① WLAN 服务端发送 EAPOL-KEY 帧给 WLAN 客户端，帧中包含 ANonce（为了防范重放攻击的随机数，包括 ANonce 和 SNonce 两种，区别在于 ANonce 由 AC 随机产生并发送给 STA，SNonce 是 STA 收到 ANonce 后随机产生的）。

② WLAN 客户端根据 PMK、ANonce、SNonce、自己的 MAC 地址、WLAN 服务端的 MAC 地址计算出 PTK，WLAN 客户端发送 EAPOL-KEY 帧给 WLAN 服务端，帧中包含

SNonce、RSN 信息元素、EAPOL-KEY 帧的消息完整码（MIC）。

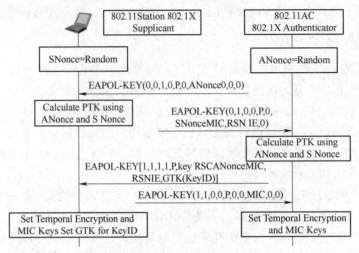

图 12-5　4 次握手密钥协商流程

③ WLAN 服务端根据 PMK、ANonce、SNonce、自己的 MAC 地址、WLAN 客户端的 MAC 地址计算出 PTK，并校验 MIC，核实 WLAN 客户端的 PMK 是否和自己的一致。

④ WLAN 服务端发送 EAPOL-KEY 帧给 WLAN 客户端，并通知 WLAN 客户端安装密钥，帧中包含 Anonce、RSN 信息元素、帧 MIC、加密过的 GTK。

⑤ WLAN 客户端发送 EAPOL-KEY 帧给 WLAN 服务端，并通知 WLAN 服务端已经安装并准备开始使用加密密钥。WLAN 服务端收到后自己安装加密密钥。

2. PPSK 身份认证与密钥协商

PPSK（Private PSK）认证与上述 PSK 认证基本一致，但可以实现对不同的客户端提供不同的预共享密钥，有效提升了网络的安全性。PSK 认证对于连接到某个 AP 的所有客户端，密钥将保持相同，与 AP 的预共享密钥是同一个，从而可能存在安全漏洞。使用 PPSK 认证，连接到同一 AP 的每个用户都可以有不同的密钥，不同的用户可以下发不同的授权，并且如果一个用户拥有多个终端设备，这些终端设备也可以通过同一个 PPSK 账号连接到 AP。

3. IEEE 802.1X 身份认证与密钥协商

对于大型企业网等安全性要求高的网络环境，不应采用预共享密钥方式进行身份认证，而应采用 IEEE 802.1X 方式，802.1X 是 IEEE 规定的针对局域网的用户接入认证标准，既适用于无线局域网，也适用于有线局域网，此时需要一台专门的用户认证服务器。客户与认证服务器通信一般使用 RADIUS（Remote Authentication Dial In User Service，远程用户拨号认证服务）协议，所以认证服务器也可称为 RADIUS 服务器。RADIUS 协议在 20 世纪 90 年代就已出现，最初的目的是为拨号用户进行认证和计费。由于它简单明确、容易扩充，后来经过多次改进，形成了一项通用的广泛使用的认证计费协议。802.1X 标准在认证时就采用 RADIUS 协议。

802.1X 使用 EAP（Extensible Authentication Protocol，可扩展的身份验证协议）认证框架，现在有三种常用的 EAP 认证方法：

① EAP-TLS：TLS 有很多优点，所以 EAP 选用了 TLS 作为基本的安全认证协议。EAP-TLS 认证是基于客户和服务器双方互相验证数字证书的，是双向验证方法。首先服务器

提供自己的证书给客户，客户验证服务器证书通过后，再提交自己的数字证书给服务器。为保证安全，客户的证书及其对应的私钥应该保存在 USB Key、智能卡等硬件设备中。EAP-TLS 流程如图 12-6 所示。

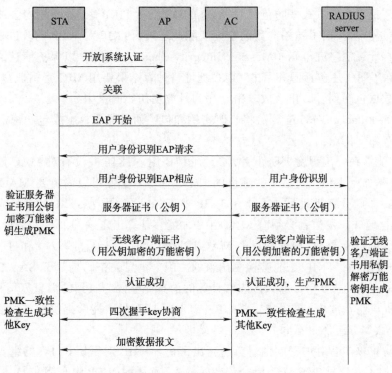

图 12-6　EAP-TLS 流程

EAP-TLS 是基于 PKI 证书体系的，这是 TLS 的安全基础，也是 TLS 的缺点。PKI 太庞大复杂了，如果企业中没有部署完整的 PKI 系统，那么为了这个认证方法而部署完整的 PKI 有些得不偿失。当然，如果企业已经部署了完整的 PKI，就可以使用 EAP-TLS。

② EAP-TTLS 与 EAP-PEAP：因为 EAP-TLS 需要一个完整的 PKI 系统，而部署一个完整的 PKI 系统成本高昂，所以设计出了 EAP-TTLS（Tunneled TLS）和 EAP-PEAP（Protected EAP）。这两个协议不用建立完整的 PKI 系统，只需要为认证服务器发放数字证书，而不需要为大量的普通客户发放数字证书。EAP-TTLS 和 EAP-PEAP 比较相似，都是典型的两段式认证，在第一阶段建立 TLS 安全隧道，通过服务器发送证书给客户实现客户对服务器的认证。安全隧道一旦建立，第二阶段就是协商认证方法，对客户进行认证。

PEAP 之所以称为 Protected EAP，就是它在建立好的 TLS 隧道之上支持 EAP 协商，并且只能使用 EAP 认证方法。EAP 本身没有安全机制，如 EAP-Identity 明文显示，EAP-Success、EAP-Failed 容易仿冒等，所以 EAP 需要进行保护，EAP 协商就在安全隧道内部来做，保证所有通信的数据安全性。TTLS 则几乎支持任何认证方法，这包括了所有 EAP 的认证方法，以及一些老的认证方法，比如 PAP、CHAP、MS-CHAP、MS-CHAPv2 等。

4. TKIP 加密

无线局域网最初的安全协议 WEP（Wired Equivalent Privacy，有线等效保密协议）在加密方面存在严重问题，为此推出了 WPA 中的 TKIP。WEP 的主要破绽在于其随机数种子是由初始向量 IV 和 WEP 密钥所构成。与 WEP 相同，TKIP 的核心算法仍采用 RC4，但为了防范对初始向量的攻击，TKIP 将 IV 的长度由 24 bit 增为 48 bit，极大地提升了初始向量的空间。TKIP 同时以密钥混合的方式来防范针对 WEP 的攻击，在 TIKP 中，各个帧均会被特有的 RC4 密钥加密，更进一步扩展了初始向量的空间。除此之外，TKIP 对 WEP 的改进还包括：

① 发送端计算消息完整码（Message Integrity Check，MIC），以保护信息的完整性。计算 MIC 时，除了明文还包括源和目的 MAC 地址，计算结果要用 MIC 密钥加密。

② 使用数据包序列号防止重放攻击，序列号放在初始向量中。

③ 使用 Fast Packet Keying 算法将临时密钥和包序列号混合，生成包加密密钥。

TKIP 具有如下优点：

① TKIP 能够在一定程度上防止 MAC 地址被盗用。TKIP 并没有对 MAC 地址提供额外的保护，也就是加密不包括对 MAC 地址的加密，偷听者仍然可以偷听到 MAC 地址。但是偷听者取得他人的 MAC 地址后，不能在 TKIP 中正常使用，因为 TKIP 的消息完整码中包括消息的源 MAC 地址，发送者必须有 MIC KEY 才能够计算出正确的消息完整码。

② 能够提供对源 MAC 地址和目的 MAC 地址的保护。源地址（SA）和目的地址（DA）如果在传输中被改动，TKIP 是能够检测出来的。因为消息完整码是基于 SA、DA 和数据明文的，如果 DA、SA 被改动，那么接收端计算的消息完整码与收到的消息完整码是不同的。

③ 能够提供防重放攻击的保护。TKIP 中 TSC（序列号）能够提供防重放攻击的保护，TSC 对于每个数据分组都是不同的，且序号递增。

④ 能够防止攻击者对加密的信息分析猜出密钥。TKIP 对密钥和 IV 的组合使用了新的混合函数，增加了序列号 TSC 作为混合函数的输入，而不是 WEP 中密钥和 IV 的简单的连接混合，这就增强了密钥的安全性。

5. CCMP 加密

TKIP 只是对 WEP 的改进，二者都使用 RC4 密码算法。WPA2 中的 CCMP 则是一种全新的协议，提供了加密、完整性检测和重放攻击保护功能，它的核心密码算法是 AES。AES 作为目前主流的密码算法，其安全性明显高于 RC4，TKIP 的优点 CCMP 也都具备。因此总体上看，CCMP 明显优于 TKIP。

12.2.4　WPA3

WPA2 投入使用十多年后，发现了不少严重问题。作为 WPA2 的后续版本，Wi-Fi 联盟在 2018 年发布了 WPA3 加密标准，提供了一种更加安全的加密方案。同 WPA2 一样，WPA3 根据身份认证方法的不同，也分为两个版本：个人版和企业版。

1. WPA3 个人版

WPA2 个人版利用预共享密钥 PSK 进行身份认证，这种口令级别方案的安全性不高。WPA3 个人版（WPA3-Personal）对此做了很大改进。WPA3 个人版用对等实体同时验证（Simultaneous Authentication of Equals，SAE）取代了预共享密钥 PSK，提供更可靠的、基于密码的验证。WPA3 个人版通过证实密码信息，用密码进行身份验证，而不是进行密钥导出，从而为用户提供了增强的安全保护，具体如下：

① 抵御离线字典式攻击。攻击者不可能被动观察 WPA3-Personal 交换，或主动进行 WPA3-Personal 交换，然后尝试所有可能的密码，攻击者必须与网络进一步互动，才能确定正确的密码。确定网络密码的唯一方法是重复进行主动攻击，但在每次攻击中，攻击者仅能对密码进行一次猜测。

② 抵御密钥恢复。攻击者即使确定了密码，也不可能被动观察信息交换以确定会话密钥，因此为网络信息流提供了正向保密。

③ 使用简单密码。PSK 选择密码时，简单密码安全性不好，但费尽心力让其足够复杂又非常麻烦。而 WPA3-Personal 可以抵御离线字典式攻击，所以用户可以选择简便易记且易于输入的密码，同时仍然可以保持很高的安全性。

④ 简便的工作流连续性。在涉及之前的各种 Wi-Fi 安全技术版本时，WPA3 个人版保持了易用性和系统易维护性。

WPA3 个人版的核心是 SAE。SAE 采用了 RFC 7664 中定义的"蜻蜓"（Dragonfly）握手协议，将其应用于 Wi-Fi 网络以进行基于密码的身份验证。SAE 是一种密钥交换协议，仅用密码对两个对等实体进行身份验证，在两个对等实体之间产生一个共享密钥，通过公用网络交换数据时，该密钥可用来进行加密通信。这种方法可以安全地替代使用证书的验证方法，或者在不提供集中式验证机制时采用这种方法。

SAE 握手协议针对每个客户端设备协商一个成对主密钥（Pairwise Master Key，PMK），然后该 PMK 用于传统 Wi-Fi 四次握手协议，以产生会话密钥。无论是 SAE 交换中使用的 PMK 还是数字证书，被动型攻击、主动型攻击或离线字典式攻击都不可能得到。密码猜测仅有可能通过重复进行主动型攻击实现，但是一次仅能猜测一个密码。

2. WPA3 企业版

WPA2 企业版的安全性没有严重问题，因此 WPA3 企业版（WPA3-Enterprise）没有从根本上改变或取代 WPA2 企业版中定义的协议。WPA2 的对称密钥长度是 128 位，考虑计算能力的飞速提高，WPA3-Enterprise 提供了可选的 192 位安全模式。该模式除了增加密钥长度，要求密钥最短为 192 位外，还规定了密钥生成每一个环节的安全要求，确保整个系统中没有短板。

WPA3-Enterprise 的 192 位安全模式采用：GCMP-256（256 位 Galois/Counter Mode Protocol），以提供经过验证的加密；HMAC-SHA384（384 位 Hashed Message Authentication Mode with Secure Hash Algorithm），以实现密钥导出和密钥确认；384 位椭圆曲线的 ECDH（Elliptic Curve Diffie-Hellman）密钥交换和 ECDSA（Elliptic Curve Digital Signature Algorithm），以协商密钥和进行身份认证。尽管 GCMP-192 也可以使用，但是选定 GCMP-256 是因为其得到了更加广泛的采用，且安全性更好。

🌐 12.3 移动通信安全

视频 12.3

12.3.1 2G 的安全机制

最早的模拟移动通信（1G）几乎没有采取任何安全措施，数字化的 2G 开始注意通信的安全问题。GSM 是 2G 中应用最广泛的一种标准，GSM 的安全机制在系统的不同部分实现，包括用户身份模块（SIM 卡）、GSM 手机和 GSM 网络。SIM 卡中包括国际移动用户识别码（IMSI）、个人用户认证密钥 K_i、密钥生成算法 A8、认证算法 A3 及私人鉴别码 PIN；GSM 手机中包含加密算法 A5；GSM 网络使用密码算法 A3、A5、A8，GSM 网络中的认证中心保存用户身份和认证信息的相关数据，这些信息包括国际移动用户识别码、位置区域标识和个人用户认证密钥 Ki。SIM 卡、手机及 GSM 网络三者一起协同工作，才能实现认证和安全机制。GSM 系统中的主要安全机制包括用户身份认证与数据传输加密。

1．用户身份认证

GSM 网络通过挑战应答机制来对用户的身份进行认证，如图 12-7 所示。GSM 网络向移动站（手机）发送一个 128 bit 的随机数，移动站使用认证算法 A3 和个人用户认证密钥 K_i 对这个随机数进行加密，生成一个 32 bit 的签名响应消息 SRES。GSM 网络收到这个签名响应消息后，重复同样的计算来验证用户的身份。如果收到的 SRES 与计算值匹配，则移动站认证通过，可以继续接入过程；如果与计算值不匹配，连接将终止，并向移动站显示认证失败的信息。

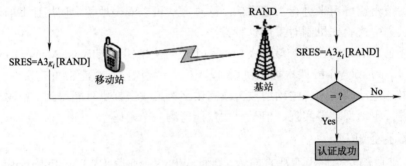

图 12-7　GSM 的用户身份认证

2．数据传输加密

SIM 卡内置密钥生成算法 A8，它用来生成 64 bit 的加密密钥 K_c。用认证过程中使用的随机数、密钥生成算法 A8 和个人用户认证密钥 K_i 一起来生成加密密钥 K_c，K_c 用来加密和解密移动站（手机）和基站之间的通信数据，具体的加密算法则是 A5。加密通信首先由 GSM 网络通过发送一个加密模式请求命令发起，移动站接收到该命令后，开始对数据进行加密。与认证的方式类似，加密密钥 K_c 的计算也是在 SIM 卡内生成的，以保证个人用户认证密钥 K_i 这样的敏感信息不会泄露。这个过程如图 12-8 所示。

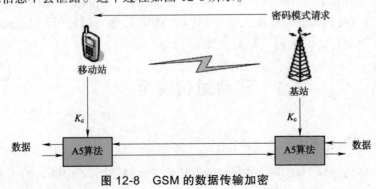

图 12-8　GSM 的数据传输加密

进入 21 世纪后，GSM 网络的安全机制已被破解，虽然后来 GSM 有针对性地进行了改进，但安全性仍然令人怀疑。所以，通话中可能包含机密信息的人士，如商人与政府官员，已不适合使用 GSM 手机。另外在 GSM 中，认证机制最大的一个缺陷是"单向认证"，就是说 GSM 网络只认证手机用户的真实性，而用户不认证无线基站，这就导致非常严重的"伪基站"问题。恶意攻击者使用假冒的"伪基站"，GSM 手机误以为是真基站，与之建立连接，结果受骗上当。从 3G 开始，认证机制就改为双向认证了。

12.3.2　3G 的安全机制

目前 3G 存在四种国际标准：CDMA 2000、WCDMA、TD-SCDMA 与 WiMAX。其中，TD-SCDMA 是由中国提出的，WCDMA、TD-SCDMA 的安全规范由以欧洲为主体的 3GPP（3G Partnership Project）制定，CDMA 2000 的安全规范由以北美为首的 3GPP2 制定。

3G 系统中的安全技术是在 2G 的基础上建立起来的，并针对 3G 系统的特性，定义了更加完善的安全特征与安全服务。3GPP 将 3G 网络分为三层，分别是应用层、归属层/服务层、传输层。图 12-9 所示为完整的 3G 安全体系结构，它包括五个主要的安全范畴，分别是网络接入安全（图中数字 1）、网络域安全（图中数字 2）、用户域安全（图中数字 3）、应用域安全（图中数字 4）、安全的可知性和可配置性。图中的 USIM 是 Universal Subscriber Identity Module（全球用户识别卡）的缩写，即 3G 手机卡。

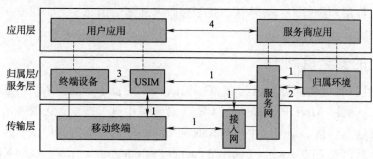

图 12-9　3G 安全体系结构

1. 网络接入安全

网络接入安全是 3G 安全体系中的关键组成部分，提供用户安全接入服务器的认证机制，对抗无线接入链路上的窃听和篡改等攻击。这些安全机制包括：用户标识的保密性、认证和密钥管理、数据机密性和信令消息的完整性。

用户标识的保密性包括用户标识的保密、用户位置的保密及用户位置的不可追踪性，主要用来保护用户的个人隐私；认证和密钥管理实现对用户的认证和对接入网络的认证及密钥的协商和分发；数据机密性提供加密算法协商、用户数据加密和信令数据加密的服务；信令消息的完整性机制提供完整性算法协商、完整性密钥的协商和数据源认证。

2. 网络域安全

网络域安全用于保证网络运营者之间的节点安全地交换信令数据，对抗有线网络上的攻击。网络域安全分为三个层次：

① 密钥建立：密钥管理中心产生并存储非对称密钥对，保存其他网络的公钥，产生、存储并分配用于加密信息的对称会话密钥，接收并分配来自其他网络的用于加密信息的对称

会话密钥。

② 密钥分配：为网络中的节点分配会话密钥。

③ 安全通信：使用对称密钥实现数据加密、数据源认证和数据完整性认证。

3．用户域安全

用户域安全机制用于保护用户与 USIM 之间、USIM 与终端之间的连接，确保安全接入移动设备。它包括两个安全服务：一是用户到 USIM 的认证，用户使用 USIM 之前必须经过 USIM 的认证，确保使用 USIM 的用户是授权用户；二是 USIM 到终端的连接，确保只有授权的 USIM 才能接入到终端或其他用户环境。

4．应用域安全

应用域安全用于保证用户和网络运营者之间的各项应用能够安全地交换信息。USIM 应用程序为操作员或第三方运营商提供了创建驻留应用程序的能力，这就需要确保通过网络向 USIM 应用程序传输信息的安全性，其安全级别可由网络操作员或应用程序提供商根据需要选择。

5．安全的可知性和可配置性

安全的可知性是指用户能获知安全特性是否正在使用，服务提供商提供的服务是否需要以安全服务为基础。确保安全功能对用户可见，使用户可以清楚地了解自己当前的通信是否被保护、受保护的程度是多少。可配置性是指允许用户对当前运行的安全功能进行选择和配置，包括是否允许用户进行 USIM 认证、是否接收未加密的消息、是否建立非加密的连接、是否接受某种加密算法等。

12.3.3　4G 的安全机制

3G 的安全性没有大的问题，因此与 3G 相比，4G 的整个安全体系结构基本没有变化。4G 网络中，用户设备（User Equipment，UE）（通常指手机）搜索到无线基站的信号后，就可以与无线基站建立连接。期间，手机与无线基站间必须进行双向身份认证并协商保护后续数据的密钥，这就需要 EPS-AKA（Evolved Packet System-Authentication and Key Agreement）协议。该协议的参与方除 UE 外，还有移动管理实体（Mobility Management Entity，MME）和归属地用户服务器（Home Subscriber Server，HSS）。MME 位于手机连接的网络（拜访网络），HSS 位于手机注册的网络（归属网络），保存有手机的相关数据。若手机处于漫游状态，则拜访网络与归属网络是不同的网络。EPS-AKA 的基本流程如下：

① UE 发送附着请求给 MME，其中包括国际移动用户识别码（International Mobile Subscriber Identity，IMSI）、UE 安全能力和密钥集指示 KSI_{ASME}。

② MME 接收到附着请求，发送认证数据请求给 HSS，其中包括 IMSI、服务网络 ID（SNID）和网络类型。

③ HSS 接收到请求后，首先认证 IMSI 和 SNID，如果网络类型为演进的通用陆地无线接入网（Evolved Universal Terrestrial Radio Access Network，EUTRAN），HSS 则使用密钥 K 计算出加密密钥（Cipher Key，CK）和完整性密钥（Integrity Key，IK），然后生成序列号 SQN 和随机数 RAND，计算出隐藏序列号 SQN 的匿名密钥 AK。将 CK 和 IK 作为输入密钥，使用 SNID、SQN 和 AK 计算出 K_{ASME}。然后生成认证向量 AV，AV 包括：随机数、K_{ASME}、XRES 和认证令牌（AUTN）。HSS 最后将 AV 发送给 MME。

④ MME 产生用户认证请求，包括 RAND、AUTN 和 KSI$_{ASME}$，其中 KSI$_{ASME}$ 用于标记/产生 K_{ASME}，以保证 UE 产生和 HSS 一样的 K_{ASME}。MME 最后将用户认证请求发给 UE。

⑤ UE 根据从 MME 接收到的请求，生成 XMAC，检验 XMAC 与接收到的 AUTN 中的 MAC 是否相同。如果不同，UE 则丢弃该请求消息。相同则说明 MME 通过认证，UE 再计算出 RES。UE 进一步使用自己安全密钥、RAND 生成 CK 和 IK。之后，可以利用 KSI$_{ASME}$、SNID、CK 和 IK 计算出 K_{ASME}。UE 最后发送包含 RES 的用户认证响应给 MME。

⑥ MME 接收到响应后，比较之前从 HSS 接收的 AV 中的 XRES 和 RES 是否相同，如果不同，MME 则拒绝该连接。相同则说明 UE 认证成功。

在 2G 与 3G 混用时代，虽然 3G 的安全性很好，但 3G 网络允许 2G 的手机卡（SIM 卡）接入，因此拉低了整个移动通信网络的安全性。为此，4G 采用与 3G 相同的手机卡（USIM 卡），但 4G 仅允许 USIM 卡接入，不允许 2G 的手机卡（SIM 卡）接入，这意味着双向认证和信令的完整性保护是必选的，因此伪基站无法与用户手机（USIM 卡）进行有效认证，自然无法进行后续通信。这样在 4G 网络上就不会存在由于单向认证引起的安全问题，但是原来那些使用 2G SIM 卡的 3G 用户，除了更换为 4G 手机外，手机卡还必须换成 USIM 卡。

虽然 4G 的安全性已经不错，但仍然存在一些问题，在 2017 年的黑帽大会上，曝出了一个称为"呼叫劫持"的漏洞。在 4G 网络中，用于语音通话的技术称为 VoLTE，但 4G 刚开通时，大多没有 VoLTE 功能，只是用来传输非语音数据。4G 手机在打电话语音通话时，就要切换到 2G 或 3G 网络。如果切换到 2G 网络，且 2G 没有对被叫用户强制要求身份认证，攻击者就可以不断监测 2G 寻呼信道，一旦发现 2G 寻呼请求则迅速冒充被叫进行响应，在极短时间内劫持通话。这个漏洞的解决方案很简单，运营商只需要对被叫用户全部开启强制身份认证即可。

12.3.4　5G 的安全机制

5G 仍然沿用了很多 4G 的安全机制，比如加密算法，4G 中有三种：一是 AES；二是沿用于 3G 的 SNOW 3G；三是我国学者设计的祖冲之算法（ZUC）。截至目前，还没有公开资料显示这些算法存在安全问题，因此 5G 仍然使用这三种加密算法，但是密钥长度由 128 位提高到了 256 位。另外，考虑到 5G 网络中一些计算能力较弱的设备，如传感器，还会增加另外的轻量级加密算法。

在 4G 中，手机与无线基站建立连接时使用 EPS-AKA 协议，该协议中，国际移动用户识别码（International Mobile Subscriber Identity，IMSI）是明文传输的，这虽然不是严重问题，但仍然会泄露用户信息。5G 对 IMSI 进行了改进，并改称为用户永久标识符（Subscription Permanent Identifier，SUPI）。5G 为达到更好的安全性，要求 SUPI 不能以明文形式传输。为此在 5G 手机的 USIM 卡中存放一个归属网络的公钥，发送 SUPI 时，就用该公钥对 SUPI 进行加密，加密后的数据称为 SUCI（Subscription Concealed Identifier）。手机连接的拜访网络收到这个加密后的 SUCI 后，将其送回到归属网络，用归属网络的私钥进行解密。

在 5G 中，手机与无线基站间同样进行双向身份认证并协商保护后续数据的密钥，使用的协议与 4G 的 EPS-AKA 类似，但认证过程相对于 4G 又有所增强，主要是增强了归属网络对认证的控制。在 5G 以前，归属网络的 HSS 将认证向量交给拜访网络的 MME 之后，就不再参与后续认证流程，在 5G 的时候这个情况发生了变化。

这是由于在漫游场景中，拜访地运营商能够从归属地运营商获取漫游用户的完整认证向量，运营商中的"内鬼"可以利用漫游用户的认证向量伪造用户位置更新信息，从而伪造话单产生漫游费用。5G-AKA 认证机制的应对是对认证向量进行一次单向变换，拜访地运营商仅能获取漫游用户经过变换之后的认证向量，在不获取原始认证向量的情况下实现对漫游用户的认证，并将漫游用户反馈的认证结果发送给归属网络，以增强归属网络的认证控制。

早在 3G 时代，为了实现 3G 网络与 WLAN 网络互联，就推出了用于二者互联的认证和密钥协商协议 EAP-AKA（Extensible Authentication Protocol-Authentication and Key Agreement）。但直到 4G 时代，也未能广泛应用，3G 网络与 4G 网络一般都是各自联网的。

5G 网络则不同，被期望支持各种各样的网络场景，包括物联网、工业互联网等，对于这些网络，可能已经存在一些认证方式和认证基础设施，5G 希望在支持这些网络场景时，既能支持既有的环境，又能实现良好的扩展性。5G 采用了统一的认证框架，即各种接入方式可以用一套认证体系来支持。EAP 框架非常灵活，具有很普遍的适用性，支持多种认证协议，EAP 认证框架是目前所知最能满足 5G 统一认证需求的备选方案。EAP-AKA 认证方式提升到了和 5G-AKA 并列的位置，5G 网络需要同时支持这两种认证方式。

12.4　案例应用：无线局域网安全设置

视频 12.4

1. 案例描述

现在有大量的无线终端设备接入无线局域网：手机、平板计算机（俗称平板电脑）、计算机、AP、无线路由器，如何设置才能达到安全和方便的平衡呢？

2. 案例分析

根据本章讲解，无线局域网安全设置主要涉及两个方面：一是身份认证方式；二是数据加密方式。这两方面设置正确了，安全性就有了保证。

3. 案例解决方案

无线终端分为手机、平板电脑与计算机几大类，无线接入设备分为专门的 AP 与一般无线路由器两大类。对于 Android 手机与平板电脑，大多数只支持 WPA 与 WPA2 的个人版，即只能使用预共享密钥方式进行身份认证，此时只需输入一个预共享密钥，没有其他的设置项。对于大多数无线路由器也是如此，只需输入一个预共享密钥，没有其他的设置项。对于专门的 AP 与 Windows 计算机，则支持 WPA 与 WPA2 的企业版，设置就比较复杂了。用浏览器登录 AP，一个典型的无线局域网安全设置界面如图 12-10 所示。

可以看出，该 AP 支持四种安全方案："不开启无线安全"表示不进行身份认证，数据也不加密，任意无线终端都可以接入，这样显然没有任何安全性可言。WPA-PSK/WPA2-PSK 是WPA 与 WPA2 的个人版，即预共享密钥方式身份认证。WPA/WPA2 是 WPA 与 WPA2 的企业版，即利用认证服务器进行身份认证。WEP 则是最早的安全方案，已被破解，不建议使用。

WPA-PSK/WPA2-PSK 部分中，在"认证类型"下拉列表框中，有"自动""WPA-PSK""WPA2-PSK"三个选项，一般选择"自动"，由 AP 与无线终端自动协商使用 WPA2-PSK 还是 WPA-PSK。"加密算法"下拉列表框中，有"自动""TKIP""AES"三个选项，AES 实际上就是 CCMP，一般选择"自动"即可，由 AP 与无线终端自动协商，默认会协商为 AES。
"PSK 密码"就是预共享的密钥。若选择 WPA/WPA2，则需要输入 Radius 服务器（认证服务器）的 IP 地址与端口号，无线终端的身份认证信息将转发到该服务器进行认证。

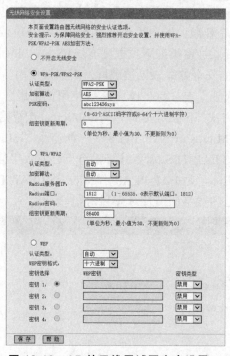

图 12-10　AP 的无线局域网安全设置

在 Windows 10 中，建立无线连接后，在经典控制面板窗口中打开"网络和共享中心"界面，在"查看活动网络"部分单击 WLAN 连接图标，则打开如图 12-11 所示的界面。单击"无线属性"按钮，则打开如图 12-12 所示的界面。

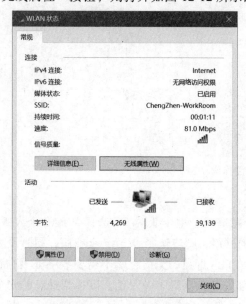

图 12-11　WLAN 状态界面

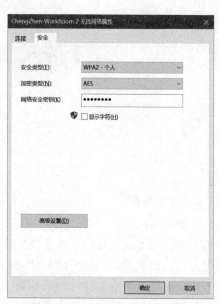

图 12-12　无线网络属性界面（一）

在无线网络属性界面中，选择"安全"选项卡，在"安全类型"下拉列表框中，有"无身份验证（开放式）""WPA2-个人""WPA2-企业""802.1X"等四个选项。"无身份验证（开放式）"表示不进行身份认证，只能接入不需要进行身份认证的 AP。"WPA2-个人"是 WPA2 的个人版，即预共享密钥身份认证，此时需要在"网络安全密钥"文本框输入预共享密钥。"WPA2-企业"是 WPA2 的企业版，即利用认证服务器进行身份认证。"802.1X"也是需要利用认证服务器进行身份认证。加密类型下拉框则有 AES、WEP 等加密方法。AES 实际上就是 CCMP，WEP 则是最早的安全方案，已被破解，不建议使用。

如果选择了"WPA2-企业"与"802.1X"需要使用认证服务器的选项，界面如图 12-13 所示。"选择网络身份验证方法"下拉列表框中，有"Microsoft:智能卡或其他证书""Microsoft:受保护的 EAP（PEAP）""Microsoft:EAP-TTLS"三个选项。"Microsoft:智能卡或其他证书"实际上就是本章前面介绍的 EAP-TLS，需要计算机有自己的数字证书及对应私钥。"Microsoft:受保护的 EAP（PEAP）"实际上是 EAP-PEAP。"Microsoft:EAP-TTLS"则是 EAP-TTLS，这二者都不需要计算机有自己的数字证书及对应私钥。

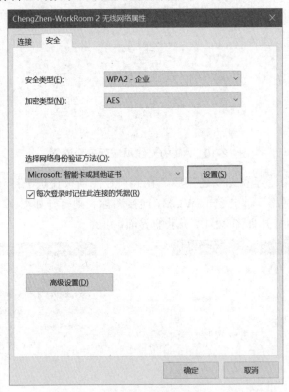

图 12-13　无线网络属性界面（二）

4．案例总结

无线局域网安全设置，在身份认证方面，对于家庭或小型企业网络，选择 WPA2 个人版，即预共享密钥方式就可以。对于安全性要求较高的网络，则应选择 WPA2 企业版，同时设立专门的认证服务器。一般使用 EAP-PEAP 或 EAP-TTLS 即可，无线终端不需要数字证书，简单方便。也可以使用 EAP-TLS，所有无线终端全部安装数字证书及私钥，以达到最高的安全性。数据加密方面则相对简单，选择 AES 或 CCMP 即可。

小　结

本章首先介绍了无线网络有别于有线网络的安全威胁，然后简要介绍了无线局域网的基本情况与发展历程。无线局域网的安全方案先后经历过 WEP、WPA 与 WPA2，目前较新的标准是 WPA3。无线局域网的安全方案主要包括身份认证与数据加密两大部分，身份认证又分为个人版与企业版两种，它们二者的安全性、复杂度、适用范围都不相同。数据加密主要使用 CCMP，其核心算法是 AES。移动通信经历了 1G、2G、3G、4G、5G 等多个阶段，安全性由弱到强，本章分别简要介绍了它们的安全机制。

习　题

1. 无线网络有哪些不同于有线网络的安全威胁？
2. 查看自己接触到的无线设备是否支持 Wi-Fi 6。
3. 简要解释无线局域网中的以下基本概念：自组织无线局域网、基础设施无线局域网、接入点 AP、接入控制器 AC、SSID。
4. WPA 与 WPA2 的企业版和个人版，在身份认证方面有什么不同？
5. PPSK 认证与 PSK 认证有什么不同？
6. 802.1X 的三种常用的 EAP 认证方法，有什么根本的不同？
7. TKIP 加密与 CCMP 加密的根本区别是什么？
8. 与 WPA2 个人版相比，WPA3 个人版最大的改进是什么？
9. 在无线设备中进行 WPA2 的各种设置，并查看其是否支持 WPA3。
10. 查找资料，学习搭建 RADIUS 认证服务器。
11. 简要说明移动通信 1G、2G、3G、4G、5G 各个阶段的安全措施的演化。

第⑬章
防火墙技术

学习目标：

- 掌握防火墙的基本概念；
- 掌握防火墙的类型及在网络上的设置方法；
- 理解包过滤技术的基本原理；
- 理解应用代理技术的基本原理。

关键术语：

- 防火墙（Firewall）；
- 非军事区（DeMilitarized Zone，DMZ）；
- 包过滤（Packet filtering）；
- 访问控制列表（Access Control List，ACL）；
- 代理（Proxy）；
- 人工智能防火墙（Artificial Intelligence Firewall）。

谈到网络安全，首先想到的就是防火墙。互联网上有很多不安全因素：无孔不入的黑客、防不胜防的病毒与木马、花样繁多的攻击方法与攻击工具。防火墙可以有效地把内部网络与危险的互联网分开，它是设置在被保护网络和外部网络之间的一道屏障，用来防止不可预测的、潜在破坏性的侵入。防火墙作为网络安全体系的基础和核心控制设备，在网络安全中具有举足轻重的地位。使用一个安全、稳定、可靠的防火墙是非常重要的。

视频 13.1

 13.1　防火墙的基本概念

在被计算机世界使用之前，防火墙（Firewall）这个词早已广泛使用。在建筑物中使用不易燃烧的材料建造一些坚固的墙，以阻止火灾时大火的蔓延，这就是防火墙的含义。在计算机世界中，防火墙是一种设备，可使内部网络不受公共网络（互联网）的影响。后来，将计算机防火墙简称为防火墙，它连接受保护的内部网络和互联网。

防火墙作为网络防护的第一道防线，由软件或由软件和硬件设备组合而成。它位于企业等单位的内部网络与外界网络的边界，限制着外界用户对内部网络的访问以及管理内部用户访问外界网络的权限。

防火墙是一种必不可少的安全增强点，它将不可信任的外部网络同可信任的内部网络隔离开，如图 13-1 所示。防火墙筛选两个网络间所有的连接，决定哪些传输应该被允许，哪些应该被禁止，这取决于网络制定的某一形式的安全策略。

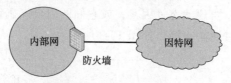

图 13-1　防火墙示意图

防火墙是在内部网和外部网之间实施安全防范的系统。可认为它是一种访问控制机制，用于确定哪些内部服务对外开放，以及允许哪些外部服务对内部开放。它可以根据网络传输的类型决定 IP 包是否可以进出企业网、防止非授权用户访问企业内部、允许使用授权机器的用户远程访问企业内部、管理企业内部人员对互联网的访问。

防火墙通过逐一审查收到的数据包，判断它是否有相匹配的过滤规则。即按规则的先后顺序以及每条规则的条件逐项进行比较，直到满足某一条规则的条件，并做出规定的动作（中止或向前转发），从而保护网络的安全。

防火墙主要提供以下四种服务：

① 服务控制：确定可以访问的网络服务类型。

② 方向控制：特定服务的方向流控制。

③ 用户控制：内部用户、外部用户所需的某种形式的认证机制。

④ 行为控制：控制如何使用某种特定的服务。

防火墙有个人防火墙与网络防火墙两大类，前者用于个人用户的计算机，通常由软件实现，后者则用于保护一个内部网络，可以用软件实现，但通常是专门的硬件设备，如图 13-2 所示。绝大多数硬件防火墙都具有路由器的功

图 13-2　硬件防火墙

能，可以作为路由器使用，配置方法也与路由器等网络设备类似。不同防火墙的功能差别很大，好的防火墙可以过滤病毒，还可以对 BT 等常见 P2P 软件限制下载速度。

防火墙不是万能的，某些精心设计的攻击能够躲过防火墙的过滤，进入内部网络。另外，有统计数据指出，对网络的攻击很多来自内部网络，在某些单位甚至超过了来自外部网络的攻击，所以使用防火墙并不意味着万无一失。

13.2　防火墙的类型

第一代防火墙是一种简单的包过滤路由器形式。如今，有多种防火墙技术供网络安全管理员选择。防火墙一般可以分为以下几种：包过滤防火墙、应用代理防火墙、电路级网关防火墙、状态检测防火墙。下面具体分析各种类型的防火墙。

视频 13.2

13.2.1　包过滤防火墙

包是网络上信息流动的基本单位，它由数据负载和协议头两部分组成。包过滤作为最早、

最简单的防火墙技术，正是基于协议头的内容进行过滤的，它通过将每一输入/输出包中发现的信息同访问控制规则相比较来决定阻塞或放行包。通过检查数据流中每一个数据包的源地址、目的地址、所用端口、协议状态等因素，或它们的组合来确定是否允许该数据包通过。一般的路由器就可充当包过滤防火墙，如图 13-3 所示。

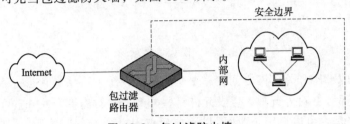

图 13-3　包过滤防火墙

包过滤防火墙与门卫有些相似，当装载包的运输卡车到达时，"包过滤门卫"快速地查看卡车的标识信息以确保它是正确的，接着卡车就被允许通过关卡传递包，门卫并不查看包中的内容。虽然这种方法比没有关卡更安全，但它还是比较容易通过并且会使整个内部网络暴露于危险之中。

包过滤防火墙是速度最快的防火墙，这是因为它们的操作处于网络层与传输层，并且只是粗略地检查。例如，HTTP 通常为 Web 服务连接使用 80 号端口，如果公司的安全策略允许内部职员访问外部网站，包过滤防火墙可能设置允许所有的连接通过 80 号这一端口。但这样可能会造成实质上的安全危机，包过滤防火墙只能假设来自 80 端口的传输通常是标准的 Web 服务连接，但它并不知道应用层中的数据到底是什么。任何意识到这一缺陷的人都可以在 80 号端口传输任意数据，而不会被阻塞。

另外，因为端点之间可以通过防火墙建立直接连接，一旦防火墙允许某一连接，就会允许外部计算机直接连接到防火墙后的目标，从而潜在地暴露了内部网络，使之容易遭到攻击。

13.2.2　应用代理防火墙

在包过滤防火墙出现不久，许多安全专家开始寻找更好的防火墙安全机制。他们相信真正可靠的安全防火墙应该禁止所有通过防火墙的直接连接——在协议栈的最高层检验所有的输入数据。由此产生了应用代理防火墙，应用代理防火墙提供了十分先进的安全控制机制，如图 13-4 所示。它在协议栈的最高层（应用层）检查每一个包，能够看到所有的数据，从而实现各种安全策略。例如，这种防火墙很容易识别重要的应用程序命令，如 FTP 的 put 上传请求和 get 下载请求，同时还能够看到传输文件的内容。

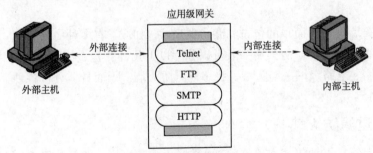

图 13-4　应用代理防火墙

应用代理防火墙也具有内建代理功能的特性——在防火墙处终止连接并初始化一条新的连接（通常是 TCP 连接），这样就有了内部连接与外部连接两条连接。这一内建代理机制提供额外的安全，这是因为它将内部和外部系统隔离开，从外面只看到应用代理防火墙，而看不到任何内部资源，而且应用代理防火墙只允许被代理的服务通过。这使得系统外部的黑客要探测防火墙内部系统变得更加困难。

考虑前面安全门卫的类比，和仅查看卡车的信息不同，"应用代理安全门卫"打开每个包并检查其中的所有内容。如果每个包都通过了这种细致的检查，那么门卫会将包卸下，并装上新的卡车，由新的驾驶员运送至接收用户，原来的卡车及驾驶员不能进入。这种安全检查不仅更可靠，而且驾驶员看不到内部网络。尽管这些额外的安全机制将花费更多处理时间，但可疑行为绝不会被允许通过"应用代理安全门卫"。

应用代理防火墙安全性高，可以过滤多种协议，通常认为它是最安全的防火墙类型。其不足主要是不能完全透明地支持各种服务与应用，同时一种代理只提供一种服务。另外，需要消耗大量的 CPU 资源，导致相对低的性能。

13.2.3　电路级网关防火墙

电路级网关防火墙起一定的代理服务作用，它监视两台主机建立连接时的握手信息，从而判断该会话请求是否合法，如图 13-5 所示。一旦会话连接有效，该网关仅复制、传递数据。它在 IP 层代理各种高层会话，具有隐藏内部网络信息的能力，且透明性高。但由于其对会话建立后所传输的具体内容不再做进一步分析，因此安全性稍低。

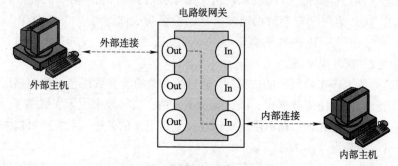

图 13-5　电路级网关防火墙

电路级网关不允许进行端点到端点的 TCP 连接，而是建立两个 TCP 连接。一个在网关和内部主机上的 TCP 用户程序之间，另一个在网关和外部主机的 TCP 用户程序之间。一旦建立两个连接，网关通常就只是把 TCP 数据包从一个连接转送到另一个连接中去而不检验其中的内容。其安全功能就是确定哪些连接是允许的。

电路级网关防火墙介于包过滤防火墙与应用代理防火墙之间，它同包过滤防火墙一样，都是依靠特定的逻辑来判断是否允许数据包通过，但并不检测包中的内容；它又同应用代理防火墙一样，不允许内外计算机建立直接的连接。

13.2.4　状态检测防火墙

为了克服基本包过滤模式所带有的明显安全问题，一些包过滤防火墙厂商提出了所谓的状态检测概念。上面提到的包过滤技术只是简单地查看每一个单一的输入包信息，而状态检测模式则增加了更多的包和包之间的安全上下文检查，以达到与应用代理防火墙相类似的安全性能。状态检测防火墙在网络层拦截输入包，并利用足够的状态信息做出决策（通过对高层的信息进行某种形式的逻辑或数学运算），如图 13-6 所示。

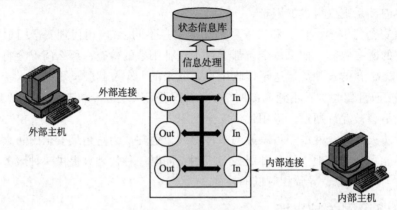

图 13-6　状态检测防火墙

　　状态检测防火墙的具体机制是查看完前面的包后，把它记在状态信息库中，并与后面的包建立联系，来确定对后面包采取的动作。例如，状态检测防火墙可以实现这样的功能：只有在内部网中的计算机 A 向互联网上的计算机 B 发送 UDP 报文段后，才允许 B 向 A 发送的 UDP 报文段进入内部网，而包过滤防火墙无法实现这样的功能。

　　状态检测防火墙可以抵御 SYN 洪水攻击，如果接收到的 TCP 第一次握手数据速率超过设置值，就阻止 TCP 第一次握手数据通过。状态检测防火墙还可以抵御 TCP 端口扫描，如果发现某个 IP 地址向另一 IP 地址的多个不同端口发送 TCP 报文段的速率超过设置值，就阻止来自该 IP 地址的 TCP 报文段。

　　状态检测防火墙工作在协议栈的较低层，通过防火墙的所有数据包都在网络层与传输层处理，不需要应用层来处理任何数据包，因此减少了开销，执行效率也大大提高了。另外，一旦一个连接在防火墙中建立起来，就不用再对该连接进行更多的处理，系统就可以去处理其他连接，执行效率可以得到进一步的提高。

　　尽管状态检测防火墙显著地增强了简单包过滤防火墙的安全性，但它仍然不能提供与应用代理防火墙相似的安全性。这是因为应用代理防火墙对应用层内容有足够的能见度，从而可以准确地知道它的意图，而状态检测防火墙必须在没有这些信息的情况下做出安全决策。

　　以上几种防火墙的简单比较见表 13-1。

表 13-1　几种防火墙的简单比较

防火墙类型	效　率	实现难易度	安　全　性
包过滤防火墙	高	容易	低
应用代理防火墙	低	困难	高
电路级网关防火墙	中等	中等	中等
状态检测防火墙	中等	中等	中等

视频 13.3

13.3 防火墙在网络上的设置

在防火墙发展的早期，通常在高性能的计算机上安装专门的防火墙软件作为防火墙，这种计算机显然需要拥有高等级的安全特性，又因为它面临来自外部的攻击，所以称为堡垒主机。堡垒主机通常与路由器协同工作，共同组成防火墙。目前专门的硬件防火墙已广泛使用，较少再使用计算机作为防火墙。

13.3.1 单防火墙结构

出于成本考虑，很多单位只使用一台硬件防火墙，这种单防火墙结构可以细分为以下几种结构：

1. 屏蔽防火墙

这种结构是最简单的一种结构，当一个网络接入互联网时，在路由器外面设置一台防火墙即可，如图 13-7 所示。如果有特殊要求，防火墙与路由器的位置也可以互换，即防火墙设置在路由器里面。

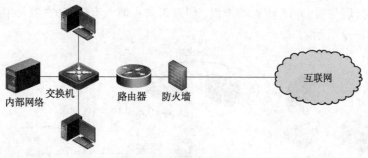

图 13-7 屏蔽防火墙

屏蔽防火墙只是对进出的数据进行各种过滤与检查，功能单一，主要适用于小型的内部网络，在这种网络中，主要是内部计算机访问外部网络，而外部计算机很少主动访问内部网络。

2. 单 DMZ 防火墙

如前所述，屏蔽防火墙只适用于小型的、外部计算机很少来主动访问的内部网络。如果一个内部网络规模较大，同时内部有很多服务器对外提供服务，这时就应该使用单 DMZ（Demilitarized Zone，非军事区）防火墙。单 DMZ 防火墙功能强，设置简单，是应用最为广泛的防火墙结构。

如图 13-8 所示，防火墙使用了三个接口，一个接口通过路由器连接互联网，另一个接口通过交换机连接内部网络，最后一个接口则通过交换机连接了对外提供服务的 WWW 服务器。因为该服务器所在的小网络对来自互联网的访问限制很松，所以称为非军事区。在设置防火墙时，对去往内部网络与非军事区的数据可以做不同的限制。非军事区内的计算机一般都是对外提供服务的计算机，安全性要求低于内部网络中的计算机。

在这种结构下，数据有三种流向：

① 互联网与 DMZ 间的数据流。

② 内部网络与 DMZ 间的数据流。

③ 互联网与内部网络间的数据流。

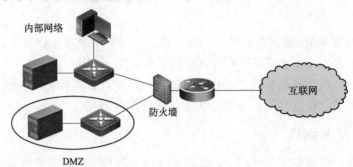

图 13-8　单 DMZ 防火墙

通常情况下，①与②是设置为允许的，而③设置为只允许内部网络中的计算机发起访问首先连接互联网中的服务器，这可以保证互联网上的计算机不能主动访问内部网络。另外，在防火墙上，还要对所有数据流都进行过滤与检查。

3. 多 DMZ 防火墙

多 DMZ 防火墙与单 DMZ 防火墙类似，但要求防火墙上有较多的接口，因此可以建立多个 DMZ，如图 13-9 所示。

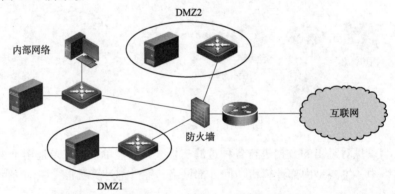

图 13-9　多 DMZ 防火墙

多 DMZ 防火墙用于有较多的服务器对外提供服务的情况，这时服务器可以放置于不同的 DMZ 内，针对服务器不同的安全需求，DMZ 的访问限制也可以设置得不同。对于单 DMZ 防火墙，所有服务器只能放置于同一 DMZ 内，如果其中一台服务器被攻破，攻击者可能以它为跳板继续攻击其他服务器。多 DMZ 防火墙则不会发生这种情况，因为服务器位于不同 DMZ 中，而不同 DMZ 间通常是禁止数据流动的。例如，一台 WWW 服务器与一台 FTP 服务器位于不同的 DMZ 中，若攻击者攻破 WWW 服务器，它根本无法借此继续攻击 FTP 服务器。由此可见，虽然多 DMZ 防火墙比单 DMZ 防火墙的设置要麻烦得多，但安全性却有了很大提高。

同单 DMZ 防火墙一样，在多 DMZ 防火墙中，数据流也被过滤与控制，外部计算机不能主动访问内部网络，如果没有特殊要求，不同 DMZ 间也禁止数据流动。

13.3.2 双防火墙结构

双防火墙结构使用了两个防火墙，分别是内部防火墙与外部防火墙，它们之间是 DMZ，如图 13-10 所示。同单防火墙结构类似，所有的数据在两个防火墙处都被过滤与检查，内部网络与外部网络中的计算机都可以访问 DMZ，但外部计算机不能主动访问内部网络。

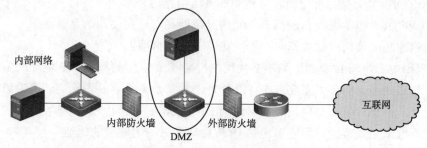

图 13-10　双防火墙结构

双防火墙结构也可以设置多个 DMZ，能够对数据进行非常精细地控制。另外，内部防火墙与外部防火墙可以是不同厂商的产品，这是截然不同的两种产品，攻击者必须对二者都非常熟悉，并很可能要使用完全不同的方法才能攻破它们，最终攻入内部网络。因此，双防火墙结构的安全性比单防火墙结构要高。

虽然双防火墙结构的安全性较好，但其成本过高，设置也非常复杂，所以应用反而不如单防火墙结构广泛。

 ## 13.4　防火墙基本技术

包过滤技术与应用代理技术是防火墙中最重要的基本技术，下面加以介绍。

13.4.1 包过滤技术

包过滤防火墙是最原始的防火墙，现在的绝大多数路由器都具有包过滤功能，因此路由器就可以作为包过滤防火墙。使用包过滤防火墙前，要制定规则，这些规则说明什么样的数据能够通过，什么样的数据禁止通过，多条规则组成一个访问控制列表（Access Control List，ACL）。对所有数据，防火墙都要检查它与 ACL 中的规则是否匹配。在确定过滤规则之前，需要做如下决定：

视频 13.4.1

① 打算提供何种网络服务，并以何种方向（从内部网络到外部网络，或者从外部网络到内部网络）提供这些服务。

② 是否限制内部主机与互联网进行连接。

③ 互联网上是否存在某些可信任主机，它们需要以什么形式访问内部网。

包过滤防火墙根据每个包头部的信息来决定是否要将包继续传输，从而增强安全性。对于不同的包过滤防火墙，用来生成规则进行过滤的包头部信息不完全相同，但通常都包括以下信息：

① 接口和方向：包是流入还是离开网络，这些包通过哪个接口。

② 源和目的 IP 地址：检查包从何而来（源 IP 地址）、发往何处（目的 IP 地址）。

③ IP 选项：检查所有选项字段，特别是要阻止源路由（Source Routing）选项。

④ 高层协议：使用 IP 包的上层协议类型，例如 TCP 还是 UDP。

⑤ TCP 包的 ACK 位检查：这一字段可帮助确定以何种方向建立 TCP 连接。

⑥ ICMP 的报文类型：可以阻止某些刺探网络信息的企图。

⑦ TCP 和 UDP 包的源和目的端口：此信息帮助确定正在使用的是哪些服务。

创建包过滤防火墙的过滤规则时，要注意以下重要事项：

① 在规则中要使用 IP 地址，而不要使用主机名或域名。虽然进行 IP 地址欺骗和域名欺骗都不是非常难的事，但在很多攻击中，IP 地址欺骗常常是不容易做到的，因为黑客想要真正得到响应并非易事。然而只要黑客能够访问 DNS 数据库，进行域名欺骗却是很容易的事。这时，域名看起来是真实的，但它对应的 IP 地址却是另一个虚假的地址。

② 不要回应所有从外部网络接口来的 ICMP 数据，因为它们很可能给黑客暴露信息，特别是哪种包可以流入网络，哪种包不可以流入网络的信息。响应某些 ICMP 数据可能会告诉黑客，在某个地方确实有一个包过滤防火墙在工作。在这种情况下，对黑客来说有信息总比没有好。防火墙的主要功能之一就是隐藏内部网络的信息，黑客通过对信息的筛选处理，可以发现什么服务不在运行，而最终发现什么服务在运行。如果不响应 ICMP 数据，就可以限制黑客得到可用的信息。

③ 要丢弃所有从外部进入，而其源 IP 地址是内部网络的包。这很可能是有人试图利用这些包进行 IP 地址欺骗，以达到通过网络安全关口的目的。

④ 防火墙顺序使用 ACL 中的规则，只要有一条规则匹配，就采取规则中规定的动作，后面规则不再使用。所以规则的顺序非常重要，错误的顺序可能使网络不能正常工作，或可能导致严重的安全问题。

1．用于包过滤的 IP 头信息

通常，包过滤防火墙只根据包的头部信息来操作。由于在每个包里有多个不同的协议头，所以需要检查那些对包过滤非常重要的协议头。但大多数包过滤防火墙不使用以太网帧的头部信息，帧里的源物理地址和其他信息没有太大用处，因为源物理地址一般是包通过互联网的最近一个路由器的物理地址。

主要过滤以下几种头部信息：

（1）IP 地址

源地址和目的地址是最有用的。如果防火墙只允许互联网上某些计算机访问内部网络，就可以采用基于源地址过滤的方法。相反亦然，可以对网络内部产生的包进行过滤，只允许某些特定目的地址的包通过防火墙到达互联网。

假设内部网络的网络地址为 172.21.94.0/24，为阻止来自互联网的 IP 地址欺骗攻击，可以制定表 13-2 所示的 ACL，表中的"*"指任意内容。来自互联网的 IP 数据报不可能具有内部网络的 IP 地址，否则一定就是 IP 地址欺骗，第一条规则将禁止这样的数据通过。第二条规则将允许所有其他数据通过。但是，如果这两条规则交换顺序，所有数据都会通过防火墙，就不能阻止 IP 地址欺骗攻击了。

表 13-2　阻止 IP 地址欺骗的 ACL

规　　则	方　　向	源 IP 地址	目的 IP 地址	动　　作
1	流入	172.21.94.0/24	*	拒绝
2	*	*	*	允许

在建立过滤规则时，一定要用 IP 地址，而不要用主机名或域名，因为域名欺骗比 IP 地址欺骗要容易得多。

（2）协议字段

IP 包头部中的协议字段用以确定 IP 包中的数据是哪一个上层协议的数据，如 TCP、UDP 或 ICMP。

通常，承载 ICMP 数据的包都应丢弃，因为 ICMP 数据将会告知对方本网内部的信息，这时可以制定表 13-3 所示的 ACL。当 IP 数据报装载 ICMP 消息时，IP 数据报头部的协议字段的值为 1，所以协议字段值为 1 的数据要禁止通过，这就是第一条规则规定的内容；若分组与第一条规则不匹配，则继续与第二条规则比较，任何分组都与第二条规则匹配，都能通过防火墙。这两条规则结合在一起，就能阻止 ICMP 消息通过防火墙，而其他数据都能通过防火墙。

表 13-3　阻止 ICMP 消息通过的 ACL

规　　则	方　　向	协议字段	动　　作
1	*	1	拒绝
2	*	*	允许

（3）IP 包分片与选项字段

另一个 IP 包过滤要注意的是 IP 包分片与其他选项字段，它们都有可能导致某些攻击，而且现在 IP 包分片与选项字段用得越来越少，因此可以拒绝这样的 IP 包。

2．用于包过滤的 TCP 头信息

TCP 是互联网服务使用最普遍的协议，例如，Telnet、FTP、SMTP 和 HTTP 都是以 TCP 为基础的服务。TCP 提供端点之间可靠的双向连接，进行 TCP 传输就像打电话一样，必须先建立连接，之后才能和被叫的用户建立可靠的连接。

主要过滤以下几种 TCP 的头部信息：

（1）端口号

有时仅仅依靠 IP 地址进行数据过滤是不可行的，因为目标主机上往往运行着多种网络服务。如果仅仅基于包的源或目的地址来拒绝和允许该包，就会造成要么允许全部连接，要么拒绝全部连接的后果，而端口号可帮助我们有选择地拒绝或允许个别服务。例如，不想让用户采用 Telnet 的方式连接到系统，但这不等于同时禁止用户访问同一台计算机上的 WWW 服务。所以，在 IP 地址之外还要对 TCP 端口进行过滤。

默认的 Telnet 服务连接端口号是 23，假如不允许客户机建立与服务器的 Telnet 连接，那么只需要命令防火墙检查发往服务器的数据包，把其中目标端口号是 23 的包过滤掉即可。这样，把 IP 地址和 TCP 端口号结合起来就可以作为过滤标准来实现可靠的防火墙。

与服务器不同，几乎所有的 TCP 客户程序都使用大于 1 023 的随机分配端口号，所以，过滤客户机的端口号非常困难，几乎无法过滤。

一条好的包过滤规则可以同时指定源和目的端口。但是一些老的路由器不允许指定源端口，这可能会使防火墙产生很大的安全漏洞。例如，创建控制 SMTP 连接流入和流出的 ACL，首先假设规则中只允许使用目的端口，见表 13-4。

表 13-4　SMTP 连接 ACL

规　　则	方　　向	协　　议	源 地 址	目 的 地 址	目 的 端 口	动　　作
1	流入	TCP	外部地址	内部地址	25	允许
2	流出	TCP	内部地址	外部地址	≥1 024	允许
3	流出	TCP	内部地址	外部地址	25	允许
4	流入	TCP	外部地址	内部地址	≥1 024	允许
5	*	*	*	*	*	禁止

在这个例子中，可以看到规则 1 和规则 3 允许端口 25 的流入和流出连接，该端口是 SMTP 协议的默认端口。规则 1 允许外部计算机向内部网络的服务器端口 25 发送数据，规则 2 允许网络内部的服务器回应外部 SMTP 请求，并且假定它使用大于等于 1 024 的端口号，因为规则只允许端口大于或等于 1 024 的连接。

规则 3 和规则 4 允许反方向的 SMTP 连接，内部网络的计算机可以与外部网络的 SMTP 服务器的端口 25 建立连接。最后的规则 5 不允许其他任何连接。这些过滤规则看起来非常好，允许两个方向的 SMTP 连接，并且保证了内部局域网的安全，但这是错误的。当创建包过滤规则时，需要同时观察所有的规则，而不是一次只观察一条或两条。在这个例子中，规则 2 和规则 4 允许端口大于等于 1 024 的所有服务，不论是流入还是流出方向。黑客可以利用这一个漏洞去做各种事情，包括与特洛伊木马程序通信。要修补这些规则，除了能够指定目的端口之外，还要能够指定源端口。下面看一个改进以后的例子，见表 13-5。

表 13-5　改进后的 SMTP 连接 ACL

规　　则	方　　向	协　　议	源 地 址	目 的 地 址	源 端 口	目 的 端 口	动　　作
1	流入	TCP	外部地址	内部地址	≥1 024	25	允许
2	流出	TCP	内部地址	外部地址	25	≥1 024	允许
3	流出	TCP	内部地址	外部地址	≥1 024	25	允许
4	流入	TCP	外部地址	内部地址	25	≥1 024	允许
5	*	*	*	*	*	*	禁止

这时，不再允许通信两端端口都大于等于 1 024 的连接。相反，在连接的一端，这些连接被绑定到 SMTP 端口 25 上。

（2）SYN 位

在 TCP 协议头中，有一个控制位：SYN。在三次握手建立连接的前两次握手期间，该位要置 1。SYN 洪水是一种拒绝服务攻击，黑客不断发送 SYN 位已经置 1 的包，这样目标主机就要浪费宝贵的 CPU 周期建立连接，并且分配内存。检查 SYN 位虽然不可能过滤所有 SYN 位已经置 1 的包，但是可以监视日志文件，发现不断发送这类包的主机以便让那些主机不能通过防火墙。

这种过滤机制只适用于 TCP 协议，对 UDP 包而言就无效了，因为 UDP 包没有 SYN 位。

（3）ACK 位

TCP 是一种可靠的通信协议，采用滑动窗口实现流量控制，每个发送出去的包必须获得一个确认，在响应包中 ACK 位置 1 就表示确认号有效。在包过滤防火墙中，通过检查这一位以及通信的方向，可以只允许建立某个方向的连接。

例如，如果仅允许建立一个从内部计算机到互联网上服务器的 HTTP 会话，但不允许相反方向的连接，就要建立表 13-6 这样的 ACL。

表 13-6　过滤 ACK 位的 ACL

规　则	方　向	协　议	源　地　址	目的地址	源　端　口	目的端口	ACK 位	动　作
1	流出	TCP	内部	外部	≥1 024	80	均可	允许
2	流入	TCP	外部	内部	80	≥1024	置 1	允许
3	*	*	*	*	*	*	*	禁止

规则 1 允许内部网计算机向互联网上的 WWW 服务器发送包，目的端口号是 WWW 服务器的端口 80，并且允许 ACK 为 0 或 1 的包通过防火墙。规则 2 允许互联网上的 WWW 服务器向内部主机返回包。

外部计算机无法主动与内部计算机建立一个 TCP 连接，因为规则 2 说明进入数据的 ACK 位必须置 1，否则将被丢弃。初始连接请求（第一次握手）的 ACK 位为 0，这足以防止外部计算机主动与内部计算机建立 TCP 连接。

同样，这种过滤机制只适用于 TCP 协议，因为 UDP 包没有 ACK 位。

3．UDP 包的过滤

现在回过头来看看怎样解决 UDP 问题。UDP 包没有 SYN 位与 ACK 位，所以不能据此过滤。UDP 是发出去就不管的"不可靠"通信，这种类型的服务通常用于广播、路由、多媒体等广播形式的通信任务。有一个最简单的可行办法，防火墙设置为只转发来自内部接口的 UDP 包外出，来自外部接口的 UDP 包则禁止进入内部网络。但这显然不太合理，因为绝大多数应用都是双向通信。

状态检测防火墙可以通过"记忆"出站的 UDP 包来解决这个问题：如果入站 UDP 包匹配最近出站 UDP 包的地址和端口号就让它进来；如果在内存中找不到匹配的出站信息就拒绝它。

与 TCP 类似，UDP 包中的端口号也是很好的过滤依据。

4．ICMP 包的过滤

TCP/IP 协议族使用网际控制报文协议（ICMP）在双方之间发送控制和管理信息。例如，有一种 ICMP 报文称为源抑制报文，计算机发送这种报文告诉连接的发送方停止发送包。这样可以进行数据流控制，从而连接的接收端不会因不堪重负而丢包。数据过滤中很有可能不需要阻止该报文，因为源抑制报文很重要。重定向报文用于告诉主机或路由器使用其他的路径到达目的地，利用这类报文，黑客可以向路由器发送错误数据来搅乱路由表。

ICMP 数据很有用，但也很有可能被利用收集网络的有关信息，必须加以区别对待。防火墙的一个重要功能就是让外部得不到网络内部主机的信息。为做到这一点，需要阻止以下几种报文类型：

① 流入的 echo 请求和流出的 echo 响应——允许内部用户使用 ping 命令测试外部主机的连通性，但不允许相反方向的类似报文。

② 流入的重定向报文——这些信息可以用来重新配置网络的路由表。

③ 流出的目的不可到达报文和流出的服务不可用报文——不允许任何人刺探网络。通过找出那些不可到达或那些不可提供的服务，黑客就更加容易锁定攻击目标。

5．包过滤防火墙的优缺点

包过滤防火墙是最简单的一种防火墙，与应用代理防火墙相比较，包过滤防火墙有其优缺点。以下是包过滤防火墙的一些优点：

① 包过滤是"免费的"，如果已经有了路由器，它很可能支持包过滤。在小型局域网内，单个路由器用作包过滤防火墙足够了。

② 理论上只需要在局域网连接到互联网或外部网的地方设置一个过滤器，这里是网络的一个扼流点。

③ 使用包过滤防火墙，不需要专门培训用户或使用专门的客户端和服务器程序。包过滤防火墙会为网络用户透明地完成各种工作。

当然，包过滤防火墙也有不足之处：

① 使路由器难以配置，特别是使用大量规则进行复杂配置的时候。在这种情况下容易出错，并且很难进行完全地测试。

② 当包过滤防火墙出现故障，或者配置不正确的时候，对网络产生的危害比应用代理防火墙产生的危害大得多。当路由器的过滤规则没有正确配置时，会允许包通过，但代理应用程序出现故障时，不直接让包通过。代理的故障对连接不会产生安全漏洞。

③ 包过滤防火墙只对少量数据，如 IP 包的头部信息进行过滤。由于仅使用这些信息来决定是否让这些包通过防火墙，所以包过滤防火墙的工作限制在它力所能及的范围之内。状态检测技术改进了这一点，但对于一个完整的防火墙解决方案，除了考虑仍然使用包过滤防火墙之外，还需要考虑使用应用代理防火墙。

④ 很多具有包过滤功能的防火墙缺少健壮的日志功能，因此当系统被渗入或被攻击时，很难得到大量的有用信息。

视频 13.4.2

13.4.2　应用代理技术

1．应用代理技术原理

包过滤防火墙工作在网络层与传输层，通过检查 IP 和其他协议的头部信息来实现过滤，而应用代理防火墙工作在应用层，它能提供多种服务。网络中所有的包必须经过应用代理防火墙来建立一个特别的连接，因而应用代理防火墙提供了客户和服务器之间的通路。

上网时，经常使用一类特殊的服务器，叫作代理服务器（Proxy Server），简称代理，顾名思义，就是代替用户去完成某些功能，形象地说，它是网络信息的中转站，如图 13-11 所示。一般情况下，当使用浏览器访问某网站时，请求直接由浏览器发给网站服务器，网站服务器则把响应直接返回给浏览器；当使用代理服务器时，浏览器把请求发给代理服务器，代理服务器再转发给网站服务器，返回响应时，也是经代理服务器中转才到达浏览器。

（a）不使用代理服务器

（b）使用代理服务器

图 13-11　代理服务器

除浏览器外，其他很多软件，如 QQ 都可以使用代理服务器。代理服务器既可以是专门的网络设备，也可以是一台计算机，只不过计算机要安装专门的代理服务器软件。

如果代理服务器在代替用户访问目的服务器的过程中，能够检查应用层的数据，并执行一些操作，就成了应用代理防火墙。应用代理防火墙既可以是一台专门的硬件防火墙，也可以是一台安装了代理服务器软件的计算机。

包过滤防火墙和应用代理防火墙的主要区别，就是应用代理防火墙能够理解各种高层应用。包过滤防火墙只能基于包头部中的有限信息，来决定通过或者丢弃网络包；应用代理防火墙则能基于应用层的数据，来决定通过或者丢弃网络包。

例如，一个想要浏览某个 Web 页面的用户向互联网中的 Web 服务器发出一个请求，因为用户的浏览器被设置为向应用代理防火墙发送 HTTP 请求，所以这个请求不会直接传送到这个实际的 Web 服务器，而是传送到应用代理防火墙。运行于应用代理防火墙中的代理应用程序根据一系列规则来决定是否允许该请求。如果允许，应用代理防火墙就重新生成一个对该页面的请求，当互联网上的 Web 服务器接收到该请求后，它只能认为应用代理防火墙是请求该页面的客户，然后它就将数据发送回应用代理防火墙。当应用代理防火墙接收到所请求的 Web 页面以后，它并不是将这个 IP 包直接发往最初的请求客户，而是对返回的数据进行一些管理员所设置的安全检查。通过检查后，应用代理防火墙再生成一个新的 IP 包，将页面数据发送到客户。

由此可见，客户与目标服务器间没有直接的 IP 包通信，也没有建立直接的 TCP 连接，这并不是使用应用代理防火墙的唯一好处，它还可以针对请求类型执行某些检查。另外，根据设置的一系列规则，可以让应用代理防火墙接受或拒绝某些数据。

对于允许客户通过防火墙访问的每一种网络服务，可能都需要一个应用代理防火墙应用程序。标准的代理应用程序对于典型的 TCP/IP 应用，例如 FTP、Telnet 以及像 HTTP 这样流行的服务已经足够。不过对于新的服务或者那些很少使用的服务，可能找不到代理软件。

应用代理防火墙的工作是双向的。可以使用应用代理防火墙来控制网络内部哪些用户可以建立互联网请求，也可以使用它来决定哪些外部客户或者主机可以向内部网络发送服务请求。在这两种情况下，这两个网络之间都没有直接的 IP 包通过。

2．内容屏蔽和阻塞

屏蔽互联网访问是近年来一个很热门的话题，它允许管理员阻塞内部网络的用户对某些站点的访问。一些产品允许详细指明要阻塞的网站，而另一些产品阻塞网络通信的内容，可以设置要阻塞的敏感词或者数据。因为应用代理防火墙位于客户和提供网络服务的服务器之间，所以有很多方法来进行内容屏蔽或阻塞。

① URL 地址阻塞：可以指定哪些 URL 地址会被阻塞（或者允许访问）。这种方法的缺点就是互联网中的 URL 地址会经常改变，每天都有成千上万的页面被添加进来，让一个繁忙的管理员审查所有这些新页面是不可能的。

② 类别阻塞：这种方法可以指定阻塞含有某种内容的数据包。例如，含有黄色内容或者仇恨内容的数据包，或者包括木马或病毒的数据包。

③ 嵌入的内容：一些代理软件应用程序能够设置为阻塞 Java、ActiveX 控件，或者其他一些嵌入在 Web 请求的响应里的对象。这些对象可以在本地计算机上运行应用程序，因此可能会被黑客利用获得访问权限。

应用代理防火墙并不是完美的，它不应该是阻塞某些数据流入内部网络的唯一方法。尽管可以列出一长串的 URL 地址来阻塞用户的访问，但是有经验的用户可以在 HTTP 请求中不使用主机名，而是直接使用网站服务器的 IP 地址来通过这一检查。更有趣的是，IP 地址并不一定要写成点分十进制记法。一个 IP 地址实际是一个 32 比特的数字，点分十进制记法只是一种通常的简便记法。某些浏览器可以接受表示这个 32 比特地址的十进制数字。以 IP 地址 210.44.176.169 为例，用二进制表示，其值分别是：

210=11010010，44=00101100，176=10110000，169=10101001

将这些数字组合起来，就是 11010010001011001011000010101001，再把它转变为十进制数，就是 3526144169。因此访问 IP 地址为 210.44.176.169 的站点时，在某些浏览器（如 IE 11 浏览器）中可以使用以下两种形式，它们得到的结果是一样的：

http://210.44.176.169

http://3526144169

读者可以将其输入自己的 IE 浏览器地址栏尝试一下，不过前面的"http://"必须要写上。

不要使用应用代理防火墙作为唯一防御木马和病毒的工具。应用代理防火墙就像杀毒软件一样，只能根据已知的特征，发现并阻塞已知的木马与病毒。不过，现在一些高端的应用代理防火墙可以自动下载病毒特征库，一定程度上能够阻塞较新的木马与病毒。

3．日志和报警措施

应用代理防火墙一个不可忽视的重要功能就是能够记录用户的各种行为信息。在事先可预测的条件下，一些行为还可以设置为触发一个警报，例如，一封寄给管理员的 E-mail、一条在控制台上弹出的消息。应用代理防火墙通常比其他类型的防火墙提供更多的记录信息，因为应用代理防火墙能理解用户使用的服务和应用层协议，能得到更多的协议信息。

审查日志是审查任何一个系统的重要组成部分，所以一定要尽可能多地记录各种事件，仔细观察记录的数据，力争从中发现不正常的现象。

4．应用代理防火墙的优缺点

应用代理防火墙只是一个好的防火墙系统中的一个组件。就像包过滤防火墙有其优缺点一样，应用代理防火墙也有其优缺点。如果将两者结合起来，就能解决更多的安全问题，更好地保护内部网络。使用应用代理防火墙的优点如下：

① 隐藏受保护网络中计算机的网络信息，如内部网络中的 IP 地址，因为外部计算机只看到应用代理防火墙的 IP 地址。

② 应用代理防火墙是能够对受保护网络和互联网之间的网络服务进行控制的唯一点。即使应用代理防火墙瘫痪，也只会使网络不通，而不会使非法数据进出内部网络。

③ 应用代理防火墙可以被设置，用来记录所提供的服务的相关信息，并且对可疑活动和未授权的访问进行报警。

④ 应用代理防火墙可以筛选返回数据的内容，并阻塞对某些站点的访问。它们也能够阻塞包含已知病毒和其他可疑对象的包。

应用代理防火墙的缺点主要包括：

① 尽管应用代理防火墙提供了一个进行访问控制的唯一点，但它也是导致整个系统瘫痪的唯一点。

② 每一个网络服务都需要它自己的代理服务程序，即 HTTP 协议需要一个代理程序，而 FTP 协议需要另一个代理程序。虽然存在一般的解决方案，但是它没有提供与应用代理防火墙相同级别的安全性。

③ 在客户使用应用代理防火墙之前可能需要被修改或者重新配置，下面以 IE11 浏览器为例进行说明。打开 IE 浏览器的"工具"菜单，选择"Internet 选项"命令，打开"Internet 选项"对话框，如图 13-12 所示。选择"连接"选项卡，单击"局域网设置"按钮，打开如图 13-13 所示的对话框。在"代理服务器"区域中，选中"为 LAN 使用代理服务器（这些设置不用于拨号或 VPN 连接）"复选框，在"地址"文本框中输入应用代理防火墙的 IP 地址或主机名，在"端口"文本框中输入应用代理防火墙的端口号。单击"确定"按钮，设置完毕。当访问某个网站时，应用代理防火墙会在浏览器与网站间转发 HTTP 请求与 HTTP 响应。

图 13-12 "Internet 选项"对话框

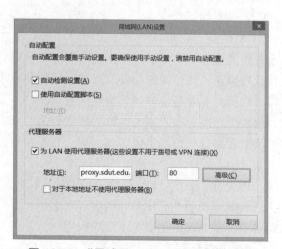

图 13-13 "局域网（LAN）设置"对话框

也有一些应用代理防火墙不需要客户做任何设置，应用代理防火墙作为内部网络与外部网络的唯一出入口，会截获经过它的所有数据，自动进行中转。这叫作透明代理，因为客户根本感觉不到它的存在。

视频 13.5

13.5　新一代人工智能防火墙

现有防火墙具有以下不足：

① 难以面对威胁快速变种。现有防火墙的工作机制是针对威胁生成签名，当签名库无法持续应对新增变化时，就需要运维人员不断更新策略——也就是配置防火墙规则来维持企业的安全防控能力。但是，人工配置防火墙的效率非常低下，Forrester 公司调查显示仅有 8%受访者可以在 24 小时内完成防火墙规则配置，有 44%的受访者需要一周以上才能完成。如此一来，威胁的持续变种就可以让防火墙被动应对，疲于奔命。

② 难以应对立体化攻击。当下网络攻击日渐立体化，来自内外网的多方位攻击呈快速上升趋势，但现有防火墙仅能针对特征库内相对固定的协议或应用进行防护，面对特征库以外却无能为力。例如，面对内网攻击，需要能够利用内网行为分析、异常流量检测等手段迅速发现威胁活动、定位失陷主机，在此基础上快速补救、及时制止内部扩散。Forrester 公司调研显示，62%的受访者表示现有防火墙难以准确识别内网失陷主机，57%的受访者对防火墙识别内网威胁的扩散行为表示担忧。

③ 安全运维工作日益繁重。随着时间累积和人员变动，企业安全管理人员与海量威胁在对攻中产生的大量策略会给策略管理带来困难，特别是在执行删除操作时。同时，多数防火墙缺乏有效的数据分析能力，这导致安全运维人员需要靠人工来分析海量安全日志，顶着繁重工作压力靠经验做判断，这为企业安全埋下了巨大的潜在风险。在 Forrester 的调研中，65%的受访者认为运维人员投入日志分析的精力过多，63%的受访者则表示缺乏经验丰富的安全运维人员。

针对这些问题，2019 年，华为公司推出了人工智能防火墙（Artificial Intelligence Firewall，AIFW），具有如下特点：

① 有效应对新型威胁的防御能力。基于签名或者规则的传统解决方案相对静态，面对不断升级的安全威胁处于疲于追赶的态势，难以做到主动防御。人工智能技术突破人类的低维度认知限制，从更深的层次"理解"威胁和攻击的行为模式。实践中，监督学习与非监督学习可以更为有效地检测频繁变种的恶意文件，发现失陷主机和远控主机，侦测加密外发窃取，识别低频或分布式蛮力破解等恶意行为。人工智能的学习模型可以充分利用海量数据，根据场景数据分析训练生成防御模型，并不断根据实时数据实现模型升级，实现自我进化。

② 缩短攻击的响应时间。当侦测到入侵已经发生时，迅速定位隔离问题并做出恰当的反应尤为关键。基于人工智能的防护模型相比传统方案更为轻量级，可以集成于防火墙本地，相比之前需要联动外部检测的做法可以缩短攻击的暴露时间窗，帮助企业将损失降到最低。在调研中，有 82%的受访者对于应对网络攻击的反应速度表示关注。

③ 加强安全事件的智能分析能力。各种安全攻击会在安全日志中留下痕迹，但是从操作系统日志、主机威胁日志以及网络防护日志等海量日志中发现威胁攻击的蛛丝马迹，提炼

洞察并不断提升防控能力则需要大量人力。人工智能可以为威胁事件分析带来变革。例如，知识图谱技术可以沉淀全局攻防知识库和资产威胁事件等本地知识，结合环境数据图、行为数据图以及情报数据图，充分释放数据价值，更好地支持针对关键资产保护的攻击链识别和攻击态势呈现等任务。

13.6　案例应用：瑞星个人防火墙软件

1．案例描述

现在个人用户使用的台式机、笔记本计算机等，随时随地都接入到互联网中，为了安全，很有必要安装个人防火墙软件。

2．案例分析

个人防火墙产品很多，很多杀毒软件就可以作为个人防火墙使用，Windows 10 也内置了防火墙功能模块。本案例使用瑞星个人防火墙软件，其他软件的使用方法基本与此类似。

3．案例解决方案

从网上下载瑞星个人防火墙软件，该软件可以免费使用。安装运行后主界面如图 13-14 所示。主界面右侧是本机 IP 地址、DNS，以及相关的广告信息。下方是实时变化的网络流量图。中间显示"拦截钓鱼欺诈网站""拦截木马网页""拦截网络入侵""拦截恶意下载"这四项主要功能的开启状态，单击"已开启"，可以关闭该功能，再次单击可以再次开启。上方是"首页""网络安全""家长控制""防火墙规则""小工具""安全资讯"六个图标。

图 13-14　瑞星个人防火墙主界面

单击"首页"图标，即回到主界面。单击"网络安全"图标，界面如图 13-15 所示。可以看出，本窗口中大多数功能的工作原理都是对进出本机的数据进行过滤，如果发现符合已定义规则的恶意数据，就进行拦截。

图 13-15　"网络安全"界面

单击右上方的"设置"，可以进行多项详细设置。选择"防黑客设置"选项后，界面如图 13-16 所示。这里除"ARP 欺骗防御"外，都是对数据进行过滤。单击"ARP 欺骗防御"右侧的"管理"按钮，打开如图 13-17 所示的界面。其中的 IP 地址 1.1.1.10 是本机的网关 IP 地址，已经与网关的物理地址绑定在一起，从而可以防御 APR 欺骗攻击。

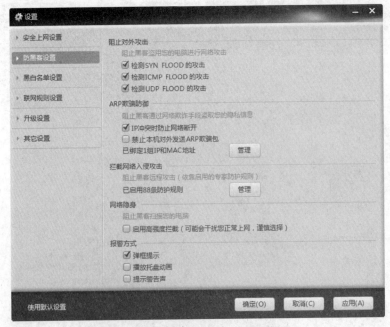

图 13-16　"网络安全"设置界面

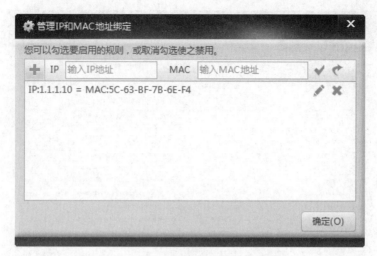

图 13-17　"ARP 欺骗防御"管理界面

在"联网规则设置"中，有三类规则可以设置："程序联网规则"与"IP 规则"在主界面的"防火墙规则"图标中同样可以设置，将在下面介绍，此处只介绍"端口规则"的设置。单击"端口规则"，界面如图 13-18 所示，这里增加了一条规则，禁止本机访问远程计算机的 80 号端口，这样本机浏览器将无法打开所有使用 80 号端口的网页。

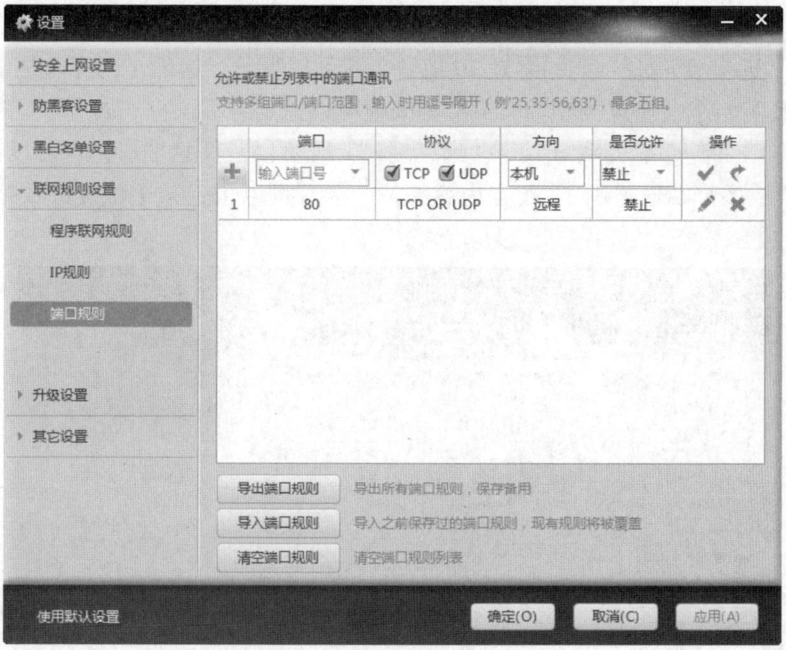

图 13-18　"端口规则"设置界面

在主界面的"防火墙规则"图标中，有"联网程序规则"与"IP 规则"两个选项卡。选择"联网程序规则"选项卡，界面如图 13-19 所示，列出了本机已经安装的需要使用网络功能的程序名称，状态有"放行""阻止""自定义"三种。"放行"意味着该程序可以使用网络，"阻止"意味着该程序不能使用网络，"自定义"可以为该程序定义详细的过滤规则，与"IP 规则"类似。

图 13-19 "联网程序规则"设置界面

选择"IP规则"后，界面如图13-20所示，列出了多条规则，这实际上就是本章前面介绍的包过滤技术中的ACL。选择某条规则，单击下方的"修改"按钮，界面如图13-21所示。"规则应用于"下拉列表框有三个选项："所有IP包""发出的IP包""收到的IP包"，指明数据的流向。"远程IP地址"与"本地IP地址"既可以是任意地址，也可以是单个地址，还可以是一个地址范围。"协议类型为"下拉列表框可以指定各种协议，如TCP、UDP、ICMP、IGMP、ESP、AH等。"本机端口"与"远程端口"既可以是任意端口，也可以是单个端口，还可以是一个或多个端口范围。"指定内容特征"部分可以指定某个位置的数据必须具有的某个特征值。

图 13-20 "IP 规则"设置界面

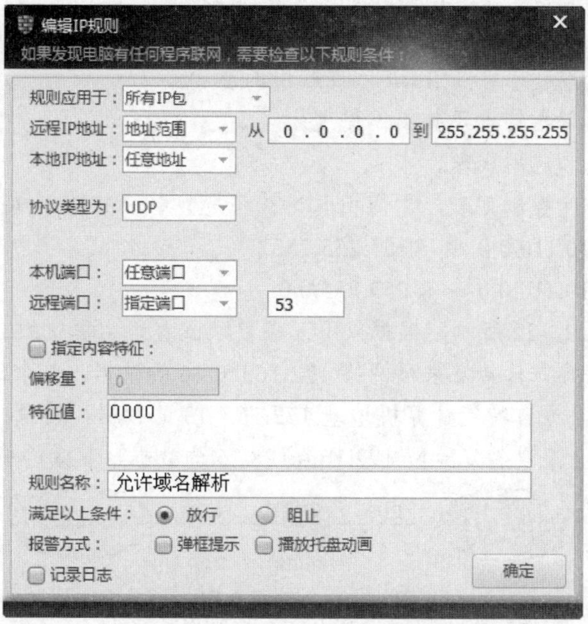

图 13-21　修改 IP 规则界面

主界面上的"网络安全"与"防火墙规则"是两个最重要的图标。其他"家长控制"图标能够指定计算机上网的时间，以及能够使用哪些网络功能。"小工具"图标提供了多个实用的网络监控、统计、加速的小工具。"安全资讯"图标则提供了瑞星公司的最新安全新闻。

4. 案例总结

瑞星个人防火墙是一款功能全面、适合个人用户的实用软件。需要特别注意的是，防火墙软件不是安装完并启用就万事大吉了，而是需要正确完备的设置，这要求我们不断学习，了解不断出现的新威胁，据此及时更新防火墙设置。

小　结

本章首先介绍了防火墙的基本概念，然后介绍了防火墙的类型，包括包过滤防火墙、应用代理防火墙、电路级网关防火墙、状态检测防火墙，以及防火墙在网络上的设置情况，包括单防火墙结构与双防火墙结构；详细讨论了防火墙的基本技术，包括包过滤技术与应用代理技术；简要介绍了华为公司的新一代人工智能防火墙；最后介绍了瑞星个人防火墙软件，说明了其设置与使用方法。

习　题

1. 简述防火墙工作原理。
2. 一个功能完备的防火墙应具备哪些功能？
3. 防火墙有哪些类型？

4. 试述防火墙在网络上的设置情况。

5. 试述各种防火墙技术在 TCP/IP 协议族中的层次。

6. 简述包过滤的基本特点及其工作原理。

7. 试比较包过滤和应用代理。

8. 有下列两个访问控制列表，它们相同吗？还是其中一个包含另一个？

ACL 1:　　permit 10.110.0.0　　　255.255.255.0

ACL 2:　　permit 10.110.0.0　　　255.255.0.0

9. 网络连接如图 13-22 所示，根据以下三条要求配置路由器中的 ACL，填写表 13-7。

（1）F1/0 和 F1/1 接口只转发来自网络 172.16.0.0/16 的数据，其余的将被阻止。

（2）F1/0 接口阻止来自特定计算机地址 172.16.4.13 的数据，其余的将被转发。

（3）F1/0 接口阻止来自特定子网 172.16.4.128/25 的数据，其余的将被转发。

图 13-22　习题 9 图

表 13-7　习题 9 表

规　则	接　口	源地址/掩码	目的地址	动　作
1				
2				
3				
4				

10. 上网搜索防火墙的最新发展动态和趋势。

11. 在自己的计算机上安装使用个人防火墙软件。

12. 在自己的计算机上安装使用代理服务器软件。

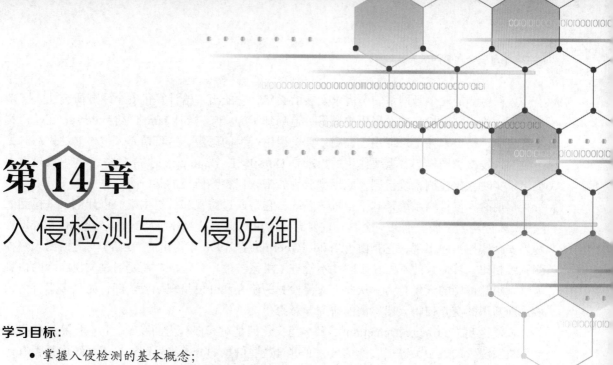

第14章
入侵检测与入侵防御

学习目标：

- 掌握入侵检测的基本概念；
- 理解不同类型入侵检测系统的工作原理；
- 了解入侵防御技术。

关键术语：

- 入侵检测系统（Intrusion Detection System，IDS）；
- 异常检测（Anomaly Detection）；
- 误用检测（Misuse Detection）；
- 基于主机的入侵检测系统（Host Based Intrusion Detection System）；
- 基于网络的入侵检测系统（Network Based Intrusion Detection System）；
- 入侵防御系统（Intrusion Prevention System，IPS）。

对付网络入侵，只有防火墙是不够的。防火墙只是去试图阻挡网络入侵，但很难去发现入侵的企图和成功的入侵。"安全第一，预防为主"，这就需要一种新的技术，能够及时发现入侵者的入侵行为和入侵企图，向用户发出警报，将入侵消灭在攻击之前。本章介绍的入侵检测技术正是这样一种技术。而入侵防御技术在检测出入侵的同时，还能阻断入侵。

14.1　入侵检测系统概述

视频 14.1

人们在实现网络与信息安全的过程中不断进行着探索和研究，其中比较突出的技术有：身份认证与识别、访问控制机制、加密技术、防火墙技术等。但是，这些技术都把注意力集中在系统的自身加固和防护上，属于静态的安全防御技术，对于网络环境下日新月异的攻击手段缺乏主动的反应。针对日益严重的网络安全问题和越来越突出的安全需求，自适应网络安全技术（动态安全技术）和动态安全模型应运而生。

入侵检测作为动态安全技术的核心技术之一，是防火墙的合理补充，可帮助系统对付网络攻击，扩展了系统管理员的安全管理能力（包括安全审计、监视、进攻识别和响应），提高了信息安全基础结构的完整性，是安全防御体系的一个重要组成部分。

　　入侵检测的诞生是网络安全需求发展的必然，它的出现给计算机安全领域研究注入了新的活力。关于入侵检测的发展历史最早可追溯到 1980 年，当时 James P. Anderson 在一份技术报告中，提出审计记录可用于检测计算机误用行为的思想，这可谓是入侵检测的先河。另一位对入侵检测同样起着重要作用的人就是 Dorothy E. Denning，他在 1987 年的一篇论文中提出了实时入侵检测系统模型，此模型成为后来入侵检测研究的基础。

　　早期的入侵检测系统是基于主机的系统，它是通过监视和分析主机的审计记录来检测入侵的。入侵检测发展史上又一个具有重要意义的里程碑就是 NSM（Network Security Monitor，网络安全监控）的出现，它是由 L.Todd Heberlien 在 1990 年提出的。NSM 与此前的入侵检测系统相比，其最大的不同在于它并不检查主机系统的审计记录，而是通过监视网络的信息流量来跟踪可疑的入侵行为。从此，入侵检测的研究和开发呈现一股热潮，而且多学科多领域之间知识的交互使得入侵检测的研究异彩纷呈。

　　入侵检测（Intrusion Detection），顾名思义，即是对入侵行为的发觉。它在计算机网络或计算机系统中的若干关键点收集信息，通过对这些信息的分析来发现网络或系统中是否有违反安全策略的行为和被攻击的迹象。进行入侵检测的软件与硬件的组合就是入侵检测系统（Intrusion Detection System，IDS）。与其他安全产品不同的是，入侵检测系统需要更多的智能，它必须能将得到的数据进行分析，并得出有用的结果。

　　早期的 IDS 模型设计用来监控单一服务器，是基于主机的入侵检测系统；近期的更多模型则集中用于监控通过网络互联的多台服务器。入侵检测系统的任务和作用如下：

① 监视、分析用户及系统活动。
② 对系统弱点的审计。
③ 识别和反应已知进攻的活动模式并向相关人士报警。
④ 异常行为模式的统计分析。
⑤ 评估重要系统和数据文件的完整性。
⑥ 操作系统的审计跟踪管理，识别用户违反安全策略的行为。

　　入侵检测系统有两个指标：一是漏报率，指攻击事件没有被 IDS 检测到，与其相对的是检出率；二是误报率，指把正常事件识别为攻击并报警。误报率与检出率成正比关系，如图 14-1 所示。

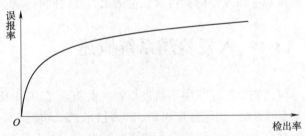

图 14-1　误报率与检出率成正比关系

　　目前国内已有很多企业推出了商用入侵检测系统，如天融信、启明星辰、华为等。入侵检测系统既有硬件的（外观如同一台网络设备），也有软件的。Snort 是一款著名的入侵检测软件。它是自由软件，出现于 1998 年，现在已发展成为一个具有多平台使用、实时流量分析、网络数据包记录等特性的强大的网络入侵检测软件。

14.2　入侵检测系统结构

视频 14.2

入侵检测系统是动态安全防御策略的核心技术，比较有影响的入侵检测系统模型有：CIDF 模型、Denning 的通用入侵检测系统模型。其中，CIDF 模型是在对入侵检测系统进行规范化的过程中提出的，也是逐渐被入侵检测领域所采纳的模型；Denning 的通用入侵检测系统模型作为入侵检测发展历程中颇具影响力的实例，给入侵检测领域的研究带来了相当重要的启示。现在，很多的入侵检测系统研究原型都是基于这两个模型的，所以有必要对其进行介绍。

14.2.1　入侵检测系统的 CIDF 模型

CIDF 模型是由 CIDF（Common Intrusion Detection Framework，通用入侵检测框架）工作组提出的。CIDF 工作组是由 Teresa Lunt 发起的，专门从事对入侵检测系统（IDS）进行标准化的研究机构。它主要研究的是入侵检测系统的通用结构、入侵检测系统各组件间的通信接口问题、通用入侵描述语言（Common Intrusion Specification Language，CISL）以及不同入侵检测系统间通信问题等关于入侵检测的规范化问题。

CIDF 提出了一个入侵检测系统的通用模型（见图 14-2），它将入侵检测系统分为以下几个单元：

① 事件产生器（Event Generators）；
② 事件分析器（Event Analyzers）；
③ 响应单元（Response Units）；
④ 事件数据库（Event Databases）。

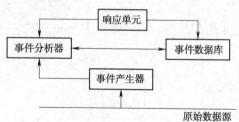

图 14-2　入侵检测系统的 CIDF 模型

CIDF 模型将入侵检测系统需要分析的数据统称为事件（Event），它可以是网络中的数据包，也可以是从系统日志等审计记录途径得到的信息。

事件产生器即检测器，它从整个系统环境中获得事件，并向系统的其他部分提供此事件；事件分析器分析得到的数据，并产生分析结果；响应单元则是对分析结果做出反应的功能单元，它可以做出切断连接、改变文件属性等反应，甚至发动对攻击者的反击，也可以仅仅简单地报警；事件数据库是存放各种中间和最终数据的地方的总称，它可以是复杂的数据库，也可以是简单的文本文件。各功能单元间的数据交换采用的是 CISL 语言。

图 14-2 所示为入侵检测系统的一个简化模型，它给出了入侵检测系统的一个基本框架。一般来说，入侵检测系统由这些功能模块组成。在具体实现上，由于各种网络环境的差异以

及安全需求的不同，在实际的结构上就存在一定程度的差别。图 14-3 所示为互联网工程任务组（IETF）提出的对 CIDF 模型的一个更详细的描述。

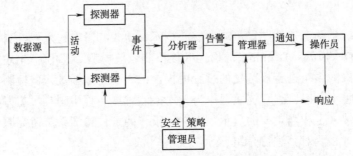

图 14-3 IETF 的入侵检测系统模型

14.2.2 Denning 的通用入侵检测系统模型

Dorothy E. Denning 于 1987 年提出了一个通用的入侵检测模型，如图 14-4 所示。该模型由以下六个主要部分组成：主体（Subjects）、客体（Objects）、审计记录（Audit Records）、行为轮廓（Profiles）、异常记录（Anomaly Records）及活动规则（Activity Rules）。

在该模型中，主体是指目标系统上活动的实体，通常指的是用户，也可能是代表用户行为的系统进程，或者是系统自身。主体的所有行为都是通过命令来实现的。客体是指系统资源，如文件、命令、设备等。它是主体的行为的接受者。主体和客体没有明显的界限，往往在某一环境下的主体在另一环境下则会成为客体。

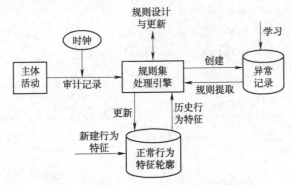

图 14-4 Denning 的通用入侵检测系统模型

审计记录是指主体对客体进行操作而在目标系统上产生的记录，如用户的登录、命令的执行、文件的访问等都会在系统中产生相应的记录。它是由<主体，活动，客体，异常条件，资源使用状况，时间戳>构成的六元组。其中，活动是指主体对客体的操作，如登录、退出、读、写等；异常条件是指主体活动出现异常情况时系统的状态；资源使用状况是指系统的资源消耗情况；时间戳是指活动发生的时间。

行为轮廓是描述主体对客体正常行为的模型，它包含系统正常活动的各种相关信息。异常记录是指当系统检测到异常行为时产生的记录，由事件、时间戳、行为轮廓组成。活动规则是指系统判断是否是入侵的准则，以及当满足入侵条件时，系统所采取的相应的对策。

这个模型是个典型的异常检测的实现原型，对入侵检测的研究起着相当重要的推动作用。

14.3　入侵检测系统类型

视频 14.3

入侵检测系统的分类有多种，这里主要介绍两种：一种是根据入侵检测系统的输入数据来源分类；另一种是根据入侵检测系统所采用的技术分类。

14.3.1　按数据来源分类

由于入侵检测是个典型的数据处理过程，因而数据采集是其第一步。同时，针对不同的数据类型，所采用的分析机理也是不一样的。根据入侵检测系统输入数据的来源来看，它可分为：基于主机的入侵检测系统、基于网络的入侵检测系统和分布式入侵检测系统。

1. 基于主机的入侵检测系统

基于主机的入侵检测系统（HIDS）通常以计算机系统日志、应用程序日志等审计记录文件作为数据源。它是通过比较这些审计记录文件的记录与攻击签名（Attack Signature，指用一种特定的方式来表示已知的攻击模式）以发现它们是否匹配。如果匹配，检测系统就向系统管理员发出入侵报警并采取相应的行动。基于主机的 IDS 可以精确地判断入侵事件，并可对入侵事件立即做出反应。它还可针对不同操作系统的特点判断出应用层的入侵事件。

由于审计数据是收集系统用户行为信息的主要方法，因而必须保证系统的审计数据不被修改。但是，当系统遭到攻击时，这些数据很可能被修改。这就要求基于主机的入侵检测系统必须满足一个重要的实时性条件：检测系统必须在攻击者完全控制系统并更改审计数据之前完成对审计数据的分析，产生报警并采取相应的措施。

早期的入侵检测系统大多都是基于主机的 IDS，作为入侵检测系统的一大重要类型，它具有明显的优点：

① 能够确定攻击是否成功。由于基于主机的 IDS 使用包含有确实已经发生的事件信息的日志文件作为数据源，因而比基于网络的 IDS 更能准确地判断出攻击是否成功。在这一点上，基于主机的 IDS 可谓是基于网络的 IDS 的完美补充。

② 非常适合于加密和交换环境。由于基于网络的 IDS 是以网络数据包作为数据源，因而对于加密环境来讲，它是无能为力的，但对于基于主机的 IDS 就不同了，因为所有的加密数据在到达主机时必须被解密，这样才能被操作系统解析。对于交换网络来讲，基于网络的 IDS 在获取网络流量上面临着很大的挑战，但基于主机的 IDS 就没有这方面的限制。

③ 近实时的检测和响应。基于主机的 IDS 不能提供真正的实时响应，但是由于现有的基于主机的 IDS 大多采取的是在日志文件形成的同时获取审计数据信息，因而就为近实时的检测和响应提供了可能。

④ 不需要额外的硬件。基于主机的 IDS 是驻留在现有的网络基础设施之上的，包括文件服务器、Web 服务器和其他的共享资源等，这样就减少了基于主机的 IDS 的实施成本。因为不再需要增加新的硬件，所以也就减少了以后维护和管理这些硬件设备的负担。

⑤ 可监视特定的系统行为。基于主机的 IDS 可以监视用户和文件的访问活动，这包括文件访问、文件权限的改变、试图建立新的可执行文件和试图访问特权服务等。例如，基于主机的 IDS 可以监视所有的用户登录及注销情况，以及每个用户连接到网络以后的行为。而基于网

络的 IDS 就很难做到这一点。基于主机的 IDS 还可以监视通常只有管理员才能实施的行为，因为操作系统记录了任何有关用户账号的添加、删除、更改的情况，一旦发生了更改，基于主机的 IDS 就能检测到其中不适当的更改。基于主机的 IDS 还可以跟踪影响系统日志记录的策略的变化。最后，它可以监视关键系统文件和可执行文件的更改，试图对关键的系统文件进行覆盖或试图安装特洛伊木马或后门程序的操作都可被检测出并被终止，而基于网络的 IDS 有时就做不到这一点。

基于主机的 IDS 也存在一些不足：这种类型的系统依赖于审计数据或系统日志的准确性、完整性以及对安全事件的定义。若入侵者设法逃避审计，则基于主机的 IDS 的弱点就暴露出来了。特别是在现代的网络环境下，单独地依靠主机审计信息进行入侵检测难以适应网络安全的需求。这主要表现在以下 4 个方面：一是主机的审计信息弱点，如易受攻击，入侵者可通过使用某些系统特权来逃避审计。二是不能通过分析主机审计记录来检测网络攻击。三是IDS 的运行或多或少影响服务器性能。四是基于主机的 IDS 只能对服务器的特定用户、应用程序执行的动作、日志进行检测，所能检测到的攻击类型受到限制。

2．基于网络的入侵检测系统

基于网络的入侵检测系统（NIDS）以原始的网络数据包作为数据源。它是利用网络适配器来实时地监视并分析通过网络进行传输的所有通信业务的。一旦检测到攻击，IDS 的响应模块通过通知、报警以及中断连接等方式对攻击行为做出反应。基于网络的 IDS 是网络迅速发展，攻击手段日趋复杂的新的历史条件下的产物。较之于基于主机的 IDS，它有着自身明显的优势：

① 攻击者转移证据更困难。基于网络的 IDS 使用正在发生的网络通信进行实时攻击的检测，因此攻击者无法转移证据，被检测系统捕获到的数据不仅包括攻击方法，而且包括对识别和指控入侵者十分有用的信息。由于很多黑客对审计日志很了解，因而他们知道怎样更改这些文件以藏匿他们的入侵踪迹，而基于主机的 IDS 往往需要这些原始的未被修改的信息来进行检测，在这一点上，基于网络的 IDS 有着明显的优势。

② 实时检测和应答。一旦发生恶意的访问或攻击，基于网络的 IDS 可以随时发现它们，以便能够更快地做出反应。这种实时性使得系统可以根据预先的设置迅速采取相应的行动，从而将入侵行为对系统的破坏减到最低，而基于主机的 IDS 只有在可疑的日志文件产生后才能判断攻击行为，这时往往对系统的破坏已经产生了。

③ 能够检测到未成功的攻击企图。有些攻击行为旨在攻击防火墙后面的资源，防火墙本身可能会抵挡这些攻击企图。利用放置在防火墙外的基于网络的 IDS 就可以检测到这种企图，而基于主机的 IDS 并不能发现未能到达受防火墙保护的主机的攻击企图。通常，这些信息对于评估和改进系统的安全策略是十分重要的。

④ 操作系统无关性。基于网络的 IDS 并不依赖主机的操作系统作为检测资源，这样就与主机的操作系统无关，而基于主机的系统需要依赖特定的操作系统才能发挥作用。

⑤ 较低的成本。基于网络的 IDS 允许部署在一个或多个关键访问点来检查所有经过的网络通信，因此，基于网络的 IDS 系统并不需要在各种各样的主机上都进行安装，大大减少了安全和管理的复杂性，这样所需的成本费用也就相对较低。

当然，对于基于网络的 IDS 来讲，同样有着一定的不足：它只能监视通过本网段的活动，并且精确度较差；在交换网络环境中难于配置；防欺骗的能力比较差，对于加密环境它就更是无能为力了。

3．分布式入侵检测系统

从以上对基于主机的 IDS 和基于网络的 IDS 的分析可以看出：这两者各自都有着自身独到的优势，而且在某些方面是很好的互补。如果采用这两者结合的入侵检测系统，那将是汲取了各自的长处，又弥补了各自不足的一种优化设计方案。通常，这样的系统一般为分布式结构，由多个部件组成，它能同时分析来自主机系统的审计数据及来自网络的数据通信流量信息。

分布式的 IDS 将是今后人们研究的重点，它是一种相对完善的体系结构，为日趋复杂的网络环境下的安全策略的实现提供了最佳的解决方案。

14.3.2　按分析技术分类

数据分析是入侵检测系统的核心，它是关系到能否检测出入侵行为的关键。不同的分析技术的分析机制是不一样的，而且不同的分析技术对不同的数据环境的适用性也不一样。根据入侵检测系统所采用的分析技术来看，它可以分为采用异常检测的入侵检测系统和采用误用检测的入侵检测系统。

1．异常检测（Anomaly Detection）

异常检测也称为基于行为的（Behavior-Based）检测。其原理是：首先建立系统或用户的"正常"行为特征轮廓，通过比较当前的系统或用户的行为是否偏离正常的行为特征轮廓，来判断是否发生了入侵行为。典型的异常检测系统如图 14-5 所示。

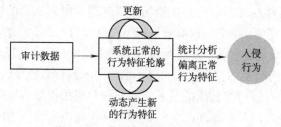

图 14-5　典型的异常检测系统

从异常检测的实现机理来看，异常检测所面临的关键问题有：

（1）特征量的选择

异常检测首先是要建立系统或用户的"正常"行为特征轮廓，这就要求在建立正常模型时，选取的特征量既要能准确地体现系统或用户的行为特征，又能使模型最优化，即以最少的特征量涵盖系统或用户的行为特征。作为异常检测的关键的第一步，它将直接影响检测性能的优劣。

（2）阈值的选定

因为在实际的网络环境下，入侵行为和异常行为往往不是一对一的等价关系（这样的情况是经常会有的：某一行为是异常行为，而它不一定是入侵行为；同样存在某一行为是入侵行为，而它却不一定是异常行为的情况），所以会导致漏报和误报的产生。由于异常检测是先建立正常的特征轮廓并以此作为比较的基准，而这个基准，即阈值的选定是非常关键的。阈值选得过大，漏报率就会很高，这对被保护的系统的危害会很大；相反，阈值选得过小，则误报率就会提高，这会对入侵检测系统的正常工作带来很多不便。总之，恰当地选取比较的阈值是异常检测的关键，是直接衡量这一检测方法准确率高低的至关重要的因素。

（3）比较频率的选取

由于异常检测是通过比较当前的行为和已建立的正常行为特征轮廓来判断入侵的发生与否的，因而比较的频率，即经过多长时间进行比较的问题也是一个重要因素。经过的时间过长，检测结果的漏报率会很高，因为攻击者往往能通过逐渐改变攻击的模式使之成为系统所接受的行为特征，从而使攻击无法被检测出来；如果经过的时间过短，就存在误报率提高的问题，因为有的正常的进程在短时间内的资源消耗会很大，这样检测系统就会误认为有入侵行为的发生。另外，正常的行为特征轮廓存在更新的问题，这也是在选取比较的频率时必须考虑的因素。

从异常检测的原理可以看出，该方法的技术难点在于："正常"行为特征轮廓的确定；特征量的选取；特征轮廓的更新。由于这几个因素的制约，异常检测的误报率会很高，但对于未知的入侵行为的检测非常有效，同时它也是检测冒充合法用户的入侵行为的有效方法。此外，由于需要实时地建立和更新系统或用户的特征轮廓，因而所需的计算量很大，对系统的处理性能要求也很高。

2. 误用检测（Misuse Detection）

误用检测也称为基于知识的（Knowledge-Based）检测。其基本前提是：假定所有可能的入侵行为都能被识别和表示。原理是：首先对已知的攻击方法进行攻击签名（攻击签名是指用一种特定的方式来表示已知的攻击模式）表示，然后根据已经定义好的攻击签名，通过判断这些攻击签名是否出现来判断入侵行为的发生与否。

同样，误用检测也存在着影响检测性能的关键问题：攻击签名的恰当表示。误用检测是根据攻击签名来判断入侵的，那么如何有效地根据对已知的攻击方法的了解，用特定的模式语言来表示这种攻击，即攻击签名的表示将是该方法的关键所在，尤其是攻击签名必须能够准确地表示入侵行为及其所有可能的变种，同时又不会把非入侵行为包含进来。

由于很大一部分的入侵行为利用的是系统的漏洞和应用程序的缺陷，因而通过分析攻击过程的特征、条件、排列以及事件间的关系，就可具体描述入侵行为的迹象。这些迹象不仅对分析已经发生的入侵行为有帮助，而且对即将发生的入侵行为也有预警作用，因为只要部分满足这些入侵迹象就意味着可能有入侵行为的发生。

误用检测类似于病毒检测系统，其检测的准确率和效率都比较高，而且这种技术比较成熟，国际上一些顶尖的入侵检测系统都采用该方法。但是，其检测的完备性则依赖于攻击签名知识库的不断更新和补充。另外，误用检测是通过匹配模式库来完成检测过程的，所以在计算处理上对系统的要求不是很高。

为建立及维护攻击签名知识库，需要对系统中的每一个缺陷都进行详细的分析，这不仅是一个耗时的工作，而且关于攻击的知识依赖于操作系统、软件的版本、硬件平台以及系统中运行的应用程序等。误用检测的主要局限性表现在：

① 它只能根据已知的入侵序列和系统缺陷的模式来检测系统中的可疑行为，面对新的入侵攻击行为以及那些利用系统中未知或潜在缺陷的越权行为时，则无能为力。也就是说，不能检测未知的入侵行为。由于其检测机理是对已知的入侵方法进行模式提取，对于未知的

入侵方法由于缺乏先验知识就不能进行有效的检测，因而在新的网络环境下漏报率会比较高。

② 与系统的相关性很强，即检测系统知识库中的入侵攻击知识与系统的运行环境有关。对于不同的操作系统，由于其实现机制不同，对其攻击的方法也不尽相同，因而很难定义出统一的模式库。

③ 对于系统内部攻击者的越权行为，由于他们没有利用系统的缺陷，因而很难检测出来。

3. 采用两种技术混合的入侵检测

入侵检测的两种最常用技术在实现机理、处理机制上存在明显的不同，而且各自都有着自身无法逾越的障碍，使得各自都有着某种不足。但是采用这两种技术混合的方案，将是一种理想的选择，这样可以做到优势互补。

14.3.3 其他分类

除了上述对入侵检测系统的基本分类外，还有其他不同形式的分类方法，如按照入侵检测系统的响应方式来划分，可分为主动的入侵检测系统和被动的入侵检测系统。主动的入侵检测系统对检测到的入侵行为进行主动响应、处理，而被动的入侵检测系统对检测到的入侵行为仅进行报警。

14.4　入侵防御系统

视频 14.4

本章前面介绍的入侵检测系统只能被动地检测攻击，而不能主动地把变化莫测的威胁阻止在网络之外。因此，人们迫切地需要找到一种主动入侵防护解决方案，以确保网络在威胁四起的环境下正常运行，入侵防御系统（Intrusion Prevention System，IPS）就应运而生了。

互联网的发展趋势表明，网络攻击正逐渐从简单的网络层攻击向应用层转变，单纯的防火墙功能已经不能满足当下应用安全的需求。旁路的入侵检测方式又不能满足对攻击源实时屏蔽的需求，与防火墙联动的入侵检测一直没有标准的联动协议来支撑。将入侵检测与防火墙的功能联合起来，就形成了入侵防御系统。

入侵防御系统是一种能够监视网络数据传输行为的计算机网络安全设备，能够实时地中断、调整或隔离一些不正常或者具有伤害性的网络数据传输行为。也就是说，入侵防御系统是一种智能化的入侵检测和防御产品，它不但能检测入侵的发生，而且能通过一定的响应方式，实时地中止入侵行为的发生和发展，实时地保护信息系统不受实质性的攻击。入侵防御系统一般安装在网络所有数据流量的"必经之路"上，一旦发现入侵企图，就会立即阻断这些有入侵企图的数据流量。入侵防御系统有以下两个主要特点：

1. 深层防御

根据统计数据，目前越来越多的攻击行为发生在应用层，这类攻击称为深层攻击行为。深层攻击行为有如下特点：

（1）新攻击种类出现频率高，新攻击手段出现速度快

根据绿盟科技集团股份有限公司发布的《2020 网络安全观察》，2020 年新增加的公开发

布的漏洞数量为 14 443 个，如此多的新增漏洞数量意味着新攻击类型的迅速增长。近年来，物联网、工业互联网、5G 网络、人工智能网等新型基础设施蓬勃发展，各类相关设备迅速增加。例如，同样根据《2020 网络安全观察》，2020 年全球视频监控设备暴露在互联网中的数量超过 1 560 万台。这类设备与传统的服务器有所不同，同样会导致大量新型的攻击种类与攻击手段。

（2）攻击过程隐蔽

与网络层与传输层的攻击行为相比，深层攻击行为更加隐蔽。例如文件捆绑，打开一份文档，结果执行了一个与文档捆绑的木马程序；又如文件伪装，可爱的熊猫图片，竟然是蠕虫病毒，再如跨站脚本攻击，仅仅是访问了一个网站的页面，就被安装上了间谍软件。攻击行为正以越来越乱真的面貌出现。

除了深层攻击行为这些自身的特点外，越来越多的业务应用，也增加了判断攻击行为的难度：到底是正常的应用还是违规的应用呢？如何更好地实现对这些深层攻击的防御，是入侵防御系统需要解决的问题。

2．精确阻断

入侵防御系统在网络中的布置通常是串行接入模式，即串接在网络当中，以边界防护设备的形式接入网络，任何对受保护网络的访问数据都将通过入侵防御系统。入侵防御系统作为串行部署的设备，确保用户业务不受影响是一个重点。错误的阻断必定影响正常的业务。在错误阻断的情况下，各种所谓扩展功能、高性能都是一句空话。这就引出了入侵防御系统所关心的另一重点——精确阻断，即精确判断各种深层的攻击行为，并实现实时阻断。一定要确保入侵防御系统尽可能少地误报和滥报，使得串接的入侵防御系统不会成为新的网络故障点。

精确阻断是深层防御的先决条件：没有实现对攻击行为的准确判断，错误阻断了正常业务，或者没有阻断那些隐藏的、变形的攻击行为，都将给客户带来巨大的损失。而深层防御也对精确阻断提出了更高的要求：不能对新的攻击行为实现精确的阻断，深层防御也就无从谈起。

明确了入侵防御系统的主要特点是深层防御、精确阻断后，入侵防御系统未来的发展趋势也就明朗了：不断丰富和完善入侵防御系统可以精确阻断的攻击类型，并在此基础之上提升入侵防御系统设备的处理性能。具体来说，入侵防御系统的未来发展方向应该有以下两个方面：

① 更加广泛的精确阻断范围：扩大可以精确阻断的攻击类型，尤其是攻击的变种以及无法通过特征来定义的攻击行为。

② 适应各种组网模式：在确保精确阻断的情况下，适应电信级骨干网络的防御需求。

在提升性能方面存在的一个悖论：要提升性能，除了在软件处理方式上优化外，硬件架构的设计也是一个非常重要的方面。目前的很多高性能硬件，都采用嵌入式指令和专用语言开发，将已知攻击行为的特征固化在电子固件上。这种方法虽然能提升模式匹配的效率，但在攻击识别的灵活性方面过于死板（对变种较难发现），在新攻击特征的更新方面有所滞后（需要做特征的编码化）。而基于开放硬件平台的入侵防御系统由于采用的是高级编程语言，不存在变种攻击识别和特征更新方面的问题，但在性能上存在处理效率瓶颈：难以达到电信级骨干网络的流量要求。

与入侵检测系统类似，入侵防御系统对攻击的检测方法大体上也分为异常检测与误用检测两类，这两类方法都有各自的优缺点。未来的入侵防御系统将融合这两类方法，从而形成

"柔性检测机制"，有机地融合以上两类方法的优点。这种融合不是两类检测方法的简单组合，而是细分到对攻击检测、防御的每一个过程中，在抗攻击的处理、协议分析、攻击识别等过程中都包含了这两类检测方法的融合。

14.5　案例应用：入侵检测软件 Snort

1．案例描述

视频 14.5

对于一个小型的接入互联网的单位内部网络，部署入侵检测系统可以提高安全性。可以购买商用的入侵检测系统，但价格昂贵，是否有低成本的解决方案呢？

2．案例分析

要采用低成本的入侵检测系统，自由软件就是很好的选择。Snort 是一款著名的入侵检测软件，它是自由软件，出现于 1998 年，现在已发展成为一个具有跨平台、实时流量分析、网络数据包记录等特性的强大的网络入侵检测软件。2021 年初，Snort 的最新版本是 3.0。

3．案例解决方案

Snort 有三种工作模式：嗅探器、数据包记录器、入侵检测系统。嗅探器模式仅仅是从网络上接收数据包并作为连续不断的流显示在屏幕上，这实际上是 Snort 最初的功能。数据包记录器模式则能够把接收到的数据包记录到硬盘上。入侵检测系统模式是最复杂的，而且是可配置的，可以让 Snort 分析网络数据流以匹配用户定义的一些规则，并根据检测结果采取一定的动作。这些规则通常是一些定义异常行为的规则，因此 Snort 是一种基于网络的、误用检测的入侵检测系统。

如果想用 Snort 保护一台计算机，直接将其安装到该计算机上即可。如果想用 Snort 保护一个网络，应该如何做呢？这里的关键是让网络内的所有数据流量都经过安装有 Snort 的计算机。具体办法有很多，比较简单的一个办法是在网络设备上启用"接口镜像"功能，使网络设备在正常转发数据的前提下，将一个或多个接口的数据流量全部转发到另一个指定接口，而安装有 Snort 的计算机就接在这个指定接口上。

标准的 Snort 只有命令行界面，用户需要输入命令使用，对于普通用户，难度较大。Snort 也可以具有图形界面，但这需要其他软件配合工作。Snort 的安装与使用非常烦琐，限于篇幅这里无法详细讲解。Snort 用于入侵检测时，其核心是定义各种异常行为的规则。下面举一个规则的例子，该规则的目的是发现以 root 用户名登录 FTP 服务器的行为。

alert tcp any any -> 10.0.0.0/24 21 (content:"USER root";msg:"FTP root login attempt")

一条规则分为两部分：括号前的部分是规则头；括号内的部分是规则选项。

规则头主要说明规则的动作、协议、源 IP 地址与源端口号，目的 IP 地址与目的端口号。alert 的含义是如果发现匹配规则的数据包就报警。tcp 说明本规则针对 TCP 协议的数据包。"->"左面的两个 any 表示所有源 IP 地址与源端口号，"->"右面的 10.0.0.0/24 表示该网络地址是目的 IP 地址，21 则表示这是目的端口号。

规则选项可以有多个，之间用";"分隔。每个选项由选项关键字与选项值组成，之间用":"分隔。已定义好的选项关键字有几十个，含义各不相同。content 表示在数据包中搜索指定内容，本例中是 USER root。msg 表示在日志中记录指定内容，本例中是 FTP root login attempt。

综上所述，本条规则的含义是：对于使用 TCP 协议的，由任意源 IP 地址与源端口号发出的，目的网络地址为 10.0.0.0/24，目的端口号为 21 的数据包。如果数据包中有 USER root 这样的字符串，就立即报警，并在日志中记录下 FTP root login attempt。

可以看出，定义规则是比较复杂的，不过网络上有很多已经定义好的规则可供下载使用。

4．案例总结

通过定义各种规则，Snort 可以发现各种入侵行为，实现入侵检测功能，那么 Snort 能否实现入侵防御功能呢？通过与其他软件的联动，Snort 在发现入侵行为后，可以阻断这些入侵。例如，iptables 是一个防火墙软件，可以与 Snort 联动。比较简单的办法是，编写一个脚本程序按一定频率读取 Snort 日志，将记录到的有入侵行为的源 IP 地址，创建相应的一条 iptables 规则，加入 iptables 软件中，并立即生效，这就阻断了入侵行为的继续发生。因为读取 Snort 日志的频率不能太高，所以本方法的实时性不太好。如果要求高实时性，可以为 Snort 编写专用的插件，内嵌到 Snort 中，一旦发现入侵行为，立即修改 iptables 的规则。

小　结

本章首先介绍了入侵检测系统的概念，然后给出了入侵检测系统的几个模型。入侵检测系统的分类有多种，根据入侵检测系统的输入数据来源，可分为基于主机的入侵检测系统与基于网络的入侵检测系统，前者的数据来源是计算机，后者的数据来源是网络。根据入侵检测系统所采用的技术，可以分为采用异常检测的入侵检测系统和采用误用检测的入侵检测系统，前者首先建立用户的正常行为特征，通过比较当前的用户行为是否偏离正常的行为特征来判断是否发生了入侵行为，后者则首先确定已知的入侵方法的特征，然后通过判断这些入侵特征是否出现来确定是否有入侵行为发生。而入侵防御技术在检测出入侵的同时，还能阻断入侵。

习　题

1. 入侵检测的主要意义是什么？
2. 常用的入侵检测系统模型有哪些？
3. 入侵检测系统可以分为哪些不同的类型？
4. 基于主机和网络的入侵检测系统的特点各是什么？
5. 对某一台装有入侵检测工具的计算机进行扫描、攻击等实验，查看入侵检测系统的反应。
6. 入侵防御系统有哪两个主要特点？
7. 入侵防御系统通常需要布置在网络的什么位置？

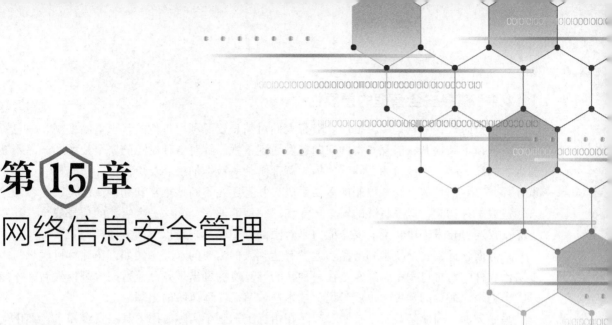

第15章
网络信息安全管理

学习目标：

- 理解网络信息安全管理的基本策略；
- 了解信息安全管理标准；
- 了解我国关于网络信息安全的法律法规。

关键术语：

- BS7799 标准；
- 系统安全工程能力成熟度模型（System Security Engineering Capability Maturity Model，SSE-CMM）。

本书前面详细讨论了网络信息安全的各种技术。只有技术是不是就可以了呢？答案是否定的。俗话说："三分技术，七分管理"，除了技术，还要有完善的安全管理。没有完善的安全管理，安全只是一句空话。试想，如果密钥因为管理混乱而泄密，那么密钥设置得强度再高又有什么用呢？本章将讨论安全管理的方方面面。

15.1　信息安全管理概述

所谓管理，是在群体活动中为了完成一定的任务，实现既定的目标，针对特定的对象，遵循确定的原则，按照规定的程序，运用恰当的方法，所进

视频 15.1

行的制订计划、建立机构、落实措施、开展培训、检查效果和实施改进等活动。其中，管理的任务、目标、对象、原则、程序和方法是管理策略的内容，一系列的管理活动是在管理策略的指导下进行的。所以，首先要明确管理策略，然后才是开展管理活动。

安全管理是以管理对象的安全为任务和目标的管理。安全管理的任务是保证被管理对象的安全。安全管理的目标是达到管理对象所需的安全级别，将风险控制在可以接受的程度。信息安全管理是以信息及其载体——即信息系统为对象的安全管理。信息安全管理的任务是保证信息的使用安全和信息载体的运行安全。信息安全管理的目标是达到信息系统所需的安全级别，将风险控制在用户可以接受的程度。信息安全管理有其相应的原则、程序和方法，用来指导和实现一系列的安全管理活动。

15.1.1　信息安全管理的重要性

在信息时代，信息是一种资产。随着人们对信息资源利用价值的认识不断提高，信息资产的价值在不断提升，信息安全的问题越发受到重视。针对各种风险的安全技术和产品不断涌现，如防火墙、入侵检测、漏洞扫描、病毒防治、数据加密、身份认证、访问控制、安全审计等，这些都是信息安全控制的重要手段，并且还在不断地丰富和完善。但是，却容易给人们造成一种错觉，似乎足够的安全技术和产品就能够完全确保一个组织的信息安全。其实不然，仅通过技术手段实现的安全能力是有限的，主要体现在以下两方面。

一方面，许多安全技术和产品远远没有达到人们需要的水准。例如，在计算机病毒与病毒防治软件的对抗过程中，经常是在一种新的计算机病毒出现并已经造成大量损失后，才能开发出查杀该病毒的软件，也就是说，技术往往落后于新风险的出现。

另一方面，即使某些安全技术和产品在指标上达到了实际应用的某些安全需求，如果配置和管理不当，还是不能真正地实现这些安全需求。例如，虽然在网络边界设置了防火墙，但出于风险分析欠缺、安全策略不明或者系统管理人员培训不足等原因，防火墙的配置出现严重漏洞，其安全功效将大打折扣。再如，虽然引入了身份认证机制，但由于用户安全意识薄弱，再加上管理不严，使得口令设置或保存不当，造成口令泄露，那么依靠口令检查的身份认证机制会完全失效。

所有这些告诉我们一个道理，即仅靠技术不能获得整体的信息安全，需要有效的安全管理来支持和补充，才能确保技术发挥其应有的安全作用，真正实现整体的信息安全。俗话说"三分技术、七分管理"，就是强调管理的重要性，在安全领域更是如此。

15.1.2　信息安全管理策略

信息安全管理策略包括信息安全管理的任务、目标、对象、原则、方法和评估等内容。

1. 信息安全管理的任务

信息安全管理的任务是保证信息的使用安全和信息载体的运行安全。信息的使用安全是通过实现信息的机密性、完整性和可用性这些安全属性来保证的。信息载体包括处理载体、传输载体和存储载体，其运行安全就是指计算系统、网络系统、存储系统和外设系统能够安全的运行。

2. 信息安全管理的目标

信息安全管理的目标是达到信息系统所需的安全级别，将风险控制在用户可以接受的程度。

3. 信息安全管理的对象

信息安全管理的对象从内涵上讲是指信息及其载体——信息系统，从外延上说其范围由实际应用环境来界定。

4. 信息安全管理的原则

信息安全管理遵循如下基本原则：

① 策略指导原则：所有的网络安全管理活动都应该在统一的策略指导下进行。

② 风险评估原则：网络安全管理策略的制定要依据风险评估的结果。

③ 预防为主原则：在信息系统的规划、设计、采购、集成和安装中要同步考虑安全问题，不可心存侥幸或事后弥补。

④ 适度安全原则：要平衡安全保护的费用与出现安全问题可能造成的损失，安全保护

的费用应该与数据的价值成正比，将风险降至用户可接受的程度即可，没有必要追求绝对的、代价高昂的安全，实际上也没有绝对的安全。

⑤ 立足国内原则：考虑到国家安全和经济利益，安全技术和产品首先要立足国内，不能未经许可、未能消化改造直接使用境外的安全保密技术和产品设备，特别是信息安全方面的关键技术和核心技术更是如此。

⑥ 成熟技术原则：尽量选用成熟的技术，以得到可靠的安全保证。采用新技术时要慎重，要重视其成熟的程度。

⑦ 规范标准原则：安全系统要遵循统一的操作规范和技术标准，以保证互连通和互操作，否则，就会形成一个个安全孤岛，没有统一的整体安全可言。

⑧ 均衡防护原则：安全防护如同木桶装水，只要全部木板中有一块坏板，水就会从里面泄漏出来；木桶中的水只和最低一块木板平齐，其他木板再高也无用。所以，安全防护措施要注意均衡性，注意是否存在薄弱环节或漏洞。

⑨ 分权制衡原则：要害部位的管理权限不应交给一个人管理，否则，一旦出现问题将全线崩溃。分权可以相互制约，提高安全性。

⑩ 全体参与原则：安全问题不只是安全管理人员的事情，全体相关人员都有责任。如果安全管理人员制定的安全制度和措施得不到相关人员的切实执行，安全隐患依然存在，安全问题就不会得到真正解决。

⑪ 应急恢复原则：安全防护不怕一万就怕万一，因此安全管理要有应急响应预案，并且要进行必要的演练，一旦出现问题就能够马上采取应急措施，将损失减少到最低程度。天灾人祸在所难免，因此在灾难不可能同时波及的另一地区设立备份中心，保持备份中心与主系统数据的一致性。一旦主系统遇到灾难而瘫痪，便可立即启动备份系统，使系统从灾难中得以恢复，保证系统的连续工作。

⑫ 持续发展原则：为了应对新的风险，对风险要实施动态管理。因此，要求安全系统具有延续性、可扩展性，能够持续改进，始终将风险控制在可接受的水平。

5. 信息安全管理的方法

信息安全管理根据具体管理对象的不同，采用不同的具体管理方法。信息安全管理的具体对象包括机构、人员、软件、设备、介质、涉密信息、技术文档、网络连接、门户网站、场地设施等。

信息安全管理的具体方法很多，应该根据具体情况制定，以下是通用的方法：

① 制定各类管理制度，并在工作中真正执行。

② 系统由专人管理，其他人员不应该接触系统。

③ 禁止非工作人员进入重要机房。

④ 使用不间断电源 UPS，做好防火、防水、防雷击、防鼠保护措施。

⑤ 各用户必须管理好自己的口令，并定期更改，不能泄露。

⑥ 重要的设备应该安放在安装了摄像头的隔离房间内，要保留 15 天以上的摄像记录，并使用门禁系统。机箱、键盘、计算机桌抽屉要上锁，以确保旁人即使进入房间也无法操作设备，钥匙要放在安全的地方。

⑦ 随时检查并记录服务器、网络设备及各类应用软件的运行情况，对软硬件进行的修

改、升级一定要记录在案。

⑧ 对软硬件进行重大的更改前，必须先形成方案文件，经过详细研究确认可行后再实行，并应对更改可能带来的负面后果做好充分的准备。可以在其他设备上试验后再正式实行，绝不能在工作中的设备上进行试验性质的调试。

⑨ 服务器上仅安装必需的软件，非必需的软件一律删除。

⑩ 定时备份重要数据，一定要把数据备份在磁盘或另一台设备上，不能备份在同一台设备上。至关重要的数据应该异地备份，防止大规模自然灾害（如地震）发生时毁灭数据。

6. 信息系统安全评估

要确定一个信息系统的安全性究竟怎样，必须进行安全评估。安全评估分为三步：

① 发现阶段：所有有关安全体系结构适用的文本都必须检查，包括安全策略、标准、指南，信息等级分类和访问控制计划，以及应用安全需求。全部基础设施安全设计也必须检查，包括网络划分设计、防火墙规则集、入侵检测配置、平台加固标准、网络和应用服务器配置。

② 人工检查阶段：将文本描述的体系结构与实际的结构进行比较，找出其差别。可以采用手工的方法，也可采用自动的方法。例如，使用网络和平台发现工具，在网络内部执行，可找出所有的网络通路以及主机操作系统类型和版本号。

③ 漏洞测试阶段：这是一个系统的检查，以决定安全方法的适用性、标识安全的差别、评价现有的和计划的保护措施的有效性。漏洞测试阶段又可分成三步：

- 网络漏洞测试。其目标是从攻击者的角度检查系统。可以从一个组织的 Intranet 内，也可以从外部 Internet，或者从一个 Extranet 合作伙伴进入组织。用于网络漏洞测试的工具通常是多种商业化的工具，这些测试工具都以相同的方式工作。首先对给出的网络组件（例如防火墙、路由器、VPN 网关、平台）的所有网络端口进行扫描。一旦检测到一个开启的端口，就使用已知的各种方法攻击此端口。大部分商业产品能生成一个详细的报告，根据攻击产生的危害，按风险级别列出分类的漏洞。
- 平台扫描：又称系统扫描。平台扫描验证系统配置是否遵守给定的安全策略。此外，它还检测任何安全漏洞和配置错误。
- 应用扫描：应用扫描工具不像网络或平台工具那样是自动的，因此，它是一个手动的处理过程。其理念是模仿攻击者成为授权用户后对系统的危害行为。

漏洞测试可以事先通知，也可以事先不通知，后者可以得到最佳的测试效果。

15.2 信息安全管理标准

视频 15.2

标准化是计算机网络的基石，网络信息安全管理自然也不例外。下面首先介绍 BS7799 标准，再介绍安全成熟度模型。

15.2.1 BS7799 标准

BS7799 标准是由英国标准协会（BSI）制定的信息安全管理标准，是国际上具有代表性的信息安全管理体系标准。BS7799 提供了一套综合的、由信息安全最佳实施方法组成的通用规则，为信息系统通常所需的安全控制提供标准的参考基准。该标准包括以下两部分：

BS7799-1:2000《信息安全管理实施规则》，是组织建立并实施信息安全管理体系的一个指导性准则，主要是为组织实施有效的信息安全管理提供通用的最佳实施规则。

BS7799-2:2002《信息安全管理体系规范》，规定了建立、实施和维护信息安全管理体系的要求，指出组织需依据风险评估和自身需求来确定最适宜的安全控制要求，采取最适当的安全控制措施。

BS7799-1:2000 于 2000 年 12 月通过国际标准化组织（ISO）认可，正式成为国际标准，即 ISO/IEC 17799:2000《信息安全管理实施规则》。2005 年，BS7799-2:2002 也被 ISO 采纳，于同年 10 月推出 ISO/IEC 27001:2005《信息安全管理体系要求》。

BS7799 由 4 个主要部分组成，即范围、术语和定义、体系要求、控制细则。其中，控制细则包括安全方针、安全组织、资产分类与控制、人员安全、物理与环境安全、通信与运作管理、访问控制、系统开发与维护、商务持续性管理、依从十大控制方面，此外还有 36 个控制目标、127 种控制方式，涉及与信息安全有关的方方面面。关于控制细则的使用，一方面，组织可以根据自己的实际需要进行选用；另一方面，标准中的控制目标和控制方式并非信息安全管理的全部，组织可以根据需要考虑另外的控制目标和控制方式。

15.2.2　安全成熟度模型

1996 年，美国国家安全局联合其他多个部门，推出了系统安全工程能力成熟度模型（SSE-CMM）。SSE-CMM 描述了一个组织的信息系统安全工程必须包含的本质特征，覆盖了信息系统的整个生命周期，包括其开发、运行、维护和终止，涉及组织的各个方面，包括其中的管理、组织和工程活动。

SSE-CMM 的基本思想是通过对信息系统安全工程进行过程管理，将安全工程转变为一个完好定义的、成熟的、可测量的过程。信息系统安全工程分为三个相互联系的部分：风险评估、工程实施和可信度评估。针对这三部分，SSE-CMM 定义了多项过程域，为每个过程域定义了一组基本实践方法，反映了一个安全工程的质量以及工程在安全上的可信度。SSE-CMM 定义了五个能力成熟度等级，用以表示一个组织在信息系统安全工程上的水平。其中第 5 级最好，见表 15-1。

表 15-1　安全成熟度能力级别

安全成熟度能力级别	说　　明
1. 非正式执行级	基本实践通常已得到执行，但执行可能未经过严格的计划和跟踪，而是基于个人知识和努力
2. 计划和跟踪级	基本实践的执行经过计划并跟踪，执行时依据具体的流程，并得到验证
3. 充分定义级	基本实践按照充分定义的过程执行，执行过程中将使用已获批准的、合适的标准
4. 量化控制级	收集和分析过程执行情况的详细量度数据，将形成对过程能力的量化理解，使组织有能力去预测过程的执行
5. 持续改进级	过程效果和效率的量化执行目标基于机构的业务目标而建立，通过执行已定义过程和试行新概念、新技术的量化反馈来保证对这些目标进行持续过程改进

目前，SSE-CMM 已被采纳为国际标准 ISO/IEC 21827:2008，也已被我国采纳为国家标准 GB/T 20261—2020。

视频 15.3

 15.3 我国关于网络安全的法律法规

20 世纪 90 年代以来，网络得到迅速的使用和推广，其使用范围越来越广，同时安全问题也面临着严重的危机和挑战，单纯依靠技术水平的提高来保护安全不可能真正遏制网络破坏，必须迅速出台相应的法律法规来约束和管理网络的安全问题，让广大的网络使用者有法可依。

15.3.1 相关法律法规

我国对网络安全高度重视，多次强调，没有网络安全就没有国家安全，没有信息化就没有现代化。习近平总书记在二十大报告中指出"强化经济、重大基础设施、金融、网络、数据、生物、资源、核、太空、海洋等安全保障体系建设。"

1988 年 9 月 5 日，第七届全国人民代表大会常务委员会第三次会议通过的《中华人民共和国保守国家秘密法》第三章第十七条提出"采用电子信息等技术存取、处理、传递国家秘密的办法，由国家保密部门会同中央有关机关规定"。

1997 年 10 月，我国第一次在修订刑法时增加了计算机犯罪的罪名。规定了五种形式的计算机犯罪：非法侵入计算机系统罪（第 285 条）；破坏计算机信息系统功能罪（第 286 条第一款）；破坏计算机数据、程序罪（第 286 条第 2 款）；制作、传播计算机破坏性程序罪（第 286 条第 3 款）；利用计算机实施的其他犯罪（第 287 条）。

2000 年 12 月 28 日，为规范互联网用户的行为，第九届全国人大常委会通过了《全国人大常委会关于维护互联网安全的决定》。

2004 年，《中华人民共和国电子签名法》由第十届全国人民代表大会常务委员会第十一次会议通过，并于 2005 年 4 月 1 日施行。电子签名具有了与手写签名同样的法律效力。2019 年，全国人民代表大会常务委员会又修订了该法律。

2015 年 7 月 1 日，第十二届全国人民代表大会常务委员会第十五次会议通过新的《中华人民共和国国家安全法》。其中第二十五条规定："国家建设网络与信息安全保障体系，提升网络与信息安全保护能力，加强网络和信息技术的创新研究和开发应用，实现网络和信息核心技术、关键基础设施和重要领域信息系统及数据的安全可控。"

2017 年 6 月 1 日，《中华人民共和国网络安全法》施行。作为国家实施网络空间管辖的第一部法律，《中华人民共和国网络安全法》属于国家基本法律，是网络安全法制体系的重要基础，具有里程碑式的意义。

2019 年 10 月 26 日，第十三届全国人大常委会第十四次会议审议通过《中华人民共和国密码法》，自 2020 年 1 月 1 日起施行。这是我国密码领域首部综合性、基础性法律。

除这些法律外，我国还制定了很多行政法规，如《计算机病毒控制规定》《计算机信息系统安全保护条例》《商用密码管理条例》《电子认证服务管理办法》《电子认证服务密码管理办法》等。

根据中央政策精神，各省市都制定了相应的地方性法规。例如，2007 年制定、2016 年修正的《山东省信息化促进条例》第三十四条规定："县级以上人民政府应当加强对信息安全保障工作的领导，建立信息安全应急处理协调机制，不断提高信息系统的安全防御能力和处理信息安全突发事件的能力。信息化、公安、国家安全、保密、密码管理、通信管理等部门应当按照国家和省有关规定，在各自职责范围内做好信息安全保障工作。"

15.3.2 《中华人民共和国电子签名法》

应电子商务而生的《中华人民共和国电子签名法》（简称《电子签名法》）是我国信息化领域里的第一部法律，已于 2005 年 4 月 1 日开始施行。《电子签名法》共分 5 章 36 条。该法立法的直接目的是规范电子签名行为，确立电子签名的法律效力，维护各方合法权益；立法的最终目的是促进电子商务和电子政务的发展，增强交易的安全性。

《电子签名法》重点解决了五方面的问题：一是确立了电子签名的法律效力；二是规范了电子签名的行为；三是明确了认证机构的法律地位及认证程序，并给认证机构设置了市场准入条件和行政许可的程序；四是规定了电子签名的安全保障措施；五是明确了认证机构行政许可的实施主体是国务院信息产业主管部门。

《电子签名法》这部法律与其他国家或地区的电子签名方面的立法相比，有许多共性及个性方面的特点。

与国外相关法律相比，我国的《电子签名法》共性特点主要体现在三方面。一是电子签名技术问题复杂，但法律问题相对简单。与传统商务相比，电子商务本身也是商务，只是载体发生了变化，因此在制定《电子签名法》时着重进行了技术方面的规定，而在法律方面大部分等同于传统法律即可，因此文中有关法律描写的章节较少。这一点与国际上相关的法律十分吻合，国际上许多国家的相关立法在法律方面的篇幅也都很少。二是具有很强的国际统一趋势。电子商务最大的优势就是可以利用全球的网络进行网上交易，这就要求《电子签名法》必须具有国际性。在联合国的努力下，目前很多国家有关数据电文和电子签名的规定大体一致。我国《电子签名法》的基本规定与联合国的《电子商务示范法》也基本一致。三是采取了"技术中立"的立法原则。法律只是规定了作为安全可靠的电子签名所应达到的标准，对于采用何种技术手段法律不做规定，因为信息技术发展日新月异，如果法律过多局限于某项技术，随着技术的变化就可能失效。我国立法初期名称的不断改变就是为了规避因技术发展可能产生的矛盾。

《电子签名法》的个性特点也主要体现在三方面。一是体现引导性，而不是强制性。如在电子商务活动或电子政务活动中，可以使用电子签名，也可以不使用电子签名；可以用第三方认证，也可以不用第三方认证。二是体现开放性，而不是封闭性。例如，虽然从条文规定来看主要适用于电子商务，但又不完全局限于电子商务，电子政务也同样适用。另从技术层面上看，并不局限于使用一种技术。三是条文规定体现的是原则性，而不是具体性。例如，条文中对"第三方"的界定、对认证机构的条件设置等，都是采用了"原则性"而非"具体性"的处理方式，留下了很大的法律空间。

作为我国信息化领域的第一部法律，同时也是我国《行政许可法》实施以来以法律形式对直接关系公众利益的电子认证服务业设置行政许可，并授权工业和信息化部作为实施机关对电子认证服务提供者实施监督管理的第一部法律，《电子签名法》对实施信息化管理的部门来说，是依法行政的重要一步。

15.3.3 《中华人民共和国网络安全法》

《中华人民共和国网络安全法》简称《网络安全法》，是我国第一部全面规范网络空间安全管理方面问题的基础性法律，已于 2017 年 6 月 1 日施行，是我国网络空间法治建设的重要里程碑。《网络安全法》在以下几个方面值得特别关注：

① 《网络安全法》确定了网络空间主权原则。《网络安全法》第一条"立法目的"开宗明义，明确规定要维护我国网络空间主权。网络空间主权是一国国家主权在网络空间中的自然延伸和表现。习近平总书记指出，《联合国宪章》确立的主权平等原则是当代国际关系的基本准则，覆盖国与国交往各个领域，其原则和精神也应该适用于网络空间。各国自主选择网络发展道路、网络管理模式、互联网公共政策和平等参与国际网络空间治理的权利应当得到尊重。第二条明确规定《网络安全法》适用于我国境内网络以及网络安全的监督管理。这是我国网络空间主权对内最高管辖权的具体体现。

② 《网络安全法》进一步明确了政府各部门的职责权限，完善了网络安全监管体制。《网络安全法》将现行有效的网络安全监管体制法制化，明确了网信部门与其他相关网络监管部门的职责分工。第八条规定，国家网信部门负责统筹协调网络安全工作和相关监督管理工作。国务院电信主管部门、公安部门和其他有关机关依照本法和有关法律、行政法规的规定，在各自职责范围内负责网络安全保护和监督管理工作。这种"1+X"的监管体制，符合当前互联网与现实社会全面融合的特点和我国监管需要。

③ 《网络安全法》强化了网络运行安全，重点保护关键信息基础设施。《网络安全法》第三章用了近三分之一的篇幅规范网络运行安全，特别强调要保障关键信息基础设施的运行安全。关键信息基础设施是指那些一旦遭到破坏、丧失功能或者数据泄露，可能严重危害国家安全、国计民生、公共利益的系统和设施。网络运行安全是网络安全的重心，关键信息基础设施安全则是重中之重，与国家安全和社会公共利益息息相关。为此，《网络安全法》强调在网络安全等级保护制度的基础上，对关键信息基础设施实行重点保护，明确关键信息基础设施的运营者负有更多的安全保护义务，并配以国家安全审查、重要数据强制本地存储等法律措施，确保关键信息基础设施的运行安全。

④ 《网络安全法》完善了网络安全义务和责任，加大了违法惩处力度。《网络安全法》将原来散见于各种法规、规章中的规定上升到法律层面，对网络运营者等主体的法律义务和责任做了全面规定，包括守法义务、遵守社会公德、商业道德义务、诚实信用义务、网络安全保护义务、接受监督义务、承担社会责任等，并在"网络运行安全""网络信息安全""监测预警与应急处置"等章节中进一步明确、细化。在"法律责任"中则提高了违法行为的处罚标准，加大了处罚力度，有利于保障《网络安全法》的实施。

⑤ 《网络安全法》将监测预警与应急处置措施制度化、法制化。《网络安全法》第五章将监测预警与应急处置工作制度化、法制化，明确国家建立网络安全监测预警和信息通报制度，建立网络安全风险评估和应急工作机制，制定网络安全事件应急预案并定期演练。这为建立统一高效的网络安全风险报告机制、情报共享机制、研判处置机制提供了法律依据，为深化网络安全防护体系，实现全天候全方位感知网络安全态势提供了法律保障。

⑥ 针对公民个人信息泄露问题，《网络安全法》加强了公民个人信息的保护。第二十二条第三款规定："网络产品、服务具有收集用户信息功能的，其提供者应当向用户明示并取

得同意；涉及用户个人信息的，还应当遵守本法和有关法律、行政法规关于个人信息保护的规定。"

⑦ 《网络安全法》以法律形式明确了"网络实名制"。第二十四条规定："网络运营者为用户办理网络接入、域名注册服务，办理固定电话、移动电话等入网手续，或者为用户提供信息发布、即时通信等服务，在与用户签订协议或者确认提供服务时，应当要求用户提供真实身份信息。用户不提供真实身份信息的，网络运营者不得为其提供相关服务。"

15.3.4 《中华人民共和国密码法》

《中华人民共和国密码法》简称《密码法》，是总体国家安全框架下，国家安全法律体系的重要组成部分，其颁布实施极大提升了密码工作的科学化、规范化、法治化水平。《密码法》的立法原则如下：

① 明确对核心密码、普通密码与商用密码实行分类管理的原则。在核心密码、普通密码方面，深入贯彻总体国家安全观，将现行有效的基本制度、特殊管理政策及保障措施法治化；在商用密码方面，充分体现职能转变和"放管服"改革要求，明确公民、法人和其他组织均可依法使用。

② 注重把握职能转变和"放管服"要求与保障国家安全的平衡。在明确鼓励商用密码产业发展、突出标准引领作用的基础上，对涉及国家安全、国计民生、社会公共利益，列入网络关键设备和网络安全专用产品目录的产品，以及关键信息基础设施的运营者采购等部分，规定了适度的管制措施。

③ 注意处理好《密码法》与《网络安全法》《保守国家秘密法》等有关法律的关系。在商用密码管理和相应法律责任设定方面，与网络安全法的有关制度，如强制检测认证、安全性评估、国家安全审查等做了衔接；同时，鉴于核心密码、普通密码属于国家秘密，在核心密码、普通密码的管理方面与保守国家秘密法做了衔接。

《密码法》共五章四十四条，重点规范了以下内容：

① 什么是密码。《密码法》第二条规定，《密码法》中的密码，"是指采用特定变换的方法对信息等进行加密保护、安全认证的技术、产品和服务"。密码是保障网络与信息安全的核心技术和基础支撑，是保护党和国家根本利益的战略性资源，是国之重器。第六条至第八条明确了密码的种类及其适用范围，规定核心密码用于保护国家绝密级、机密级、秘密级信息，普通密码用于保护国家机密级、秘密级信息，商用密码用于保护不属于国家秘密的信息。对密码实行分类管理，是党中央确定的密码管理根本原则，是保障密码安全的基本策略，也是长期以来密码工作经验的科学总结。

② 谁来管密码。《密码法》第四条规定，坚持中国共产党对密码工作的领导。第五条规定，国家密码管理部门负责管理全国的密码工作。县级以上地方各级密码管理部门负责管理本行政区域的密码工作。国家机关和涉及密码工作的单位在其职责范围内负责本机关、本单位或者本系统的密码工作。

③ 怎么管密码。《密码法》第二章（第十三条至第二十条）规定了核心密码、普通密码的主要管理制度，核心密码、普通密码用于保护国家秘密信息和涉密信息系统。核心密码、普通密码本身就是国家秘密，一旦泄密，将危害国家安全和利益。因此，有必要对核心密码、普通密码的科研、生产、服务、检测、装备、使用和销毁等各个环节实行严格统一管理，确

保核心密码、普通密码的安全。

《密码法》第三章（第二十一条至第三十一条）规定了商用密码的主要管理制度。商用密码广泛应用于国民经济发展和社会生产生活的方方面面，涵盖金融、通信、公安、税务、社保、交通、卫生健康、能源、电子政务等重要领域。《密码法》明确规定，国家鼓励商用密码技术的研究开发、学术交流、成果转化和推广应用，健全统一、开放、竞争、有序的商用密码市场体系，鼓励和促进商用密码产业发展。

④ 怎么用密码。对于核心密码、普通密码的使用，《密码法》第十四条要求在有线、无线通信中传递的国家秘密信息，以及存储、处理国家秘密信息的信息系统，应当依照法律行政法规和国家有关规定使用核心密码、普通密码进行加密保护、安全认证。对于商用密码的使用，一方面，第八条规定公民、法人和其他组织可以依法使用商用密码保护网络与信息安全，对一般用户使用商用密码没有提出强制性要求；另一方面，为了保障关键信息基础设施安全稳定运行，维护国家安全和社会公共利益，第二十七条要求关键信息基础设施必须依法使用商用密码进行保护，并开展商用密码应用安全性评估，要求关键信息基础设施的运营者采购涉及商用密码的网络产品和服务时，可能影响国家安全的，应当依法通过国家网信办会同国家密码管理局等有关部门组织的国家安全审查。

小　　结

本章首先介绍了网络信息安全管理的概念和重要性，讨论了网络信息安全管理的策略，包括安全管理的任务、目标、对象、原则、方法与安全评估；然后介绍了网络信息安全管理的国际标准 BS7799，以及安全成熟度模型 SSE-CMM；最后介绍了我国关于网络信息安全的法律法规，特别是《中华人民共和国电子签名法》《中华人民共和国网络安全法》《中华人民共和国密码法》这三部法律。

习　　题

1. 对于网络信息安全管理，为什么要技术和管理并重？
2. 网络信息安全管理的原则是什么？
3. 网络信息安全管理有哪些通用方法？
4. 简述网络安全评估的过程和方法。
5. 信息安全管理标准 BS7799 包括哪两部分？
6. SSE-CMM 分哪五个级别？
7. 《电子签名法》实行后，数字签名将具有与手写签名同样的法律效力。通过本书的学习，你是否对数字签名的安全性有足够的信心？说出你的理由（提示：应该从技术、管理、商业信誉等各方面考虑。）
8. 《中华人民共和国密码法》中密码分哪三类，区别是什么？

参 考 文 献

[1] 王凤英. 访问控制原理与实践[M]. 北京：北京邮电大学出版社，2010.

[2] 戚文静，刘学. 网络安全原理与应用[M]. 2 版. 北京：中国水利水电出版社，2013.

[3] 程震，王凤英. 企业级 CA 的设计与实现[J]. 计算机应用与软件，2008,25(3):126-128.

[4] 杨丽琴，王凤英. 访问控制模型 UCONABC 及其在公文流转中的应用[J]. 计算机应用与软件，2009，26(5):22-24, 42.

[5] 王凤英，程震. 模糊综合控制的 UCONF 模型研究[N].武汉大学学报（理学版），2009.

[6] 程震.WPKI 的研究及其在移动电子商务安全中的应用[D]. 济南：山东大学，2005.

[7] 李沛武，周铭. 集成 RBAC 到多级关系模型[J]. 计算机工程与科学，2002,24(1):20-23.

[8] 胡建伟. 网络安全与保密[M]. 西安：西安电子科技大学出版社，2002.

[9] 张志明，王磊，郑应平. 一种基于混沌序列的时空域数字水印算法[J]. 计算机应用研究，2003(4):53-55.

[10] 张世永. 网络安全原理与应用[M]. 北京：科学出版社，2003.

[11] 李红达，冯登国. 复合离散混沌动力系统与序列密码体系[J]. 电子学报，2003(8):9-12.

[12] 张先红. 数字签名原理与技术[M]. 北京：机械工业出版社，2004.

[13] 宋善德，戴路，郭翔. Web 环境下基于角色的透明访问控制[J]. 计算机工程与科学,2004,26(11) : 1-4.

[14] 侯方明. 无线网络中入侵检测系统的研究与设计[D]. 济南：山东大学，2005.

[15] 龙勤，刘鹏，潘爱民. 基于角色的扩展可管理访问控制模型研究与实现[J]. 计算机研究与发展，2005，42(5)：868-876.

[16] 王凤英. 基于高维混沌离散系统的动态密钥 3DES 算法[J]. 微电子学与计算机，2005(7):120-123.

[17] 孙燕飞，王凤英. 基于双混沌的数字水印研究[J]. 微电子学与计算机，2005(8):114-116.

[18] 刘伟，王凤英.基于非对称数字水印的产品交易方案[N]. 武汉大学学报，2006(10).

[19] 王斐，王凤英.基于可信度和 UCON 的资源分发研究[J]. 现代图书情报技术，2007(9).

[20] 陈迪，王凤英. RBAC 模型中对超级用户的权限约束[N]. 山东理工大学学报，2007,21(1).

[21] 孙燕飞，王凤英. 基于混沌和 DWT 的水印算法[J]. 计算机仿真，2007,24(12):336-339.

[22] LABORATORIES R. Personal Information Exchange Syntax[EB/OL]. [1999].http://www.rsa.com.

[23] Wireless Application Protocol Forum，Ltd. WAP Public Key Infrastructure Definition[EB/OL]. [2001] http:// www.openmobilealliance.org:Open Mobile Alliance.

[24] Wireless Application Protocol Forum，Ltd. WAP Architecture Specification[EB/OL]. [2001]. http:// www.openmobilealliance.org:Open Mobile Alliance.

[25] FENGYING W, LEI Z, CAIHONG L, et al. Usage Control Resource Dissemination Model Based on Fuzzy logic[C].5th International Conference on Fuzzy Systems and Knowledge Discovery, 2008.

[26] FENGYING W, CAI HONG L, LEI Z. A Comprehensive Security Policy Research on Web Information System[C]. International Conference on Automation and Logistics 20098.

[27] 斯托林斯，布朗. 计算机安全：原理与实践（原书第 4 版）[M]. 贾春富，高敏芬，译. 北京：机械工业出版社，2008.

[28] 张峰，李祥军，于乐，等. 国产密码的研究与应用[J]. 电信工程技术与标准化. 2020,33(12):19-24.

[29] 马力，祝国邦，陆磊. 网络安全等级保护基本要求（GB/T 22239—2019）标准解读[J]. 信息网络安全，2019(2):77-84.

[30] 王小云，于红波. SM3 密码杂凑算法[J]. 信息安全研究，2016,2(11):983-994.

[31] 冯秀涛. 祖冲之序列密码算法[J]. 信息安全研究，2016,2(11):1028-1041.

[32] 殷明. 基于标识的密码算法 SM9 研究综述[J]. 信息技术与信息化，2020(5):88-93.

[33] 王永利，徐秋亮. 量子计算与量子密码的原理及研究进展综述[J]. 计算机研究与发展，2020, 57(10):2015-2026.

[34] 华为技术有限公司. 华为联合 Forrester 发布 AI 防火墙思想领导力白皮书[EB/OL]. [2019]. https:// e. huawei.com/ cn/solutions/business-needs/security/forrester-white-paper.

[35] 华为技术有限公司. 华为智简园区 WLAN 认证和加密技术白皮书[EB/OL]. [2019]. https://e.huawei. com/cn/ material/networking/wlan/6616fe33144845ce9c319c825c518cd8.

[36] Wi-Fi 联盟. Wi-Fi CERTIFIED WPA3™技术概述[EB/OL]. [2018]. https://www.wi-fi.org/zh-hans/ discover-wi-fi/papers.

[37] 向东南，毛文俊. LTE 系统 EPS-AKA 过程安全性研究与改进[J]. 无线电通信技术，2016,42(5):60-63.

[38] 袁勇，王飞跃. 区块链技术发展现状与展望[J].自动化学报，2016,42(4):481-494.

[39] 刘杰良. 基于区块链技术的投票系统的设计与实现[D]. 呼和浩特：内蒙古大学，2017.

[40] YERMACK D . Corporate Governance and Blockchains[J]. Review of Finance, 2017,21(1):7-31.

[41] 林晓轩. 区块链技术在金融业的应用[J].中国金融，2016(8):17-18.

[42] 张苑. 区块链技术对我国金融业发展的影响研究[J].国际金融，2016(5):41-45.

[43] 李奕，胡丹青. 区块链在社会公益领域的应用实践[J].信息技术与标准化，2017(3):25-27.

[44] 中国信息通信研究院.可信区块链推进计划白皮书[EB/OL].[2019]. http://www.caict.ac.cn/kxyj/qwfb/bps/.

[45] TAYLOR M B.The evolution of bitcoin hardware[J].Computer,2017,50(9):58-66.

[46] 邵奇峰，金澈清，张召，等. 区块链技术:架构及进展[J]. 计算机学报，2018,41(5):969-988.

[47] 蔡维德,郁莲,王荣,等. 基于区块链的应用系统开发方法研究[J].软件学报,2017,28(6):1474-1487.

[48] 绿盟科技集团股份有限公司. 2020 网络安全观察[EB/OL]. [2021]. https://www.nsfocus.com.cn/html/ 2021/92_0128/150.html.